Les Mystères de l'Humanité

Les Mystères de l'Humanité

Miracles inexpliqués et apparitions mystérieuses

Herbert Genzmer
Ulrich Hellenbrand

Parragon
Bath · New York · Singapore · Hong Kong · Cologne · Delhi · Melbourne

SOMMAIRE

Mythe ou réalité ? 92

Les sciences paranormales 184

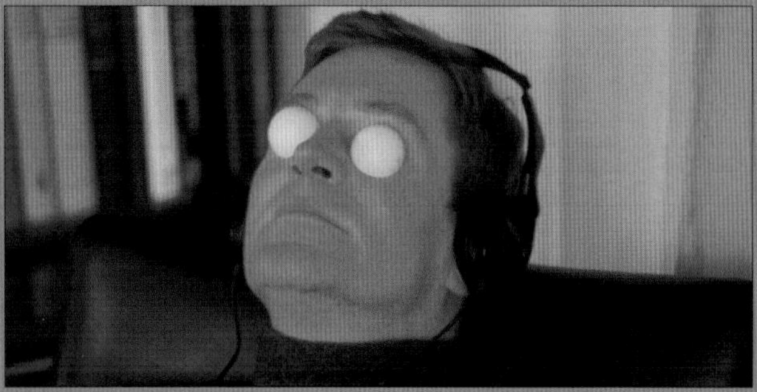

Énigmes d'aujourd'hui 256

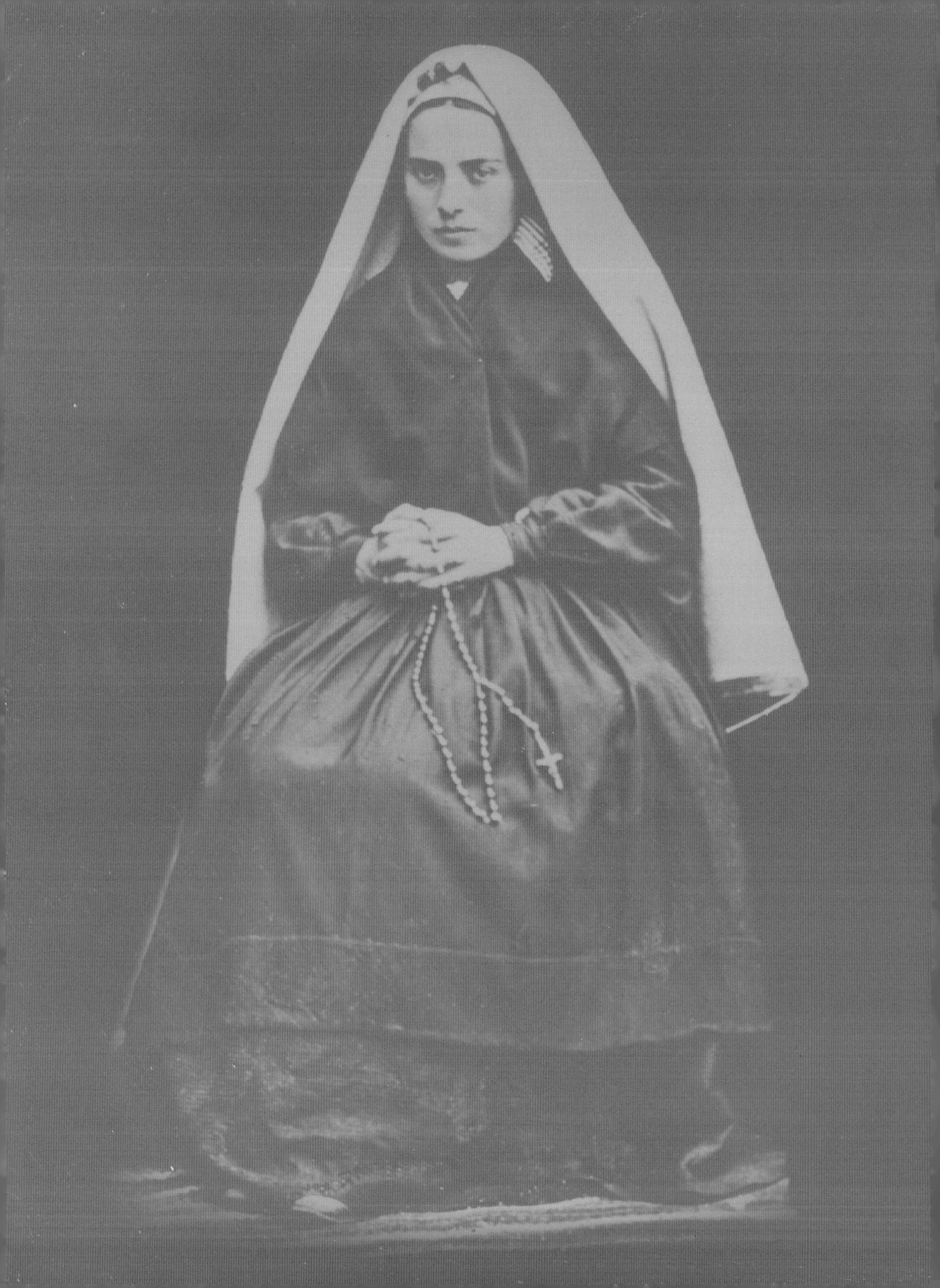

PRÉAMBULE

Nous vivons dans une civilisation de progrès et de haute technologie et, pourtant, nous sommes entourés d'innombrables mystères. Sites antiques et êtres mystérieux, mondes et civilisations engloutis, paysages chargés de symbolisme, apparitions inexpliquées et incroyables découvertes des temps anciens continuent de poser aux hommes, en dépit d'intenses recherches, de multiples énigmes.

Certains de ces mystères ont été élucidés, au moins partiellement, mais il n'est pas rare qu'ils continuent de nous intriguer. L'Atlantide, par exemple – cette île légendaire qui aurait existé pendant l'Antiquité et qui aurait ensuite sombré dans la mer –, agite les esprits depuis plusieurs siècles. Bien que de nombreux chercheurs soient convaincus que cette île n'a jamais existé, certains partent encore à la recherche de ce royaume englouti, persuadés qu'il ne s'agit pas d'un mythe. Les pyramides des pharaons égyptiens exercent, comme par le passé, une fascination comparable, surtout si l'on songe à cette fameuse malédiction de Toutankhamon, qui aurait, dit-on, tué plusieurs archéologues venus fouiller le site. Superstition ou réalité ?

Le présent ouvrage s'intéresse aussi aux énigmes qui ont ébranlé et continuent d'ébranler l'humanité : lieux saints, villes antiques édifiées sur des sites chargés d'énergie et dont nous ne connaissons pas ou peu les bâtisseurs ; mondes légendaires et disparus, dont les civilisations se sont éteintes sans laisser d'indication sur ceux qui les ont bâties ni sur l'origine de leurs savoirs. Ont-ils reçu l'aide de quelques êtres surnaturels ainsi que l'admettent certains savants de renom ? Les esprits existent-ils et les défunts peuvent-ils réellement entrer en contact avec certains hommes ? Des énigmes plus récentes, comme l'apparition d'ovnis ou des *crop circles* (cercles de culture), ont été elles aussi étudiées. Et, bien sûr, les phénomènes paranormaux – qui remettent en cause, au moins partiellement, les dogmes de la « vraie » science – n'ont pas été oubliés.

Dans tous les cas, une chose est sûre : en de nombreux domaines, mythes et légendes se mêlent à l'archéologie et aux sciences naturelles et nous obligent à nous interroger sur les fascinants mystères de l'humanité. Cet ouvrage présente les interprétations les plus diverses et nous fait pressentir la présence des forces étranges qui nous entourent…

Sainte Bernadette de Lourdes (voir p. 239 et 282) mourut en 1879 à l'âge de 36 ans. À l'ouverture de sa tombe, quarante ans plus tard, son corps ne présentait aucune trace de putréfaction. Ce mystère reste inexpliqué. Recouverte d'une couche de cire, sa dépouille repose aujourd'hui dans une châsse en la chapelle des sœurs de Nevers.

VESTIGES MYSTÉRIEUX DES CIVILISATIONS ANCIENNES

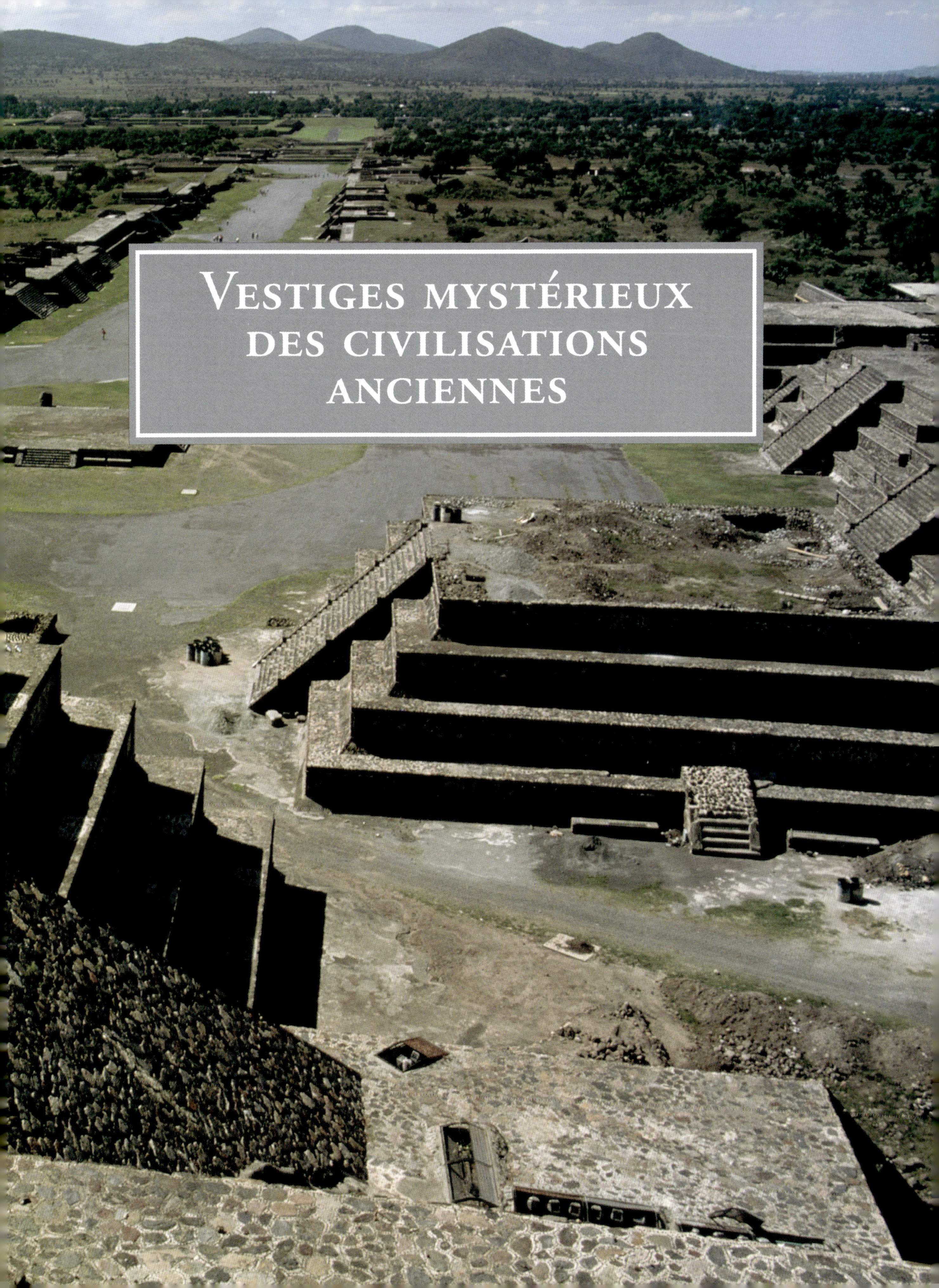

Sites mystérieux

Les sites anciens livrent des informations, des histoires, des légendes et d'autres indices indispensables à l'archéologie, à l'histoire et, plus généralement, à toutes les sciences qui étudient les civilisations passées. Pourtant, on a souvent fait peu de cas de ces édifices ou de ces anciens lieux de culte : beaucoup ont été détruits ou se sont délabrés après avoir été laissés à l'abandon. Le manque de soin et les intempéries firent le reste, et beaucoup de ces sites n'existent plus aujourd'hui qu'à l'état de ruines.

Mais l'on peut encore déduire beaucoup d'informations de ces vestiges : superficie du monument, nature et qualité du matériau de construction ou même, dans certains cas, cause de la destruction. Souvent, la situation géographique ou la fonction du bâtiment fournissent également des renseignements sur les cultes de ces civilisations anciennes.

Mais ces édifices ou ces lieux de culte ne livrent cependant pas tous leurs secrets. Une mauvaise interprétation des indices découverts, les légendes associées aux lieux et le manque d'information laissent nombre de questions sans réponse ou débouchent sur de nouvelles énigmes.

Nous présenterons, dans les pages suivantes, des vestiges de civilisations anciennes qui placent le public profane autant que les scientifiques devant d'insondables mystères. Nombre de ces mystérieux sites furent, en outre, édifiés en des lieux chargés d'énergie, là où de puissantes forces telluriques sont à l'œuvre : ces forces sont aujourd'hui inconnues, mais les civilisations anciennes savaient les reconnaître, les interpréter et les utiliser.

Depuis des siècles, le célèbre cercle de pierres de Stonehenge place les scientifiques devant une énigme insondable. Qui a érigé cette monumentale construction, quand et dans quel but ?

Dans la ville maya d'Uxmal, la pyramide dite « du Devin », avec son plan ovale et ses cinq niveaux superposés compte parmi les pyramides les plus originales.

Les pyramides

Il n'y a pas qu'en Égypte, dans la Vallée des Rois, qu'il existe des pyramides. Un peu partout dans le monde, au Soudan, en Irak, au Mexique, au Chili, au Guatemala et même à Rome, des hommes ont édifié ce genre de constructions et l'on en trouve aussi bien aux Philippines qu'en Autriche. Au siècle dernier, on a même découvert, au sud du Japon, une pyramide sous l'eau. Beaucoup de ces édifices n'ont pas encore été étudiés ou ne l'ont été que partiellement. Souvent cela tient souvent au fait qu'ils se trouvent dans des endroits inaccessibles.

Les pyramides comme tombeau ?

Souvent les pyramides furent sans doute conçues pour servir de tombeau. Mais ce n'est vraisemblablement pas leur seule fonction. Le père et prédécesseur de Kheops, Snéfrou, fondateur, vers 2600 av. J.-C., de la IVe dynastie et qui règna environ vingt-quatre ans, fit bâtir trois pyramides, parmi lesquelles la pyramide rhomboïdale (voir encadré, p. 16) et la pyramide rouge de Dahchour, en Basse-Égypte.

Selon une théorie assez répandue, les pharaons cherchaient par ce biais à montrer leur grandeur, leur force et leur puissance. Mais pour d'autres chercheurs, ces édifices devaient permettre des observations astronomiques. Certains éléments semblent aller dans ce sens : dans de nombreux cas, le plan des pyramides s'oriente vers les quatre points cardinaux et l'on sait que l'astronomie était très développée en Égypte. Toutefois, aucune preuve irréfutable ne vient étayer cette théorie.

Les pyramides européennes

Les pyramides européennes sont généralement des constructions récentes, inspirées de pyramides plus anciennes. On trouve ainsi à Paris, sur l'esplanade du Louvre, une pyramide de verre construite en 1989. À Fürth, en Allemagne, la pyramide de la c inique Euromed a éga ement été construite dans un style moderne. En revanche, la pyramide de Karlsruhe 1823), qui constitue aujourd'hui le symbole de la ville, ainsi que les deux pyramides du jardin et du château de Branitz à Cottbus (1856-1857 datent du XIXe siècle. À Postdam, la pyramide du Nouveau Jardin 1791-1792 a été elle aussi construite selon des modèles classiques

À Rome également, on édifia vers l'an 20 av. J.-C. une pyramide qui portait e nom de son commanditaire, Caius Cestius. La plus vieille pyramide d'Europe date vraisemblablement de plus de 2 000 ans. Elle est située en Autriche, entre Zwettl et Grossgerungs

Bien entendu, il est incontestable que certaines pyramides ont servi de sépulture. Sachant que presque tous les tombeaux cachés dans la Vallée des Rois ont été la cible des pillards – le tombeau de Toutankhamon restant à ce jour la seule exception –, on peut aisément imaginer que ce fut également le cas pour les autres pyramides d'Égypte. De fait, toutes les pyramides étudiées portent des traces d'effraction, ce qui pourrait expliquer, dans la plupart des cas, l'absence d'offrandes ou même de momies.

La construction des pyramides

On ignore aujourd'hui comment les pyramides furent construites en leur temps. En effet, même avec les moyens techniques d'aujourd'hui, ce genre d'édifice se révèle extrêmement difficile à réaliser. Compte tenu du grand nombre de pyramides qu'on l'on trouve à travers le monde, on peut penser que les techniques de construction étaient multiples.

À la fin des années 1980, le chimiste français Joseph Davidovits publia une théorie selon laquelle on fabriquait les pierres d'une pyramide sur son lieu de construction – la pyramide étudiée se trouvait en l'occurrence en Égypte –, en mélangeant de la boue calcaire avec d'autres matériaux. Selon ce concept, le mélange était ensuite coulé dans des moules de bois, d'argile ou de brique, puis se détachait lentement pour former une pierre reconstituée. Dans le cas des pyramides égyptiennes, toutefois, cette théorie est aisément réfutable car les blocs de pierres sont irréguliers et ne s'emboîtent pas exactement entre eux. Il n'est cependant pas exclu que ce procédé, très simple, ait pu être utilisé en d'autres endroits.

Pour la plupart des scientifiques, les pierres étaient extraites d'une carrière et transportées jusqu'au chantier.

La pyramide immergée découverte dans la mer du Japon fut vraisemblablement construite sur la côte. Elle s'est ensuite retrouvée sous les eaux le niveau de la mer ayant augmenté d'environ 30 mètres au cours des derniers millénaires

Elles étaient ensuite hissées par des ouvriers le long d'une rampe en briques crues que l'on élevait en même temps que la pyramide. Selon certaines hypothèses, on fermait ensuite les interstices laissés par le passage de la rampe avec des pierres, pour intégrer celle-ci à la pyramide. Au XXIe siècle, certaines découvertes firent penser que cette théorie de la rampe correspondait à la réalité, mais, encore une fois, aucune preuve irréfutable ne put être apportée. Dans certains cas, la possibilité d'une rampe doit être formellement exclue, faute de place suffisante.

La pyramide à degrés de Djoser à Saqqarah est considérée comme e premier édi fice monumental d'Égypte. Elle date d'environ 2700 av. J.-C.

Rumeurs et mystères

Même les pyramides qui ont déjà été étudiées ne semblent pas avoir livré tous leurs secrets. Outre les rumeurs selon lesquelles certaines galeries ou chambres secrètes renfermeraient des trésors, des événements survenus pendant les fouilles semblent indiquer que les pyramides abritent effectivement plus de choses que ce que l'on croyait y trouver et renferment de nombreux mystères. Ainsi, les archéologues John Shea Perring et Howard Vyse, qui explorèrent la pyramide rhomboïdale de Snéfrou en 1839, racontèrent que les galeries étaient traversées par un vent si froid qu'ils avaient dû interrompre leur travail à plusieurs reprises. Pourtant, cette pyramide ne semble pas comporter d'autre accès que celui emprunté par les deux archéologues.

La pyramide « rhomboïdale »

La pyramide « rhomboïdale » de Dahchour fut construite sous la IVe dynastie (2639-2504 av. J.-C.), sous le règne du pharaon Snéfrou. Elle doit son nom et sa forme à une modification de l'angle d'inclinaison de ses murs pendant la construction.

Cette modification a sans doute été nécessaire pour assurer la stabilité du monument. Le sol, de qualité médiocre, avait dû s'affaisser et la construction menaçait de s'effondrer. Les différents aménagements ont permis de mener la construction de la pyramide à terme.

Au début des années 1950, le chercheur égyptien Ahmed Fakhry étudia à son tour la pyramide rhomboïdale et raconta y avoir entendu des bruits étranges, les jours de vent. À l'heure d'aujourd'hui, ces faits n'ont toujours pas été expliqués, mais il n'est pas impossible que la pyramide comporte d'autres accès ou d'autres pièces, par lesquels le vent puisse pénétrer et engendrer des bruits et des courants d'air.

Selon une rumeur en vogue depuis plusieurs siècles, les constructeurs des pyramides voulaient transmettre des messages à leur descendants ou à leurs dieux. C'est pourquoi ils auraient laissé derrière eux des signes ou des énigmes chiffrées.

On prétend également que toutes les pyramides seraient orientées vers le nord, ce qui signifierait qu'elles furent édifiées selon un plan d'ensemble. Cette rumeur est très tenace bien que l'on sache aujourd'hui que le plan des pyramides égyptiennes s'oriente vers tous les points cardinaux, ce qui s'explique par l'intérêt des Égyptiens pour l'astronomie. En ce qui concerne les autres pyramides, et notamment les plus récentes d'entre elles, construites selon le modèle égyptien, leur orientation vers les quatre points cardinaux est vraisemblablement due au hasard.

L'idée selon laquelle les pyramides seraient d'immenses cadrans solaires s'est par ailleurs révélée indéfendable. En effet, dans certains cas, l'ombre de la pyramide disparaît au fond d'une gorge ou d'un cours d'eau. Qui plus est, ces ombres étant très larges, elles ne permettent pas d'indiquer un point précis sur un cadran solaire.

Enfin, certains ont émis une théorie selon laquelle toutes les pyramides seraient construites sur un même schéma. Il serait donc possible, d'après eux, de déduire la hauteur d'une pyramide à partir de la taille de sa base. Toutefois, l'exemple de la pyramide « rhomboïdale » permet à lui seul de réfuter cette théorie. En effet, ce n'est pas la

La pyramide « rhomboïdale » est sans doute la première pyramide d'Égypte à ne pas avoir été conçue comme une pyramide à degrés.

base de la pyramide qui détermine sa hauteur, mais l'angle d'inclinaison de ses murs extérieurs, lequel pouvait différer selon le goût personnel du commanditaire et l'habileté technique des ouvriers. Par le passé, cette théorie a induit en erreur certains savants comme Charles Piazzi Smyth (1819-1900), qui voulut déduire de la pointe visible d'une pyramide ensevelie le temps nécessaire aux travaux de déblaiement.

Il existe évidemment beaucoup d'autres rumeurs et énigmes sur les pyramides, mais celles-ci sont généralement trop anciennes pour que l'on y prête aujourd'hui un quelconque crédit.

La pyramide de verre du Louvre, édifiée en 1989 dans la cour Napoléon, est l'œuvre de l'architecte sino-américain Pei Ieoh Ming.

Au Guatemala, les pyramides sont aujourd'hui l'emblème de l'ancienne cité maya de Tikal. Ci-dessus, la plus haute pyramide maya que l'on connaisse culmine à 72 mètres.

Les pyramides de Gizeh

Les pyramides les plus connues se situent en Égypte, sur le plateau de Gizeh. Décrit par Hérodote, cet ensemble de pyramides est la seule Merveille du monde qui soit parvenue jusqu'à nous. Les pyramides de Gizeh comptent parmi les monuments les plus étudiés au monde. Les théories et légendes qui s'y rapportent sont très nombreuses et nous n'en évoquerons ici que deux.

Les esclaves d'Hérodote

Lorsque l'historien Hérodote (environ 484-420 av. J.-C.) dressa la liste des Sept Merveilles du monde (vers l'an 450 av. J.-C.), il évoqua, dans sa description des pyramides, des esclaves, obligés de travailler durement et de transporter des années durant de lourds blocs de pierre. Mais au cours des dernières années, les scientifiques se sont de plus en plus convaincus qu'Hérodote s'était trompé et que les pyramides avaient été, en réalité, construites par des hommes libres.

Cette nouvelle hypothèse prend pour point de départ le Nil, fleuve immense qui joue un rôle vital dans l'économie de l'Égypte et dont les crues inondaient chaque année, de juillet en octobre, de vastes portions du territoire. Lavant les champs et fertilisant les sols, le limon du Nil contribua très largement au développement exceptionnel de la civilisation égyptienne, de sorte que les inondations n'étaient sans doute pas perçues comme une catastrophe, mais comme une bénédiction. Pour fêter dignement cet événement et sans doute également pour occuper le peuple pendant les quatre mois d'inondation, les pharaons auraient pris l'habitude de faire travailler les hommes sur des chantiers de construction. Cette mesure eut pour conséquence de resserrer les liens entre le souverain et son peuple, mais aussi d'accroître régulièrement le savoir des hommes dans les domaines les plus divers, ce qui contribua à l'épanouissement de l'ensemble de la société égyptienne.

On a pu aujourd'hui démontrer que ces chantiers avaient favorisé l'apparition et le développement de nouveaux métiers. Des médecins, par exemple, soignaient les blessés : les ossements ont montré que les fractures étaient remarquablement bien soignées, ce qui tend à prouver le bon niveau de soins sur les chantiers. Les boulangers, qui assuraient la subsistance des ouvriers, pouvaient égale-

Les pyramides de Gizeh furent érigées, il y a environ 4500 ans, sur un plateau, situé aujourd'hui à proximité immédiate du Caire. Elles étaient à l'origine revêtues de calcaire blanc.

ment échanger leurs savoir-faire. Il semble, par ailleurs, que des intendants aient été présents pour relever le temps de travail de chaque ouvrier sur des tablettes de pierre.

Certaines maquettes qui représentent les logements des ouvriers battent également en brèche cette théorie des esclaves. Nombre d'indices tendent donc aujourd'hui à prouver que les pyramides furent l'œuvre d'hommes libres. La description d'Hérodote demeure le seul argument à l'encontre de cette théorie.

Dans les profondeurs des pyramides

On raconte souvent que les pyramides abriteraient des trésors cachés. Dans le cas de la pyramide de Kheops, à Gizeh, les bruits sont particulièrement précis : la pyramide abriterait plusieurs chambres secrètes dont une gigantesque bibliothèque où serait rassemblé tout le savoir de l'Égypte ancienne.

Lorsque, à la fin des années 1980, on s'aperçut que les pierres de la pyramide absorbaient la sueur humaine, ce qui provoquait l'apparition de champignons, l'idée vint d'y installer un climatiseur. Une fois les travaux terminés dans la Chambre du roi, on s'aperçut que, dans la Chambre de la Reine, les conduits de ventilation ne conduisaient pas à l'extérieur mais se terminaient en cul-de-sac. Il fut alors décidé d'envoyer un robot dans ces conduits pour procéder à des vérifications. En explorant le puits sud, le robot buta contre un obstacle et, aussitôt, la presse relança l'histoire de « la chambre du savoir ». Une équipe de chercheurs réfléchit alors aux moyens d'écarter cet obstacle.

En 2002, on envoya dans ce conduit un nouveau robot, équipé cette fois-ci d'une perceuse et d'une caméra. Après avoir creusé un trou dans le bloc qui obstruait le conduit, le robot introduisit une caméra et filma ce qui se trouvait derrière. La déception fut grande car le bloc ne donnait que sur une autre galerie, d'environ 45 cm de long, au bout de laquelle se trouvait un autre bloc de pierre appartenant certainement au mur extérieur.

On prévoit à l'avenir de creuser également cette pierre pour s'assurer qu'elle ne cache aucune chambre secrète. Seul l'avenir nous dira si la Grande Pyramide de Gizeh recèle effectivement une « chambre du savoir », mais les scientifiques envisagent cette éventualité avec beaucoup de scepticisme.

Dans les nombreuses légendes qui entourent l'histoire des pyramides, le Sphinx joue lui aussi un rôle important. On raconte, par exemple, qu'une galerie souterraine relierait l'une des pyramides au Sphinx et que cette galerie recèlerait elle aussi des trésors cachés.

Les médias suivirent avec beaucoup d'intérêt les préparatifs du robot « Pyramid Rover » qui devait explorer l'intérieur du conduit.

Teotihuacán, une ville à l'image du Cosmos

Les pyramides de Teotihuacán se dressent à proximité de Mexico. On a longtemps cru qu'elles étaient l'œuvre des Aztèques avant de découvrir qu'elles avaient été érigées, plusieurs siècles avant leur arrivée, par un peuple dont on ne savait rien jusque-là et qui conçut toute la ville comme une parfaite représentation du ciel.

L'HISTOIRE DE LA VILLE

En nahuatl, la langue des Aztèques, Teotihuacán signifie « Lieu des Dieux ». De ce fait, on a longtemps pensé que cette ville, la plus ancienne du continent américain, avait été bâtie par ce peuple indien. Pourtant, les Aztèques ne sont arrivés sur le haut plateau du Mexique qu'au XIVe siècle. Ils y fondèrent leur propre ville : Tenochtitlán, sur le site de l'actuelle Mexico. Or Teotihuacán est beaucoup plus ancienne. Quand les Aztèques la découvrirent et s'en servirent comme lieu de culte, la ville était déjà abandonnée depuis plusieurs siècles ; les quartiers d'habitation étaient détruits et seules s'y dressaient encore de majestueuses pyramides. Teotihuacán atteignit vraisemblablement son

La pyramide du Soleil constitue le plus haut monument de Teotihuacán. Elle ressemble beaucoup, par ses dimensions, aux pyramides de Gizeh.

apogée entre 150 et 600 apr. J.-C. La ville, alors très riche, comptait environ 200 000 habitants, ce qui faisait d'elle la sixième plus grande ville de son temps.

Les circonstances de son déclin sont aussi obscures que celles de ses débuts. Personne ne sait exactement quand la ville fut abandonnée ni pourquoi. Peut-être les récoltes ne suffisaient-elles plus à assurer la subsistance des habitants suite à une longue période de sécheresse, à moins que des raisons religieuses n'aient été déterminantes. La ville périclita sans doute définitivement vers l'an 700, après avoir été pillée par des barbares.

Une ville à l'image du cosmos

Nul ne sait toujours comment la ville de Teotihuacán s'appelait initialement, par qui elle fut construite, ni ce qui a inspiré ces impressionnantes pyramides. Une chose est pourtant sûre : ses bâtisseurs étaient d'excellents architectes et possédaient des connaissances très précises en astronomie. En effet, Teotihuacán est une parfaite représentation du ciel. En étudiant les dimensions des différents édifices et leurs rapports, l'ingénieur américain Hugh Harleston a pu démontrer, dans les années 1970, qu'elles correspondaient, proportionnellement, très exactement à la taille et à la position des planètes Mercure, Vénus, Terre, Mars, Jupiter, Saturne, Uranus – et même Neptune et Pluton, découvertes respectivement en 1846 et 1930 : Teotihuacán a donc été construite à l'image de notre système solaire.

Comme les autres pyramides de Teotihuacán, la pyramide de la Lune se termine par une plate-forme. Ceci prouve que les pyramides étaient utilisées comme des lieux de culte et que l'on y pratiquait des sacrifices humains.

Le temple de Quetzalcóatl avec ses têtes de serpents ailés prouve lui aussi que les bâtisseurs de cette ville vivaient en harmonie avec le ciel. En effet, le nombre de statues ornant sa façade correspond au nombre de jours d'une année bissextile (366), le nombre d'escaliers au nombre de cycles lunaires compris dans une année (13), et la somme des marches (4 x 13 = 52) au nombre de semaines.

La ville en chiffres

- Superficie totale : 24 km²
- Pyramide du Soleil : base 227 x 227 m ; hauteur : 67 m ; construite en l'an 1 apr. J.-C.
- Pyramide de la Lune : base 150 x 150 m ; hauteur : 48 m
- Pyramide de Quetzalcóatl : à l'origine un temple, surmonté d'une pyramide, aujourd'hui partiellement disparue. Elle doit son nom aux serpents ailés *(Quetzalcóatl)* qui ornent sa façade et constituent un lien symbolique entre ciel et terre.

L'allée des Morts abritait d'innombrables squelettes de guerriers. On a d'abord cru qu'il s'agissait des premiers habitants de la cité, mais cette hypothèse s'est ensuite révélée fausse, car ces derniers incinéraient leurs morts.

La construction de la ville

Le site de Teotihuacán est dominé par la pyramide du Soleil, la pyramide de la Lune et la pyramide de Quetzalcóatl. La construction de la pyramide du Soleil a sans doute requis plus de 3 000 hommes pendant plus de trente ans.

Elle est entourée sur ses deux côtés de pyramides plus petites, elles-mêmes suivies d'une série de cours fermées que l'on a d'abord pris pour des tombeaux : d'où son nom d'allée des Morts. On sait aujourd'hui que cette hypothèse est fausse, car les habitants de Teotihuacán incinéraient leurs morts.

Plusieurs théories tentent d'expliquer la fonction de cette route. Pour l'ingénieur américain Alfred Schlemmer, ces cours étaient, à l'origine, des bassins remplis d'eau, où se reflétaient le ciel et les étoiles. Pour l'auteur suisse, Erich von Däniken, il s'agirait plutôt d'une immense piste d'atterrissage, destinée aux êtres surnaturels qui inspirèrent la construction de ces pyramides et de la cité : à savoir, les dieux de l'univers. Pour d'autres chercheurs encore, cette route reliait symboliquement le ciel et la terre, c'est-à-dire les constructions divines que sont les pyramides et les quartiers habités de la ville.

Les pièces de mica

Mais le mystère le plus récent de Teotihuacán reste celui des pièces de mica. En 1983, des archéologues y découvrirent, en effet, des caves dont le plafond était isolé par une couche de mica de 15 cm d'épaisseur, prise en sandwich entre deux couches de pierre. La fonction de ces pièces n'est toujours pas connue. Pour certains, elles auraient servi à conserver des produits fragiles et à les protéger : par exemple, de la chaleur. Pour d'autres, elles auraient, au contraire, servi à produire de la chaleur et seraient des sortes de fours. Enfin, selon Zecharia Sitchin, un auteur américain très controversé, ce lieu était destiné à traiter, concasser et nettoyer des minéraux.

Le mystère est d'autant plus grand qu'il n'existe pas de gisements naturels de mica au Mexique, comme on en trouve en Afrique du Sud, au Brésil, aux États-Unis et en Russie : d'où provenaient donc les couches de mica de Teotihuacán ? Pourquoi ces pièces souterraines étaient-elles isolées ? Qui l'a voulu ?

Enfin, on a pu observer qu'un conduit, lui aussi isolé par une couche de mica, sortait de l'une de ces pièces. À quoi servait-il ?

> **Le mica**
>
> Le mica est un composant du granit. C'est un minéral incolore, qui brille comme la nacre, aux propriétés très spécifiques : haut degré d'élasticité, forte résistance à la chaleur (jusqu'à 800 °C), aux chocs thermiques et aux acides organiques. Il fut mentionné pour la première fois en 1546, c'est-à-dire bien après son utilisation à Teotihuacán.

Des maîtres surnaturels

Comme Erich von Däniken, Sitchin pense que les civilisations précolombiennes sont apparues avec l'aide de divinités, les *Ananuki* (« ceux qui viennent du ciel »). Le parallèle entre les pyramides de Teotihuacán et celles de Gizeh est, selon lui, évident. Il en conclut que les bâtisseurs des pyramides du Soleil et de la Lune connaissaient Gizeh et qu'ils s'en inspirèrent, hormis pour les escaliers et la plateforme du sommet. Même si, avec leurs 146 mètres, les pyramides de Gizeh sont deux fois plus hautes, elles ont, en effet, les mêmes proportions. Dans le milieu de la science occulte, on pense que les pyramides de Gizeh furent construites 8 500 ans environ avant les pharaons. Cette théorie soulève de nouvelles questions. Les hommes de la préhistoire étaient-ils capables de construire de pareils édifices ? Les pyramides de Teotihuacán datent-elles aussi de cette période ? Des êtres surnaturels seraient-ils venus, à une époque donnée, nous enseigner leur savoir ? Y a-t-il des preuves à cela ? Pour Erich von Däniken, cela ne fait aucun doute : « La terre en est remplie, nous les avons sans cesse sous les yeux, nous les voyons dans les musées, mais nous ne les reconnaissons pas. »

Les Aztèques ont laissé de nombreuses traces à Teotihuacán comme, par exemple, ce masque mortuaire. Ceci explique sans doute qu'on les ait longtemps considérés comme les bâtisseurs de cette ville.

Pour Erich von Däniken, l'allée des Morts était une piste d'atterrissage, destinée aux êtres surnaturels qui auraient inspiré la construction de cette ville.

Les ruines de Tiahuanacu

On trouve sur le haut plateau de l'Altiplano, en Bolivie, les ruines d'un ancien village inca, Tiahuanacu, qui retinrent, au début du XXe siècle, l'attention des chercheurs. Avec ses gravures et ses inscriptions complexes, la porte du Soleil soulève de nombreuses questions. Situé à quelques centaines de mètres seulement du champ de ruines, un autre lieu, tout aussi énigmatique, a longtemps échappé à l'attention des scientifiques.

La porte du Soleil, la pyramide et le champ de ruines

Au début du XXe siècle, un ingénieur allemand, Arthur Posnansky (1873-1946), étudia pendant de nombreuses années les ruines de Tiahuanacu. À partir de certains pans de murs restés intacts, il déduisit l'étendue du village et de ses bâtiments. Son attention se porta essentiellement sur le quartier d'habitation, appelé en aymara, la langue des Indiens, *Kalasasaya,* ce qui signifie les « pierres debout ». En étudiant l'agencement des pierres et de leur orientation, il conclut qu'il devait s'agir d'une pyramide ou d'un observatoire astronomique, vieux de plusieurs milliers d'années – ce que confirma, plus tard, l'architecte allemand Edmund Kiss.

Cette pierre gravée, de forme régulière, provient de Puma Puncu.

S'appuyant sur la hauteur de l'édifice et sur son orientation supposée, ce dernier essaya de le dater et conclut qu'il avait été aménagé aux environs de 15 000 av. J.-C. L'estimation fut accueillie dans les milieux scientifiques avec beaucoup de scepticisme, et de nouveaux groupes de chercheurs continuèrent à collecter des données jusque dans les années 1920.

Certains confirmèrent la première date, mais d'autres, parmi lesquels Posnansky, prirent en compte de nouveaux facteurs. Selon les dernières estimations publiées, l'édifice aurait été construit entre 10150 et 4050 av. J.-C. En 1981, l'analyse d'un échantillon permit d'avancer la date de 1580 av. J.-C., mais on précisa que l'échantillon n'était vraisemblablement pas représentatif de tout l'édifice et provenait sans doute d'une vague de travaux relativement récente.

C'est à cette époque que les archéologues inclurent enfin dans leurs recherches les ruines de Puma Puncu, qui se situent à quelques centaines de mètres du village de Tiahuanacu.

Nul ne sait si le champ de ruines de Puma Puncu résulte d'une catastrophe naturelle ou s'il a servi de carrière après le déclin d'une civilisation antique.

On pense que la porte du Soleil fut renversée et endommagée lors d'un tremblement de terre. Elle ne fut restaurée et remise en place qu'au XXe siècle.

Un jeu de construction

Le champ de ruines comprend des blocs de pierre pouvant peser jusqu'à 100 tonnes et provenant, semble-t-il, de plusieurs édifices. De forme inhabituelle, ces blocs, travaillés avec précision, peuvent s'agencer de plusieurs manières, par superposition ou par juxtaposition, un peu à la façon d'un jeu de construction. Les pierres étaient assemblées par un système d'agrafes métalliques, procédé que les archéologues avaient déjà pu observer à Delphes, pourtant distante de plusieurs milliers de kilomètres.

Nul ne sait aujourd'hui comment Puma Puncu et Tiahuanacu furent détruits. La comparaison des techniques utilisées dans le travail de la pierre montre que les deux sites ne datent pas de la même époque. La distance les séparant étant très faible, des échanges dans les techniques employées auraient été logiques, sinon, inévitables. Qui plus est, la destruction de Puma Puncu fut beaucoup plus radicale – la structure des bâtiments est à peine visible et il ne reste presque plus une pierre debout –, alors qu'on trouve encore à Tiahuanacu quelques pans de mur isolés. Si un tremblement de terre avait été à l'origine de la destruction de Puma Puncu, chose tout à fait vraisemblable compte tenu de la situation géographique du site, les dégâts auraient été tout aussi importants à Tiahuanacu. Cela n'étant pas le cas, il faut en conclure que Puma Puncu est beaucoup plus ancien que Tiahuanacu. Mais cette circonstance soulève une nouvelle question. Les Indiens de cette région ne connaissaient ni l'écriture ni le métal : il est donc impossible de leur attribuer le système des agrafes métalliques. On peut douter également qu'ils aient su travailler la pierre avec autant de précision. Par ailleurs, les populations vivant sur l'Altiplano n'attribuent pas non plus la paternité de ces sites à leurs ancêtres. D'après leurs légendes, ils seraient l'œuvre de dieux ou de géants venus s'y installer. Si cela est un jour avéré, il faudrait encore expliquer d'où ils venaient et où ils se trouvent actuellement !

La porte du Soleil

La porte du Soleil de Tiahuanacu, à la différence du système de « jeu de construction » observé à Puma Puncu, est constituée d'un seul bloc et pèse plus de 10 tonnes. Elle est ornée de bas-reliefs et de gravures, principalement situés au-dessus de l'ouverture de la porte, à 1,40 mètre du sol.

Le bas-relief central représente une figure armée de deux javelots ou sceptres en forme de serpent et entourée de quarante-huit assistants, parmi lesquels trente-deux ont un visage humain et seize une tête de condor. On admet généralement que la figure centrale représente le dieu de la Création : Viracocha.

Au printemps, le soleil se place exactement dans l'axe vertical du centre de la porte. Les quarante-huit figures gravées dans la pierre représentent peut être un calendrier, ce qui constituerait une nouvelle référence à l'astronomie.

Tiermes, la ville de pierre

L'intérêt suscité par la ville de Tiermes, au nord de l'Espagne, vient de ce qu'elle fut en grande partie non pas bâtie, mais creusée dans la falaise. La roche fut toutefois taillée de façon si habile et si inhabituelle qu'on peut se demander si les civilisations auxquelles on attribue généralement la ville sont réellement à l'origine de tels travaux. Tiermes fait l'objet de fouilles archéologiques depuis le XIXe siècle.

HISTOIRE DE LA VILLE...

On ignore quand exactement et par qui cette ville, de la province de Soria, au cœur de la Vieille-Castille, fut construite. La première mention de Tiermes est due au mathématicien et géographe Ptolémée (v. 100-v. 175), qui la désigna comme la ville des Arévacas, un peuple ibéro-celtique. Soumise par les Romains en 98 av. J.-C., la ville se développa tout au long du premier siècle de notre ère. Au cours du Ier siècle apr. J.-C., elle devint le centre d'une circonscription administrative romaine et connut une période d'essor économique. Elle comprenait alors une place de marché, des thermes et des aqueducs. Elle fut conquise au VIe ou VIIe siècle par les Wisigoths, puis, au VIIIe siècle, par les Maures. Sa situation géographique, à la frontière des territoires chrétien et musulman, finit par provoquer le déclin de la culture locale. À partir du XIIe siècle au plus tard, Tiermes ne joua plus aucun rôle décisif.

Bien que l'on trouve des allusions au site dans diverses études datant de la fin du XVe siècle, ce n'est qu'à la fin du XIXe siècle que Nicolás Rabal, historien local, qui avait visité la ville, entreprit d'étudier cet ensemble architectural de façon scientifique. La ville était alors en grande partie intacte en raison de la douceur du climat.

Le « bazar » de Tiermes permet d'entrevoir la structure de la ville. Outre les maisons creusées dans la roche, on y distingue des éléments bâtis (murs, passages, etc.), comme dans n'importe quelle autre ville.

... ET DE SES HABITANTS

Un certain nombre de constructions et d'aménagements retrouvés à Tiermes sont assez inhabituels pour l'époque à laquelle on estime qu'elle a été construite. Ainsi en est-il, par exemple, du système de conduites qui servait à la fois à irriguer et à assécher les terres. D'après les études menées, les chercheurs ont pu affirmer qu'une sorte de pompe était absolument indispensable au fonctionnement du système, mais ils ignorent totalement à quoi elle pouvait ressembler.

En maints endroits, les murs et les plafonds présentent une épaisseur inhabituelle de 1,50 à 3 mètres. De plus, de nombreux bâtiments ou places publiques sont équipés de rampes, sur lesquelles on peut distinguer un système de voies, larges de 1,40 mètre. L'ensemble du plateau, enfin, est parcouru de sillons étroits, qui aboutissent parfois à des galeries souterraines.

Dans les années 1960, des chercheurs s'aperçurent que ces vestiges ressemblaient fortement à un système de défense antiaérienne moderne, avec des sortes de bunker, dans lesquels des populations civiles pouvaient se réfugier en cas d'attaque, et un réseau de rails, qui servait à transporter des armes lourdes.

Un peu partout à Tiermes, on peut encore voir aujourd'hui les vestiges d'un système de rails. Nul ne sait quelle en était la fonction.

Des fouilles ultérieures mirent ensuite au jour de nouveaux éléments, incompatibles avec ce qu'aurait pu être une place forte de l'époque comme, par exemple, des fosses, qui rappelaient étrangement les tranchées de la Seconde Guerre mondiale et pour lesquelles personne ne proposait d'explication satisfaisante. En outre, aucun de ces aménagements ne pouvait être attribué à l'un des peuples établis à Tiermes après la conquête romaine, et on en vint à la conclusion que le site devait être beaucoup plus ancien qu'on ne l'avait pensé jusque-là. Sans doute avait-il été habité par un peuple, pour qui ces aménagements répondaient à un but précis.

Dans les années 1980-1990, on vit apparaître toutes sortes de spéculations, selon lesquelles ces vestiges étaient le fait d'extraterrestres préhistoriques cherchant, par une artillerie adaptée, à se protéger d'attaques venant de l'espace. Des scientifiques plus sérieux rappellent cependant que les considérations de ce type sont souvent démenties par les progrès de la science.

On ignore si Ptolémée visita lui-même Tiermes ou si sa description s'inspire de récits de voyageurs.

Les simples maisons d'habitation qui bordaient la rue principale pouvaient héberger quelque 30 000 personnes. Une partie d'entre elles furent détruites en 363 par un tremblement de terre.

Pétra

En août 1812, le Suisse Johann Ludwig Burckhardt (1784-1817), en voyage à travers l'Orient, apprit d'un pèlerin l'existence d'une ville creusée dans la roche. Sous un prétexte quelconque, il s'y fit conduire par des Bédouins et, dans un défilé, long de 1,2 kilomètre et haut de 100 mètres, découvrit la ville de Pétra, considérée à l'époque, en Europe, comme une simple et pure invention.

Une ville creusée dans la roche

Les origines de cette ville, aujourd'hui située en Jordanie, remontent à une tribu ennemie d'Israël : les Édomites. Après leur déclin, vers le IIIe siècle av. J.-C., les Nabatéens, peuple venu de l'Arabie septentrionale, s'y installèrent et en firent leur capitale. La ville de Pétra, également connue sous le nom de « Selo », devint alors l'une des plus grandes places commerciales du Proche-Orient. La ville atteignit son apogée entre le Ier siècle av. J.-C. et le Ier siècle apr. J.-C., période durant laquelle elle aurait abrité jusqu'à 30 000 habitants. C'est de cette époque que datent les principaux monuments creusés dans la roche, du moins ceux que nous connaissons aujourd'hui : « la maison du trésor », le Khazneh, le « théâtre romain » et ses cinq mille places, le centre-ville et sa colonnade ainsi que de nombreux tombeaux, qui font aujourd'hui penser que la ville était, avant de s'agrandir, un lieu de sépulture.

Mythes et légendes

Lorsqu'on redécouvrit Pétra au XIXe siècle, à une époque où seuls les musulmans pouvaient s'y rendre, les rumeurs les plus morbides se répandirent à son sujet : on racontait, par exemple, qu'on pouvait y trouver les ossements décorés des derniers croisés qui en avaient parlé.

Selon d'autres récits, le lieu avait une origine biblique : Moïse y aurait fait surgir une source, à laquelle le peuple d'Israël se serait désaltéré. Mais cette eau aurait été ensuite empoisonnée, ce que seuls les musulmans savaient.

Bien d'autres rumeurs courent encore, évoquant tantôt les cruautés que des chrétiens y auraient endurées de la part de diverses créatures, mortes ou vivantes, tantôt des trésors, cachés dans les profondeurs de la falaise. Ces légendes auréolèrent la ville d'une réputation à la fois lugubre et fascinante.

En l'an 106 apr. J.-C., les Romains vainquirent les Nabatéens. Annexée à l'Empire romain, la région eut pour nouvelle capitale Bostra et Pétra déclina. Plus tard, deux tremblements de terre détruisirent, en 363 et en 551, de vastes portions de la ville, provoquant le départ de nombreux habitants. On tient aujourd'hui pour à peu près certain qu'à l'arrivée des Arabes, en 663, la ville n'était pratiquement plus habitée. Après les croisades du Moyen Âge, la ville, oubliée des Européens, devint une légende et ne fut redécouverte qu'au XIXe siècle. Les premières fouilles archéologiques débutèrent à la fin des années 1920, date à laquelle la ville s'ouvrit également aux touristes.

Une démarche énigmatique ou raisonnable ?

Pétra fut très vraisemblablement édifiée au cœur d'un long défilé pour des raisons stratégiques. En effet, pour prendre le contrôle d'une ville située dans un tel site, il fallait, d'une part, que les bâtiments se trouvent dans le défilé lui-même et, d'autre part, que l'ennemi s'assure le contrôle des montagnes environnantes. Les bâtisseurs de Pétra poussèrent le raisonnement plus loin et établirent leurs habitations à l'intérieur même des falaises. Ils disposaient ainsi d'un immense avantage, puisque l'opposant ne pouvait pas assaillir les édifices et encore moins estimer les forces et les capacités de résistance de ses habitants. Certes, certains des édifices de la ville étaient situés dans le défilé proprement dit, mais il s'agissait, en premier lieu, de maisons de commerce qui ne renseignaient aucunement sur le nombre d'habitants ni sur son degré d'armement. Pour s'emparer de Pétra, l'éventuel agresseur devait abandonner sa propre couverture et s'engager dans le défilé sans arrière, ce qui était, évidemment, beaucoup trop risqué.

Nul ne sait aujourd'hui si la maison dite « aux trésors » abritait effectivement des trésors. On admet généralement qu'elle servait à l'origine de chambre funéraire.

Le statut légendaire de Pétra, longtemps oubliée des Européens, ajouté au fait que la ville, à sa redécouverte, était interdite aux non-musulmans, explique toutes les rumeurs qui l'entourent. En réalité, Pétra ne date pas d'avant le Déluge et les circonstances de son apparition n'ont rien de mystérieux.

Avec ses 50 mètres de large, le « cloître » – ainsi baptisé à cause des nombreuses croix que l'on y a retrouvées – possède la plus grande façade de la ville. En vérité, on ignore si le lieu a réellement servi à des offices religieux.

Le Grand Enclos était sans doute en son temps le plus grand centre commercial d'Afrique. Le Grand Zimbabwe devait en effet sa prospérité au négoce international.

Le Grand Zimbabwe

Au sud-est du Zimbabwe, entre les fleuves Zambèze et Orange, les vestiges d'une ville antique constituent depuis plusieurs siècles un véritable mystère. Marins et commerçants parlaient autrefois d'un lieu qui s'appelait, dans la langue des Shona, *dzimba dza mabwe*, ce qui veut dire les « grandes maisons de pierre ». La légende veut que ce fût là la capitale de la reine de Saba.

Une ville tout en pierre

Au XVIe siècle, les Portugais furent les premiers Européens à découvrir les ruines du Grand Zimbabwe. Ils répandirent le bruit que cette ville avait été le royaume de la reine de Saba. En 1871, le savant allemand Karl Gottlieb Mauch (1837-1835) réussit lui aussi à trouver le Grand Zimbabwe. Les mystères que pose aujourd'hui cette ville s'expliquent par le fait que, entre 1890 et 1910, beaucoup de traces archéologiques y furent souvent détruites par des chasseurs de trésors ou des archéologues amateurs. La ville comprend trois ensembles : la forteresse qui se dresse sur une colline au milieu d'étranges formations rocheuses, la région de la vallée, puis, plus bas, un complexe de forme ovale : le Grand Enclos. Celui-ci est entouré d'un mur de pierres de 253 mètres de long, érigé sans mortier, et dont les pierres furent taillées comme des briques. La hauteur du mur varie de 4,90 à 10,70 mètres. L'intérieur se divise en de multiples petits bâtiments ou placettes, dont on ignore la fonction. Mais le plus mystérieux reste la tour conique, située sur le mur extérieur du Grand Enclos. Sans porte et sans fenêtre, sa fonction reste énigmatique et suscite de nombreuses interrogations. Certains y voient un symbole phallique représentant la fertilité de la terre, d'autres une tour de guet ou un observatoire.

L'or du roi Salomon

On recherche depuis des siècles les mines d'Ophyr, source du fabuleux trésor du roi Salomon. Dès 1522, l'historien portugais João de Barros fit la description d'une forteresse, située à Sofala, portant une inscription indéchiffrable. Les habitants de cette région s'appelaient les Symbaoe, nom qui évoque le Zimbabwe. Les plus anciennes découvertes archéologiques permettent de remonter jusqu'au IVe siècle av. J.-C. Centre de l'empire de Monomotapa, qui comprenait l'actuel territoire du Zimbabwe et du Mozambique, le Grand Zimbabwe connut son apogée entre le Xe et le XVe siècle. On distingue aujourd'hui dans cette période trois phases : la première, qui débute au XIe siècle, se caractérise par l'établissement d'une forte domination dans la région, en liaison avec la découverte de gisements d'or dès l'an 1000. Les techniques d'extraction étaient les mêmes qu'en l'Inde et dénotent l'influence de ce pays. À partir du XIIIe siècle, le Grand Zimbabwe connut sans doute une intense activité commerciale. En effet, les fouilles archéologiques permirent de mettre au jour 1 932 céramiques provenant de Chine – datant de la dynastie des Ming (1384-1644) – et de Perse (entre les XIIIe et XVe siècles). Ce commerce florissant et les richesses qu'il engendra favorisèrent le développement d'une architecture monumentale, dont nous admirons aujourd'hui les vestiges. La troisième période, à partir du XVe siècle, marque la décadence du Grand Zimbabwe. Le déclin de cette haute civilisation, unique en Afrique avant l'invasion arabe et la colonisation européenne, si l'on excepte l'Égypte antique, reste inexpliqué. On pense qu'il est lié à une rupture, provisoire ou définitive, des liens commerciaux.

À l'angle du mur du Grand Enclos, une tour conique, sans porte ni fenêtre ni marche, ne présente aucune fonction immédiatement visible. S'agit-il d'un observatoire ou d'un symbole phallique figurant la fertilité de la plaine ?

En certains endroits, le mur extérieur du Grand Enclos atteint 10 mètres de haut. Les pierres, taillées en forme de briques, furent assemblées sans mortier.

Un immense centre commercial

Pour l'archéologue Wilfried Mallows, le Grand Zimbabwe aurait été un immense centre commercial, utilisé ensuite par les Arabes pour le commerce des esclaves.

Le caractère unique de ces ruines, ses liens fascinants avec l'Arabie, l'Inde et l'Extrême-Orient excitent l'imagination des chercheurs et des touristes et font de ce site l'un des plus grandioses au monde.

Les villes souterraines

De nombreuses villes, comme Pétra qui se fond presque totalement dans les falaises environnantes, furent édifiées dans des lieux inhabituels. En Turquie, par exemple, on a récemment découvert des villes entièrement souterraines.

Derinkuyu

En 1963, Ömer Demir découvrit, presque par hasard, à quelque 30 kilomètres au sud de Nevsehir, en Turquie, un « trou profond » : en turc, Derinkuyu. On raconte que son attention fut attirée par une poule qui avait subitement disparu par une fissure à l'intérieur de la terre. Ömer Demir se mit à creuser et découvrit alors une galerie très pentue qui conduisait sous terre. Muni d'une lampe torche, il s'y engagea et trouva des marches, des passages étroits, des niches taillées dans la roche et des puits d'aération. Bien qu'au fil du temps certains passages aient été comblés ou fermés d'une manière ou d'une autre, il s'avéra très vite qu'il ne s'agissait pas là d'une simple cavité souterraine.

De fait, d'intenses fouilles archéologiques permirent de découvrir que le « trou profond » était en réalité une véritable ville, aménagée sous terre. Cette ville s'étageait sur plusieurs niveaux – on découvrit par la suite d'autres puits et d'autres galeries, plus profondes –, dont certains pouvaient se fermer à l'aide d'une pierre ronde, grosse comme une meule. On imagina alors que Derinkuyu était un lieu de refuge. Mais à mesure que les recherches avançaient, on s'aperçut que le site était trop important pour cela. Outre des lieux d'habitation, les nombreuses fouilles firent apparaître des entrepôts, des caves à vin, des commerces mais aussi de gigantesques salles au plafond voûté, qui servaient sans doute à l'enseignement. La ville possédait également une église souterraine, longue de 65 mètres, ainsi que d'autres espaces isolés, probablement des étables. Au total, Derinkuyu s'étend aujourd'hui sur 4 kilomètres carrés.

Treize niveaux furent dégagés, dont le plus profond se situe à 85 mètres sous terre, mais il en existe sans doute

Les galeries souterraines de Derinkuyu étaient aérées grâce à un réseau complexe de puits.

d'autres. Selon les estimations, plus de vingt mille personnes pouvaient y loger tout à fait confortablement. L'emplacement et la réalisation des passages dérobés, les puits d'aération, la largeur des galeries, tout est si bien pensé qu'il ne semble pas pouvoir s'agir d'une solution provisoire, aménagée dans l'urgence. Pourtant, l'agencement des galeries, susceptibles d'être fermées, certaines salles communes ou encore le système d'aération qui pouvait aussi servir à communiquer font néanmoins penser que les hommes de Derinkuyu vivaient dans la crainte de persécutions.

De nombreuses galeries ou pièces de Kaymaklý sont aujourd'hui ouvertes aux touristes. Mais les fouilles ne sont toujours pas achevées.

Une ville unique ?

La découverte sensationnelle de Derinkuyu poussa les archéologues à rechercher d'autres villes souterraines en Cappadoce. Trente cités de ce type ont été d'ores et déjà repérées, et l'on pense qu'il en existe beaucoup d'autres. En effet, certaines galeries découvertes dans cette zone semblent donner accès à d'autres villes. Mais la plupart de ces sites sont aujourd'hui comblés et inaccessibles. Derinkuyu, Kaymaklý – qui se situe à 6 kilomètres au nord de Derinkuyu – et Özkonak sont les trois sites les mieux conservés. Certaines galeries ou pièces de ces extraordinaires villes souterraines ont même été ouvertes au public, notamment à Kaymaklý où l'on peut visiter les étables, l'église ou encore les cuisines. Mais la Cappadoce ne possède pas l'apanage des villes souterraines. Un peu partout, différents indices suggèrent l'existence de cités souterraines. On estime, à l'heure actuelle, qu'il en existe ou qu'il en a existé entre trois cents et cinq cents à travers le monde.

À Kaymaklý, un réseau très ramifié de tunnels s'étend lui aussi sur plusieurs étages. À l'heure actuelle, quatre étages ont été mis au jour.

De quand date la cité souterraine de Derinkuyu ?

La présence d'une église et d'un bassin conçu, semble-t-il, comme un font baptismal amena les archéologues à penser que les habitants de Derinkuyu étaient persécutés en raison de leur foi chrétienne.

D'autres théories, par la suite contestées, virent toutefois le jour. L'idée, par exemple, que des hommes aient pu chercher à se réfugier dans ces galeries en période de guerre ou pour se protéger d'éventuelles coulées de lave se heurta à l'argument suivant : dans les deux cas, les cheminées d'aération auraient constituées un point faible puisque, comblées par l'ennemi ou envahies par la lave, elles auraient à coup sûr entraîné la mort des populations qui s'y seraient réfugié. Qui plus est, d'autres églises furent ensuite découvertes dans d'autres parties de la ville, ce qui constitue une preuve supplémentaire en faveur de la première théorie.

On admet aujourd'hui que les villes souterraines apparurent il y a quelque 3 000 ans, à l'époque des Phrygiens, sans que l'on puisse dire, toutefois, si ce peuple est à l'origine des aménagements souterrains. Certains indices semblent, au contraire, indiquer qu'ils furent l'œuvre des Hittites, un peuple indo-européen qui avait constitué un puissant empire en Anatolie entre les XVIIe et XIIe siècles av. J.-C. Alors qu'on a pu déceler dans les villes voisines de Bogazköy et d'Alacahöyük des traces d'incendie imputables aux Phrygiens, aucune trace de cette espèce n'a été retrouvée à Derinkuyu. Il est donc tout à fait possible que les Hittites se soient retirés dans les galeries déjà existantes pour fuir les Phrygiens. Aux yeux de certains auteurs, l'absence de traces des Phrygiens à Derinkuyu est une preuve que le moyen fut efficace. La ville tomba ensuite aux mains des Byzantins, qui l'agrandirent, jusqu'à ce que les Arabes et les Sassanides envahissent à leur tour la région au VIe siècle apr. J.-C. et assaillent plusieurs fois la ville. Par la suite, Derinkuyu perdit toute son importance.

Toutefois, cette théorie n'explique pas la présence d'églises chrétiennes dans ces espaces souterrains, puisque ni les Phrygiens ni les Hittites ne se réclamaient du christianisme. Certains pensent que les églises furent aménagées beaucoup plus tardivement. Cette possibilité n'est pas à exclure, mais paraît peu probable compte tenu de la disposition des couloirs autour des églises.

Du sable dans les galeries et des bœufs dans les prés

Si Derinkuyu et bien d'autres villes souterraines de la région purent longtemps passer inaperçues, c'est, semble-t-il, qu'une partie des puits et des galeries fut volontairement comblée avec du sable et des pierres après que la

Le village d'Uçhisar, groupé autour de pitons rocheux, présente certains traits communs avec les villes souterraines. Ici aussi, certaines pièces d'habitation ont pu être murées à l'aide de grosses pierres.

Les Hittites

Les Hittites, selon l'état actuel de nos connaissances, étaient un peuple du Caucase, arrivé au IIIe millénaire av. J.-C. en Anatolie, la partie asiatique de la Turquie actuelle, où ils se seraient mêlés aux Hattis. Pour des raisons encore inexpliquées, les Hittites parvinrent ensuite à prendre le contrôle du pays et fondèrent un immense royaume qui englobait même une partie de l'actuelle Syrie. Pendant près d'un millénaire, ils s'assurèrent une puissance comparable à celle des Égyptiens et des Babyloniens.

Au début du XIIe siècle av. J.-C., après l'incendie et la mise à sac de la plupart des villes, l'empire hittite disparut. Pendant quelques siècles encore, quelques tribus perdurèrent dans les parties sud et est de l'ancien empire, puis l'on perdit toute trace d'eux. Ces groupes finirent sans doute par tomber sous la domination assyrienne.

ville a été abandonnée. Si nul ne connaît la raison de cet abandon, puisqu'aucun récit ne subsiste de cette période, il faut néanmoins supposer que de tels travaux sur un complexe aussi important n'ont pu être entrepris qu'en période de paix.

Pour certains, la ville fut abandonnée et comblée de manière à permettre la construction d'une nouvelle ville à la surface de la terre, sur un sol ferme et sans risque d'effondrement. Cette idée est concevable puisque les habitants qui cherchaient à survivre sous terre restaient malgré tout dépendants de certaines activités terrestres, comme l'atteste la présence d'étables souterraines. Bien que les bœufs puissent être gardés sous terre, il fallait néanmoins les mener paître à la surface. Mais cette considération soulève de nouveau la question de l'utilité des villes souterraines : pour quelle raison un peuple s'est-il donné la peine d'aménager toute une ville sous terre ?

Les villes souterraines de Cappadoce continuent de receler bien des énigmes. Quel événement a motivé leur aménagement ? Par qui ont-elles été construites ? Par quels moyens a-t-on pu creuser de telles galeries sur presque vingt étages et évacuer les déblais ?

À la surface de la terre également, on trouve en Cappadoce, des maisons troglodytiques.

Le champ de ruines de Bogazköy, à quelque 200 kilomètres d'Ankara, correspond à Hattousa, l'ancienne capitale de l'empire hittite.

Les mégalithes de Malte

À peu près aussi ancien que Newgrange en Irlande, le site des temples de Malte est beaucoup plus étendu. Sept des vingt-trois temples attestés se sont conservés jusqu'à nos jours. Édifiés entre 7000 et 2500 av. J.-C., ce sont des mégalithes, édifices constitués de gigantesques blocs de pierre brute.

Des temples de pierre

Hormis le fait qu'ils sacrifiaient des animaux, comme l'atteste la découverte d'ossements, on sait très peu de choses sur la façon dont les habitants de Malte honoraient leurs dieux. Au regard du soin et de l'imagination qu'ils apportèrent à l'édification de leurs temples – comme celui de Ggantija, dont une partie du plan évoque une feuille de trèfle, ou celui de Mnajdra, construit en encorbellement –, on peut cependant affirmer que la religion jouait pour eux un rôle important.

Selon certains calculs, plusieurs générations auraient été nécessaires à l'édification d'un seul temple. Dans certains cas même, les dimensions des édifices et le poids des pierres qui les constituent (près de cinquante tonnes par pierre) sont tels qu'il a sans doute fallu près de 500 ans pour les achever.

L'héritage d'un peuple inconnu

Les temples mégalithiques de Malte témoignent, sans aucun doute, d'une grande civilisation. Mais celle-ci pose

Le temple de Hagar Qim (« la pierre debout ») présente lui aussi sur le dessus d'étranges formations rocheuses : sans doute représentent-elles des esprits ou des démons.

De nombreuses représentations féminines, gravées ou sculptées, ont été découvertes pendant les fouilles.

Enfin, on distingue en haut de certains temples des formations rocheuses irrégulières ou crevassées. Dans certains cas, les blocs ont été disposés et assemblés de telle façon qu'ils évoquent un visage. Selon une théorie, ces pierres représenteraient des esprits ou des dieux.

Les femmes semblent, par ailleurs, avoir joué un rôle important dans la société ou, du moins, dans la religion. Beaucoup des artefacts parvenus jusqu'à nous représentent des silhouettes féminines, dont la tête, les bras et les pieds sont étrangement petits. Certains pensent qu'on honorait à Malte une déesse de la Fertilité. Pour d'autres chercheurs, ces nombreuses représentations féminines sont le signe d'une organisation matriarcale de la société.

L'avenir ne pourra sans doute pas nous livrer plus d'informations sur cette civilisation. La forte teneur en sel de l'atmosphère a déjà fortement endommagé les ruines et l'on peut imaginer que d'autres vestiges ont déjà subi par le passé les mêmes dommages. On espère toutefois découvrir des temples souterrains, ainsi que les objets qu'ils renferment, ce qui occasionnerait alors de nouvelles investigations, plus poussées.

aujourd'hui de nombreuses énigmes. Hormis les temples, quelques tombeaux isolés ou des objets d'art – notamment des statuettes représentant des déesses –, il subsiste, en effet, très peu de choses de cette civilisation. Rien, par exemple, n'a pu nous renseigner sur l'origine et le développement de cette culture.

Les quelques traces conservées permettent, cependant, de penser que ces bâtisseurs possédaient de très bonnes connaissances en astronomie. Ainsi, dans certains temples, la chambre centrale est creusée d'une niche (appelée « niche de l'oracle »), située sur le mur qui fait face à l'entrée, à travers laquelle la lumière du soleil passe les jours d'équinoxe, créant un éclairage grandiose. En outre, de nombreux temples maltais semblent avoir été construits en rapport avec l'alignement du soleil, et certains pensent même qu'ils formeraient le premier calendrier de l'histoire.

On a retrouvé, par ailleurs, un fragment de pierre qui semble représenter une carte du ciel. À certains endroits, des motifs creusés dans les pierres ou dans les murs des temples ont vraisemblablement été inspirés d'étoiles ou de plantes.

Les temples sont généralement situés à ciel ouvert. Certains endroits, toutefois, comme cette entrée, sont surmontés d'un « toit ».

Newgrange

Newgrange – en irlandais *An Liamh Greine*, ce qui signifie « la caverne du soleil » – est un site funéraire, situé dans le comté de Meath, en Irlande. Aménagé il y a environ 5 000 ans, il est plus ancien que les pyramides de Gizeh et même que l'ensemble mégalithique de Stonehenge. C'est l'un des premiers sites qui atteste du savoir des hommes préhistoriques dans le domaine de l'astronomie.

Un lieu de culte astrologique

Newgrange est constitué de mégalithes, c'est-à-dire de gros blocs de pierre brute, non taillée, assemblés ici en un tumulus de plus de 70 mètres de diamètre. À supposer qu'environ trois cents personnes aient travaillé ensemble à l'édification de ce gigantesque tombeau, on estime que son aménagement aurait nécessité à lui seul au moins 20 ans de labeur. Une fois en place, le mur extérieur a ensuite été revêtu d'une couche de quartzite, qui est une roche à grain moyen. Fortement endommagée au cours des siècles, cette couche a été reproduite à l'identique, après la fin des fouilles.

Le site de Newgrange comprend un couloir de 17 mètres de long, terminé par une étroite cheminée de 10 centimètres de haut. Environ une semaine avant et après le solstice d'hiver, le 21 décembre, les premiers rayons de soleil de la journée pénètrent le long de cette galerie, pendant 17 minutes, pour terminer leur course sur un bloc de pierre, décoré de spirales. On a longtemps cru, étant donné ses dimensions et les ossements que l'on y a découverts, que ce bloc de pierre était un autel destiné à des sacrifices humains. Aujourd'hui, on estime que les morts étaient incinérés hors du monument et que leurs restes étaient ensuite inhumés à Newgrange.

Des spirales pour symboliser une divinité ?

De nombreuses pierres de Newgrange qui ne composent pas le mur extérieur sont également pourvues de spirales gravées. La signification de ces spirales reste inconnue, mais l'on peut supposer qu'elles symbolisent une divinité. D'une part, ceci expliquerait leur fréquente apparition et, d'autre part, permettrait d'interpréter la course du soleil à l'intérieur de la galerie, pour peu que l'on admette que les bâtisseurs de Newgrange, à l'instar d'autres peuples, vénéraient le soleil comme une divinité autonome : compte tenu du fait que le site est orienté sur la course du soleil, cette dernière supposition paraît, en effet, tout à fait plau-

Au moment du solstice d'hiver, un rayon de soleil longe la galerie de 17 mètres et aboutit à la chambre funéraire qu'il éclaire pendant 17 minutes.

Les mégalithes

Les mégalithes datent essentiellement du néolithique et de l'âge du bronze, soit entre 5000 et 1000 av. J.-C. Outre quelques blocs isolés, certaines structures de base, comme à Stonehenge (voir p. 40), et même des constructions entières existent encore aujourd'hui.

Les mégalithes sont situés essentiellement en Europe, mais le phénomène est également connu en Afrique du Nord, en Amérique du Sud, sur l'île de Pâques (voir p. 56) et dans certains pays d'Asie. On ignore comment et pourquoi de telles constructions ont pu apparaître à la même époque et dans le monde entier.

De 1962 à 1975, les archéologues ont partiellement restauré le site, notamment le mur extérieur qui était très endommagé.

sible et présuppose que les bâtisseurs possédaient certaines connaissances en astronomie. On a retrouvé en Irlande et en Écosse d'autres tombeaux de la même époque, plus intéressants du point de vue architectonique. Toutefois, seul Newgrange est orienté de cette manière. On peut donc en conclure que le soleil revêtait une importance particulière pour les bâtisseurs de Newgrange : par exemple, qu'il avait pour eux rang de divinité.

Toutefois l'exploration de Newgrange n'a pas permis d'aller au-delà de ces simples suppositions. En effet, bien que l'âge de ce site ait pu être établi, on ne connaît aucune civilisation capable, à cette époque, de l'édifier. Que ce soit à l'intérieur du monument funéraire ou en d'autres endroits, les archéologues n'ont pas découvert suffisamment d'éléments pour nous renseigner sur cette civilisation et sur le lieu où elle s'est développée.

Newgrange est aujourd'hui ouvert au tourisme. La course du soleil pendant le solstice d'hiver y est reproduite artificiellement pour les visiteurs.

À Newgrange, de nombreux blocs de pierre sont ornés de spirales gravées. On suppose qu'elles symbolisent une divinité, à laquelle le site est dédié.

Le site mégalithique de Stonehenge, à Salisbury, en Angleterre, a été fondé au néolithique.

Stonehenge

Le site mégalithique de Stonehenge, à Salisbury (en Angleterre), dans le Wiltshire, constitue depuis des temps immémoriaux une énigme pour la science. Fondé à la fin du néolithique, il fut sans doute utilisé jusqu'à l'âge du bronze et servit vraisemblablement à l'observation du soleil et de la lune. Pourtant, son édification suppose elle-même des connaissances en astronomie, dont les hommes de cette époque ne pouvaient certainement pas disposer. D'où les bâtisseurs de Stonehenge pouvaient-ils alors détenir ce savoir ?

Les « pierres suspendues » de Stonehenge

Le nom de Stonehenge vient du vieil anglais *stanhen gist,* qui signifie « pierres suspendues ». Stonehenge est un site funéraire composé de plusieurs cercles de menhirs, formant un cromlech. Le cercle extérieur se compose d'une série de piliers atteignant jusqu'à 4 mètres de haut et reliés entre eux par une pierre transversale. À l'intérieur de ce premier cercle, dix blocs, également reliés par deux, dessinent un fer à cheval. Entre ces deux cercles, on distingue d'autres structures, composées de pierres plus petites et de trous creusés dans le sol. Le site de Stonehenge fut aménagé par étapes. On distingue généralement trois phases s'étirant sur une période de 1 500 ans. La première phase, qui date de 3 100 av. J.-C. environ, fut consacrée à l'aménagement d'une levée de terre et d'une fosse. La structure mégali-

Les âges de la préhistoire

Paléolithique, 2,7 millions d'années à 9 000 ans av. J.-C.
Mésolithique, environ 9 000 à 5 000 ans av. J.-C.
Néolithique, 6 000 à 3 000 ans av. J.-C.
Âge du cuivre, 4 000 à 1 800 ans av. J.-C.
Âge du bronze, 1 800 à 800 ans av. J.-C.

Les recoupements s'expliquent par le fait que l'évolution n'a pas été partout la même.

Carnmenyn, au pays de Galles, désigne la colline et la carrière d'où proviennent les immenses blocs utilisés pour l'édification de Stonehenge. Environ 300 kilomètres séparent la carrière et le site de Stonehenge.

thique proprement dite fut érigée durant la deuxième phase, entre 2500 et 2000 av. J.-C.; puis, vers 1700 av. J.-C., on creusa dans la terre, à l'extérieur du cercle de pierres, deux autres cercles. Composés d'environ trente trous chacun, ces cercles ne furent jamais occupés par des pierres et se comblèrent au fil du temps ou bien servirent de tombe.

Stonehenge racontée par les historiens

Au IXe siècle, le chroniqueur gallois Nennius fut le premier à mentionner Stonehenge. Selon lui, ce monument avait été édifié pour honorer la mémoire de quatre cents nobles, tués en 472 près de Hengist. En 1615, l'architecte anglais Inigo Jones émit l'hypothèse qu'il s'agissait d'un temple romain, dédié au dieu païen Cnelus. Plus tard, d'autres historiens imaginèrent que l'édifice avait été érigé par les Danois, puis, jusqu'à la fin du XIXe siècle, on attribua Stonehenge aux Saxons. Spécialisé dans l'histoire des religions, William Stukeley (1687-1765) proposa pour la première fois, en 1740, une description correcte du lieu qui mettait en évidence la signification astronomique de l'emplacement des pierres. Vers 1900, on démontra enfin que le site de Stonehenge avait été utilisé jusqu'à l'âge du bronze.

Aujourd'hui, on estime que le monument servait à accomplir certains rites funéraires. Cette théorie se fonde sur la présence de nombreuses tombes et sur la position de Stonehenge au milieu de nombreux autres édifices sacrés dans la région.

Le transport des blocs de pierre

Si la signification de Stonehenge donne du fil à retordre aux scientifiques du monde entier, la provenance des blocs de pierre est elle aussi énigmatique. Seule l'origine des pierres composant le cercle intérieur est aujourd'hui connue. Celles-ci proviendraient d'une petite carrière, située dans le sud-ouest du pays de Galles, ce qui signifie qu'il a fallu les transporter sur une distance d'environ 300 kilomètres. Compte tenu des possibilités de transport de l'époque, comment cela a-t-il été possible? En 2001, des volontaires essayèrent de transporter une pierre de même dimension du pays de Galles à Stonehenge, en empruntant le chemin que l'on pensait être celui des bâtisseurs de l'époque. L'expérience réussit, car il existe effectivement des méthodes permettant de traîner de gros blocs de pierre à l'aide de cordes et de traîneaux de bois. On essaya ensuite de charger la pierre sur un bateau construit selon des techniques de l'époque, mais il coula en pleine mer. L'archéologue anglais Aubrey Burl défend, de son côté, une autre théorie, selon laquelle les mégalithes auraient été transportés jusqu'à leur destination sur des blocs de glace.

Il y a encore quelque temps, des druides modernes se réunissaient à Stonehenge, une torche à la main, pour célébrer le solstice d'été. Ces manifestations y sont aujourd'hui interdites.

L'édification de Stonehenge

Des archéologues ont tenté de calculer le nombre d'hommes et d'heures de travail nécessaires à l'édification de Stonehenge. Ce calcul, qui tient compte des différentes phases de travaux, donne les résultats suivants : environ 11 000 heures de travail pour la première tranche, 360 000 heures pour la seconde et 1,7 million d'heures pour la troisième. À lui seul, le travail de la pierre aurait nécessité environ 20 millions d'heures, compte tenu des outils alors disponibles. Il faut donc en conclure que le désir d'édifier ce monument était très vif. Cette construction, qui plus est, nécessitait une parfaite organisation. Les bâtisseurs, en outre, devaient être riches, car ils devaient nourrir des milliers d'ouvriers, qui n'étaient plus capables dans le même temps de pourvoir eux-mêmes à leurs besoins. Mais qui pouvait à cette époque organiser un tel chantier ?

L'orientation du monument

Les pierres de Stonehenge s'orientent sur la course du soleil et sur les équinoxes, ce qui permettait de prédire les principaux changements de saisons. Des prêtres-rois ont-ils ainsi voulu mettre leurs connaissances au service d'une population de cultivateurs, puisque les semailles et les récoltes dépendaient de ces dates ? Pour déterminer ces valeurs, il était indispensable de disposer de certaines connaissances en astronomie, ce qui signifierait que le site de Stonehenge fut un observatoire préhistorique. Le fait est que la signification et la fonction de ce site restent un mystère. Il est toutefois improbable qu'une telle configuration des lieux soit due au hasard, car elle est trop exacte pour cela. Le point le plus septentrional du lever du soleil dépend de la latitude. À Stonehenge, cette dernière valeur, qui est de 51° 11', a dû être calculée ou fixée par observation. Sa détermination exacte fut d'une importance capitale pour le positionnement des pierres. Selon ces explications, Stonehenge aurait été une sorte de calendrier, qui servait à prédire les saisons.

Stonehenge dans la mythologie

Dans le domaine de la mythologie, Stonehenge est, par ailleurs, souvent mis en relation avec la légende du roi Arthur. Pour l'évêque de Saint-Asaph, Geoffrey de Monmouth, le druide Merlin aurait fait transférer le monument de Stonehenge d'Irlande à Salisbury. Stonehenge

Comment a-t-on pu transporter à cette époque des blocs de pierre aussi énormes ? En 2001, des volontaires essayèrent de tirer un bloc de pierre du pays de Galles à Salisbury à l'aide de cordes, de rondins de bois et d'un traîneau. Il leur fallut plusieurs mois pour parvenir à destination.

En 1893, l'artiste anglais Aubrey Beardsley réalisa, dans une série graphique consacrée à « La mort du roi Arthur », cette représentation du magicien celte Merlin et de la Dame du Lac. Pour certains chercheurs, Merlin était à l'origine du site de Stonehenge.

aurait été situé initialement sur le mont Killaraus, où il aurait été édifié par des géants qui faisaient venir les pierres d'Afrique.

Au XVIIe siècle, le savant anglais John Aubrey développa l'idée que les cercles de pierre étaient, en réalité, des temples construits et utilisés par des druides. Cette thèse se trouva ensuite démentie, lorsque l'on put démontrer que le site de Stonehenge existait déjà depuis 2000 ans à l'époque des druides.

Les lieux choisis pour l'implantation de ces sites mégalithiques méritent eux aussi qu'on s'y attarde. En Angleterre comme au pays de Galles, des boules de lumière ont pu être observées à proximité de nombreux mégalithes. Ces lieux servaient-ils aux oracles ou constituaient-ils un accès vers le monde souterrain ? Pour le professeur canadien Michael Peringer, ces phénomènes lumineux sont dus à de puissants champs magnétiques, capables d'influer sur les consciences. Stonehenge était-il un lieu de culte conçu dans cet esprit ?

Les tombes mégalithiques

Les tombes mégalithiques datent du néolithique ou du début de l'âge du bronze et se rencontrent sur le pourtour méditerranéen et sur la côte occidentale de l'Atlantique. On distingue les dolmens, composés d'au moins cinq pierres porteuses et d'une pierre transversale, et les chambres à couloir, constituées d'une galerie plus ou moins longue. Les tombes mégalithiques étaient souvent utilisées pour des enterrements collectifs.

Grâce aux outils modernes, on a pu reconstituer une partie des mégalithes. Ici, une grue soulève et remet en place un bloc transversal, tombé à terre en 1797. Le cercle de pierre de Stonehenge a pu ainsi retrouver sa forme initiale.

Le site d'Avebury se compose d'un immense cercle, datant de 2500 av. J.-C. Sa circonférence est d'environ 1 200 mètres et son diamètre de 427 mètres.

Les cercles d'Avebury

Les cercles de pierres d'Avebury, dans le comté de Wiltshire, en Angleterre, comptent parmi les plus grands et les plus anciens des îles Britanniques. Leur interprétation est à relier à celle des sites de Stonehenge et de Silbury.

Le site d'Avebury

Si l'on comprend la levée de terre qui entoure le site, Avebury occupe une surface d'environ 15 hectares. Ce site est constitué d'un immense cercle extérieur, érigé vers 2500 av. J.-C., dont la circonférence est d'environ 1 200 mètres et le diamètre de 427 mètres. Ce cercle comportait initialement quatre-vingt-dix-huit blocs de pierre, posés à la verticale sur un remblai haut de 6 mètres, mais il n'en reste aujourd'hui que vingt-sept. À l'intérieur se trouvent encore deux autres cercles. Le plus petit, au nord, date de 2600 av. J.-C. et sa circonférence est de 98 mètres. Il comptait autrefois vingt-sept pierres, dont seules quatre sont parvenues jusqu'à nous. Le cercle du sud, de la même époque, a une circonférence de 104 mètres et comportait jadis vingt-neuf pierres. Cinq sont encore debout.

À la différence de Stonehenge, les pierres de grès proviennent d'une carrière proche : leur acheminement a donc été plus facile. Les mégalithes mesurent de 2,10 à 5,50 mètres de haut et pèsent jusqu'à 40 tonnes. Pour éviter qu'ils ne se renversent, on les enterra à une profondeur de 15 à 60 centimètres. L'obélisque, la plus grosse pierre du site, devait mesurer 5,50 mètres, mais elle fut détruite au XVIIIe siècle. Deux allées, composées elles aussi de blocs de pierre, partent du grand cercle extérieur.

Le monument est sans doute resté en relativement bon état jusqu'au XIVe siècle, date à laquelle l'Église ordonna la destruction de ce lieu de culte considéré comme « païen ». Au cours des XVIIe et XVIIIe siècles, on se débarrassa de ces pierres pour gagner de nouvelles terres cultivables ou on les utilisa pour construire de nouvelles maisons. Ce phénomène est bien connu et de nombreux monuments eurent à en souffrir. Le Colisée de Rome ou le mur romain de Tarragone, en Espagne, furent démantelés dans le même but.

Ces mégalithes de grès proviennent des collines avoisinantes. Ils atteignent 2,1 à 5,5 mètres de haut et peuvent peser jusqu'à 40 tonnes. Pour qu'ils ne se renversent pas, on les ficha en terre, à une profondeur de 15 à 60 centimètres.

Découverte et interprétation des cercles de pierres

C'est John Aubrey qui, en 1648, reconnut dans cet ensemble de pierres un cercle mégalithique de l'époque préhistorique. Comme pour Stonehenge, il vit dans ce monument un sanctuaire érigé par des druides. Plus tard, vers 1720, le savant William Stukeley attribua lui aussi la paternité de ce site à des druides. En 1930, le National Trust fit remettre en place de nombreuses pierres. Sur les cent cinquante-quatre mégalithes que comptait initialement le site, trente-six sont aujourd'hui en place. Si l'on comprend les allées de pierres, le site comprenait autrefois six cents mégalithes.

William Stukeley fut le premier à remarquer que le plan d'Avebury ressemblait à un serpent enroulé sur lui-même, symbole de l'alchimie. La tête et la queue de cet immense serpent seraient représentées par les deux allées de pierres, larges de 17 mètres, qui s'étirent à travers la campagne sur 2,5 kilomètres. L'une de ces deux allées débouche sur un autre cercle de pierres, appelé le Sanctuaire.

Des boules de lumière apparaissent régulièrement à proximité du site d'Avebury. Dans les champs environnants, on a pu aussi remarquer régulièrement la formation de cercles de culture.

Avebury, temple païen de la fertilité

Pour Terence Meaden, le site d'Avebury était un sanctuaire dédié à la Lune et au Soleil, symbolisés par les deux cercles. La lune représenterait la féminité ou la déesse de la Terre Tara, le soleil représenterait la masculinité ou le dieu du Ciel Taran. Au solstice d'été, Tara et Taran fusionnent pour signifier le renouvellement du monde. Pour appuyer sa théorie, Meaden fait valoir que dans tous les rites consacrés à la fertilité, le cercle est toujours le symbole du principe féminin, tandis que des pierres fines et posées à la verticale symbolisent le principe masculin. Avebury serait donc un temple païen dédié à la fertilité.

Les différents noms de la déesse de la Terre et du dieu du Ciel

Tara est un nom indo-européen qui désigne la déesse de la Terre. En Inde, elle s'appelait *Tara*, les Étrusques la désignaient par le nom de *Turan*, pour les Hébreux, elle était *Terah*, tandis qu'on l'appelait, à Rome, *Terra Mater*.

L'équivalent masculin de Tara était Taran, dieu du Tonnerre et de la Pluie. Les Hittites l'appelaient *Taru*, les habitants de l'île Andaman, *Tarai*. En Scandinavie, on l'appela *Thor*, en Germanie *Thunar* ou *Donar*, tandis que les Anglo-Saxons disaient *Thunaer*. On l'appela ensuite *Taran* au pays de Galles et *Torann* en Irlande.

Silbury Hill

On ignore quelle fut la fonction originelle du site de Silbury Hill, aménagé il y a plus de 4 500 ans. Selon diverses théories, il s'agirait d'un observatoire du Soleil ou d'une sculpture dédiée à la déesse de la Terre. Les géomanciens, de leur côté, s'intéressent surtout à l'extraordinaire champ énergétique qui entoure ce lieu énigmatique.

Le site de Silbury Hill

Situé au sud d'Avebury, Silbury Hill est une colline artificielle au sommet aplati, haute de 40 mètres et composée de 339 600 mètres cubes de terre. L'aménagement du site se déroula en trois phases : la première débuta vers 2660 av. J.-C., puis l'on bâtit, au cours de la seconde, une spirale de craie qui s'élevait sur six niveaux de la base au sommet du tertre. Durant la troisième et dernière phase, cette spirale de craie fut recouverte d'une couche de gravier et de terre, qui conféra au tertre sa forme conique caractéristique.

La fête celtique de Lugnasadh

Une légende raconte que cette colline aurait servi de tombe à un roi oublié, prénommé Sil. D'après une autre légende, cette tombe était celle d'un chevalier possédant une armure et un cheval tout en or. On raconte aussi que le diable, qui s'apprêtait à déverser un sac de terre sur la ville de Marlborough, rencontra les puissants prêtres d'Avery et que ces derniers le forcèrent à vider ici son sac.

En 1732, le savant William Stukeley écrivait que le sommet de Silbury Hill avait servi à des enterrements et que l'on y avait retrouvé des ossements et une bride de cheval. De nouvelles fouille furent menées, en 1776, 1849 et 1967, mais on ne trouva ni tombe, ni indice susceptible de nous renseigner sur la fonction de cette colline. Grâce à la datation au carbone 14, l'archéologue Richard Atkinson réussit à fixer exactement la date du début des travaux : ceux-ci auraient commencé dans la nuit du 31 juillet au

Certains chercheurs voient dans Silbury Hill un observatoire du soleil, d'autres une sculpture, dédiée à la déesse de la Terre. Les géomanciens, eux, s'intéressent surtout à l'extraordinaire champ énergétique qui entoure ce lieu énigmatique.

Le tertre funéraire de West Kennet Long Barrow est situé sur la ligne de Ley d'Avebury et de Silbury Hill. Les premières fouilles débutèrent en 1859, mais le site ne fut entièrement mis au jour qu'en 1955-1956.

1er août de l'an 2660 av. J.-C., c'est-à-dire le jour de la fête celtique de Lugnasadh, un rite chamaniste, accompli par des femmes dans la nature.

Sculpture ou lieu de rendez-vous pour ovnis ?

Régulièrement des chercheurs proposent de nouvelles théories. Pour Michael Dames, Silbury Hill serait une sculpture représentant la déesse de la Terre Tara, enceinte.

Selon une autre théorie, l'ombre portée par la colline sur la plaine environnante ferait de Silbury un lieu idéal pour observer le soleil.

Les géomanciens, quant à eux, ont pu remarquer que Silbury se trouvait sur la ligne de Ley (ligne d'énergie) du site funéraire néolithique de West Kennet Long Barrow et de l'obélisque d'Avebury. Un méridien passe à la fois par Glastonbury, l'église d'Avebury, Stonehenge et le cercle mégalithique de Winterbourne Abbas. Par ailleurs, la voie romaine reliant Marlborough et Bath aboutit directement à Silbury et contourne la colline. On peut en conclure que les bâtisseurs romains connaissaient cette ligne lorsqu'ils fixèrent le tracé de cette voie. L'auteur John Michell écrit à ce sujet : « En Chine, des collines semblables à celle de Silbury furent aménagées sur la *lung-mei,* la route du Dragon. On est donc amené à croire que Silbury fut aménagé sur la route du Dragon par des druides préceltiques grâce à un compas de géomancie. Il y a, en effet, tout lieu de penser que la *lung-mei* chinoise s'étend à travers tout le globe. » (1)

Les vertus curatives du champ énergétique de Silbury

Par ailleurs, le champ énergétique de Silbury posséderait, entre autres vertus, des propriétés curatives. Des sourciers ont en effet constaté que la ligne de Ley, où se situe la colline de Silbury, possédait des propriétés féminines. Des boules de lumière ont été également observées à proximité du site et des cercles de culture se forment régulièrement dans les champs environnants. Pour les ufologues, ces phénomènes sont la manifestation d'une activité extraterrestre.

Il faudra encore de longues années pour percer tous les secrets de Silbury et des sites avoisinants. Depuis les années 1980, disciplines scientifiques et spirituelles conjuguent leurs efforts pour que l'archéologie et l'intuition concourent ensemble à l'élucidation de ces nombreux mystères.

La colline artificielle de Silbury s'élève à 40 mètres de haut et est composée de 339 600 mètres cubes de terre.

Glastonbury : un lieu céleste et sacré

Tel un formidable animal préhistorique, Glastonbury Tor se dresse à 160 mètres de hauteur au-dessus de la plaine de Somerset. On y trouve les ruines de la célèbre église Saint-Michel et c'est en même temps l'un des sites les plus mystérieux d'Angleterre. Glastonbury était-il le centre d'un culte de la fertilité, basé sur la légende de la déesse de la Terre ? Ou s'agit-il de l'île légendaire d'Avalon, où se situe le tombeau du roi Arthur ?

Avalon, le royaume des morts

Tout comme Silbury Hill, la colline de Glastonbury comporte un système de terrasses érodées et dégradées par les intempéries, mais encore nettement visibles. De tout temps, on tint ces chemins pour un gigantesque labyrinthe, tracé selon un motif ancestral et magique. Si cela est vrai, Glastonbury était alors, il y a 4000 ou 5000 ans, un lieu de culte comparable à celui de Stonehenge. Il y a 2000 ans, la mer parvenait jusqu'au pied de la colline et l'encerclait comme une île. Plus tard, la mer se retira et ne forma plus qu'un immense lac. La colline s'appelait alors Ynys-witrin, ce qui signifie l'« île de Verre ».

Le nom d'Avalon, dérivé du nom du demi-dieu Avalloc (ou Avallach), qui règne sur les Enfers, provient lui aussi d'une légende celtique, selon laquelle Avalon serait un lieu enchanté… mais païen. Ce n'est donc pas un hasard si l'église qui surmonte cette colline porte le nom de l'archange saint Michel : celui-là même qui lutta contre les forces des Ténèbres. Avalon, point de jonction entre la terre et la mer, était le lieu des morts, le lieu de passage d'un monde à l'autre.

Tel un animal préhistorique, la colline de Glastonbury et les ruines de l'église Saint-Michel se dressent au-dessus de la plaine.

Les ruines du couvent de Glastonbury se dressent sur un sol sacré, car c'est sans doute ici que Joseph d'Arimathie fit construire une première chapelle.

L'HISTOIRE DE L'ABBAYE

La plaine de Somerset fut conquise au VIIe siècle par des Saxons convertis au christianisme sous le règne du roi Ine von Wessex, l'une des principales figures de l'histoire de l'abbaye. Celui-ci y aurait fait bâtir une église en pierre, dont les fondations se trouvent dans la partie ouest de la nef. Au Xe siècle, l'église fut ensuite agrandie par l'abbé de Glastonbury, saint Dunstan, devenu, en 960, archevêque de Canterbury. Puis, en 1066, l'Angleterre fut conquise par les Normands, et Turstin, premier abbé normand, fit agrandir l'abbaye, qui s'étendait désormais du cimetière jusqu'à l'ancienne église saxonne. En 1086, Glastonbury était la plus riche abbaye du pays, mais à peine cent ans plus tard, en 1184, elle fut détruite par un incendie. À Noël de l'an 1213, on inaugura une seconde église, qui devint jusqu'au XIVe siècle la seconde abbaye du pays, après Westminster, et dont l'abbé était un homme puissant. En 1536, sous le règne d'Henri VIII, l'Angleterre comptait plus de huit mille abbayes. Lorsque Rome refusa d'annuler le mariage de ce dernier avec Catherine d'Aragon, celui-ci se proclama, par l'Acte de suprématie, chef suprême de l'Église anglicane. Toutes les abbayes furent alors dissoutes, et les moines et les nonnes furent pourchassés. Les trésors revinrent à la couronne et Glastonbury périclita.

LA TOMBE DU ROI ARTHUR

L'un des plus grands mystères de Glastonbury a trait à la légende du roi Arthur. Dès 1190, des moines affirmèrent y avoir découvert sa dépouille mortelle, ainsi que celle de son épouse Guenièvre. Le cercueil, taillé dans un tronc d'arbre, portait sur une croix de plomb l'inscription latine suivante : *Hic iacet sepultus inclitus rex arturius in insula avalonia* (« Ci-gît le roi Arthur sur l'île d'Avalon »). En 1278, lors d'une visite du roi Édouard Ier, ces ossements furent transférés dans une tombe de marbre noir devant l'autel principal de l'abbaye, où ils demeurèrent jusqu'à la destruction de l'abbaye en 1536. Un mystérieux chevalier noir aux yeux incandescents aurait alors commencé à hanter l'abbaye et aurait effacé toute trace du roi mythique.

Depuis 1970, le festival de Glastonbury, dont le nom officiel est Glastonbury Festival of Contemporary Performing Arts, se déroule à Pilton, à proximité immédiate des ruines.

Les ruines de l'abbaye de Glastonbury se dressent en un lieu sacré. L'abbaye comptait autrefois parmi les plus grands sanctuaires d'Angleterre.

Le Saint-Graal

Au pied de la colline se trouve une vieille fontaine, dont les eaux, rougies par l'oxyde de fer des roches environnantes – ce qui explique son surnom de « fontaine du Sang » –, résonnent comme le battement d'un cœur. D'après la légende, cette fontaine fut construite par des druides pour y abriter le vase de la Cène, que Joseph d'Arimathie rapporta en Angleterre après y avoir recueilli le sang versé par Jésus lors de la Crucifixion. D'après les légendes de Glastonbury et du Somerset, Jésus serait venu à Glastonbury dans sa jeunesse, avec Joseph d'Arimathie, pour y construire une première église. C'est pourquoi Joseph y serait ensuite revenu. Le calice serait enterré sous la colline, non loin de l'entrée conduisant à l'Autre-Monde. Quelque temps plus tard, une source jaillit en cet endroit. On l'appela Chalice Well, c'est-à-dire le puits du Calice, et ses eaux procureraient une jeunesse éternelle. C'est le Saint-Graal qu'Arthur et les chevaliers de la Table ronde rapportèrent à Avalon.

La déesse de Glastonbury

Pour l'écrivain Kathy Jones, le tertre de Glastonbury est un centre cultuel consacré à la déesse de la Terre et constitue même une gigantesque sculpture aménagée en son honneur. Rhiannon, Vénus, Aphrodite : la déesse de la Terre et de la Fertilité est connue sous plusieurs noms. Glastonbury serait une colline creuse, percée de grottes, où les trolls et les elfes la vénéreraient. Le tertre se constitue d'un labyrinthe à sept niveaux, que l'on retrouve gravé sur les rochers de Tintagel en Cornouailles. Le labyrinthe est le symbole de la déesse de la Terre pour les Indiens Hopi d'Amérique du Nord. On trouve également une représentation de la déesse de la Fertilité sur le dolmen du Luffang de Crac'h, près de Carnac. L'entrée du labyrinthe se situerait à l'extrémité occidentale du tertre et s'enfoncerait, à travers la colline, jusqu'au cœur de la déesse.

Le temple stellaire de Glastonbury

On trouve, dans un rayon de 16 kilomètres, le zodiaque de Glastonbury, sorte de « parc naturel » des signes astrologiques composés par les bois, les rivières, les torrents, les sentiers, les lieux-dits et les plaines. Ce vaste temple naturel combine l'astrologie, la légende du roi Arthur et la philosophie new age. Pour le reconnaître, il faut, à vrai dire, beaucoup d'imagination, car ce parc se base plus sur des noms géographiques et des légendes que sur des faits historiques : Arthur était Sagittaire, sa femme Guenièvre, Vierge, Merlin, Capricorne, Lancelot, Lion ; Glastonbury se trouve dans la constellation du Verseau, représentée par un Phénix – le nouveau jaillit de l'ancien –, le puits du Calice représente le bec de l'oiseau et l'abbaye, la forteresse du Graal. C'est en 1929 que la sculptrice Katherine Maltwood découvrit dans la nature ces signes astrologiques. Professeur d'arts plastiques, Marie Caine les filma ensuite à partir d'un avion pour en dresser la carte. Pour Mary Caine, ces signes composent, en outre, un immense visage du Messie.

Glastonbury demeure un lieu magique, dont on perçoit partout l'énergie. Au XIIe siècle, l'historien William de Malmesbury (v. 1080-v. 1143) écrivait que « Glastonbury formait sur terre un lieu sacré et céleste ».

Le puits du Calice. Selon la légende, il fut bâti par les druides et l'on y cacha par la suite le Saint-Graal.

Ce labyrinthe fut aménagé par Julian Bower à Humberside. Dans presque toutes les civilisations, les labyrinthes symbolisent le progrès sur soi-même.

Le labyrinthe, symbole de l'âme

Des couloirs qui se croisent et s'entrelacent à l'infini et dont le visiteur doit trouver l'issue : de tout temps et dans presque toutes les cultures, les labyrinthes sont considérés comme le symbole de la connaissance de soi. Les sept degrés ou anneaux qui les composent peuvent se comparer aux sept chakras (principaux centres d'énergie de l'homme) ou aux différents stades de développement physique, mental ou spirituel. Avec la légende du Minotaure, monstre mi-homme mi-taureau enfermé dans un labyrinthe, ces constructions ont acquis une signification plus funeste. Selon Kathy Jones, la symbolique féminine et féconde du labyrinthe, comme chemin de la connaissance de soi, s'achève à cette époque et elle est alors remplacée par une symbolique plus menaçante, caractéristique du patriarcat. Le labyrinthe représente notre destinée : nous ne pouvons pas la changer, mais nous pouvons emprunter de nouveaux chemins pour continuer à vivre.

Carnac : les allées de mégalithes

Vers 3000 av. J.-C., un peuple inconnu érigea d'immenses blocs de pierre, comme on en voit un peu partout le long des côtes, des îles Orcades au pays du Jourdain. La plupart d'entre eux sont situés en Bretagne, et Carnac en est sans doute le site le plus mystérieux. Ces allées infinies de mégalithes, considérées autrefois comme sacrées par un peuple dont on ignore tout, fascinent aujourd'hui le visiteur.

Un site préhistorique de trois mille mégalithes

Non loin de Carnac, on trouve, sur la côte atlantique française, un site préhistorique, composé de plus de trois cents mégalithes. Pouvant atteindre jusqu'à 4 mètres de hauteur, ces mégalithes s'alignaient autrefois sur 8 kilomètres (aujourd'hui sur seulement 3 kilomètres). Ces alignements, cercles de pierres ou monuments funéraires furent érigés

Les générations suivantes gravèrent, l'une après l'autre, leurs symboles sur les pierres sacrées d'un peuple préhistorique.

entre le IIIe millénaire et 1800 av. J.-C. Les menhirs (de *ar-men-hir* qui signifie en breton « longue pierre ») furent taillés dans du granit ; ils se dressent isolément, sont alignés ou forment des tombes.

Une chose est sûre : ils ne sont l'œuvre ni des Romains, ni des Gaulois, ni des Celtes, mais d'un peuple inconnu qui, au néolithique, déploya à cette fin une incroyable énergie. Bien qu'on ignore qui ils étaient, leur œuvre les a rendus immortels. Pour les scientifiques, les bâtisseurs de Carnac étaient sans doute des marins, car les mégalithes se situent presque tous à proximité de la mer.

Le menhir de Men-Er-H'roek à Locmariaquer

Outre les dolmens, constitués de pierres porteuses et d'une dalle de couverture, on trouve également de grands menhirs isolés, dont le plus grand, le Men-er-Hroeck de Locmariaquer, atteignait presque 20 mètres de haut (l'équivalent d'un immeuble de six étages) et pesait 350 tonnes. La façon dont on a réussi à le tailler, à le transporter et à le dresser sur place restera toujours un mystère. À titre de comparaison, on peut seulement indiquer qu'en 1556, huit cents hommes et soixante-dix chevaux œuvrèrent pendant un an pour ériger, sur la place Saint-Pierre, l'obélisque de Rome, qui ne pesait pourtant que moitié moins.

Les bâtisseurs de Carnac possédaient sans doute une structure sociale très développée car l'édification de ces mégalithes est à la fois une performance technique et organisationnelle. Touché par la foudre en 1770, le menhir de Locmariaquer gît aujourd'hui à terre, après avoir servi pendant plusieurs millénaires de repère aux marins.

Observatoire ou symbole de la fertilité ?

Jusqu'aux temps modernes, les Bretons vénéraient leurs pierres comme des objets de culte. En des temps plus anciens, elles servirent de même à des fins religieuses. Les soldats romains les découvrirent pendant leurs campagnes et y gravèrent les traits de leurs divinités, puis, au Moyen Âge, les chrétiens y ajoutèrent croix et autres symboles.

De nombreuses légendes entourent le site de Carnac. On raconte, par exemple, que saint Cornélius, martyrisé en 235, s'enfuit en Bretagne pour échapper aux Romains. Arrivés à Carnac, les soldats auraient été pétrifiés et transformés en menhirs.

D'autres interrogations demeurent : à quoi servaient ces cercles et ces alignements ? Dans quel but furent-ils érigés ? Pour certains chercheurs, il s'agissait là d'une sorte de cimetière ; pour d'autres, ces mégalithes servaient à des observations astronomiques.

Une chose est sûre : pour ceux qui les édifièrent, ces pierres étaient sacrées. Quelques coutumes païennes ont, d'ailleurs, encore cours. Certaines pierres, par exemple, sont supposées rendre féconds et, la nuit, des couples viennent, aujourd'hui encore, se tenir dans le cercle magique des menhirs. Merveilleuses ou effrayantes, nombre de légendes entourent Carnac, mais ce ne sont que des légendes, car les siècles et les millénaires ont à jamais englouti la véritable histoire de ces menhirs.

Certains chercheurs pensent que Carnac serait un immense cimetière. En maints endroits, on y retrouve, en effet, des tombes à couloir comme celle-ci. D'autres chercheurs font toutefois remarquer que ces tombes sont plus récentes que les menhirs.

Plus de 3 000 colosses de pierres pouvant atteindre jusqu'à 4 mètres de hauteur et s'alignant sur plus de 3 kilomètres composent aujourd'hui le site de Carnac.

Les Externsteine de la forêt de Teutoburg

Les Externsteine sont des pitons rocheux qui se dressent au milieu d'un paysage plat. Ces formations rocheuses sont impressionnantes en elles-mêmes, mais ce sont surtout des traces d'activité humaine datant du Moyen Âge et peut-être même de la préhistoire, qui leur confèrent un caractère énigmatique.

Curiosité naturelle ou monument historique

Dressées à presque 40 mètres de hauteur, ces étranges formations rocheuses offrent un curieux spectacle. Régulièrement, ces pierres sont interprétées comme un lieu de culte préhistorique. Pourtant la seule date attestée est celle d'une inscription indiquant que l'évêque de Padeborn fit, au XIIe siècle, d'une grotte du piton occidental une église consacrée. Par ailleurs, près de l'entrée du site, se trouve le plus vieil exemple de pierre sculptée d'Allemagne : un bas-relief représentant la déposition de croix. Remises au goût du jour par la philosophie new age et l'ésotérisme, les Externsteine attirent des sorcières et des druides des temps nouveaux, des membres de communautés religieuses celtiques et des adeptes de doctrines ésotériques.

Au sommet du piton rocheux se trouve une pièce à laquelle on accède par un pont en arc. Cette pièce a longtemps servi de chapelle.

Un intérêt suspect pour les lieux de culte germaniques

En 1935, l'archéologue amateur Wilhelm Teudt crut pouvoir désigner les Externsteine comme le sanctuaire saxon d'Irminsul. Lors de la guerre de Saxe, en 722, Charlemagne aurait détruit le lieu de culte des Externsteine et, ce faisant, Irminsul. Dans les cercles néopaïens et néofascistes, Irminsul symbolise la résistance des religions germaniques face à la christianisation.

Aujourd'hui, des groupes néonazis se rassemblent sur le site des Externsteine pour fêter le solstice d'été et honorer des divinités païennes comme Wotan et Freyr. Scandant des slogans racistes et nationalistes, ils cherchent à raviver ce que la science n'a jamais pu démontrer. C'est pourquoi les interprétations qui invoquent l'histoire ou la préhistoire germanique portent souvent involontairement la marque d'une idéologie fascisante.

On trouve sur les Externsteine une représentation de la déposition de croix. Pour certains, ce bas-relief représente une cérémonie d'initiation de l'ordre des Templiers.

Des traces de feu dans les grottes

Il y a quelques années, Ulrich Niedhorn découvrit dans les grottes des traces de feu. Il en déduisit que les grottes avaient été créées artificiellement, que ces traces de feu dénotaient une activité humaine et prouvaient peut-être même que ces grottes avaient été aménagées par explosion. Mais il reste à établir de quand datent ces traces de feu.

Un seul procédé, en effet, permet aujourd'hui de dater le dernier échauffement subi par les grains de quartz contenus dans la pierre. Toutefois, comme si la pierre se refusait à livrer son secret, cette méthode n'a donné, dans le cas présent, aucun résultat.

À droite, Nicodème s'appuyant sur une représentation symbolique d'Irminsul ; en bas, le monde des serpents, symbolisant les forces telluriques : certains pensent que ce bas-relief n'est pas l'œuvre du même artiste et qu'il serait plutôt d'origine anglo-saxonne.

Découvertes préhistoriques

Il y a quelque temps, on découvrit, à proximité immédiate des Externsteine, des pointes et des éclats de pierre datant du paléolithique (environ 10 000 av. J.-C.). Si ces découvertes témoignent effectivement d'une présence humaine, elles ne prouvent en aucun cas que le site ait servi de lieu de culte, comme on aime à le dire. Aucune fouille archéologique n'a pu mettre au jour des éléments significatifs du Xe ou XIe siècle av. J.-C., attestant d'une quelconque activité rituelle à proximité des rochers. La question de la fonction des Externsteine à une époque préhistorique reste donc obscure. Les théories sont légion et proposent d'y voir tantôt un observatoire germanique à vocation religieuse, tantôt un lieu de culte dédié aux divinités germaniques, ou encore, comme le suppose l'anthroposophe Rolf Speckner, un sanctuaire où se rendaient des oracles. Mais la question demeure : ces rochers portent-ils vraiment la trace d'un travail préhistorique, comme le suggère le tailleur de pierres et auteur Ulrich Niedhorn ? Toutes les réflexions en ce domaine ne sont que spéculations.

Les géants de l'île de Pâques

Le jour de Pâques de l'année 1722, un navire néerlandais, commandé par l'amiral Jacob Roggeveen (1659-1729), aborda une île inconnue. Ses habitants ne disposaient que d'outils de pierre et d'armes primitives ainsi que de quelques canoës. Les marins, de leur côté, furent impressionnés et effrayés par plus de mille statues de pierre, géantes et mystérieuses.

Les Polynésiens, le peuple aux milliers d'îles

Jacob Roggeveen baptisa l'île aux colosses de pierre l'île de Pâques. Cette découverte marqua pour les indigènes le début d'une longue période de souffrances qui ne prit fin qu'au milieu du siècle passé. Vers l'an 1000 av. J.-C., des navigateurs avaient quitté la Nouvelle-Guinée pour les îles Fidji, puis, de là, gagné les îles Samoa et Tahiti. Quatre siècles plus tard, ce peuple nomade se remit en route, en quête de nouvelles îles situées « par-delà les vents », comme le racontent les légendes. Sur d'énormes catamarans, ils entreprirent ainsi de nouveaux voyages et devinrent le peuple aux milliers d'îles : les Polynésiens.

Selon une autre version, les Polynésiens auraient quitté, vers l'an 380, les îles Tuamotu pour chercher de nouvelles terres. Ils atteignirent une île qu'ils baptisèrent *Rapa Nui*, « le nombril du monde », et y vécurent pendant plus de mille ans sans aucun contact avec d'autres peuples.

L'écriture rongorongo

Ce système idéographique représente des hommes, des animaux, des parties du corps et des objets de la vie quotidienne. On pense qu'il s'agit d'un procédé spécifique aux indigènes de l'île de Pâques. Ces « idéogrammes » permettaient sûrement de noter des concepts clés pour mémoriser mots et phrases. Les tablettes qui leur servaient de support sont conservées dans plusieurs musées du monde.

Le chercheur norvégien Thor Heyerdahl défend une autre thèse. Selon lui, les premiers habitants de l'île de Pâques seraient venus du continent sud-américain, ce qui permettrait d'expliquer leur capacité à sculpter aussi habilement la pierre. Ils devinrent par la suite les meilleurs

Les sculptures ne font pas face à l'océan mais lui tournent le dos, comme si elles observaient le pays et les membres du clan.

Les figures étaient sculptées dans de la roche volcanique et le blanc des yeux coloré avec des coquillages pilés. Beaucoup de statues portaient comme marque honorifique des chapeaux de pierre.

Situation géographique

L'île de Pâques, possession chilienne, se situe dans le Pacifique sud, au sud du tropique du Capricorne. Très isolée, cette île se situe à 3 700 kilomètres de la côte chilienne et à 4 000 kilomètres de Tahiti. En 2002, elle comptait 3 791 habitants.

tailleurs de pierre de tout le Pacifique et furent les seuls à développer un système d'écriture : l'écriture *rongorongo*.

Une tête stylisée aux longues oreilles

Dès l'an 400, les habitants de l'île de Pâques aménagèrent d'immenses plates-formes de pierres, appelées *ahu*, qui constituaient des lieux d'inhumation à l'air libre. Les corps y étaient exposés, jusqu'à ce que les oiseaux et les insectes aient nettoyé les ossements et qu'il n'en reste que le squelette. Celui-ci était alors enterré sous l'*ahu*, puis l'on organisait une fête en l'honneur du défunt et l'on érigeait sur l'*ahu* des statues sculptées dans la pierre tendre du volcan Rano Raraku. Les statues, ou *moai*, par leur taille et leur ornementation, symbolisaient l'opulence et la puissance du clan. Vers l'an 1000, cette représentation prit de plus en plus souvent la forme d'un homme au visage stylisé et dont le corps s'ornait souvent de décorations, censées représenter les tatouages. Orientées vers l'intérieur des terres, les statues regardaient les hommes du clan.

Les Pascuans anéantis

L'île fut peut-être envahie vers 1400, mais l'événement n'est attesté d'aucune façon. Une chose est cependant sûre : le bois vint à y manquer. Le transport et l'érection des statues ainsi que la construction de bateaux et de maisons toujours plus prestigieuses avaient anéanti le peuplement forestier de l'île. Sans arbres, la vie devint rude, la terre se dessécha et devint stérile. Le cannibalisme fit son apparition : on dévorait les femmes et les enfants des ennemis. Les *ahus* furent détruits et les statues renversées. Puis vinrent les plus terribles des ennemis : les Européens, avides de terre. En 1862, les Péruviens déportèrent tous les habitants capables de travailler pour les utiliser comme esclaves dans leurs mines. Ceux – peu nombreux – qui purent revenir sur l'île y introduisirent la peste. Peu de statues étaient encore debout à l'époque, car les chrétiens les avaient détruites comme symboles du paganisme. En 1877, l'île ne comptait plus que 110 habitants. Elle fut annexée en 1888 par le Chili. Des entrepreneurs européens en firent une immense prairie pour l'élevage de bovins et y établirent une léproserie. Des structures démocratiques ne firent leur apparition que vers la fin des années 1960. Mais le mystère des colosses de pierre subsiste.

Pour construire et déplacer ces statues, les insulaires anéantirent peu à peu le peuplement forestier de l'île.

Rapanui

La langue officielle de l'île de Pâques est le *rapanui*. Deux cents ou trois cents locuteurs de cette langue vivent actuellement au Chili, à Tahiti et aux États-Unis.

Les Aborigènes d'Australie et, notamment, les Anangus appellent *Uluru* le monolithe rouge d'Ayers Rock.

Ayers Rock

Uluru : tel est le nom que les Aborigènes, et notamment les Anangus, donnent à ce rocher rouge qui est leur plus grand sanctuaire. Selon la légende, Uluru fut créé au « Temps du rêve » par deux jeunes gens qui jouaient dans la boue après un orage. Mais qui étaient ces êtres mythiques qui peuplaient le monolithe ?

Uluru, « demeure des Ancêtres » et sanctuaire des Aborigènes

En 1873, l'ingénieur William Gosse qui explorait la partie nord de l'Australie fut le premier Blanc à découvrir ce monolithe gigantesque. Il le baptisa du nom du Premier ministre australien d'alors, Henry Ayers, qui avait financé l'expédition. Ce qui avait commencé avec la découverte de ce continent, à savoir, l'extermination et l'expulsion des populations indigènes et la destruction de leurs lieux sacrés, ne fit alors qu'empirer. Les colons rendirent les conditions de vie des Aborigènes si difficiles qu'ils ne sont plus, aujourd'hui, que 50 000 sur le territoire australien.

Uluru, dans la langue des Anangus, signifie la « demeure des ancêtres ». Bien qu'Uluru soit un lieu sacré pour les Aborigènes, des centaines de touristes l'escaladent quotidiennement ; certaines grottes ornées de graffitis – attestant une présence humaine il y a plus de 20 000 ans – sont cependant interdites aux public.

Carrefour des chemins de rêve

Uluru est le deuxième plus grand monolithe du monde. Il se compose de roches sédimentaires, et plus exactement, de grès. Sa circonférence est de 9,4 kilomètres, sa largeur de 2,4 kilomètres et sa longueur de 3,6 kilomètres. Avec une hauteur de 348 mètres, il occupe une surface de 3,3 kilomètres carrés. On estime son âge à 600 millions d'années. L'érosion a bien sûr rongé sa superficie, mais de manière si uniforme que le rocher conserve encore sa forme originelle. Chacun de ses plis, de ses saillies ou de ses éminences, aussi minimes soient-elles, ont pour les Aborigènes une signification particulière. Les taches d'humidité, par exemple, sur ses flancs seraient des taches de sang des hommes-serpents venimeux, battus lors d'un célèbre combat du Temps du rêve.

Chaque cavité, à la base de l'Uluru, revêt pour les Aborigènes une signification à laquelle est associé un certain rituel. Beaucoup d'entre elles sont ainsi dotées de dessins, dont certains datent de plus de 3000 ans. Mais nul n'a pu à ce jour déchiffrer ces représentations qui symbolisent des événements du Temps du rêve. Cette époque englobe à la fois le récit de la genèse du monde et les mythes des Aborigènes, qui se transmettent uniquement par la voie orale. Les Aborigènes, de même que leurs rites secrets et leurs traditions, sont aujourd'hui menacés d'extinction.

La vengeance des esprits

Régulièrement des visiteurs enthousiastes rapportent qu'un champ énergétique magique entoure l'Uluru. On raconte également que les esprits se vengent des intrus blancs, ce qui explique les innombrables chutes ou blessures dont ils sont victimes. Une femme, dit-on, fut ainsi menacée de mort pour s'être approchée d'un endroit considéré comme tabou pour les femmes. Mais le cas le plus célèbre est celui du bébé Azaria. Un couple, les Chamberlain, perdit sur le rocher leur enfant âgé de deux mois. Ils racontèrent aux autorités que l'enfant avait été enlevé et dévoré par des dingos, mais Lindy Chamberlain fut accusée d'infanticide et condamnée à la prison à vie. On découvrit, six ans plus tard, dans un endroit peuplé de dingos, le gilet ensanglanté du bébé. Lindy Chamberlain fut alors acquittée, mais cette découverte relança l'idée que le bébé était mort en raison de la présence d'animaux totems du Temps du rêve dans les environs et qu'il s'agissait donc d'une vengeance des esprits contre les intrus.

Des rivières souterraines sillonnent de part en part Uluru. La plupart d'entre elles ne sont connues que des Aborigènes.

Les Aborigènes appellent les touristes blancs les « fourmis », en raison des processions qu'ils forment lorsqu'ils se hissent au haut du rocher le long d'un filin d'acier.

Taishan, la montagne sacrée

« On trouve, non loin du lieu de naissance de Confucius, la montagne sacrée de Taishan, l'Olympe chinois. Depuis des temps immémoriaux, elle se dresse au milieu d'un vaste massif montagneux et s'étire majestueusement à travers la contrée. À ses pieds se mêlent les eaux de différentes rivières, venant de toutes les directions. Des nuages enveloppent son sommet. Elle dispense autour d'elle pluie et rayons de soleil. » (2)

Lieu de prière avec des inscriptions, le long du Chemin du Ciel. Pour s'assurer richesse et prospérité, on y brûle encore des billets de banque, en signe d'offrande.

Harmonie du ciel et de la terre

Troisième sommet des cinq montagnes sacrées, la montagne de Taishan se dresse à 1 524 mètres dans la vallée du fleuve Jaune, dans la province de Shandong, berceau de la civilisation chinoise. Bien qu'elle ne soit pas la plus haute, la montagne de Taishan est considérée comme le plus grand sanctuaire de Chine, le centre de la religion taoïste. Aux débuts de la civilisation chinoise, elle marquait la limite entre le monde connu et inconnu, car la province de Shandong, dit la légende, était peuplée de mages qui étudiaient toute leur vie et vivaient au contact des Immortels. Depuis 2000 av. J.-C., les empereurs chinois, soixante-douze au total, sont venus ici en pèlerinage

Son baluchon sur les épaules, un pèlerin gravit les marches du ciel.

Enveloppées d'un voile épais de nuages, les cinq montagnes sacrées : à l'aube de la civilisation chinoise, ces montagnes marquaient, disait-on, la frontière entre le monde connu et inconnu.

et offraient leurs dons au Ciel et à la Terre. Pourtant, Taishan n'a jamais été réellement associé à l'enseignement de Confucius et à l'enseignement officiel de l'Empire chinois. Taishan est le royaume du mage, de l'alchimiste, du rebelle.

La religion des rebelles

Ce rebelle s'appelait Lao-Tseu et il est l'auteur du *Tao-tö-king*, le livre fondateur du taoïsme. On ne sait pas grand-chose de ce maître mystique, né au VIe siècle av. J.-C. et contemporain de Confucius, qui enseigna le chemin de la moindre résistance, de l'harmonie et non de la lutte avec la nature. Le taoïsme est une religion à la fois stricte et sophistiquée. Né à une époque de guerres perpétuelles, Lao-Tseu prônait la paix et l'harmonie entre monde intérieur et monde extérieur. Toute confrontation, selon lui, résulterait d'une incapacité à vivre en accord avec la vraie nature et la réalité, le tao.

Les taoïstes ne reconnaissent pas de prétendue supériorité de l'Homme sur les animaux soi-disant inférieurs. Ils préfèrent l'observation et l'harmonie de toute chose. Aussi devinrent-ils, par voie de conséquence, les maîtres de l'alchimie et de la prédiction. Pour eux, la terre est un organisme vivant, plein d'énergie vitale. Le taoïsme fut ainsi à l'origine du feng shui, l'enseignement du vent et de l'eau qui permet de découvrir l'orientation des bâtiments qui réunit les meilleures qualités. Tous les centres du taoïsme furent choisis en fonction de leur énergie vitale. Taishan, le plus mystérieux et le plus sacré de tous les lieux taoïstes, est également le plus riche en énergie.

Le chemin est le but

Surmontant un dénivelé de 1 350 mètres, 6 293 marches conduisent au temple le plus bas, dédié au dieu de la Montagne : le temple de l'empereur de Jade. Avant d'y arriver, il faut franchir la porte Céleste du sud. Yu Huang, l'empereur de Jade, est la plus grande divinité du taoïsme, le seigneur du Présent. Mais, tout au long du chemin, on trouve aussi d'autres temples, plus petits, ainsi que des sources, des bosquets de cyprès, des cascades et des lacs, qui sont autant de lieux de recueillement, de prière et de sacrifice. Jadis, jusqu'à 10 000 personnes montaient chaque jour jusqu'à ce sanctuaire, mais, l'enseignement taoïste voulant que l'on puisse trouver chacune de ses divinités où que l'on soit, ses adeptes peuvent prier et porter des offrandes partout, car le chemin est le but de ces rites.

Chartres

Avec ses dimensions impressionnantes et ses magnifiques vitraux, la cathédrale de Chartres est l'une des plus belles du monde. Trente ans furent nécessaires pour édifier cette Bible illustrée, composée de 173 fenêtres immenses. Maître en son art, l'architecte – dont le nom est aujourd'hui perdu – n'utilisa aucun mur porteur et fit reposer l'ensemble de cette merveilleuse construction gothique sur des ogives.

Le miracle de la statue de Marie

À 90 kilomètres à peine de Paris, Chartres se situe dans une plaine fertile au bord de l'Eure, qui constitua de tout temps un important bassin agricole. En son centre se dresse une colline, au sommet de laquelle une cathédrale veille depuis plus de 1 500 ans sur la petite ville. À l'époque des bâtisseurs de Stonehenge, on trouvait à cet emplacement un dolmen, qui marquait probablement l'un des centres les plus porteurs d'énergie de la terre. Conjointement à une source, le lieu était en tout cas vénéré comme lieu saint. D'après la légende, 100 ans avant la naissance de Jésus, un druide y prédit qu'une vierge mettrait au monde un enfant. Le lieu fut ainsi dédié à cette vierge qui était vénérée sous la forme d'une madone noire. Les druides celtiques sculptèrent, dans un tronc de poirier, une Vierge à l'enfant, qu'ils gardèrent dans une grotte et baptisèrent pour cette raison la « Vierge souterraine ».

Notre-Dame de Chartres, aux proportions parfaites, fut construite selon le nombre d'or.

Déjà à l'époque des druides, qui enseignaient ici sur un dolmen, Chartres était le centre d'un culte marial.

Au IIIe siècle, les premiers chrétiens découvrirent l'endroit et la statue de la Vierge et y fondèrent une église, vouée au culte marial. Ainsi débute l'histoire de l'église de Chartres. L'édifice que nous pouvons admirer aujourd'hui est le sixième, les précédents ayant péri dans les flammes. En 743, le duc d'Aquitaine incendia la première église, les Danois brûlèrent la deuxième en 858, la troisième et la quatrième église furent incendiées en 962 et en 1020, puis une première cathédrale fut brûlée en 1194. À propos de ce dernier incendie, une étrange histoire raconte que tout le bourg, et pas seulement la cathédrale, fut en proie aux flammes. Les tentatives pour éteindre ce feu échouèrent. Au bout de quelques jours, le bourg et la cathédrale furent littéralement rasés. Pourtant, on découvrit dans la crypte, sous les décombres, le manteau de Marie offert à la cathédrale en 876 par le petit-fils de Charlemagne : la relique était intacte. Tel un phénix qui renaît de ses cendres, la nouvelle cathédrale – celle que nous voyons aujourd'hui – fut ensuite reconstruite en seulement 30 ans.

Un repos pour l'âme, une stimulation pour l'esprit

L'architecture gothique, dont personne ne connaît ni l'origine géographique ni les premiers instigateurs, commença à s'épanouir en Europe au XIIe siècle. Chartres est l'exemple le plus impressionnant des quatre-vingts cathédrales bâties en France à cette époque. Les Templiers avaient-ils découvert en Terre sainte quelques secrets qu'ils purent ensuite mettre en œuvre en Europe avec l'aide des Cisterciens ? On suppose que les Templiers découvrirent, à Jérusalem, l'anneau de Moïse qui commandait, en des proportions divines, aux nombres, aux poids et aux mesures. Les Cisterciens réussirent ensuite à déchiffrer leurs secrets et les utilisèrent pour la première fois lors de la reconstruction de la cathédrale de Chartres, imaginée selon un schéma divin. Proportions, orientation, agencement et symboles, tout, en effet, est conçu pour reposer l'âme et stimuler l'esprit. L'ensemble des proportions se ramène au rapport fondamental de la Section d'or – 1,618 pour 1 –, connue depuis l'Antiquité. La distance entre les colonnes, la longueur des nefs, du cloître et du chœur correspondent toujours au produit d'une multiplication par le nombre d'or. Sous l'autel, on trouve, à 37 mètres de profondeur, l'étiage de la source, tandis que la voûte gothique culmine en ce même endroit à 37 mètres de hauteur. Les arceaux sont si parfaitement proportionnés qu'ils ne semblent supporter aucune charge.

Comme le manteau de Marie, offert à la cathédrale en 876 par le petit-fils de Charlemagne, ce vitrail du XIIe siècle a lui aussi échappé à la dévastation des flammes.

Après la révolution française, Notre-Dame devint un entrepôt. Robespierre la sauva de la destruction en la consacrant à l'« Être suprême ».

Notre-Dame de Paris

C'est à Paris que se dresse la reine des cathédrales gothiques, Notre-Dame de Paris. Notre-Dame constitue le centre de Paris. C'est ici, sur l'esplanade de la cathédrale, que se situe le kilomètre zéro, point de référence qui permet de mesurer les distances entre Paris et les autres villes françaises, par exemple, sur l'autoroute. C'est ici également que Napoléon Bonaparte, le 2 décembre 1804, en présence de Pie VII, se fit sacrer empereur des Français et fit de sa femme, Joséphine, une impératrice.

La fureur de construire

Beaucoup d'églises et de cathédrales portent en France le nom de Notre-Dame, car c'est ainsi qu'on nomme la Vierge. La construction de Notre-Dame de Paris débuta en 1163, à l'initiative de l'évêque Maurice de Sully, pour ne s'achever qu'en 1345. Durant les 182 ans que durèrent les travaux, plusieurs styles gothiques – empruntés pour la plupart aux autres grandes cathédrales de France – sont venus enrichir l'architecture de Notre-Dame.

Dès la préhistoire, l'endroit était porteur d'une énergie particulière et constituait un lieu de culte. Avant notre ère, les Gallo-Romains y édifièrent un temple, auquel succédèrent, dans les premiers temps de la chrétienté, une basilique, puis une église romane. Quand l'évêque de Sully entreprit la construction de Notre-Dame, il fit au préalable détruire la basilique existante, ce qui témoigne de la fureur de construire qui s'était alors emparée de la France. Ainsi s'exprimait le désir de voir l'avènement d'une nouvelle architecture, légère et aérienne, opposée à la lourdeur du style roman : le désir d'une nouvelle transcendance, ramenée en Europe par les Templiers.

La nef centrale de Notre-Dame est longue de 130 mètres, large de 48 mètres et haute de 35 mètres. Notre-Dame de Paris peut accueillir jusqu'à neuf mille personnes. La rosace nord comprend quatre-vingt représentations, tirées de l'Ancien Testament. Presque tous les vitraux datent du XIIIe siècle.

Victor Hugo à propos de Notre-Dame

« Chaque face, chaque pierre du vénérable monument est une page non seulement de l'histoire du pays, mais encore de l'histoire de la science et de l'art. » (3)

La géométrie sacrée de l'art gothique

L'ordre des Templiers fut dissous au début du XIVe siècle par Philippe le Bel et ses adeptes furent brûlés vifs. Avec eux, le style gothique disparut aussi soudainement qu'il était apparu quelque deux cents ans plus tôt. On continua, bien sûr, à construire des églises gothiques avec de hautes voûtes et des ogives, mais ces édifices devinrent surchargés. La géométrie sacrée avait disparu en même temps que ses instigateurs. Le savoir secret des Templiers est sans doute à mettre en rapport avec l'arche d'Alliance que Salomon avait voulu mettre à l'abri dans son temple. Les Templiers, neuf nobles originaires de France et des Flandres, y furent dépêchés pendant dix ans pour percer ses secrets. Quelle puissance cette géométrie sacrée conférait-elle aux hommes ? Quelles forces habitent les cathédrales gothiques, elles-mêmes construites sur des sites chargés d'énergie ? Les cathédrales gothiques réveillent des forces inexplorées.

La rosace mesure 10 mètres de diamètre. En plus de sept cents ans, elle n'a subi aucun dommage.

Le mystère du culte marial

Comme nous l'avons déjà indiqué, de très nombreuses cathédrales furent bâties en l'espace de cent cinquante ans dans tout le nord de la France. Notre-Dame de Paris fut la première de cette vague de construction, bientôt suivie de Strasbourg en 1176, Bourges en 1185, Chartres en 1194, Rouen en 1200, Reims en 1211, Amiens en 1220 et Beauvais en 1247, auxquelles il faudrait encore ajouter Bayeux, Laon, L'Épine et Évreux. Or, si l'on relie toutes ces villes par des lignes, on s'aperçoit qu'elles dessinent la constellation de la Vierge. Comme nous l'avons déjà dit à propos de Chartres, ceci prouve que la vénération d'une vierge enfantant avait probablement des racines préchrétiennes. Tous ces sites sont, en effet, d'anciens établissements celtes, ainsi qu'en témoigne la présence de dolmens et de lieux de culte à l'arrivée des légions de César, c'est-à-dire avant la naissance du Christ. Mais de qui les bâtisseurs de ces lieux de culte tenaient-ils leur savoir ? Les plus anciens témoignages écrits concernant le culte celte d'une vierge datent du XIVe siècle, c'est-à-dire d'une époque où les cathédrales avaient déjà été construites.

Héritages mystérieux

Tout autant que les monuments et les constructions antiques, les objets que l'on y découvre sont d'une importance capitale pour l'étude des civilisations anciennes. Les outils, les écrits, tout comme les objets d'art et de culte nous permettent de mieux comprendre les conditions et le contexte dans lequel ces cultures se sont développées. Ils nous permettent aussi de mieux comprendre notre propre civilisation et nous révèlent l'origine de certains rites ou de certaines légendes.

Même si certaines découvertes peuvent sembler étranges, l'étude de cet héritage nous éclaire sur le passé. On pense, par exemple, que certaines civilisations possédaient un savoir technologique, qui a été ensuite oublié, puis redécouvert récemment. Bien sûr, il existe aussi des copies visant à tromper les chercheurs en leur faisant croire que certaines techniques sont très anciennes.

Discerner le vrai du faux n'est pas toujours facile, car, parfois, les indices falsifiés se mêlent à des objets authentiques. Il arrive aussi que l'on tire de mauvaises conclusions de certaines pistes, que l'on ne découvre la fonction d'un objet que bien longtemps après sa découverte ou encore que des malentendus conduisent à une mauvaise appréciation des objets découverts. En se fondant sur diverses spéculations, les livres peuvent donner une image déformée de la réalité qui, dans certains cas, peut perdurer longtemps.

On présentera dans les pages suivantes une description de ces découvertes ainsi que le résultat des recherches dont elles ont fait l'objet.

Les pierres d'Ica, au Pérou, montrent des hommes, des animaux et des objets qui ne pouvaient pas exister sous cette forme à l'époque de leur fabrication.

Les géoglyphes

Survolant la plaine qui s'étend dans le sud du Pérou, entre la cordillère des Andes et l'océan Pacifique, des pilotes repérèrent, en 1927, des figures qui semblaient avoir été dessinées sur le sol. Personne au départ ne voulut les croire, jusqu'à ce qu'ils apportent pour preuve des photos. Ces images, aujourd'hui connues sous le nom de « lignes de Nazca », représentent des singes, des oiseaux ou encore de mystérieux motifs géométriques s'étirant sur une zone de près de 500 kilomètres.

Des lignes de pierre

Il y a plusieurs milliers d'années, les pluies charrièrent la roche sombre des Andes vers la plaine, plus bas, où elle s'oxyda avec le temps. Il y a environ 2000 ans, des hommes grattèrent cette couche sombre, pour faire réapparaître la couche inférieure, de couleur ocre, et dessiner ainsi différentes figures. Les roches sombres furent ensuite tassées sur une hauteur d'environ 1 centimètre de façon à mieux souligner le contour des figures. Vu du sol, toutefois, le contraste entre les roches sombres et la terre ocre ainsi que les différences de niveau sont à peine visibles. C'est en prenant de l'altitude que les dessins deviennent reconnaissables.

La mathématicienne Maria Reiche consacra cinquante années de sa vie à l'étude des lignes Nazca.

L'une des caractéristiques les plus étranges de ces lignes de Nazca est que certaines d'entre elles s'étirent sur plusieurs centaines de mètres en une ligne parfaitement droite. Pour la scientifique allemande Maria Reiche (1903-1998) qui étudia ces lignes de 1946 à sa mort, ces images furent d'abord dessinées à une plus petite échelle. Puis l'on tendit des fils à travers la plaine pour reporter le dessin sur le sol et gratter la couche supérieure de manière parfaitement régulière.

Album de croquis, culte divin ou repères ?

Aujourd'hui encore, on ignore les raisons qui ont présidé au tracé de ces lignes et de ces figures. Selon la théorie la plus populaire, il s'agirait là de pistes d'atterrissage destinées à des dieux ou à des extraterrestres. Selon Marie Reiche, cette œuvre avait été exécutée pour que les dieux puissent l'admirer de leur demeure céleste et aider les Indiens nazcas dans l'agriculture et la pêche. Une légende raconte aussi qu'un dieu créa cette plaine infertile pour punir les hommes qui l'avaient irrité. Si cette légende, certes, ne parle pas de piste d'atterrissage, elle suggère néanmoins que ces images sont une offrande faite à ce dieu.

Selon une autre théorie, les habitants de cette plaine auraient ainsi cherché à fixer sur leur sol leurs connaissances en astronomie. Cette dernière supposition, toutefois, est extrêmement controversée, car, dans les autres civilisations qui pratiquaient des cultes stellaires, on établissait généralement de petites cartes du ciel plus faciles à manier.

Enfin, une autre théorie met ces images en rapport avec des cours d'eau ou des sources souterraines repérables grâce à ces dessins. Cette supposition, qui pourrait rendre compte des structures purement géométriques, ne permet cependant pas d'expliquer les représentations d'animaux ou d'êtres humains.

En outre, on ignore qui furent les auteurs de ces figures. La plaine péruvienne n'étant pas fertile, il est en effet invraisemblable qu'un peuple s'y soit établi. Le lieu-dit de Nazca qui a donné son nom à ces lignes n'est situé qu'à une vingtaine de kilomètres, mais l'on ne trouve aucune autre trace d'habitation dans la pampa. Toutes les tribus indiennes connues à ce jour semblent, en effet, avoir évité ce lieu pour s'établir de préférence dans les Andes.

Le géoglyphe de l'araignée (ci-dessus), situé à la limite de la pampa de San José, est entouré de lignes et de triangles. Elle renverrait, par son nombre de pattes, au chiffre sacré des Nazcas, le 8.

Tous les géoglyphes répertoriés à ce jour – neuf cents au total – ne sont pas aussi facilement identifiables que l'araignée. Que représente, par exemple, l'image ci-dessous : des mains ou un oiseau ?

LE CHEVAL BLANC...

Mais le Pérou n'est pas le seul pays où l'on peut trouver ce genre de représentations. Dans l'Oxfordshire, en Grande-Bretagne, on trouve, par exemple, près d'Uffington Castle, un « cheval blanc », situé sur une colline du même nom. Cette colline est en réalité un monticule de terre artificiel, qui date de l'âge du fer. L'image stylisée du cheval fut elle aussi grattée sur la colline, de manière à faire ressortir la couche crayeuse, recouverte par la végétation. Au sol, l'image est difficilement reconnaissable du fait de ses dimensions (110 mètres sur 37) et de l'irrégularité du terrain.

Sous l'action du vent et de la végétation, l'image du cheval s'est toutefois peu à peu dégradée jusqu'à pratiquement disparaître au XVIIIe siècle. Au XIXe siècle, l'organisation English Heritage, spécialisée dans la conservation des monuments historiques, se chargea de nettoyer le dessin. Depuis, l'image du cheval blanc est devenue si populaire que l'on a dessiné, selon le même procédé, d'autres silhouettes de chevaux sur des collines de l'Angleterre du Sud.

On ne connaît pas l'époque à laquelle ce cheval blanc a été tracé et on ne sait rien de ses auteurs. Dans les années 1990, on admettait généralement que le dessin datait de l'âge du fer (environ 800-50 av. J.-C.), c'est-à-dire de la même époque que Uffington Castle, situé à proximité. Cependant, un nouveau procédé de datation a fourni d'autres données, selon lesquelles ce cheval serait plus ancien et daterait de l'âge du bronze (environ 3000-1000 av. J.-C.). Ces résultats sont cependant en contradiction avec la tradition populaire locale, selon laquelle ce dessin aurait été réalisé par des envahisseurs anglo-saxons au Ve siècle apr. J.-C.

Les contours de serpents de la colline d'Adams County ne sont pas partout aussi visibles qu'ici.

... ET LES SERPENTS VERTS

En Amérique du Nord également, on trouve des figures similaires, réalisées toutefois selon un autre procédé.

Malgré ses 236 mètres de hauteur, le Candélabre, situé sur la côte Pacifique, est aussi visible de mer.

Le cheval blanc d'Uffington Castle n'est lui aussi visible que du ciel.

Contrairement à ce qui s'est fait dans la pampa péruvienne, il s'agit là de collines artificielles en forme d'animaux. La plupart de ces sculptures sont situées dans le Wisconsin, mais on en trouve également dans l'Iowa, dans l'Illinois et en Géorgie. Là aussi, les créatures représentées ne sont identifiables que vues du ciel (voir l'encadré ci-dessous).

D'autres collines semblables ont sans doute été victimes de l'extension urbaine. Ainsi, en 1858, le marchand William Pidgeon, archéologue amateur et collectionneur de mythes indiens, fit, en effet, le récit de ses voyages et de ses travaux. Or ces notes contiennent des esquisses de collines qui n'existent plus aujourd'hui. Le récit de Pidgeon contient également des informations fournies par un prophète indien, De-coo-dah, que le marchand considérait comme un descendant du peuple indien à l'origine de ces collines. Selon De-coo-dah, ces collines seraient un alphabet et auraient servi à l'origine à transmettre un message à la postérité. Interrogé sur la forme récurrente du serpent, De-coo-dah aurait, en réponse, raconté des légendes dans lesquelles se mêlaient mythes et descriptions astronomiques. Pidgeon en conclut que ces images représentaient sans doute des calendriers ou des constellations.

Bien que rejetant ces considérations, des scientifiques se sont néanmoins mis à fouiller ces collines et à en établir le relevé topographique. Rien, toutefois, ne leur permet à ce jour de confirmer les paroles de De-coo-dah, de sorte que le mystère des collines d'Amérique du Nord, malgré de nouvelles découvertes et de nombreuses publications, reste entier.

Les représentations

Les collines d'Amérique du Nord représentent généralement des serpents, dont certains sont en train d'avaler un œuf. D'autres collines, notamment dans le Wisconsin, représentent des oiseaux à tête d'homme, des hommes à deux têtes ou encore des créatures dont les contours pourraient évoquer des chiens. À certains endroits, comme à McGregor, dans l'Iowa, plusieurs collines de même forme se succèdent à distance régulière, comme pour représenter une parade d'animaux.

Les pierres d'Ica

En 1961, on découvrit à proximité de la petite ville péruvienne d'Ica des pierres gravées dont l'âge fut estimé à plus de 10 000 ans. Pourtant les images représentées sur ces pierres – objets et êtres vivants –, en l'état actuel de connaissances, ne peuvent pas avoir existé à cette époque dans cette configuration.

Greffes cardiaques, télescopes et cartes géographiques

En 1974, le Français Robert Charroux fut le premier à s'intéresser à la collection du Dr Javier Cabrera, qui comprenait à l'époque plus de 11 000 pierres gravées provenant d'Ica. Javier Cabrera avait également en sa possession d'autres artefacts comme, par exemple, des statuettes de pierre ou d'argile. Selon ce dernier, ces pièces étaient des vestiges d'une civilisation aujourd'hui disparue et constituaient une preuve de l'existence d'une culture préhistorique.

Toujours prêt à exposer ses théories aux journalistes et aux scientifiques, le Dr Cabrera fit construire un musée et y exposa sa collection. Les dessins gravés sur ces pierres représentent des hommes observant le ciel à l'aide d'un télescope ou procédant à une greffe du cœur. À ce propos, on peut noter que la représentation du cœur est tout à fait correcte d'un point de vue anatomique. D'autres pierres représentent une chasse aux dinosaures ou encore des cartes géographiques presque complètes. Dans ses publications, Robert Charroux émit l'hypothèse que ces pierres constituaient la bibliothèque de l'Atlantide et dataient de plusieurs millions d'années, point sur lequel il semble en accord avec Cabrera.

L'atelier des Indiens

En 1977, le suisse Erich von Däniken s'intéressa à son tour aux descriptions de Charroux et se livra à ses propres investigations. Dans ses écrits, il rapporta ses discussions avec le Dr Cabrera et le décrivit comme un homme « entêté », soulignant au passage que ce dernier n'était jamais en mesure de fournir la moindre preuve ou le moindre argument. Däniken lui montra notamment des pierres qu'il avait achetées à un Indien qui les fabriquait lui-même. Mais à aucun moment, le Dr Cabrera n'accepta de revenir sur ses déclarations.

Un Indien prétendit avoir fabriqué pour le Dr Cabrera les pierres d'Ica et montra à des journalistes de la BBC comment il s'y était pris. D'abord noircies avec du cirage, les pierres étaient ensuite cuites dans du fumier d'âne. Toutes les pierres de la collection ont-elles été réellement fabriquées de cette manière ?

Pourtant, la seule présence de symboles chrétiens sur ces pierres rendit à de nombreux scientifiques les allégations de Cabrera très suspectes. Qui plus est, la datation de ces pierres est en réalité difficile puisqu'il ne s'agit pas d'un matériau organique. De plus, l'âge de la pierre ne coïncide pas nécessairement avec celui des gravures.

À la fin des années 1990, une équipe de télévision anglaise contacta un Indien qui affirmait avoir lui-même fabriqué une grande partie des pièces de la collection du Dr Cabrera. Celui-ci montra aux journalistes le procédé qu'il utilisait, qui consistait à noircir les pierres avec du cirage, puis à les cuire dans du fumier. Pierres, mais aussi statuettes de pierre ou d'argile : selon lui, tout avait été réalisé sur commande. Bien sûr, le Dr Cabrera protesta, mais il lui fut impossible d'avancer le moindre contre-argument. Poursuivant ses investigations, l'équipe de télévision révéla qu'on avait réellement découvert des pierres gravées à proximité d'Ica, mais que ces gravures ne représentaient rien d'extraordinaire. Pour finir, les journalistes conclurent que les pièces de la collection du Dr Cabrera étaient des faux.

Le Dr Javier Cabrera décéda le 30 décembre 2001. Sa collection se trouve toujours dans le musée qu'il avait fait édifier. Bien qu'après le reportage télévisé les débats sur les pierres d'Ica se soient quelque peu calmés, certains chercheurs espèrent encore prouver qu'une partie au moins de la collection est authentique et pourrait donc nous renseigner sur d'antiques civilisations. Pour la plupart des scientifiques, cependant, ces pièces n'ont aucune valeur historique.

Le Français Robert Charroux est le premier à avoir décrit les pierres d'Ica dans ses publications.

Sur certaines pierres, les gravures représentent des êtres et des objets anachroniques : par exemple, des hommes d'avant le Déluge, équipés de télescopes.

La colonne de fer de Delhi

La colonne de fer de Delhi est sans aucun doute l'un des vestiges les plus populaires du xxe siècle. La légende raconte qu'elle assure le bonheur de tous ceux qui parviennent à passer leurs bras autour et à faire se rejoindre leurs doigts. On prétend également que, depuis son érection il y a plusieurs milliers d'années, cette colonne brave les intempéries et pourtant, aujourd'hui encore, elle ne porte aucune trace de rouille.

DESCRIPTION...

Le complexe de Qutab Minar doit son nom à une tour de la Victoire de 73 mètres, érigée à Delhi en 1193. Il abrite la plus importante mosquée de l'Inde : Quwwat ul-Islam Mashid, ce qui veut dire la « Mosquée de la puissance de l'Islam ». Si la mosquée et la tour de la Victoire furent édifiées à peu près à la même période, une autre colonne de fer, haute de 7 mètres et située dans la cour intérieure de la mosquée, est, elle, bien antérieure à la construction du complexe. Dessus, une inscription en sanskrit indique que le pilier se dressait autrefois à un autre endroit.

En 1969, l'explorateur suisse Erich von Däniken publia, dans l'un de ses ouvrages, un article consacré à cette colonne de fer. Selon lui, celle-ci serait composée de plusieurs morceaux soudés. En outre, l'alliage utilisé était inconnu en Europe à cette époque et ne comprenait ni phosphore ni soude, raison pour laquelle, 4 000 ans plus tard, ce pilier ne présenterait toujours aucune trace de rouille.

... ET RÉALITÉ

Quelques années plus tard cependant, Erich von Däniken reconnut très honnêtement s'être trompé. Sa première description paraît toutefois si convaincante que beaucoup continuent d'y accorder crédit. De fait, la colonne de Dehli présente indiscutablement un grand intérêt pour les scientifiques. Mais revenons aux deux erreurs commises par von Däniken.

Pour commencer, cette colonne date très vraisemblablement du Ve siècle apr. J.-C. On pense qu'elle se dressait à l'origine près du temple indien de Bihar, consacré à la divinité Vishnou. La forme inhabituelle de son extrémité

La colonne de fer est située à l'intérieur de la mosquée Quwwat ul-Islam Mashid, la Mosquée de la puissance de l'Islam.

laisse supposer qu'elle était surmontée d'une petite statue ou figurine. D'autre part, elle n'est pas constituée de plusieurs parties soudées et ne se compose pas d'alliages inconnus.

Pourtant, elle n'en possède pas moins quelques propriétés inhabituelles. Effectivement, le pilier fut vraisemblablement forgé d'un seul tenant, ce qui, pour une hauteur de 7 mètres, représente un poids d'environ 6 tonnes. Par ailleurs, le matériau utilisé est un fer extrêmement pur (99,75 %), ce qui explique qu'en dépit du climat chaud et humide qui règne en Inde durant les moussons, la colonne n'ait jamais rouillé.

À titre de comparaison, il faut savoir qu'en Europe, ce genre de travail n'a été possible qu'à la fin du XIXe siècle, c'est-à-dire quelque 1 500 ans plus tard. Auparavant, en effet, les Européens ne disposaient pas des connaissances nécessaires pour fabriquer une colonne de ce type. Du point de vue chimique, la réalisation de cette colonne est également étonnante. En 1938, en effet, on parvint en Europe à obtenir en laboratoire un fer d'une telle pureté. Mais, dans les conditions de production habituelles, il était impossible d'obtenir le même degré de pureté sur le produit fini.

Personne, à l'heure actuelle, n'a encore réussi à expliquer comment les forgerons de Delhi ont pu obtenir un fer aussi pur, sans que le métal perde de ses qualités.

On admet généralement que la colonne était surmontée d'une petite statue représentant le messager des dieux, Garuda.

Une inscription en sanskrit indique que la colonne se trouvait à l'origine à un autre endroit.

Les runes de Glozel

En 1924, à Glozel, près de Vichy, un paysan heurta en labourant des blocs de pierre, sous lesquels il découvrit une cavité souterraine. Son petit-fils en retira une tablette d'argile pourvue de signes qu'aucun d'entre eux, toutefois, ne parvint à déchiffrer. Munis de leur trouvaille, les deux hommes s'adressèrent à un archéologue amateur de Vichy. Les démarches qui suivirent dégénérèrent en une véritable polémique : tandis que pour les uns, ces tablettes constituaient une fantastique découverte, d'autres n'y voyaient qu'un faux grossier.

POLÉMIQUE AUTOUR DES RUNES

Il existe plusieurs versions sur la façon dont le Dr Antonin Morlet, archéologue amateur, en vint à s'opposer au Dr Louis Capitan, archéologue de renom. Une chose est pourtant sûre : quand il prit connaissance des runes, le Dr Morlet organisa des fouilles et découvrit dans cette même cavité d'autres tablettes d'argile ainsi que des ossements. Après quelques recherches, Antonin Morlet rédigea à leur sujet un mémoire et le transmit au Dr Capitan.

Celui-ci répondit avec enthousiasme, puis se rendit à Glozel pour y entreprendre à son tour des fouilles et récupérer la découverte à son compte.

Sans doute Morlet n'était-il pas d'accord avec cette façon de procéder : toujours est-il qu'il publia, peu de temps après l'arrivée de l'expert, sous son nom et sous celui du paysan qui les avaient découvertes, un article dans lequel il affirmait que ces tablettes dataient sans doute de 8000 av. J.-C. Le Dr Capitan réfuta violemment les conclusions de Morlet, mit en doute ses compétences et affirma que les runes n'étaient en vérité que des faux. Il avança pour cela plusieurs arguments, et notamment le fait qu'aucune civilisation de cette époque ne possédait de système d'écriture. De plus, on ne pouvait dire avec certitude s'il s'agissait d'une langue, car il était impossible de reconnaître dans ces signes aucune articulation en mots ou en phrases.

La polémique se prolongea durant plusieurs années et d'autres experts s'en mêlèrent. Mais le début de la Seconde Guerre mondiale mit abruptement fin à ces discussions et les runes sombrèrent dans l'oubli.

REDÉCOUVERTE ET DATATION

Vers la fin des années 1970, les discussions sur l'authenticité des runes reprirent de plus belle. Comme entre-temps les techniques avaient évolué, il fut possible de dater les tablettes d'argile et les ossements. Les recherches révélèrent que la plus vieille pièce, un os plat, datait d'environ 17 000 ans, tandis que les autres ossements ne dataient que de 15 000 ans. Quant aux tablettes d'argile, elles n'étaient apparues que beaucoup plus tard, sans doute vers l'an 600 av. J.-C. Bien entendu, d'autres tablettes ont peut-être existé, mais elles ne se sont pas conservées jusqu'à nos jours.

L'agencement apparemment arbitraire des runes de Glozel place les scientifiques devant une énigme.

Compte tenu de leur ancienneté, il est aujourd'hui quasiment impossible de déchiffrer ces tablettes, d'autant qu'on ne parvient pas à en isoler des mots ou des phrases. Certains scientifiques tentèrent également de les interpréter comme des documents astronomiques ou cultuels, mais ces hypothèses sont elles aussi fortement controversées.

Aujourd'hui encore, les scientifiques n'ont pas la même position face à cette découverte. Si pour certains experts, les runes sont authentiques, d'autres continuent de les tenir pour des faux. Certaines publications mettent en doute l'existence même de ces découvertes. En tout état de cause, ces débats ont largement contribué à renforcer et perpétuer le mythe des runes de Glozel.

Selon une théorie, les runes ne dateraient pas de la même époque que les supports sur lesquels elles ont été gravées. Ces signes auraient été notés vers 700 à 100 av. J.-C. par des pèlerins celtes qui auraient découvert les tablettes par hasard. Néanmoins il est toujours impossible à ce jour de les déchiffrer.

Des runes découvertes dans un village préhistorique de Chine présentent d'étonnantes similitudes avec les runes de Glozel.

D'autres runes dans d'autres parties du monde

On a longtemps cru que les runes de Glozel étaient uniques au monde, jusqu'à ce que l'on découvre en Chine d'autres tablettes portant des inscriptions similaires. Découvertes dans un village préhistorique, ces tablettes dateraient d'environ 8000 av. J.-C. D'autres signes, très proches des runes de Glozel, ont été également découverts en Australie.

Le mécanisme d'Anticythère

En 1900, des plongeurs découvrirent par 40 mètres de fond une épave, non loin de la petite île grecque d'Anticythère. Durant les fouilles, les chercheurs mirent au jour un grand nombre d'artefacts – statues et autres objets d'art – mais également un mécanisme à roues dentées, dont la fonction resta longtemps énigmatique. Dans les années 1950, ils parvinrent toutefois à comprendre qu'il s'agissait vraisemblablement d'un calculateur analogique.

Un planétarium à engrenage différentiel

Le mécanisme d'Anticythère se compose de plusieurs anneaux de bronze reliés par des roues dentées. Les dessins et les caractères gravés sur les anneaux semblent indiquer qu'il s'agit d'un instrument d'astronomie. En 1902, l'archéologue grec Spyridon Stais donna une première description du mécanisme, mais comme celui-ci était en morceaux quand les plongeurs le remontèrent à la surface, on ne lui prêta au début guère d'attention. Les autres vestiges découverts à bord de l'épave permirent, en outre, de conclure que le bateau avait coulé en 82 av. J.-C. et que le mécanisme datait de la même époque.

Dans les années 1950, le professeur Derek de Solla Price, professeur d'histoire des sciences à l'université de Yale, fut le premier à s'intéresser sérieusement à l'engin. En 1955, il fit paraître un premier article à ce sujet, mais c'est par son article de 1959, intitulé « Gears from the Greeks : The Antikythera Mechanism – A Calendar Computer from ca. 80 B.C. », qu'il fit connaître la machine d'Anticythère à un plus large public.

Décrivant la structure du mécanisme, il en déduisit qu'il était à l'origine protégé par un cadre de bois. Il conclut également que la machine servait à effectuer des calculs astronomiques, nécessaires en mer pour déterminer la position d'un bateau et donc pour naviguer. De fait, l'instrument permettait de calculer la position de certains astres, comme le Soleil, à un moment donné et de prévoir certaines dates, comme les équinoxes. Il permettait également de prévoir les différentes phases de la Lune, et ce, plusieurs années à l'avance.

Tout ceci, toutefois, n'était possible que grâce à un engrenage différentiel qui ne fut pourtant breveté en Europe sous cette forme qu'en 1828. Auparavant Léonard de Vinci (1452-1519) avait déjà dessiné un modèle d'engrenage différentiel mais celui-ci n'avait jamais été réalisé.

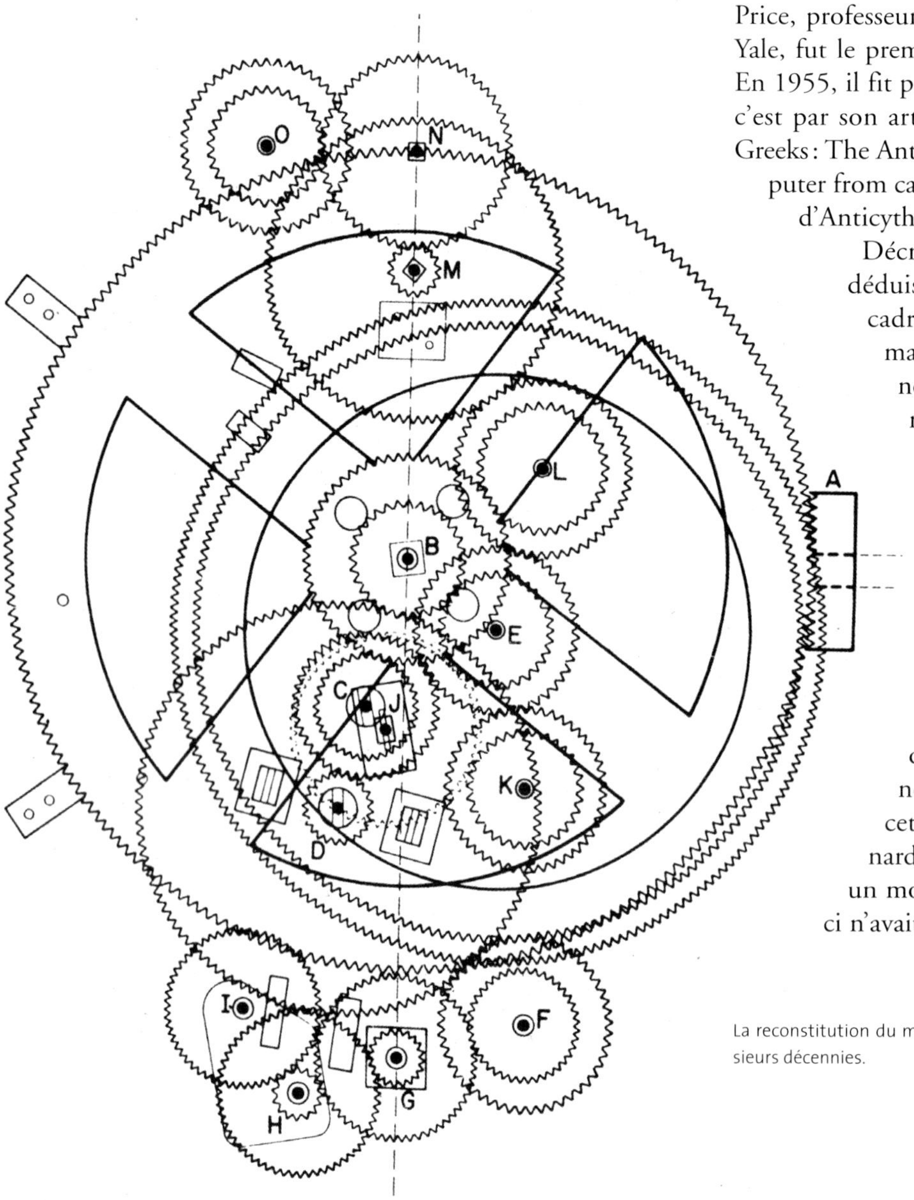

La reconstitution du mécanisme d'Anticythère dans son intégralité a pris plusieurs décennies.

Toutes les pièces de l'épave qui ont pu être renflouées sont aujourd'hui exposées au Musée national d'archéologie d'Athènes.

Structures complexes

À partir des années 1970, certains scientifiques tentèrent de reconstruire le mécanisme tel qu'il était à l'origine. Il fallut toutefois attendre le milieu des années 1990 pour qu'ils parviennent à reconstituer, après plusieurs analyses radiographiques, une copie complète du mécanisme, en état de marche. Un second exemplaire vit le jour en 2002.

Ce mécanisme complexe, composée de 32 pièces dont une vingtaine de roues dentées et fonctionnant un peu comme un calculateur, est absolument unique pour cette époque. En effet, si les scientifiques savaient que les Grecs, comme les Arabes, possédaient des connaissances assez sérieuses en astronomie et en mathématiques pour construire un calendrier mécanique, ils étaient cependant loin d'imaginer qu'on puisse concevoir à cette époque un mécanisme aussi ingénieux. Bizarrement, toutefois, aucun autre mécanisme du même genre n'a jamais pu être retrouvé. Le planétarium n'apparaît non plus dans aucune description, ce qui rend son origine encore plus mystérieuse. Aujourd'hui encore, on ignore qui a pu construire un tel engin. Sa fonction est également problématique, car le mécanisme d'Anticythère, très sophistiqué, paraît trop performant pour n'être qu'un simple instrument de navigation.

L'engrenage différentiel

L'engrenage différentiel est un mécanisme qui permet de réguler, selon certaines lois, la vitesse de rotation d'un axe. Ce mécanisme est souvent utilisé sur les véhicules à essieu, où les deux roues, à droite et à gauche, doivent, dans un tournant, parcourir une distance différente. Reliées de manière rigide à l'axe, les deux roues seraient entraînées de la même façon, ce qui gênerait la direction du véhicule. L'engrenage différentiel permet, par un procédé mécanique, de compenser cette différence.

Nulle part, on n'a pu retrouver jusqu'à présent de mécanisme similaire. On ignore également pourquoi ces connaissances n'ont jamais été réexploitées par la suite.

Technologies antiques

Au cours des fouilles ou des recherches, certaines formes sont parfois mises en rapport, consciemment ou non, avec des objets ou des événements. Ce type de rapprochement a parfois permis de découvrir des technologies anciennes grâce à différents indices. Mais parfois aussi les chercheurs font fausse route et leur imagination leur joue des tours.

Les hiéroglyphes d'Abydos

En 1990, alors qu'ils fouillaient le temple de Séti Ier, à Abydos, en Haute-Égypte, des chercheurs découvrirent une colonne ornée d'étranges hiéroglyphes. Les symboles semblaient, en effet, représenter un sous-marin, un char, un bateau de guerre et un hélicoptère. Comme ils figuraient de plus sur le même support, ils firent pendant un certain temps la une des journaux. Ces inscriptions ne prouvaient-elles pas qu'à l'époque de la construction du temple, c'est-à-dire vers 3000 av. J.-C., ces technologies existaient déjà ?

Mais l'enthousiasme fut de courte durée, car très rapidement on s'aperçut que tous les hiéroglyphes situés à droite et à gauche de ces dessins se déchiffraient aisément. Seul ce passage posa au départ quelques problèmes, jusqu'à ce que l'on gratte certaines parties des symboles. Il semble, en effet, que les scribes aient voulu à cet endroit procéder à des corrections en remplissant les signes existants avec du plâtre (ou un autre matériau) pour pouvoir inscrire de nouveaux hiéroglyphes pardessus. Peu à peu, ce matériau s'effrita et les anciens hiéroglyphes redevinrent visibles. Les images d'hélicoptère, de bateau de guerre, de char et de sous-marin n'étaient donc que le fruit du hasard et la maladresse des scribes avait sans doute aussi contribué à créer cette trompeuse impression.

Pour certaines personnes, ces hiéroglyphes continuent néanmoins de prouver l'existence de technologies avancées dans l'Égypte antique. Ces spéculations sont pourtant tout à fait vaines.

De prime abord, les hiéroglyphes d'Abydos semblent représenter un hélicoptère (en haut à gauche), un char (en haut à droite) et un sous-marin (au milieu, à droite).

Le planeur de Saqqarah

En 1898, des archéologues découvrirent dans une tombe, près de Saqqarah, en Égypte, un modèle réduit représentant un planeur. Daté de 200 av. J.-C. lors d'un premier examen, l'objet fut ensuite catalogué parmi les représentations d'oiseaux.

Il n'attira dès lors plus beaucoup l'attention jusqu'à ce que l'archéologue Kahlil Messiha (1924-1999) le redécouvre en 1969 et entame une nouvelle série de recherches. En effet, bien qu'une partie de la queue ait été brisée, ce modèle réduit ressemblait, selon lui, beaucoup à un planeur moderne.

De fait, des examens montrèrent qu'avant d'avoir été endommagé, l'objet était capable de voler. Rien, cependant, ne permit d'établir si le modèle réduit avait servi de maquette pour la construction d'un véritable planeur.

Bizarrement, le planeur de Saqqarah recommença à susciter l'intérêt de la communauté scientifique lorsque l'on exposa un jour une collection d'objets en or de Colombie, parmi lesquel certains bijoux présentaient également la forme d'un avion. Compte tenu de leur poids et de leur conception, ces objets ne pouvaient certes absolument pas voler, mais on put toutefois conclure de certains détails que, entre 500 et 800 av. J.-C., on s'était intéressé à ce phénomène en Amérique du Sud. On ignore cependant si cet intérêt s'est traduit par des expériences concrètes.

Le planeur de Saqqarah (appellé aussi le « pigeon ») est aujourd'hui exposé au Caire. Selon diverses théories, il s'agit soit de la maquette d'un véritable planeur, soit d'une simple girouette.

Certains bijoux en or de Colombie, datant de 500 à 800 av. J.-C., présentent eux aussi des similitudes avec nos avions modernes.

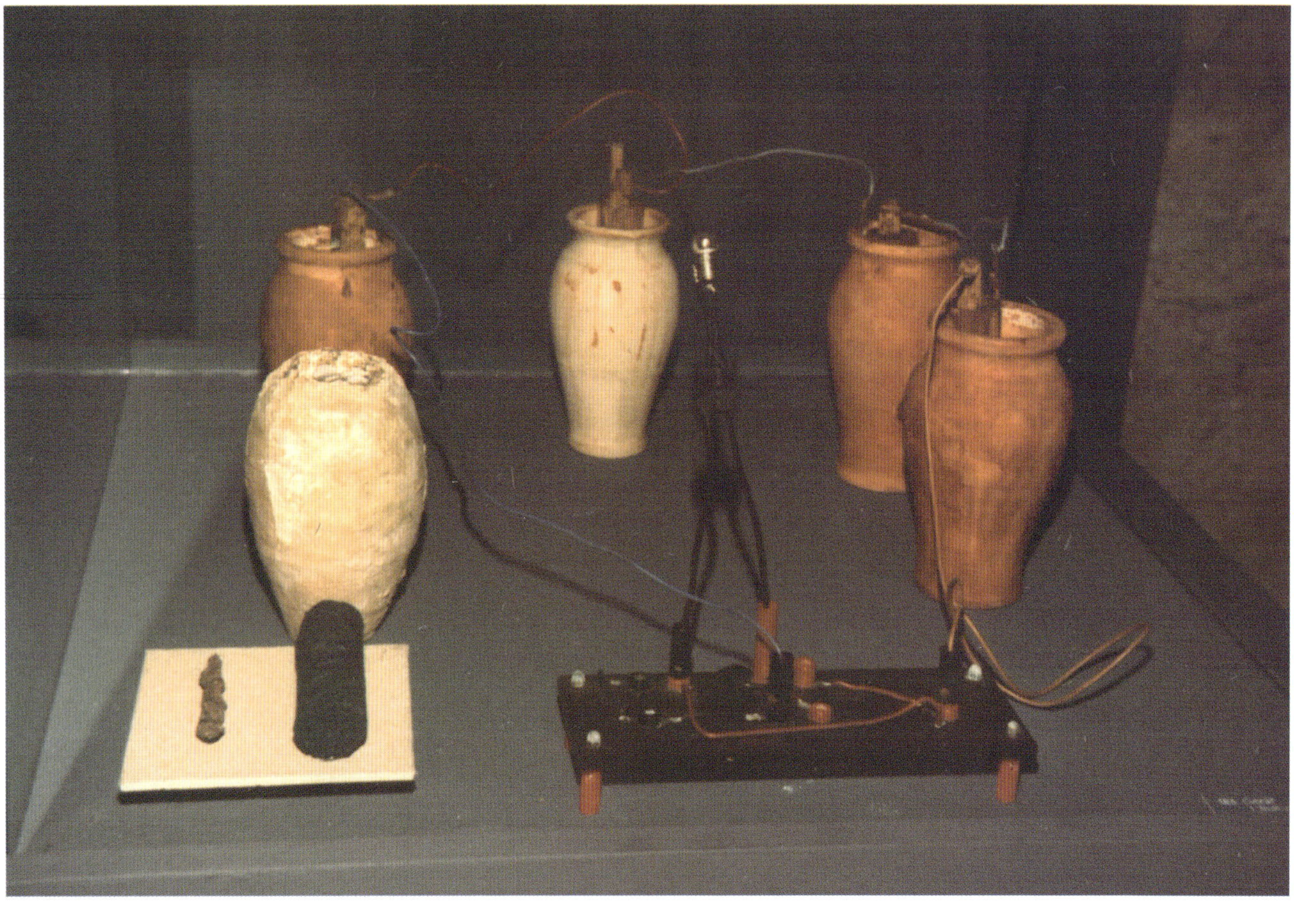

Le jaguar de Panamá

Le jaguar de Panamá, découvert en 1920, fut lui aussi considéré au départ comme un objet de décoration, représentant un jaguar en miniature. Quelque temps plus tard, toutefois, on émit l'hypothèse qu'il pouvait s'agir de l'ébauche d'une machine.

Le dos de l'animal, en effet, est étrangement plat et anguleux, tandis que sa queue paraît particulièrement vigoureuse et présente, sur son extrémité, deux roues avec des inscriptions. Les griffes du jaguar sont étrangement tordues, allongées vers leur extrémité et comme soudées les unes aux autres à la base. Tous ces éléments font penser que ce « jaguar » pourrait être en réalité une excavatrice, dont les pelles, représentées par les pattes et les griffes, pouvaient, grâce à une chaîne entraînée par les roues dentées de la queue, déplacer de grosses quantités de terre.

Lorsque l'on plonge différents métaux (en l'occurrence du cuivre et du fer) dans une solution acide, il en résulte une tension électrique. Dans le cas de la pile de Bagdad, cette solution acide (par exemple, du vinaigre) était versée dans un cylindre, ce qui provoquait un échange d'électrons.

En installant plusieurs piles parallèlement, on peut augmenter la puissance du courant généré. Nul ne sait cependant si ce courant était utilisé, car l'énergie produite était très faible et ne peut se comparer aux piles ou batteries modernes.

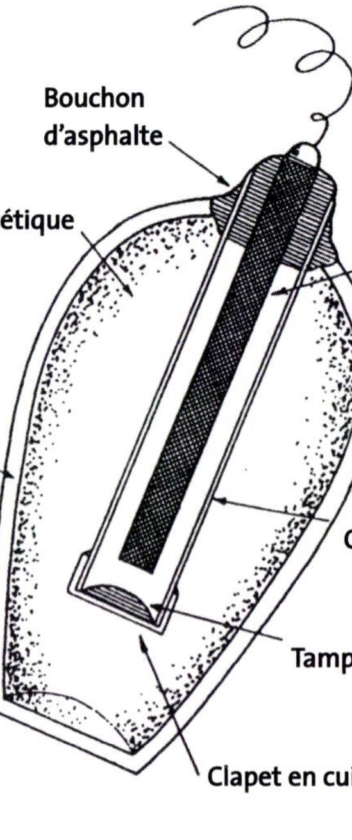

Selon certains experts, seule une technologie de ce type a pu rendre possible la construction de certaines villes comme Machu Picchu, la ville « perdue » des Andes péruviennes. Les sceptiques font toutefois valoir que la simple force musculaire permettait aussi d'accomplir ce travail et que la construction de cette excavatrice présuppose que l'on sache faire fondre le fer et fabriquer des pièces détachées. Aucune découverte ne permettant de conclure à l'existence d'un tel savoir, cette théorie se révèle pour l'instant inconsistante.

Les piles de Bagdad

En 1936, sur la colline de Khujat Rabu'a, au sud de Bagdad, les chercheurs découvrirent, dans un récipient en argile, un cylindre de cuivre qui contenait lui-même une tige de fer. Ce système évoquant une sorte de pile, l'archéologue autrichien Wilhelm König en conclut que certains civilisations antiques devaient connaître et utiliser l'électricité.

Quelques années plus tard, une expérience permit de reconstituer le fonctionnement de cette « pile ». En effet, lorsqu'on remplit le cylindre d'acide citrique ou acétique, un courant d'environ 1,5 à 2 V s'établit entre le cylindre et la tige de fer.

Les chercheurs firent alors le lien avec une autre découverte. En effet, on avait découvert précédemment dans la région de Bagdad de petites figurines recouvertes d'une couche d'or. Toutefois, contrairement à d'autres figurines découvertes plus tôt, celles-ci ne présentaient aucune trace correspondant aux procédés de dorure habituellement utilisés. Or, en supposant que la galvanoplastie – procédé consistant à recouvrir un objet de métal par électrolyse – était connue dès 250 ou 225 av. J.-C., l'énigme se trouvait résolue. De plus, on découvrit par la suite de nombreux récipients similaires. Par ailleurs, même si l'on n'était pas encore capable de produire de l'électricité par des procédés chimiques, certaines descriptions semblent prouver qu'on connaissait à l'époque l'électricité statique. Par exemple, en frottant des morceaux d'ambre l'un contre l'autre, on pouvait parvenir à attirer des particules légères, comme de la poussière ou des cheveux.

En théorie donc, l'emploi de piles semble possible, mais l'on ignore si cela a réellement été le cas.

On crut d'abord reconnaître dans cette figurine en or un jaguar. Plus tard, on émit l'hypothèse qu'il s'agissait peut-être d'une sorte de pelleteuse utilisée pour déplacer, par des moyens mécaniques, de grosses quantités de terre.

Le crâne de cristal

Peu d'artefacts ont suscité d'aussi vives discussions que ce que l'on appelle communément les « crânes de cristal » : des têtes de morts sculptées dans du cristal de roche ou des masques faciaux en quartz. Durant des décennies, scientifiques et théoriciens ésotériques ont élaboré à leur propos les spéculations les plus diverses et publié quantité de comptes rendus de « recherches ».

Un cadeau d'anniversaire ?

En 1927, la chercheuse Anna Mitchell-Hedges, alors âgée de 17 ans, et son père découvrirent sur le site de Lubaantum, au Belize, à proximité d'un autel, un objet inhabituel en cristal de roche. Ils n'y reconnurent pas tout de suite la forme d'un crâne, car la mâchoire inférieure était manquante. On ne la découvrit que trois mois plus tard, à quelques mètres de là. Très rapidement, les archéologues comprirent le caractère exceptionnel de cette découverte. En effet, si le cristal de roche est assez répandu dans la nature, sa taille, du fait de la dureté du matériau et de sa structure, nécessite une technique et des outils très particuliers, notamment pour réaliser une reproduction très réaliste, comme c'est le cas pour le crâne de Lubaantum (voir encadré, p. 85).

Très vite cependant, certains scientifiques se montrèrent sceptiques face à cette découverte dans laquelle ils ne voyaient qu'une simple mise en scène. En effet, le jour de cette découverte coïncidant avec l'anniversaire de la jeune Anna, on suspecta son père, l'archéologue Frederick A. Mitchell-Hedges, d'avoir préalablement enfoui l'artefact à proximité de l'autel pour l'offrir comme cadeau d'anniversaire à sa fille.

Pour ces sceptiques, le crâne aurait donc été réalisé assez récemment à l'aide de machines modernes. De fait, une étude récente semble confirmer cette supposition, puisque l'on a pu déceler, sous un microscope électronique, des traces d'outils modernes. Toutefois, il convient de remarquer que ce crâne n'est pas une pièce unique et

Selon le chercheur F. A. Mitchell-Hedges, plusieurs générations ont travaillé pendant plus de 150 ans pour obtenir un crâne aussi parfait. Pour lui, ce crâne était une incarnation du Mal, utilisée par les prêtres mayas comme instrument de pouvoir.

Le crâne de cristal fut découvert par la fille de Mitchell-Hedges, lors de fouilles effectuées dans la forêt vierge, près du site de Lubaantun, au Belize. Ici, un village maya d'aujourd'hui.

que d'autres crânes similaires ont été découverts par la suite, tous réalisés avec la même minutie.

Original ou faux ? Et si c'était un vestige de l'Atlantide ?

Pour des raisons incompréhensibles, seule l'authenticité du premier crâne est remise en doute. Pour de nombreux chercheurs, en effet, cette pièce est un faux, d'époque récente, vraisemblablement fabriqué en Europe. Pour certains groupes ésotériques, cet objet serait, en revanche, un vestige de l'Atlantide et il aurait été transmis par les habitants de ce continent aux Mayas. En datant le crâne de 3 600 ans, une époque où la civilisation maya n'était pas encore apparue, Anna Mitchell-Hedges mit elle-même cette pièce en rapport avec des connaissances ou des rites préhistoriques. Cette datation résulte de l'étude des couches de terre dans lesquelles le crâne a été découvert et dont l'âge peut être déterminé par la géologie. Le cristal de roche n'étant pas un matériau organique, il est impossible d'utiliser d'autres méthodes de datation.

Pour d'autres archéologues, cet objet est une pièce authentique, mais ne date que d'il y a 1 500 ans, voire même du XVe siècle. Toutefois, quel que soit son âge, rien ne permet d'expliquer comment il a été fabriqué. En Europe, il faut, en effet, attendre le XVIIe siècle au plus tôt pour concevoir théoriquement un tel objet. De plus, même à cette époque, une telle réalisation n'était pas toujours possible faute d'outils nécessaires.

Aujourd'hui encore on ignore donc d'où ce crâne peut provenir et à quel peuple il convient de l'attribuer.

Le travail du cristal

La taille du cristal est un travail très délicat, car le cristal est un matériau très fragile. En effet, si l'on ne respecte pas sa structure, celui-ci peut se briser ou se fragmenter. Une fêlure peut se propager à l'intérieur du cristal et provoquer de nouvelles fissures.

La structure du cristal de roche ne peut se reconnaître qu'à l'aide d'un verre grossissant grâce au phénomène de réfraction de la lumière.

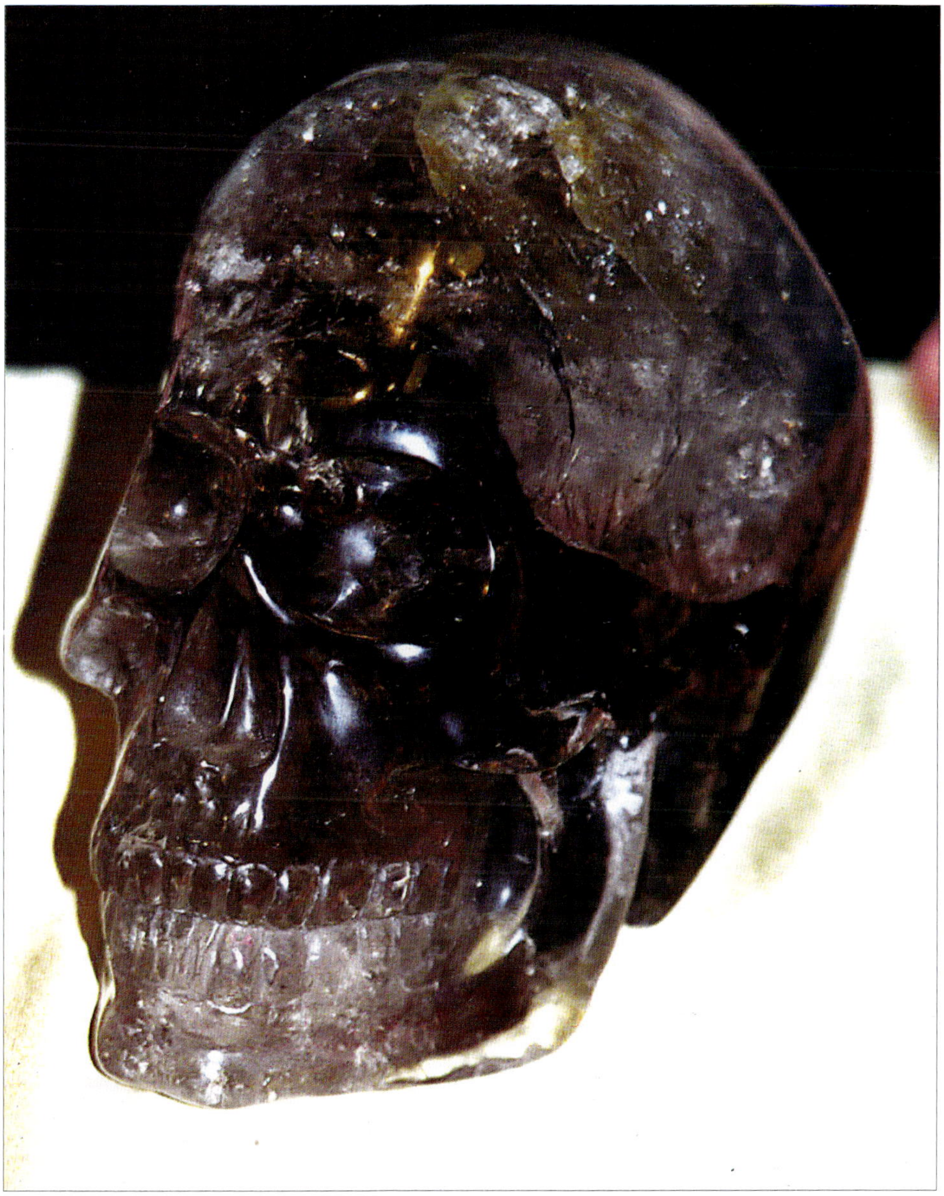

À la différence du crâne de Mitchell-Hedges, ce crâne en quartz fumé, découvert au Guatemala en 1908 et baptisé « E.T. », ne présente aucune trace d'outils modernes. On estime qu'il a au moins 500 ans.

Les boules de pierre du Costa Rica

On trouve au Costa Rica des centaines de boules de pierre, parfaitement rondes, de taille et de poids différents. Un grand nombre de ces boules fut détruit par les chercheurs d'or et, à l'époque coloniale, par les essartages ou les exercices militaires. Beaucoup, cependant, ornent encore les jardins privés. Leur énigme défie toujours la science.

Des boules énigmatiques

Aujourd'hui encore, on ignore d'où ces boules peuvent provenir. Bien que l'on en trouve quelques exemplaires au musée d'État de San José et que de nouvelles fouilles permettent, à intervalles irréguliers, d'en découvrir de nouvelles, enfouies dans le limon d'un delta ou dans la boue de la jungle, on sait très peu de choses à leur sujet.

La boule la plus lourde qu'on ait découverte jusqu'à présent pèse 16 tonnes. Elles sont toutes d'une rondeur parfaite et d'un diamètre uniformément égal. Beaucoup ont une surface extrêmement lisse, ce qui signifie qu'elles ont été vraisemblablement polies à l'aide d'un mélange d'eau et de sable. On se demande néanmoins comment les hommes qui les ont fabriquées ont pu obtenir un arrondi aussi parfait, notamment pour les boules les plus grosses et les plus lourdes. En effet, la réalisation de ces boules présuppose non seulement certaines connaissances en géométrie, mais également une technique appropriée. Sans moyen mécanique, il est, de plus, quasiment impossible de fabriquer de tels objets. En outre, ces boules sont en granit, un matériau qui n'existe pas dans cette région. On trouve cependant une carrière de granit, à environ 50 kilomètres en aval du fleuve.

Symboles astronomiques ou perfection divine ?

Beaucoup de peuples indiens ont vécu dans la région où l'on a retrouvé ces boules. Toutefois, aucun d'entre eux ne rapporte de légendes, susceptibles de s'y référer. Aucun non plus ne s'en attribue la paternité ni ne peut fournir le moindre renseignement à leur sujet. On sait toutefois que

L'une de ces boules est exposée devant le Musée archéologique du Costa Rica. Beaucoup ornent aujourd'hui les jardins de particuliers.

Des boules de pierre ont été également découvertes dans le parc national de Braulio Carrillo, à environ 20 kilomètres au nord de San José. Ces découvertes sont souvent dues aux chercheurs d'or qui, en raison de la coloration jaune de l'eau, pensaient pouvoir y trouver de l'or. En réalité, cette coloration jaune est due à des minéraux provenant d'un volcan proche.

ces boules avaient une importance particulière pour les Indiens, puisque certaines – parmi les plus petites – ont servi d'offrande funéraire. Certains chercheurs ont cru voir dans l'agencement des plus petites boules la représentation d'une constellation astronomique. Toutefois, ces conclusions n'ont pas pu être appliquées aux plus grosses boules, car ces sites ont été exposés au cours des siècles aux intempéries ou aux guerres, de sorte que, dans la plupart des cas, leur agencement originel n'est aujourd'hui plus reconnaissable.

De plus, dans les rares cas où l'agencement des boules est encore déchiffrable, celui-ci ne semble pas pouvoir confirmer cette hypothèse, les boules formant des lignes droites, des lignes ondulées ou des triangles. En outre, cette représentation des corps stellaires comme boules ne correspond pas aux croyances des Mayas et des Incas qui pensaient que les corps célestes, comme le Soleil, avaient une forme de disque. Cette théorie conduirait donc à supposer l'existence au Costa Rica d'une culture totalement originale, ce que de nombreux scientifiques tiennent pour improbable.

Enfin, selon une autre théorie, la perfection à laquelle les créateurs de ces boules tendaient doit être interprétée comme une sorte d'office religieux. Les boules, résultat de ce travail extrêmement soigné, symboliseraient ainsi la perfection divine. Cette interprétation permettrait, en outre, d'expliquer qu'on ne retrouve que très peu de traces de croyances anciennes. Il est toutefois vraisemblable qu'on ne saura jamais avec certitude si cette théorie correspond à la réalité.

Aucune légende ne nous renseigne sur les peuples qui ont pu être à l'origine de ces boules, ni sur leur fonction.

La carte de Piri Reis

Amiral de la flotte ottomane, Piri Reis (v. 1465–v. 1554) ou, plus exactement, Piri Ibn Haji Memmed, était de par sa profession un familier des cartes géographiques. Qu'il ait tenté de cartographier lui-même certaines régions n'a en soi rien d'étonnant pour l'époque. Rien d'étonnant non plus à ce qu'il se soit procuré des cartes représentant les régions où il comptait se rendre ni à ce qu'il s'en soit inspiré pour dessiner ses propres cartes. Le caractère énigmatique de sa mappemonde vient de ce qu'elle représente des régions encore inconnues à cette époque.

Des siècles durant, le palais de Topkapi, à Istanbul, fut le siège du gouvernement et la résidence des sultans ottomans. C'est là qu'on découvrit par hasard la carte de Piri Reis.

À travers l'Amérique

La mappemonde de Piri Reis, datée de l'an 919 selon le calendrier musulman – ce qui correspond à l'an 1513 du calendrier chrétien –, est vraisemblablement sa première carte du monde. Pour la composer, Piri Reis s'inspira de cartes plus anciennes dont il assembla les morceaux et qu'il compléta par des dessins qu'il avait lui-même collectés au cours de ses voyages à partir de 1481. Ce navigateur ottoman n'avait lui-même parcouru, pour l'essentiel, que l'espace méditerranéen et l'on ignore de quelles cartes exactement il se servit pour élaborer la sienne. Dans ses notes et commentaires, il fait toutefois état de documents portugais.

Outre l'Europe, l'Asie et une grande partie des côtes africaines, cette mappemonde de 1513 représente également le continent américain, ce qui correspond à l'état des connaissances d'alors, puisque l'on savait, depuis vingt et un ans déjà, que Christophe Colomb n'avait pas découvert la route occidentale de l'Inde mais un nouveau continent.

Si l'Amérique du Nord et les Caraïbes sont très incorrectement représentées – il manque plusieurs degrés de latitude et le littoral est imparfaitement dessiné –, la côte orientale de l'Amérique du Sud, en revanche, est aisément reconnaissable. Bien que le dessin de la partie occidentale de l'Amérique du Sud ne se soit pas conservé jusqu'à nos jours, celui de la côte orientale constitue à lui seul une énigme. On sait, en effet, que les Espagnols et les Portugais mirent plusieurs décennies pour cartographier les régions d'Amérique du Sud qu'ils avaient conquises. De quels modèles s'inspira donc Piri Reis pour dessiner sa propre carte ?

La découverte de l'Antarctique

L'Antarctique est recouvert d'une épaisse couche de glace qui peut atteindre jusqu'à 4 500 mètres. Intrigué par les descriptions de la « Terra Australis » qui, selon les calculs du mathématicien grec Ptolémée, devait constituer une sorte de contrepoids à l'hémisphère Nord, le navigateur anglais James Cook partit à la recherche de ce continent en 1772. Il y parvint en 1773, sans pouvoir toutefois apercevoir la terre, en raison du brouillard et de la glace. En 1819 seulement, le navigateur Fabian von Bellingshausen atteignit le continent proprement dit et en fit le tour l'année suivante. Au milieu des années 1950, les Américains procédèrent à la cartographie de l'Antarctique lors d'une opération baptisée « Deep Freeze ».

À travers l'Antarctique ?

Quand on redécouvrit cette mappemonde, en 1929, lors de travaux de déblaiement dans le palais de Topkapi, cette question suscita de vives discussions. Les chercheurs furent alors unanimes pour penser que cette carte avait été dessinée plus tard, vers le milieu du XVIe siècle, à une époque où le littoral de l'Amérique du Sud était déjà cartographié. Selon une autre théorie toutefois, Piri Reis aurait pu s'appuyer sur des connaissances que les Portugais tenaient eux-mêmes des Chinois ou des navigateurs nordiques.

En 1959, la mappemonde de Piri Reis retint de nouveau l'attention des scientifiques lorsque Charles Hapgood, professeur d'histoire au Keene State College, dans le New Hampshire, aux États-Unis, y découvrit le tracé des côtes de l'Antarctique, au sud de l'Afrique et de l'Amérique du Sud. Le plus étonnant dans cette découverte était que ce tracé correspondait au contour réel de l'Antarctique, alors que ce continent, occulté depuis 4000 av. J.-C. par les glaces éternelles, ne fut découvert qu'en 1819.

Piri Reis non seulement dessina avec une grande exactitude le contour des côtes d'Amérique du Sud et de l'Antarctique, mais il reporta également sur sa carte des cours d'eau et des hauteurs, pourtant longtemps inexplorés.

La question se pose donc de savoir s'il existait réellement à l'époque de Piri Reis des documents cartographiques vieux de quelque 6 000 ans ou si ces connaissances s'étaient transmises de génération en génération pendant plusieurs millénaires. Si cette dernière hypothèse est un jour avérée, il resterait encore à expliquer d'où proviennent ces connaissances, car l'on ne connaît pour l'instant aucune civilisation susceptible d'avoir atteint ce littoral en 4000 av. J.-C.

L'Antarctique est d'habitude absent des mappemondes contemporaines de celle de Piri Reis (ci-contre, un exemple datant de 1537). Sur les deux cartes, l'Amérique du Nord et les Caraïbes sont très imparfaitement représentées.

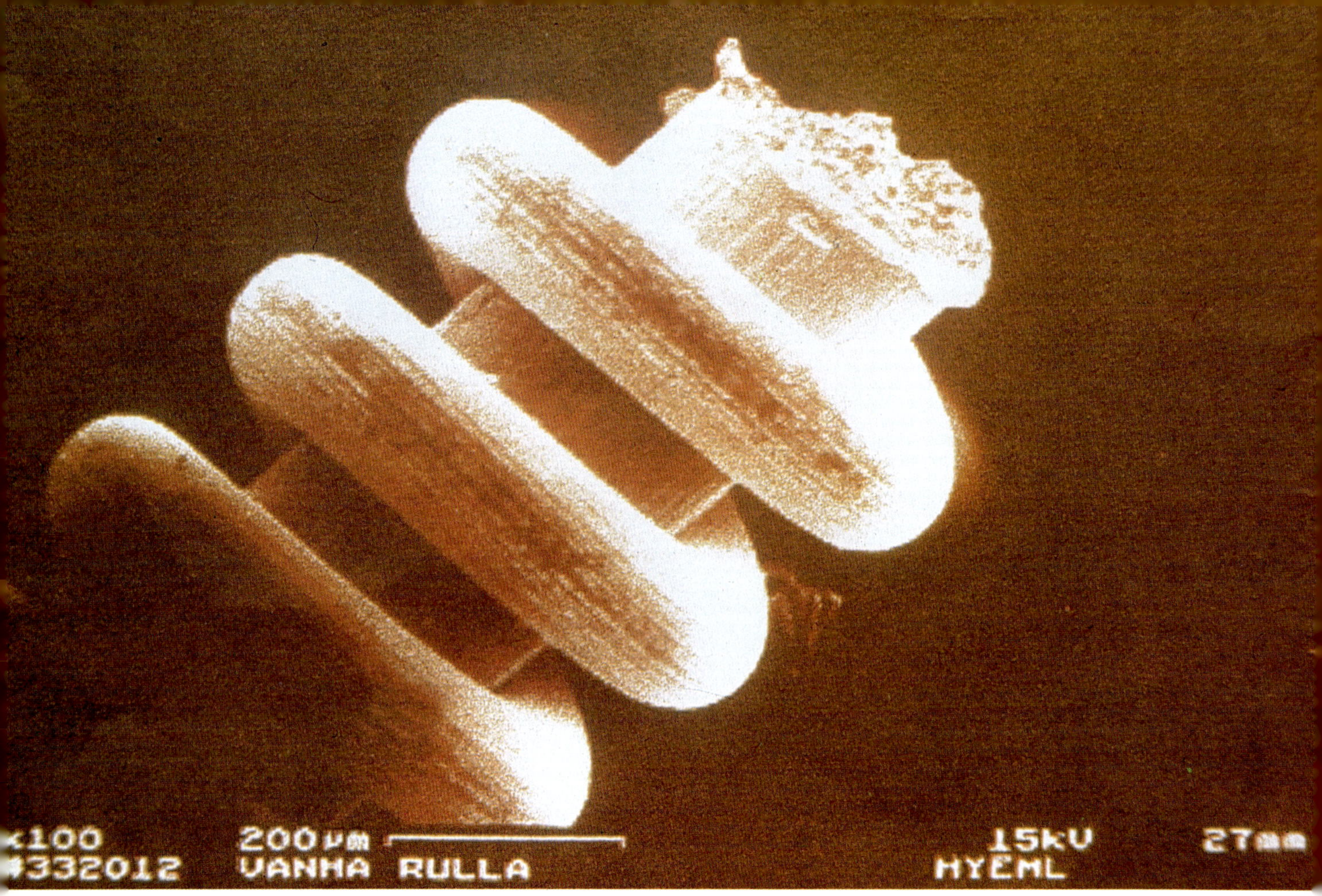

Les nanospirales ne sont pas visibles à l'œil nu. Leur structure régulière n'apparaît qu'au microscope.

Les nanospirales

En 1992, des géologues russes entreprirent l'étude de certaines formations rocheuses dans les montagnes de l'Oural. Ils découvrirent à cette occasion de petites spirales microscopiques, dont l'apparition semble inexplicable, d'autant que le matériau utilisé date d'au moins 100 000 ans. Pour les ufologues, ces structures prouvent de manière irréfutable que les hommes d'autrefois se sont trouvés en contact avec des extraterrestres.

De la science fiction ?

Que ce soit les récits fantastiques de Jules Verne dans la seconde moitié du XIXe siècle, ou les récits utopiques de H. G. Wells au début du XXe siècle, dont les thèmes furent repris à la fin des années 1940 par les scientifiques, les théories ou les indices visant à prouver l'existence des extraterrestres n'ont cessé de se multiplier au cours des deux derniers siècles. Ainsi, tous les phénomènes abordés dans ce chapitre ont été, à un moment ou un autre, considérés par tel ou tel auteur comme l'héritage d'une civilisation extraterrestre.

La nanotechnologie aujourd'hui

La nanotechnologie est utilisée de nos jours en médecine, par exemple, pour réaliser ce qu'on appelle des « lab on a chip », c'est-à-dire des laboratoires miniatures, capables de loger sur une simple carte de crédit. Cette technologie est également utilisée en électronique pour construire des microprocesseurs. Dans le domaine de la recherche, la nanotechnologie permet de développer des microscopes plus modernes et plus précis.

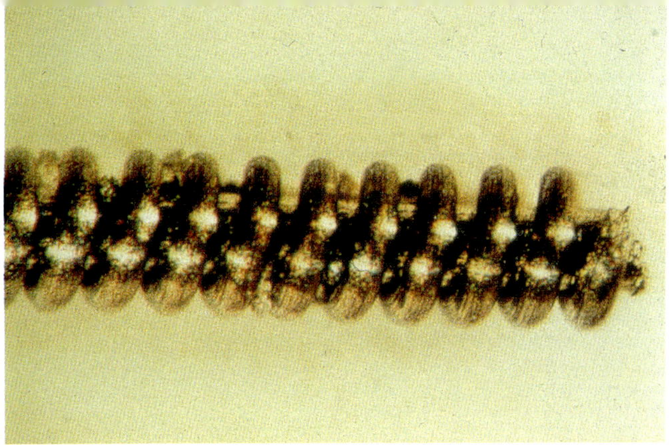

Les nanospirales sont généralement composées de cuivre, de tungstène ou de molybdène. Ces deux derniers métaux sont essentiellement employés en électronique et dans le domaine de l'aérospatiale.

Dans cette perspective, les découvertes de l'Oural firent sensation, du moins pour ceux qui croient en l'existence d'extraterrestres. À l'occasion d'une étude de routine, des géologues découvrirent des structures en forme de spirale, si petites que l'œil humain pouvait à peine les percevoir. Puis on s'aperçut au microscope électronique que ces spirales, dont la taille variait de 3 centimètres à 0,003 millimètre, présentaient une régularité parfaite.

Essentiellement constituées de tungstène, les nanospirales offrent une surface lisse, parfois munie de trous. Leur noyau se compose de tungstène ou de molybdène. Plus tard, on découvrit également des nanospirales de cuivre. Les proportions des nanospirales sont si régulières qu'elles n'ont pu être réalisées que par la main de l'homme. Toutefois, la datation de ces structures oscille entre 100 000 et 300 000 ans. Les hommes de cette époque étaient-ils réellement capables de maîtriser une telle technique ? De fait, cette technique ne pose aujourd'hui plus de problème, mais l'homme ne possède ce savoir-faire que depuis les années 1970.

Mystification ou technologie extraterrestre ?

Si l'on se base sur la théorie du Dr Valérie Ouvarov de Saint-Pétersbourg, ces structures sont pour l'essentiel les composants d'une grosse antenne d'émission et de réception. Si cette hypothèse était fondée, on pourrait alors considérer l'existence d'intelligences extraterrestres comme démontrée, puisqu'il est scientifiquement inconcevable que nos ancêtres aient pu réaliser de tels artefacts il y a 100 000 ans, c'est-à-dire, rappelons-le, à une époque où l'homme de Neandertal ne s'était pas encore éteint.

Toutefois, dès les premières publications, des sceptiques firent valoir que les mesures avaient été falsifiées ou que l'ensemble de la découverte n'était qu'une mystification. D'autres structures du même type ont été découvertes plus tard le long des cours d'eau Kojim et Bolbaniou, mais la thèse de la mystification est encore très répandue. L'étude de ces nouvelles structures a pourtant été confiée à d'autres laboratoires et ceux-ci sont parvenus à des résultats similaires.

Les nanospirales semblent donc bien étayer la thèse de l'existence d'intelligences extraterrestres. Toutefois, ces structures ne prouvent pas que des extraterrestres soient venus par le passé sur terre, comme certains ufologues se plaisent à l'imaginer. Les nanospirales connues à ce jour ne nous permettront sans doute jamais de conclure à leur origine extraterrestre. Il faudrait pour cela de nouvelles découvertes.

Leur surface lisse et leur structure extraordinairement régulière peuvent laisser penser que les nanospirales ont été fabriquées artificiellement et ne sont pas l'œuvre de la nature.

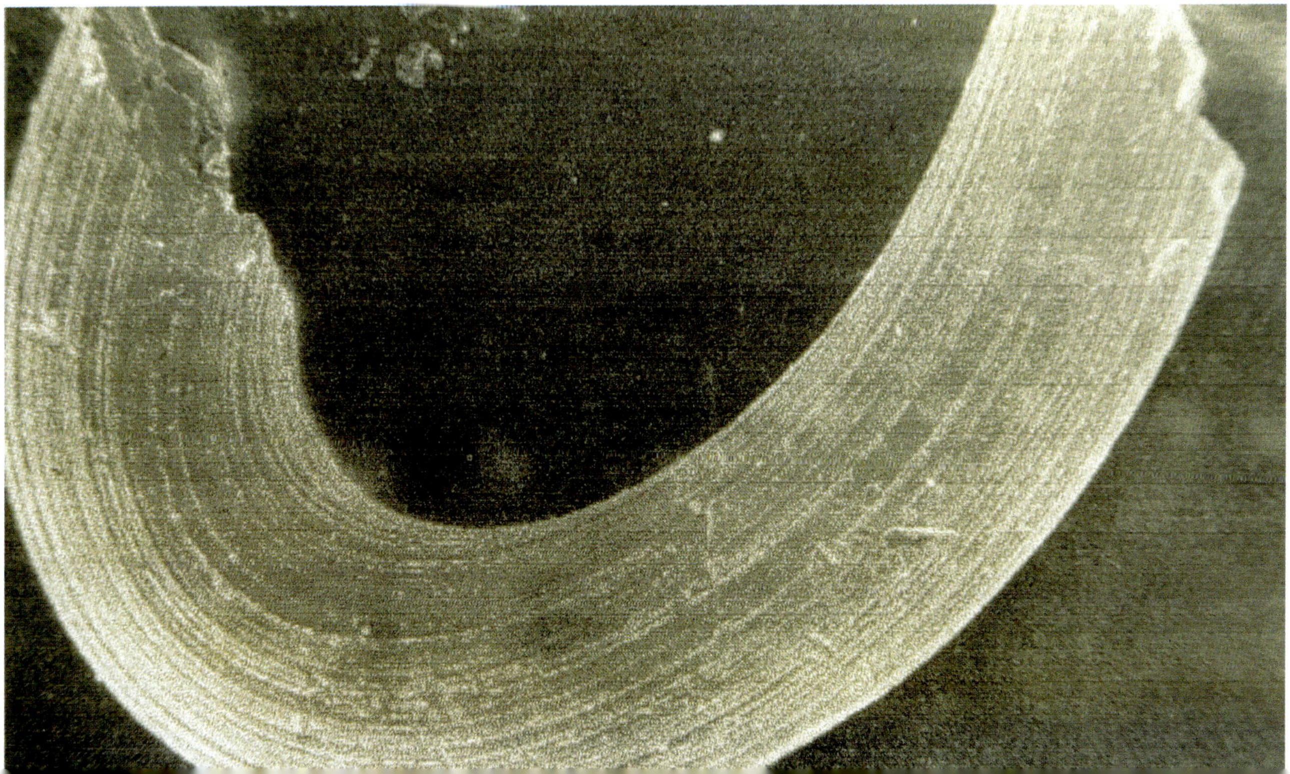

Mythe ou réalité ?

Mondes, objets et hommes de légende

Il existe un grand nombre d'histoires, transmises de génération en génération, dont on ne sait plus depuis longtemps si elles reposent sur des faits réels ou si elles furent inventées. La question est d'autant plus complexe que le récit se compose souvent d'un noyau véridique sur lequel se sont greffés des événements réels ou imaginaires, attribués au fil du temps à des personnages fictifs.

L'intérêt pour les époques reculées a conduit chercheurs et scientifiques à s'intéresser aux légendes d'un point de vue historique. On s'efforça de comparer scientifiquement les récits des différents peuples pour déterminer quels faits avaient pu réellement avoir lieu. S'il s'avéra que certains récits s'appuyaient effectivement sur des faits historiques, d'autres n'étaient que des fables. Dans un troisième cas de figure, fiction et réalité se trouvaient si intimement mêlées qu'il fut impossible de les séparer.

Les pages suivantes font état de légendes portant sur des lieux, des objets ou des personnes, mais exposent aussi les résultats des recherches scientifiques par lesquelles on s'efforça de démêler le mythe et la réalité dans le but d'enrichir notre connaissance de la Terre, des peuples qui l'habitent et de leur histoire.

Le Saint-Graal compte parmi les reliques les plus mystérieuses. Il suscita quantité de théories et de légendes.

Platon et son disciple Aristote : celui-ci fut le premier mettre en doute l'existence de l'Atlantide.

L'Atlantide

Platon (427-347 av. J.-C.), philosophe et homme d'État grec, relate dans ses dialogues du *Timée* et du *Critias* une histoire présumée vraie, selon laquelle un continent entier et toute la civilisation qu'il abritait furent un jour engloutis par la mer. Bien qu'il n'existe aucune autre source antique à ce sujet et que cette thèse ait été très tôt critiquée, l'histoire de l'Atlantide compte parmi les mythes les plus connus et les plus controversés.

Les récits de Platon

Platon raconte qu'il y aurait eu, il y a 12 000 ans, à l'ouest des Colonnes d'Hercule – dans l'océan Atlantique –, un État riche et puissant, nommé Atlantide. Les habitants de cette île parvinrent de là à dominer de vastes territoires d'Europe et d'Afrique, mais leur soif de pouvoir était telle qu'elle provoqua une guerre avec les Athéniens, décrits par Platon comme extraordinairement habiles et courageux. Alors que les autres Grecs, effrayés par la puissance de leur adversaire, renoncèrent à se battre, les Athéniens réussirent à vaincre l'ennemi et à libérer les esclaves du peuple d'Atlantide. Plus tard toutefois, vers 9000 av. J.-C., la colère de Zeus engendra de violents tremblements de terre et des inondations. Tous les guerriers athéniens disparurent sous terre, et l'Atlantide sombra dans la mer. Selon Platon, ce récit lui aurait été transmis par un savant et homme d'État attique : Solon (640-558 av. J.-C.). Ce dernier avait, entre 571 et 561 av. J.-C., visité l'Égypte et les états voisins et le tenait lui-même d'un scribe rencontré à Saïs, ville de Basse-Égypte. Mais d'où les Égyptiens, dont la civilisation apparut 5 000 ans après la disparition présumée du continent, pouvaient-ils connaître cette histoire ? Nul ne le sait.

En évoquant le valeureux combat des Athéniens, Platon avait une intention bien précise. En effet, les deux dialogues ont pour thème la construction d'un État idéal. Cette intention se ressent dans l'agencement des dialogues entre eux. Tandis que le premier dialogue du *Timée* est consacré à l'histoire primitive des Grecs et au combat des Athéniens contre le peuple d'Atlantide, le deuxième dialogue fournit des détails plus précis sur le continent. Un troisième dialogue avait été, semble-t-il, prévu, mais il ne vit jamais le jour.

Premiers doutes

Bien qu'ils donnent une image très flatteuse des Athéniens, les récits de Platon furent très rapidement critiqués par certains de ses contemporains, et notamment par son disciple Aristote. On lui reprocha d'avoir inventé cette histoire de toutes pièces pour capter, par des moyens racoleurs, l'attention du public et populariser son enseignement. Peut-être n'a-t-il jamais écrit le troisième récit pour ces raisons-là. De fait, dès le second écrit, Platon s'éloigne considérablement de son projet initial de décrire un État athénien idéal et décrit la faune et la flore de l'île ainsi que les particularités architectoniques de l'Atlantide, située au centre de trois canaux circulaires.

At as, condamné à supporter le Ciel sur ses épaules, avait une fille qui, d'après la légende, vivait sur une île occidentale. C'est d'elle que vient le nom d'Atlantide.

Sans doute l'intention politique des dialogues avait-elle à ce moment disparu, car l'image d'une Athènes primitive idéale n'y apparaît plus qu'en marge. Est-ce pour cela que Platon renonça au troisième dialogue ? Ou comprenait-il qu'à décrire trop précisément les lieux, il risquait qu'on l'interroge sur ses sources. Platon fut en tout cas le seul à donner une description de l'Atlantide et l'on peut douter qu'il en ait jamais existé d'autres.

Lors de la redécouverte du mythe de l'Atlantide au cours de la Renaissance, on essaya de localiser sur des cartes le continent disparu

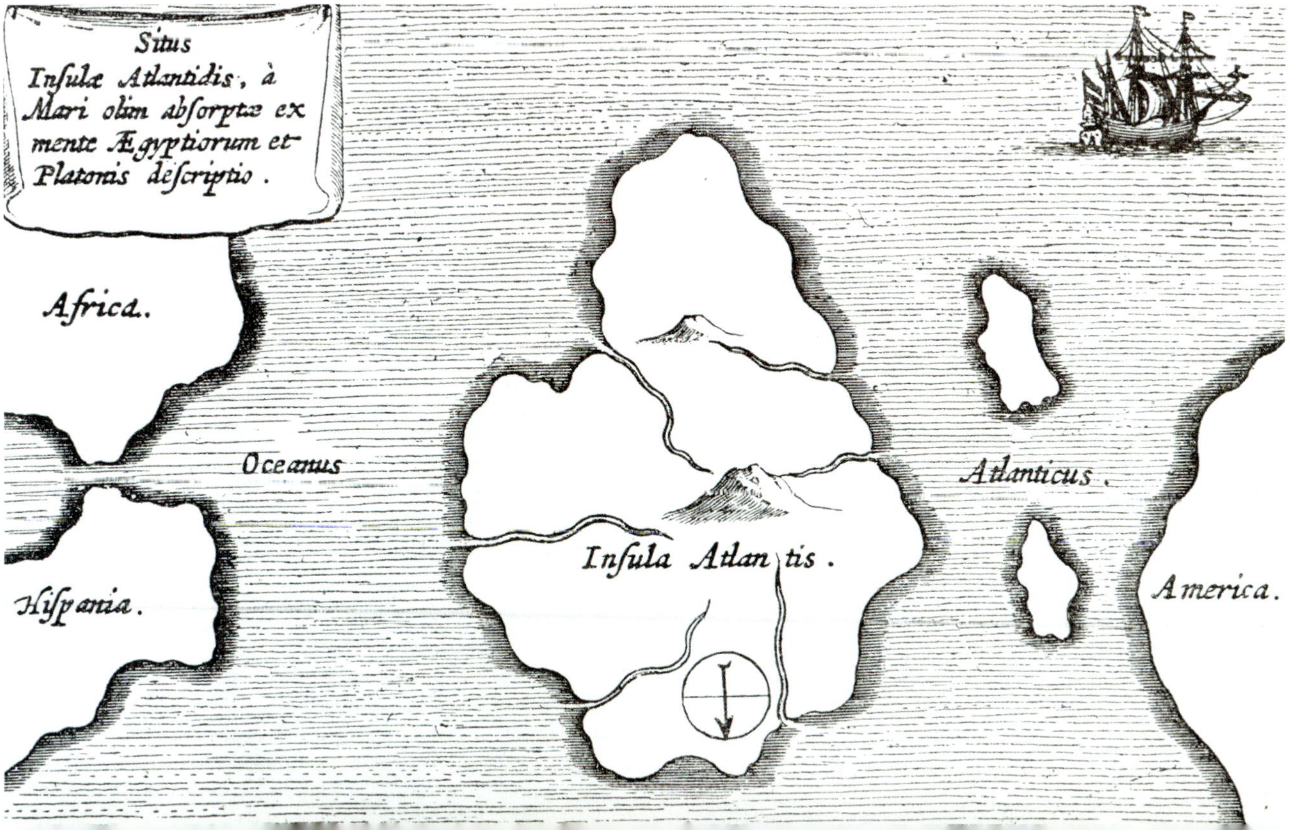

L'Atlantide oubliée

Au IIIe siècle av. J.-C., le philosophe grec Krantor se pencha également sur le problème de l'Atlantide. Dans l'une de ses œuvres, il raconte en avoir trouvé une description sur des stèles égyptiennes de Sais. Comme Platon évoquait plutôt des rouleaux de papyrus, cette contradiction donna lieu à de nouvelles discussions. Jusqu'au VIe siècle apr. J.-C., l'existence de l'Atlantide fut encore discutée par d'éminents philosophes et savants. Puis l'on admit qu'il s'agissait d'une invention de Platon, et le mythe tomba peu à peu dans l'oubli.

La redécouverte de l'Atlantide

Quelque 900 ans plus tard, à l'époque de la Renaissance, le mythe de l'Atlantide fut redécouvert et fit alors l'objet de nombreux écrits. Comme pendant l'Antiquité, il eut ses défenseurs, convaincus de l'existence de l'Atlantide, et ses détracteurs pour qui ce continent n'était qu'une invention. Malgré le regain d'intérêt qu'elle rencontra dans les cercles érudits, cette légende ne parvint pas, à cette époque, à toucher un plus grand auditoire.

Ce n'est qu'à la fin du XIXe siècle qu'un plus large public en prit connaissance grâce au livre du scientifique et écrivain américain Ignatius Donnelly (1831-1901) *Atlantis : the Antediluvian World* (paru en français sous le titre *Atlantide, monde antédiluvien*), qui s'appuyait en première ligne sur les mythes et légendes d'autres peuples. Si les descriptions de cette civilisation disparue étaient très différentes, elles avaient en commun de n'être que très rarement négatives. Donnelly en conclut qu'il avait dû régner sur cette île des conditions de vie paradisiaques et que l'Ancien Monde comme le Nouveau avaient été colonisés à partir de l'Atlantide. Cette

Aux Bahamas, un complexe sous-marin permet de découvrir les différentes conceptions que l'on a pu se faire de l'Atlantide.

D'après certains auteurs, comme l'archéologue K. T. Frost, l'Atlantide se situerait en Crète, en Méditerranée.

thèse d'une « supercivilisation » antique trouva dans les cercles ésotériques un écho très enthousiaste et fut ensuite abondamment reprise, discutée, affinée et développée par des auteurs qui prêtaient au continent et, de plus en plus souvent également, à ses habitants des qualités surhumaines.

De nouvelles hypothèses

Mais l'intérêt suscité par les nombreux ouvrages de Donnelly ne se limitait pas aux seuls milieux ésotériques. Donnelly assimilant, de façon très concrète, l'Atlantide à l'archipel des Açores, au milieu de l'Atlantique, des fouilles archéologiques se mirent elles aussi à alimenter l'intérêt du public. En 1909, l'archéologue K. T. Frost défendit, dans un article du *Times,* une autre thèse selon laquelle la civilisation de l'Atlantide se serait déployée à partir de la Crète, en Méditerranée. Cette théorie et celle des Açores, défendue par Donnelly, sont les deux thèses les plus couramment défendues. Au cours du XXe siècle, chercheurs et écrivains avancèrent de nouvelles hypothèses. Comme, toutefois, celles-ci s'appuyaient généralement sur les descriptions de Platon ou sur des fouilles archéologiques qui s'en réclamaient, elles furent majoritairement rejetées.

Bien entendu, des voix critiques se firent aussi entendre. Les publications qui contestent l'existence d'un tel continent ne sont pas moins nombreuses que celles qui l'affirment. À ce jour, aucune thèse n'a pu être confirmée ou infirmée de façon certaine. Les deux camps s'accordent cependant pour dire que, seule, l'archéologie pourrait fournir des preuves plus probantes. Car les quelque sept mille mots de Platon et les écrits qui leur firent suite ne peuvent, à eux seuls, constituer une garantie suffisante.

En 1967, la découverte de vestiges minoens sur l'île grecque de Santorin (Thíra dans l'Antiquité) fut interprétée comme une preuve possible de l'existence de l'Atlantide.

La Lémurie et Mu

Deux autres continents à l'existence controversée suscitèrent, en même temps que l'Atlantide, l'attention du public : la Lémurie et Mu.

Le chemin des lémures

La Lémurie, selon le zoologue britannique Philip Sclater (1829-1913), reliait, il y a de cela des siècles, l'île de Madagascar à l'Inde. Cette conclusion s'imposa à Sclater du fait de la présence exclusive dans ces deux régions de lémuriens. Ne trouvant aucune trace de prosimien dans d'autres régions de l'Afrique de l'Est ou du sous-continent indien, il en déduisit qu'il avait dû autrefois exister une liaison directe entre Madagascar et l'Inde, ce qui expliquait la répartition inhabituelle de ces animaux.

Mais aucune fouille archéologique ne permettant d'attester l'existence d'une plaque continentale supplémentaire, la théorie de Sclater fut rapidement réfutée au début du XXe siècle. Ses observations servirent, toutefois, à étayer la théorie de la tectonique des plaques.

Diego de Landa

Diego de Landa 1524-1579 fut pendant presque 30 ans évêque du Yucatán. Il arriva en Amérique centrale en qualité de missionnaire pour convertir les Mayas au christianisme. Son attitude impitoyable fut en grande partie responsable de a destruction des Mayas et de leur civi isation. Dans ses écrits justificatifs, il mit ensuite au point ce que l'on appela 'alphabet Landa, dans le but de permettre le déchiffrement de l écriture maya. Cet alphabet se révéla plus tard inutilisable mais certaines descriptions de Landa permirent de mieux connaître la civi isation maya

Cette circonstance, cependant, n'empêcha pas certains groupes ésotériques de voir en la Lémurie une nouvelle Atlantide et de développer tout un culte autour de ce prétendu continent. Mais sauf à douter de la théorie de la tectonique des plaques, la Lémurie peut être rangée dans le domaine des légendes.

Mu : à l'origine de la civilisation égyptienne...

À la différence de l'Atlantide, Mu, troisième continent disparu, aurait sombré dans le Pacifique. C'est du moins ce qu'a affirmé l'archéologue britannique James Churchward (1852-1936). En 1926, ce dernier décrivit en effet dans ses travaux un pays hautement civilisé, anéanti par une éruption volcanique il y a 50 000 ans, en même temps que le continent où il s'était développé. Mais James Churchward n'était pas le premier à affirmer l'existence du continent Mu.

En 1864, l'abbé français Charles-Étienne Brasseur de Bourbourg avait déjà publié ses théories sur ce sujet. Il citait alors comme source sa propre traduction du *Codex Troano,* première partie du *Codex Tro-Cortesianus,* qui constitue tout ce qui nous reste d'une littérature maya autrefois plus étoffée. Quelque temps après la publication

De l'aire de répartition des lémuriens, Philip Sclater conclut que Madagascar était autrefois directement relié au continent indien

de Brasseur, le photographe et archéologue amateur français Auguste Le Plongeon se rendit sur les sites mayas de la presqu'île du Yucatán, pour y procéder à des fouilles. Il proposa une nouvelle traduction du *Codex Troano,* influencée à la fois par Brasseur et par sa propre interprétation des peintures murales de Chichén Itzá. Il en résulta une description suggestive de la vie sur Mu, qui culminait avec la fuite de la princesse de Mu avant la disparition du continent. Cette princesse devint ensuite la déesse Isis, fondatrice de la civilisation égyptienne, ce qui explique, selon Le Plongeon, les ressemblances entre l'écriture égyptienne et l'écriture maya. Dans ses travaux, publiés en 1896, Le Plongeon affirma, en outre, qu'il avait découvert une urne en pierre contenant les ossements de l'un des princes de Mu.

Le Plongeon crut voir dans les ruines de Chichén Itzá une clé pour résoudre l'énigme du continent Mu.

... OU SIMPLE ERREUR DE TRADUCTION ?

Pour rédiger sa traduction du *Codex Troano,* Brasseur s'aida de l'alphabet Landa, élaboré par l'évêque du Yucatán, Diego de Landa. Or, si l'on ignore avec exactitude comment il procéda à ce travail, on sait, en revanche, que cet alphabet ne permet pas de traduction fiable et que Brasseur ne fit, en outre, pas preuve d'une extrême rigueur. Bien que l'écriture maya n'ait pas encore été totalement déchiffrée, on peut aujourd'hui affirmer que le *Codex Troano* traite d'astrologie et non de la disparition d'un continent.

Les conclusions de Le Plongeon passent auprès des spécialistes pour de parfaites élucubrations. L'affirmation selon laquelle les hiéroglyphes égyptiens seraient à rapprocher de l'écriture maya est totalement infondée, aucun lien visible n'ayant pu être établi entre les deux écritures.

Par ses conclusions douteuses et ses références insuffisantes, James Churchward est finalement responsable de l'insuccès de ses thèses.

Bien que l'hypothèse de ce continent disparu se soit révélée indéfendable, elle continue néanmoins de faire des adeptes.

Si la forme et la taille des continents disparus firent l'objet de nombreuses discussions, leur situation géographique, dans l'océan Indien ou Pacifique, est, en revanche, unanimement admise.

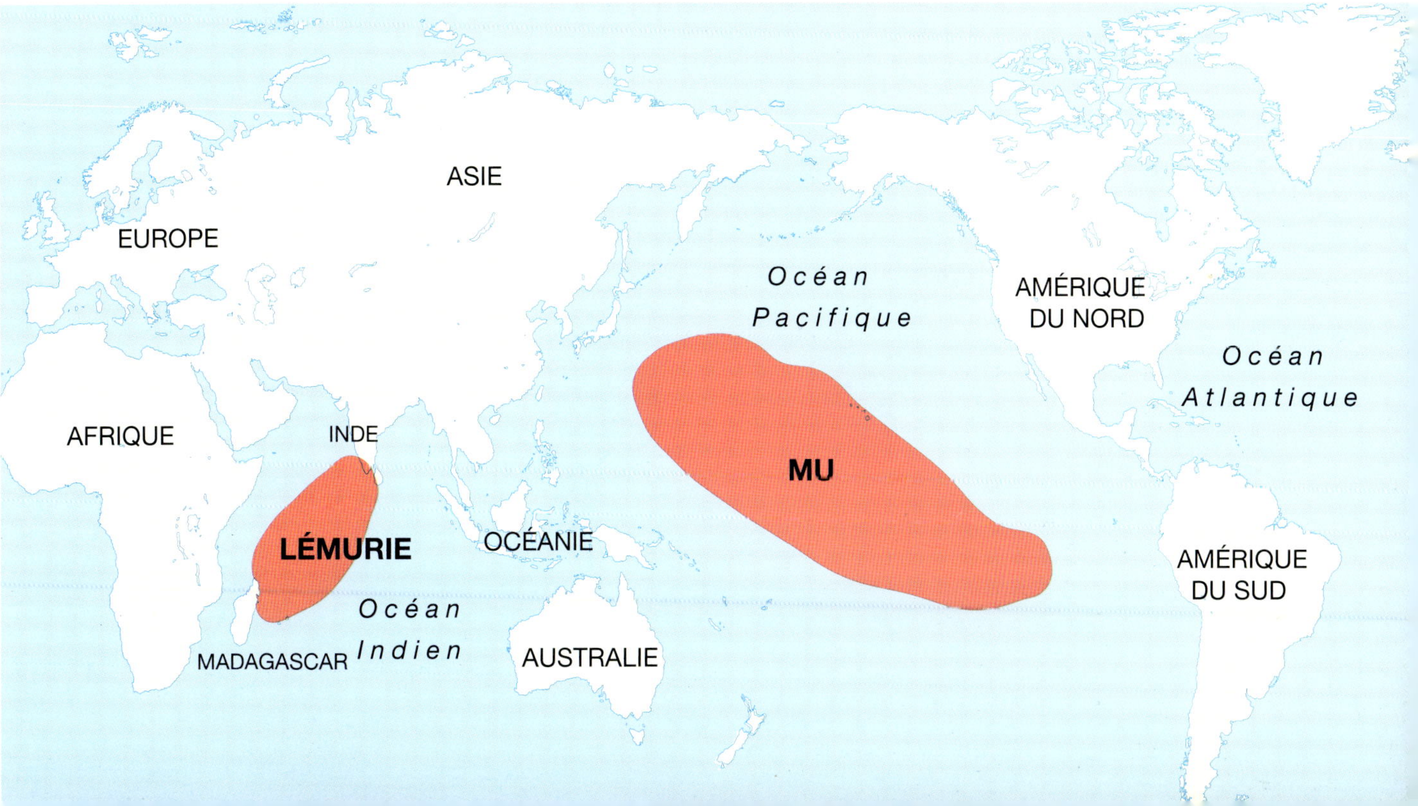

Villes et mines d'or

Si l'Atlantide et Mu sont aujourd'hui assimilés à des civilisations disparues, il en va tout autrement des pays ou des villes censés abriter de prodigieuses quantités d'or. La recherche de ces fabuleuses richesses concerna en premier lieu les continents africain et américain. Pour découvrir l'Eldorado, Cibola, Quivira, Ophir, Piru, Punt et bien d'autres sites, de nombreux aventuriers et conquérants entreprirent de longues expéditions : la plupart du temps, sans résultat concret.

Le contexte historique

Au début du XVIe siècle, la couronne d'Espagne était fortement endettée. En 1492, la capitulation du royaume maure de Grenade avait mis fin à de nombreuses années de « Reconquista », c'est-à-dire de reconquête de la Castille. Le roi Ferdinand II se mit à chasser ou massacrer tous les non-catholiques, ce qui entraîna d'immenses pertes économiques. Comme, toutefois, l'appareil militaire et l'Armada espagnole continuaient de coûter aussi cher, il devenait nécessaire de trouver de nouvelles sources de revenus. De retour de son premier voyage, Christophe Colomb (1451-1506) offrit une solution en indiquant au couple royal qu'il espérait trouver de fabuleuses quantités d'or. Mais l'or, qu'il rapporta de ses voyages ultérieurs et dont il put garder une petite partie pour lui-même, ne suffit pas à satisfaire les exigences du roi.

Sous ce rapport, le conquistador Hernán Cortés (voir p. 4) fut beaucoup plus chanceux : les trésors qu'il

À partir du Mexique actuel, les chercheurs d'or, commandés par Coronado, s'enfoncèrent loin en Amérique du Nord, revendiquant pour la couronne espagnole les territoires traversés.

envoya au roi grossirent tant et tant dans l'esprit du peuple espagnol qu'ils donnèrent lieu à la légende des « septs villes d'or de Cibola ». Quelque temps plus tard, une autre légende, vraisemblablement due au conquistador François Pizarre (voir p. 105), et non plus à Cortés, se développa, selon laquelle un pays tout entier, appelé Quivira, abritait de fabuleuses mines d'or. De nouvelles expéditions en direction de l'est pourraient permettre de le découvrir…

Les trésors rapportés du Nouveau Monde par Hernán Cortés encouragèrent le développement de nombreuses légendes.

Cibola et Quivira

La recherche de Cibola et de Quivira est étroitement liée au nom du conquérant Francisco Vásquez de Coronado (1510-1554). Selon le récit de son ami Antonio de Mendoza, vice-roi de la Nouvelle Espagne, celui-ci partit pour l'Amérique centrale où mission lui fut confiée, en 1539, de découvrir et de conquérir pour le compte de la couronne espagnole ces deux sites légendaires.

L'expédition qui conduisit Coronado et ses hommes du Mexique jusqu'en Amérique du Nord, dans les États actuels de l'Arizona, du Nouveau-Mexique, de l'Oklahoma et du Texas dura trois ans. Mais, voyant qu'il ne trouvait pas les fameuses villes d'or, Coronado modifia ses plans en 1541 et fit route vers l'est dans l'espoir de découvrir, cette fois-ci, Quivira. Il parvint alors jusqu'au Kansas, sans trouver non plus Quivira, puis rentra au Mexique, découragé, en 1542.

Bien qu'il ne revînt pas les mains vides, puisqu'il avait vaincu en chemin les tribus indiennes des Tiwa, des Zuñi et des Hopi et s'était emparé de vastes territoires, Coronado ne put faire état du succès escompté et tomba en disgrâce.

On sait aujourd'hui avec certitude que les deux légendes de Cibola et Quivira sont nées en Espagne et non sur le continent du Nouveau Monde. Coronado et ceux qui marchèrent sur ses traces ne faisaient que poursuivre une chimère du Vieux Monde. Mais la soif de l'or était telle que ces légendes, toujours enjolivées, se transmirent pendant des siècles. Quelque temps plus tard, une variation sur le thème de Quivira allait fournir la matière d'un nouveau mythe : l'Eldorado.

Francisco Vásquez de Coronado fut missionné comme explorateur par le vice-roi de la « Nouvelle Espagne ». Il se montra généralement tolérant à l'égard des Indiens, dont il espérait apprendre quelque chose sur Cibola ou Quivira.

Les premières recherches de l'Eldorado

Contrairement à ce qui s'est passé pour Cibola et Quivira, la légende de l'Eldorado serait née sur le territoire de l'actuel Équateur. Cette légende raconte le sacrifice que les Indiens muisca, un peuple d'Amérique du Sud, offraient au dieu du Soleil, lors de la cérémonie d'intronisation de leur nouveau chef. Le corps du nouveau souverain était en premier lieu enduit d'une poussière d'or, puis ce dernier, accompagné de quatre hommes, gagnait à la rame le milieu d'un lac de montagne, le Guatavita. Une fois arrivé au centre du lac, il y jetait des objets en or et en pierres précieuses. Puis le futur souverain se jetait lui-même à l'eau et se débarrassait de la poussière d'or qui enveloppait son corps. Il regagnait ensuite la berge à la nage et la poussière d'or disparaissait au fond du lac, en même temps que les autres trésors.

Lorsque les chroniqueurs espagnols du XVIe siècle consignèrent cette légende, le destin des Indiens muisca et celui de bien d'autres tribus indiennes, découvertes en 1536, était déjà scellé. Décrivant une coutume qui, selon toutes les apparences, ne se pratiquait plus, les prisonniers muisca piquèrent la curiosité des Espagnols et le conquérant espagnol Francisco de Orellana (1490-1546) n'eut aucune peine à collecter des fonds pour conduire une expédition le long du río Negro.

Entre 1541 et 1542, il explora l'Amérique du Sud et atteignit même l'Amazone. Bien que son expédition n'ait pas été couronnée de succès, les grandes villes et les vastes territoires cultivés qu'il décrivit à son retour laissaient supposer l'existence de grandes richesses. Cependant, des missionnaires qui empruntèrent, au milieu du XVIIe siècle, la même route ne rencontrèrent que des chasseurs modestement logés. Orellana passa alors pour un affabulateur et l'histoire de l'Eldorado fut reléguée au rang de simple légende.

Hernán Cortés

Avec quelques centaines de soldats, Hernán Cortés (1485-1547), explorateur espagnol, réussit à conquérir le Mexique en quelques années. Au cours de ses expéditions, il livra plusieurs combats contre différentes tribus d'Indiens afin de s'emparer de leur or. Il est à l'origine de la destruction de l'empire aztèque.

Le « Radeau d'or » est considéré comme une preuve certaine de l'existence de l'Eldorado.

Selon la légende, c'est dans le lac Guatavita, en Colombie, que les Indiens muisca auraient jeté de grandes quantités d'or. Des plongées effectuées dans le lac ne permirent, toutefois, d'en découvrir que des quantités insignifiantes, ce qui tend à prouver que l'Eldorado ne se situe pas là.

Nouvelles découvertes

Au XXe siècle, de nouvelles découvertes scientifiques placèrent la légende de l'Eldorado sous un nouveau jour. En premier lieu, on découvrit, en 1969, dans une grotte située sur un ancien site muisca, le « Radeau d'or de l'Eldorado », c'est-à-dire un radeau tout en or, long de dix-huit centimètres, sur lequel des figurines représentent la cérémonie du lac Guatavita.

Dans un deuxième temps, des chercheurs de l'université de Pennsylvanie, étudiant le sol de la forêt vierge le long du río Negro, y découvrirent un réseau de lignes et de motifs qui s'étiraient sur un vaste territoire et couvraient des milliers de petites éminences où la forêt avait repoussé. Un examen plus attentif de ces monticules montra qu'il s'agissait vraisemblablement d'un système de canalisations permettant d'irriguer des champs. Sur ce même territoire, on trouva, par ailleurs, des tessons d'argile ainsi que d'autres traces prouvant que l'endroit avait été habité.

La suite de l'expédition ne permit certes pas de trouver l'Eldorado, mais les chercheurs découvrirent ce que l'on appelle la *terra preta* : une terre sombre qui recouvre le sol de la région sur plusieurs hectares. Son analyse montra qu'il s'agissait d'un mélange de sable, de coquillages pilés et de charbon de bois, utilisé par les Indiens muisca pour fertiliser les sols, bien plus efficacement que n'importe quel autre engrais. Les scientifiques pensèrent alors que cette terre constituait la véritable richesse des Muisca et que l'or ne provenait pas de mines mais d'échanges avec d'autres peuples indiens.

Un point reste cependant mystérieux. Pourquoi et comment cette civilisation disparut-elle, en un siècle à peine après l'expédition d'Orellana ? Selon certaines hypothèses, les conquérants blancs auraient été à l'origine d'une épidémie fatale pour les Indiens. Mais cette théorie, pas plus que l'existence du lac d'or de Guatavita, ne put être prouvée.

François Pizarre (1475-1541)

François Pizarre, explorateur espagnol lui aussi, était l'un des concurrent de Cortés. Avec ses frères Gonzalo et Hernando, il conquit l'empire des Incas, puis s'empara de Cuzco. Il fut assassiné par les partisans d'Almagro, un autre conquistador.

Orellana rencontra le long du río Negro une civilisation indienne florissante qui disparut ensuite en une centaine d'années.

Avalon

Alors que des scientifiques ont pris part à la recherche de l'Atlantide ou de la Lémurie et de Mu, les choses se présentent autrement pour Avalon, dont les descriptions prouvent à elles seules qu'il s'agit d'un site de légende.

Avalon et l'Autre Monde

Lieu de résidence des prêtresses de Ceridwen, *Avalon* (également appelé *Avalun* ou encore *Ynis Avalach*, que l'on peut traduire par « l'île des pommes ») se situe, selon la légende du roi Arthur, dans l'Autre Monde. La représentation de ce lieu variant beaucoup d'un auteur à l'autre, il nous est impossible d'en donner une description détaillée. On peut cependant expliquer qu'il s'agit d'un lieu mystique et irréel, semblable à un rêve, mais où l'on peut agir consciemment et d'où l'on peut influer sur la réalité. Au centre de l'île mythique se dresserait un mont dont le sommet serait constamment couronné de brume.

Les différents sites de cet Autre Monde ont généralement un lien avec des sites réellement existants. Ainsi en est-il d'Avalon, vraisemblablement situé dans le comté de Somerset, où se dressent aujourd'hui les ruines de l'abbaye de Glastonbury (voir p. 48 et suivantes). Selon une légende, cet édifice se rattacherait à Joseph d'Arimathie ou à l'un de ses parents qui rapporta le Saint-Graal de Palestine en Angleterre, ou plus exactement au pays de Galles.

L'accès à Avalon

Seul un cercle étroit de personnes, dit la légende, avait accès à Avalon. Outre la maîtresse des lieux, Morgan Le Fay, et ses huit sœurs, on peut également citer les habitants de la Maison de la Vierge, les servantes et le magicien Merlin, que l'on identifie aujourd'hui à un barde. En dehors de ces personnes, seuls quelques rares élus pouvaient y parvenir.

Joseph d'Arimathie

La légende raconte que Joseph d'Arimathie recueillit dans une coupe, qui est peut-être le Graal, le sang de Jésus, lorsque celui-ci mourut sur la Croix. Après la résurrection du Christ, Joseph fut accusé d'avoir dérobé le corps du Christ et condamné à 40 ans de réclusion. Jésus lui apparut dans sa cellule et le fit gardien du Saint-Graal. Une fois purgée sa peine, Joseph d'Arimathie quitta la Palestine.

Selon la légende, deux chemins conduisent à Avalon. Le premier passe par la mer et nécessite une barque, qu'il faut savoir invoquer en même temps que son équipage. Le second, connu des seuls habitants d'Avalon, passe par la terre mais n'est jamais décrit avec précision – certaines versions évoquent un labyrinthe marécageux. La légende veut que certains hommes parvinrent, par inadvertance, à emprunter ce passage secret.

Avalon est considéré comme une île paisible, propice à la guérison, où il ne tombe ni pluie, ni grêle, ni neige.

Il faut nécessairement du brouillard pour approcher par la mer la presqu'île de Glastonbury et Avalon.

On prête à Morgan Le Fay et à ses sœurs certains pouvoirs de guérison, et le nocher Barinthu y conduisit certains blessés par des chemins dérobés pour un bref repos. Tel est à peu près le cas du roi Arthur qui, blessé à mort à l'issue de sa dernière bataille, la bataille de Camlann – certaines sources disent qu'il était déjà mort –, fut transporté jusqu'à l'île par trois prêtresses et couché sur un lit d'or. Nul ne sait ce qu'il advint ensuite de lui, mais la croyance se maintint longtemps que le roi Arthur – guéri ou ressuscité d'entre les morts – s'en reviendrait un jour sur terre. Certains crurent même le reconnaître en la personne de l'empereur Frédéric Ier, dit Barberousse (v. 1122-1190).

Compte tenu des descriptions très imprécises du lieu et des pouvoirs magiques qu'on lui prête, on peut penser que ce site n'est que le fruit de l'imagination. L'île d'Avalon n'est d'ailleurs pas mentionnée dans toutes les versions de la légende du roi Arthur.

Après sa dernière bataille, le roi Arthur, mourant, aurait été amené par bateau à Avalon.

Glastonbury Tor (*twr* signifie en celte « mont » ou « terre »), non loin de l'abbaye de Glastonbury, était sans doute l'un des points d'accès à Avalon.

Le roi Arthur

Si Avalon est une invention dont très peu de scientifiques se sont préoccupés, il en va tout autrement du roi Arthur qui aurait, dit-on, combattu les Angles et les Saxons, avant de réunir autour de lui les chevaliers de la Table ronde.

Le roi Arthur fut souvent représenté comme un chevalier et un roi idéal.

La légende du Roi Arthur

Comme il a été dit précédemment, il existe plusieurs versions de la légende du roi Arthur, qui varient souvent dans les détails, mais dont certains éléments, néanmoins, concordent.

Le roi Arthur était le fils d'Igraine et d'Uther Pendragon, ce nom signifiant « tête de dragon ». Il monta fort jeune sur le trône de l'Angleterre et du pays de Galles : selon la plupart des sources, à l'âge de 15 ans. Il défendit son royaume contre les Angles et les Saxons et mena avec succès plusieurs guerres de conquête contre l'Irlande, l'Islande, la Norvège et la Gaule. À la bataille de Saussy, il remporta une victoire sur les Romains, mais, alors qu'il s'apprêtait à entrer triomphalement dans Rome, il apprit que Mordred, son neveu, avait usurpé son trône en son absence. Aussitôt il s'en retourna en son pays combattre son neveu. Arthur sortit vainqueur de cette nouvelle bataille mais dut payer de sa mort cette victoire – selon certaines versions, il ne fut que grièvement blessé.

Au récit proprement dit se mêlent des éléments fantastiques, relatés avec détails, tels que, par exemple, la légende du géant du mont Saint-Michel ou encore le transfert d'Arthur vers Avalon à l'issue de sa dernière bataille.

La légende dans ses différentes versions

Le peuple britannique vit très certainement dans le roi Arthur le roi dont il rêvait : sage, juste, hardi, vainqueur, mais aussi pieux, bref, un souverain qui n'abandonne pas son peuple et sait tenir ses promesses. Les figures qui gravitent autour de lui, comme le puissant magicien Merlin, dit « l'Enchanteur », ou sa demi-sœur Morgane, la prêtresse d'Avalon, parachèvent cette image, tout comme les chevaliers de la Table ronde qui surmontèrent avec lui maintes épreuves, comme, par exemple, la quête du Saint-Graal.

La comparaison des sources les plus anciennes – l'*Historia Brittonum,* qui aurait été rédigée par le moine gallois Nennius au IXe siècle, le poème « Y Gododdin » du poète gallois Aneirin (v. 535-600) et les écrits français des XIe et XIIe siècles comme l'*Historia Regum Britanniae* de Geof-

froy de Monmouth et les textes de Chrétien de Troyes – fait apparaître des différences notoires qui montrent comment la légende s'enrichit à partir des événements historiques réels du VIe siècle. À partir du XIIe siècle notamment, certains poètes ajoutèrent aux prouesses du roi Arthur tant de contes celtes ou gallois que le roi Arthur finit par devenir une figure légendaire.

La légende du roi Arthur fournit le thème de très nombreuses adaptations artistiques, dont le roi ne constitue pas obligatoirement le centre. Beaucoup de tableaux, de récits, de morceaux de musique ou encore de films s intéressèrent, en effet, à des personnages secondaires

Le roi Arthur a-t-il réellement existé ?

Partant du principe que le cycle d'Arthur mettait en scène des événements historiques attestés, de nombreux scientifiques s'efforcèrent de retrouver la figure historique à laquelle le roi Arthur pouvait être identifié ou celle dont les actes pouvaient offrir des parallèles avec les exploits du roi légendaire. Plusieurs possibilités furent envisagées, mais nul ne put jamais établir si, parmi les chevaliers et les chefs d'armée qui vécurent entre le IIe et le VIe siècle, certains prétendaient au titre de roi. On peut toutefois penser que ce titre tout comme la Table ronde, dont on n'a jamais retrouvé jusqu'ici de modèle historique, relèvent de l'imagination populaire.

Exca bur

Excalibur ou Caliburn est le nom de l épée du roi Arthur. Selon une version de a égende Arthur, qui était alors un simple page, aurait tiré son épée d'une pierre, ce qui, d'après une prophétie, ne pouvait être réalisé que par le futur roi des Bretons

Dans d autres versions, Arthur aurait reçu Exca bur de Viviane, a Dame du Lac, après que sa première épée celle qui était en pierre) eut été brisée au cours d'un combat Après sa victoire sur son neveu Mordred Arthur jeta Excalibur dans le lac et la restitua ainsi à Viviane

Le Saint-Graal

L'histoire du Saint-Graal est étroitement liée à celle du roi Arthur, puisque sa quête constitue, dans de nombreuses versions, l'une des principales missions du roi et de ses chevaliers. En dépit des nombreuses sources qui en font état, on ne sait rien ni de son origine, ni de son aspect, ni de ses effets et du lieu où il se trouve.

L'Arche d'alliance

L'Arche d'alliance renfermait les Tables de la Loi, c'est-à-dire les deux plaques de pierre sur lesquelles était gravé le décalogue, rapportées par Moïse du mont Sinaï. Selon la Bible, il s'agit d'un coffre en acacia recouvert d'or et se composant de deux barres et d'un couvercle orné de deux chérubins. Jusqu'en 587, l'Arche d'alliance fut conservée dans le premier temple de Jérusalem, avant que celui-ci ne soit pillé par Nabuchodonosor II. Elle est considérée depuis comme perdue.

L'histoire du Graal

Les versions les plus anciennes du cycle d'Arthur divergent sur de nombreux points. Ainsi, certains événements, décrits en détail dans une source, sont à peine mentionnés dans une autre ou décrits d'une tout autre façon.

La quête du Graal, lorsqu'elle est décrite, présente de telles différences qu'il est bien difficile de trouver des points communs. Dans *Perceval ou le Conte du Graal* de Chrétien de Troyes, par exemple, c'est un héros unique qui s'efforcera d'entrer en possession du Graal ; dans une autre version, il s'agira plutôt d'une mission divine, à laquelle Arthur convie plusieurs de ses chevaliers. Dans d'autres versions encore, Merlin l'Enchanteur apporte son aide aux chevaliers, tandis que pour certains auteurs cette quête est guidée par le destin.

Tous les récits ont ceci en commun que le Graal est finalement retrouvé par un ou plusieurs héros, quelque part dans l'Autre Monde, et qu'il permet de sauver son futur gardien. Dans toutes ces légendes, en effet, l'un des héros se retrouve, blessé, malade ou à l'agonie, et joue ensuite le rôle du Gardien du Graal.

De l'objet de culte celte au Saint-Graal

On sait aujourd'hui de façon certaine que le Graal a, en réalité, des racines celtiques. Chrétien de Troyes (v. 1135-v. 1183), qui rédigea au XIIe siècle la plus ancienne ver-

Certains Chevaliers du Temple affirmaient détenir le Saint-Graal. La relique qu'ils donnaient pour telle s'est conservée jusqu'à nos jours.

Les récits apocryphes

Les récits apocryphes (le mot grec veut dire « tenu secret ») ont un rapport historique et religieux avec la Bible, mais ne font pas partie des Écritures Saintes. Le saint calice, c'est-à-dire la coupe où le sang du Christ fut recueilli, est mentionné, sans être nommé, dans l'Évangile de Nicodème.

Toutefois, du fait de sa rédaction tardive, cet évangile, apparu sous sa forme actuelle au Vᵉ siècle mais dont certains fragments et récits furent rédigés au IIᵉ siècle, n'est pas considéré comme un livre saint.

sion du cycle d'Arthur, indique s'être appuyé sur un livre du comte des Flandres qui relatait ces événements. On pense qu'il modifia le récit des exploits du roi Arthur en leur donnant une autre interprétation ou en y ajoutant des récits de tradition orale. Comme un grand nombre de ces récits lui furent transmis par des réfugiés irlandais ou

Joseph d'Arimathie est supposé avoir recueilli dans le Graal le sang s'écoulant des plaies du Christ crucifié.

Dans certaines versions du cycle d'Arthur, Perceval reçut le Saint-Graal pour prix de son courage et de son esprit chevaleresque.

des aventuriers du continent, on peut supposer que l'histoire du Graal a un fondement de ce type. Alors que Chrétien de Troyes ne dit rien de l'origine du Graal, Robert de Boron, qui rédigea au début du XIIIᵉ siècle, indépendamment de Chrétien de Troyes, une autre version du cycle d'Arthur, *l'Estoire dou Graal,* fut le premier à replacer le Graal dans un contexte chrétien et à établir un lien avec les textes apocryphes, désignant le Graal comme le saint calice (voir l'encadré ci-dessus).

Pouvoirs et aspect du Saint-Graal

Nombreux sont ceux qui, au cours des siècles, s'efforcèrent de retrouver le Saint-Graal et d'en apprendre un peu plus à son sujet. L'intérêt qu'il suscite tient essentiellement aux propriétés qu'on lui prête. Il assurerait, dit-on, la subsistance de celui qui le possède, guérirait certaines maladies, garantirait la maîtrise d'un immense royaume ou encore procurerait la vie éternelle.

Son apparence extérieure varie aussi beaucoup d'un auteur à l'autre : pour Chrétien de Troyes, il s'agissait d'une coupe à fruits, pour Robert de Boron, d'une coupe à boire, et Wolfram von Eschenbach donnait quant à lui la description d'une coupe en pierre. Pour certains, le Saint-Graal et l'Arche d'alliance ne seraient en réalité qu'un seul et même objet (voir l'encadré sur la page de gauche).

Compte tenu du caractère confus de ses descriptions et des nombreux mythes et légendes, souvent contradictoires, qu'il suscita, notamment aux XIIᵉ et XIIIᵉ siècles, on peut penser que le Saint-Graal – à supposer qu'il ait jamais existé – est irrémédiablement perdu. Sa découverte ne pourrait être que le fruit du hasard.

Mystères et miracles religieux

Un grand nombre de récits de miracles ou de mystères religieux sont parvenus jusqu'à nous. En effet, avant d'être retransmis par des prêtres ou des prédicateurs devant la paroisse, ces récits étaient d'abord consignés par des moines sur d'antiques manuscrits. Si on ne sait plus dire aujourd'hui dans quelle mesure ces récits étaient autrefois considérés par l'Église comme des faits historiques, on peut néanmoins penser qu'ils étaient, dans de nombreux cas, compris comme des paraboles, destinées à transmettre un certain message.

À partir du Moyen Âge, le pouvoir religieux comme le pouvoir profane rapportèrent de nouveaux cas d'énigmes ou de miracles, ce qui s'explique par la séparation de plus en plus marquée entre les deux pouvoirs. Les deux parties s'efforçant chacune d'affirmer leur suprématie, le récit de ces phénomènes apparemment inexpliqués visait à asseoir un pouvoir prétendument divin. À la Renaissance, quand les symboles religieux commencèrent à perdre de leur signification politique, ces miracles et ces mystères suscitèrent un intérêt scientifique qui, depuis, n'a cessé de s'affirmer et permet aujourd'hui un examen plus attentif.

On trouvera dans les chapitres suivants une présentation de différents mystères ou miracles religieux. Tandis que certains datent de la période de rédaction de l'Ancien Testament, d'autres concernent des phénomènes dont on ne prit conscience qu'à partir du XIXe ou XXe siècle. Comme dans les chapitres précédents, l'accent sera mis sur la position de la science face à ces mystères.

Le saint suaire de Turin, c'est-à-dire le linceul dans lequel Jésus aurait été enseveli, fait encore aujourd'hui l'objet de nombreuses discussions.

Dans la Bible, le Déluge est une inondation au cours de laquelle toute l'humanité périt, hormis Noé, sa famille et les animaux qui avaient trouvé refuge à bord d'une arche.

Le Déluge

Le septième chapitre de la Genèse raconte comment Dieu fit pleuvoir pendant quarante jours et quarante nuits pour inonder la terre et tuer les hommes qui vivaient dans le péché. Seul Noé, qui avait su entendre les avertissements de Dieu, réussit à se sauver en fabriquant une arche construite selon des plans divins.

Les récits du Déluge

Si l'on se fie aux dernières recherches, le récit biblique du Déluge daterait du VIIe ou VIe siècle av. J.-C. et s'appuierait lui-même sur des sources babyloniennes et assyriennes. Toutefois, il existe aussi des récits de déluge dans d'autres cultures et les scientifiques en ont répertorié au total plus de deux cent cinquante.

Certains de ces récits présentent des traits si originaux qu'il paraît difficile d'y voir un rapport avec le Déluge de la Bible. Les approches historiques peuvent par ailleurs diverger. Ainsi, la découverte de l'épopée de Gilgamesh, parmi les vestiges de la bibliothèque royale de Ninive, montre que les calculs du théologien irlandais du XVIIe siècle James Usher (1581-1656), selon lesquels ce déluge se

Nul ne sait dire aujourd'hui avec certitude si l'Arche décrite dans la Bible a bel et bien existé.

L'épopée de Gilgamesh

L'épopée de Gilgamesh fut consignée sur douze tables de pierre, dont une grande part nous est parvenue. Cette épopée raconte l'histoire du légendaire roi Gilgamesh qui vécut entre 2750 et 2600 av. J.-C.

Pour deux tiers dieu et pour un tiers homme, Gilgamesh voulut s'élever jusqu'aux dieux. Il s'adressa dans ce but à un sage, Utanapischtim, qui avait la réputation de détenir le secret de l'immortalité, depuis qu'il avait échappé à une inondation grâce à l'aide du dieu de l'Océan, Enki. Unique survivant, Utanapischtim avait réussi à se sauver en construisant une arche.

serait produit en l'an 2501 av. J.-C., sont certainement faux. En effet, cette épopée (voir l'encadré ci-dessus) évoque réellement un déluge, mais la bibliothèque fut édifiée vers 2600 av. J.-C.

Les traces archéologiques

Tous les scientifiques s'accordent à dire qu'une inondation à l'échelle planétaire est impossible. Beaucoup rejettent également l'idée d'une immense inondation et la description qui en est faite dans la Bible. La durée de ce déluge ainsi que l'arrivée de l'arche de Noé au pied du mont Ararat sont également remises en question. En effet, selon l'opinion la plus répandue, le nom de « Ararat » désignerait un mont arménien qui portait, en ces temps bibliques, un autre nom. Par ailleurs, si l'on compare les textes bibliques et les textes babyloniens, qui sont plus précis, on s'aperçoit qu'il existait, au confluent du Tigre et de l'Euphrate, un petit plateau, également appelé Ararat.

Depuis des siècles, des chercheurs fouillent dans ces deux directions et, dans les deux régions, les fouilles ont permis de mettre au jour de prétendus vestiges de l'Arche. Ainsi, tandis que l'on aurait retrouvé la coque de l'Arche sur le plateau de l'Ararat, des chercheurs russes indiquaient avoir trouvé, en octobre 2003, au pied du mont Ararat, des ancres de pierre. Toutefois, aucune de ces prétendues preuves de la présence de l'Arche sur ces sites n'a pu résister à un examen plus attentif.

Une inondation planétaire étant impossible, certains chercheurs émirent l'hypothèse que le Déluge de la Bible faisait référence à une inondation qui aurait englouti, pour une assez longue période, de vastes territoires. Dans les années 1920, l'archéologue britannique Charles Leonard Woolley (1880-1960), au vu de plusieurs indices, supposa que pareille catastrophe avait effectivement pu avoir lieu en Mésopotamie, mais ce n'est qu'en 1993 et 2000 que des preuves concrètes purent étayer cette théorie. Ainsi, en 1993, les chercheurs du bateau scientifique russe *Aquanaut* découvrirent dans la mer Noire des restes de plantes d'eau douce, puis, plus tard, en 2000, le découvreur du *Titanic,* Robert D. Ballard, toujours dans les fonds de la mer Noire, mit au jour les vestiges d'un établissement humain disparu à la suite d'une catastrophe naturelle et qui datait d'environ 5600 av. J.-C. Mais cette catastrophe correspond-elle vraiment au Déluge biblique ? La question n'est toujours pas élucidée.

Selon la Bible, l'arche de Noé échoua au pied du mont Ararat. Bien que cette montagne portât à l'époque un autre nom, des chercheurs ont trouvé, non loin de là, des indices qui renvoient à cette arche.

Qumran : les rouleaux de la mer Morte

En 1947, on découvrit en Cisjordanie dans onze grottes difficilement accessibles, situées à proximité des ruines de Qumran (plus exactement Khirbet Qumran), des rouleaux manuscrits. Attribués dans un premier temps aux esséniens (voir l'encadré sur la page de droite), ces rouleaux continuent aujourd'hui de soulever de nombreuses questions.

La bibliothèque pillée

C'est un jeune Bédouin qui, en 1947, a découvert la première jarre contenant des rouleaux de cuir extrêmement bien conservés. Plus de six mois se sont écoulés entre cette découverte et l'analyse approfondie des rouleaux que la jarre contenait. En effet, dans un premier temps, le jeune Bédouin avait essayé de vendre les rouleaux de cuir, puis vint ensuite la guerre avec l'Égypte (1947-1949) qui retarda encore l'analyse de ces documents par des spécialistes de l'université de Jérusalem.

Lorsqu'en janvier 1948 les chercheurs identifièrent enfin l'un de ces rouleaux comme le Livre du prophète Isaïe, ils s'efforcèrent alors de localiser la grotte dont il provenait. Quand ils y parvinrent, force, toutefois, leur fut de constater qu'elle avait été pillée. Au vu des restes, on estima néanmoins qu'elle contenait à l'origine entre deux cents et deux cent cinquante rouleaux. découvrit par la suite dix autres grottes abritant elles aussi d'autres manuscrits et fragments. Dans un premier temps, les archéologues mirent en relation le contenu biblique des premiers rouleaux analysés avec la proximité des vestiges du couvent de Qumran, décrit par le savant romain Pline l'Ancien (24-69 apr. J.-C.) comme le siège d'une colonie d'esséniens.

Le rouleau contenant le Livre du prophète Isaïe date du Ier ou IIe siècle av. J.-C.

De troublantes découvertes

On sait aujourd'hui que les quelque huit cents manuscrits retrouvés à Qumran sont le travail de cinq cents copistes différents. La rédaction des rouleaux de la mer Morte, écrits en hébreu, en araméen, en grec et en nabatéen, s'est vraisemblablement échelonnée du IIIe siècle av. J.-C. au Ier siècle apr. J.-C. Cette découverte déclencha un nouveau cycle de fouilles sur le site de Qumran et suscita de nouvelles discussions. En effet, le nombre inhabituel de copistes et l'âge de certains de ces manuscrits amenèrent les archéologues à s'interroger sur l'étendue du couvent.

Des pièces romaines découvertes pendant les fouilles permirent de dater la destruction du couvent ; celle-ci remonterait au soulèvement juif qui eut lieu entre 66 et 67 apr. J.-C. Sur le site du cloître, on découvrit également une salle de réunion contenant des centaines de vases et de pots en argile, un moulin à grains, un atelier de poterie ainsi que des citernes que l'on mit en rapport avec les ablutions pratiquées par les esséniens. Ce couvent comprenait, en outre, un réfectoire et un scriptorium, c'est-à-dire une pièce où l'on rédigeait ou recopiait les rouleaux. En revanche, les recherches ne permirent de découvrir aucune pièce d'habitation ou à usage privé, ce qui amena les chercheurs à la conclusion que les habitants de ce couvent se retiraient pour la nuit dans les grottes.

Toutefois, certaines découvertes se révélèrent peu conciliables avec l'image d'une communauté retirée et vivant dans l'ascèse. Certains en déduisirent que Qumran était, en réalité, une fabrique de céramique ou même un village. S'appuyant sur le nombre inhabituel de langues et de manuscrits découverts, d'autres imaginèrent aussi qu'on y réalisait, sur commande, des copies de rouleaux. Enfin, selon d'autres théories, il n'existe aucun lien entre les rouleaux et les vestiges du couvent. Les rouleaux de la mer Morte comptent parmi les manuscrits les plus précieux que l'on ait jamais découverts et recèlent encore bien des mystères.

Le travail de déchiffrage des rouleaux se poursuit encore. Toutefois, il paraît aujourd'hui improbable qu'ils puissent nous renseigner davantage sur leur passé.

C'est dans cette grotte de Cisjordanie que furent découverts les rouleaux de la mer Morte.

Quelques-uns de ces rouleaux sont exposés de nos jours dans un musée de Jérusalem, spécialement construit à cet effet.

Les esséniens

Les esséniens (de l'araméen, qui signifie « les pieux ») formaient entre environ 150 av. J.-C. et 100 apr. J.-C. une secte religieuse juive, semblable aux futurs ordres monastiques.

Établis à l'écart des autres membres de la communauté juive, les esséniens prônaient la chasteté et le dénuement et observaient des règles très strictes en ce qui concerne la hiérarchie et le déroulement de la vie quotidienne. Ils ne formaient sans doute pas un groupe homogène, mais se composaient de plusieurs sous-groupes qui admettaient différentes interprétations de la foi.

Les trois Rois mages et l'étoile de Bethléem

Guidés par une étoile, les Rois mages, Melchior, Gaspard et Balthazar, se rendirent à Bethléem pour y adorer le nouveau roi. Ils apportèrent en présent de l'or, de la myrrhe et de l'encens.

Les trois Rois mages

Seul l'Évangile selon saint Matthieu relate l'épisode des trois Rois mages. Si l'on compare la tradition populaire au passage qui lui correspond dans la Bible, on constate rapidement que saint Matthieu ne précise ni le nom, ni le rang, ni le nombre des visiteurs, mais fait simplement mention de « sages », de « mages » ou d'« astrologues » en énumérant les présents apportés à Jésus. Par ailleurs, nulle part non plus on ne trouve trace d'une éventuelle canonisation de ces mages par l'Église catholique.

Il est vraisemblable que le nombre de Rois mages fut déterminé par le nombre de présents. Leur nom, d'autre part, fut mentionné pour la première fois dans un récit rédigé en arménien, qui relatait l'enfance de Jésus et assimilait les visiteurs aux rois des Indes (Gaspard), d'Arabie (Balthazar) et de Perse (Melchior).

Qu'est-ce qu'une comète ?

Constituées d'un amas de poussières, de gaz et de glace, les comètes, comme les planètes, entourent le Soleil. Toutefois, à mesure qu'elles s'approchent du Soleil, les particules de glace s'évaporent, ce qui donne lieu à la fameuse queue.

Connaissant le poids que Matthieu accordait aux symboles, on peut donc considérer que ces mages ne sont vraisemblablement que des figures littéraires visant à souligner l'importance de Jésus.

Par ailleurs, il est peu probable que les ossements – parvenus en 1164 dans des circonstances assez troubles jusqu'à Cologne, *via* la Palestine, Byzance et Milan – soient des reliques des Mages. Ces ossements avaient sans doute pour but, dans un contexte politique instable, de renforcer la position de l'empereur Frédéric Barberousse en montrant que des rois étaient venus les premiers adorer l'Enfant Jésus et que les souverains profanes se situaient donc au-dessus des princes de l'Église.

L'étoile de Bethléem

Matthieu étant le seul à avoir évoqué les Rois mages, c'est en vain également que l'on cherchera trace dans les autres évangiles de l'étoile de Bethléem. Ici aussi il faut supposer qu'il s'agit d'un symbole montrant qu'un signe avait été donné du Ciel.

De nombreuses théories s'efforcent, toutefois, d'expliquer l'apparition de cette étoile par un phénomène astronomique.

La plus ancienne d'entre elles, exposée par Origène au IIIe siècle, propose d'y voir une comète (voir l'encadré ci-dessus). Cette explication est a priori tout à fait cré-

Les Rois mages apportèrent en présent de l'or, de la myrrhe et de l'encens. Du nombre de présents, on conclut plus tard qu'ils étaient eux-mêmes trois.

dible, puisque des comètes étaient effectivement visibles depuis la terre à l'époque de la naissance du Christ. Toutefois, on a aussi pu prouver que des comètes nettement plus visibles avaient déjà traversé le ciel quelques années auparavant.

Selon d'autres théories, l'apparition soudaine de l'étoile de Bethléem pourrait aussi s'expliquer par l'explosion d'une supernova. Cependant, aucun reste d'une telle explosion n'a pu être observé dans le ciel avec les moyens actuels, ce qui rend cette hypothèse vraisemblablement caduque.

Reste une troisième possibilité : une conjonction de planètes (voir l'encadré ci-contre). L'apparition fréquente de conjonctions à l'époque de la naissance du Christ parle en faveur de cette théorie. Toutefois, comme pour la théorie de la comète, on ne comprend guère ce que cette conjonction a eu de particulier. Des calculs ont, de plus, montré que cette conjonction n'était pas parfaite et qu'il était encore possible de distinguer les deux planètes, ce qui détruit l'impression d'une nouvelle étoile.

Aucune de ces théories n'étant tout à fait fiable, on ne peut donc, pour l'instant, qu'invoquer un miracle ou admettre l'idée d'une simple représentation symbolique.

Nul ne peut dire si, réellement, les trois Rois mages étaient guidés par l'étoile de Bethléem.

La conjonction de deux planètes

On entend par conjonction le rapprochement apparent de deux planètes. Autrement dit, vu de la terre, les deux planètes donnent l'impression de se toucher ou de se suivre de très près. Réfléchie par les rayons du soleil, leur surface paraît plus grande et la conjonction plus claire et plus visible que les deux planètes prises séparément.

La comète Hale-Bopp fut elle aussi assimilée parfois à l'étoile de Bethléem.

Le saint suaire de Turin

Selon la légende, le suaire de Turin serait le linceul dans lequel Jésus-Christ fut enseveli, et que l'on retrouva, trois jours après la crucifixion, dans le tombeau vide. Depuis son apparition, chercheurs et ecclésiastiques se demandent s'il s'agit d'une relique authentique ou d'une mystification.

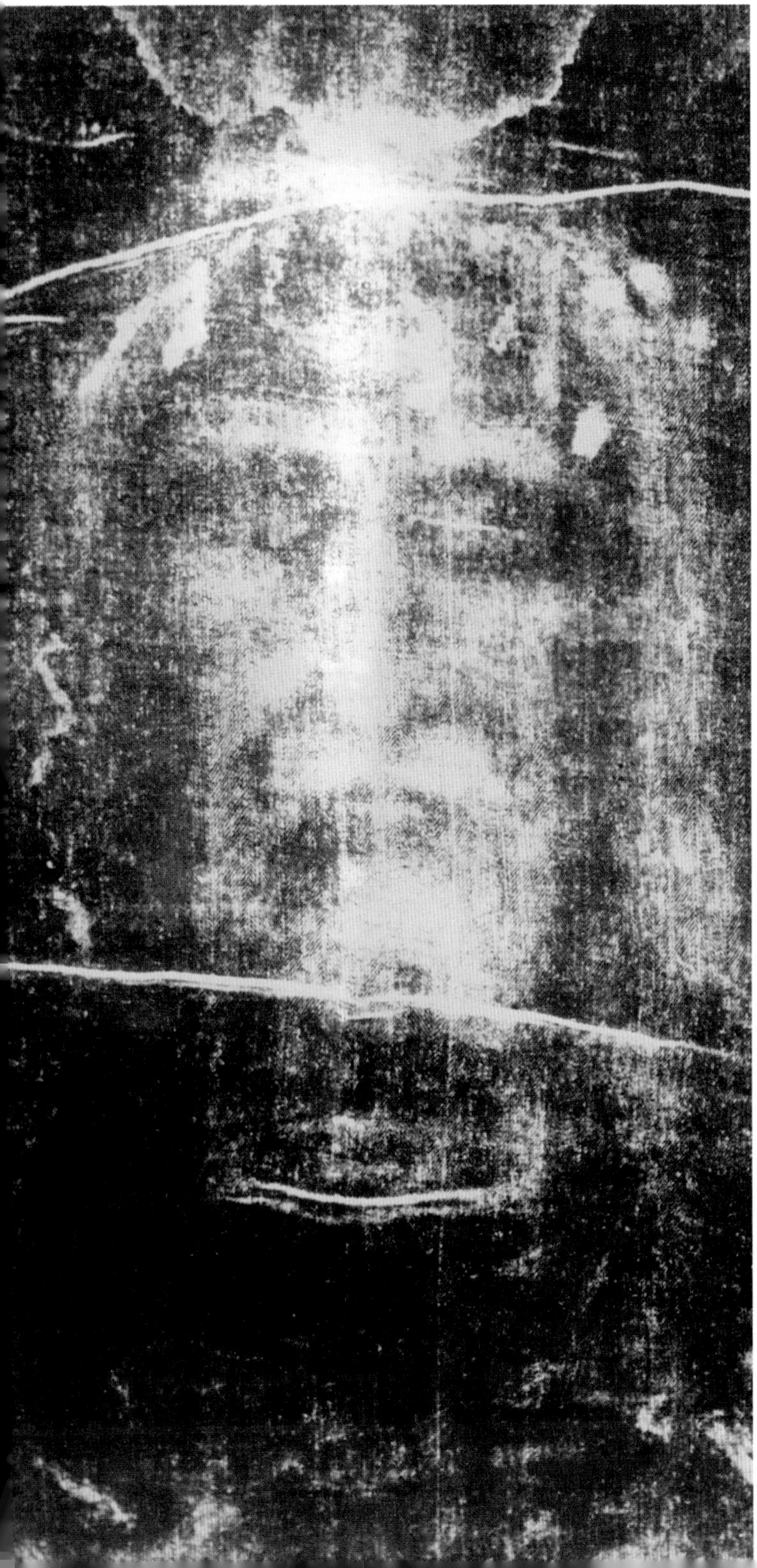

Première exposition

Le 19 septembre 1356, le chevalier français Geoffroy Ier de Charny tomba à Maupertuis, près de Poitiers, au cours d'une importante bataille de la guerre de Cent Ans. Sa veuve, Jeanne de Vergy, dut alors pourvoir à l'entretien de l'église du monastère de Lirey, près de Troyes, que son mari venait de faire construire sur ordre du roi. En 1357, elle y exposa publiquement une toile de lin de 4,36 mètres de long sur 1,10 mètre environ de large, sur laquelle on reconnaissait vaguement l'empreinte du corps d'un homme nu, vu de face et de dos, et où des traces de sang laissaient deviner des blessures à la tête, aux mains, aux pieds et à la poitrine. Ce morceau de lin était, d'après Jeanne de Vergy, le suaire dans lequel Jésus Christ avait été enseveli.

Quelque temps après l'ouverture de l'exposition de Lirey, l'évêque de Troyes, Henri de Poitiers, fit cependant éloigner le suaire, considérant qu'il s'agissait d'un faux, les Évangiles n'en faisant pas mention. Thèse renforcée par le fait que Jeanne de Vergy n'était pas en mesure d'expliquer comment son mari s'était retrouvé en possession de cette toile de lin.

De Lirey à Turin

Trente-deux ans plus tard, le fils de Geoffroy de Charny exposa le saint suaire une nouvelle fois, avec le soutien de l'antipape Clément VII. En effet, durant les années qui suivirent, marquées par la scission de l'Église catholique romaine et de perpétuelles dissensions entre Rome et Avignon, le suaire joua un rôle politique de plus en plus important. Pour Clément VII, cette relique constituait la preuve qu'il était le seul à pouvoir se nommer pape. Toutefois, après le concile œcuménique de Constance en 1417 et la réunification de l'Église catholique, le suaire perdit de son importance.

Dans un premier temps, le saint suaire fut conservé à Lirey, puis on l'exposa dans d'autres villes européennes. Il

Les premières études scientifiques du saint suaire s'appuyèrent sur les négatifs de Secundo Pia.

parvint finalement en possession du duc Louis Ier de Savoie qui le conserva dans la chapelle du château de Chambéry. En 1532, un incendie endommagea la châsse d'argent dans laquelle la relique était conservée ainsi que la relique elle-même.

En 1578, l'héritier de Louis de Savoie, le duc Emmanuel-Philibert, fit transférer le suaire à Turin. En 1983, le dernier roi d'Italie, Humbert, l'offrit en héritage au Saint-Siège. Bien que n'appartenant plus à la famille de Savoie, le saint suaire se trouve toujours à Turin mais n'est plus exposé actuellement.

Science et foi

Pendant des siècles, l'Église ne discuta de l'authenticité du suaire de Turin que d'un point de vue théologique. Ce n'est qu'en 1898 que les scientifiques s'intéressèrent, pour la première fois, à cette relique, par le biais des photos de Secondo Pia, maire d'Asti et photographe amateur. En effet, Secondo Pia, qui avait eu l'occasion de photographier le suaire lors d'une exposition, s'aperçut au cours du développement de la photographie que le corps de l'homme était beaucoup plus visible sur les négatifs. Les recherches effectuées durant les années suivantes prirent bien souvent appui sur ces négatifs.

On utilisa par ailleurs les moyens les plus divers pour collecter des informations sur l'origine et l'histoire de ce suaire. Le botaniste suisse Max Frei, par exemple, étudia les pollens de fleur déposés sur l'étoffe. Il en conclut que certains d'entre eux ne pouvaient provenir que de la région de Jérusalem.

Pour l'antipape Clément VII, le saint suaire constituait la preuve qu'il était le seul à pouvoir se nommer pape.

On distingue sur le saint suaire aussi bien l'avant que le dos du corps, ce qui s'explique par la manière dont le défunt fut enveloppé dans le suaire avant d'être enseveli.

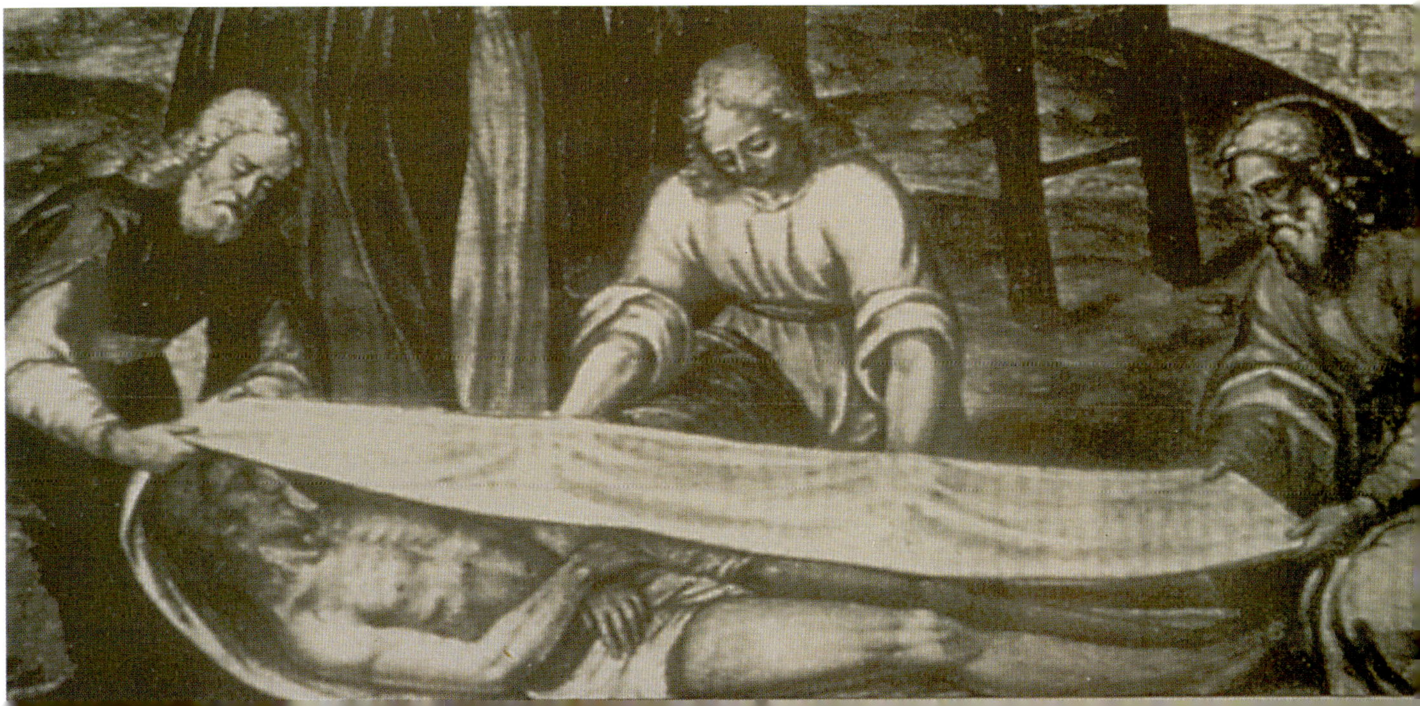

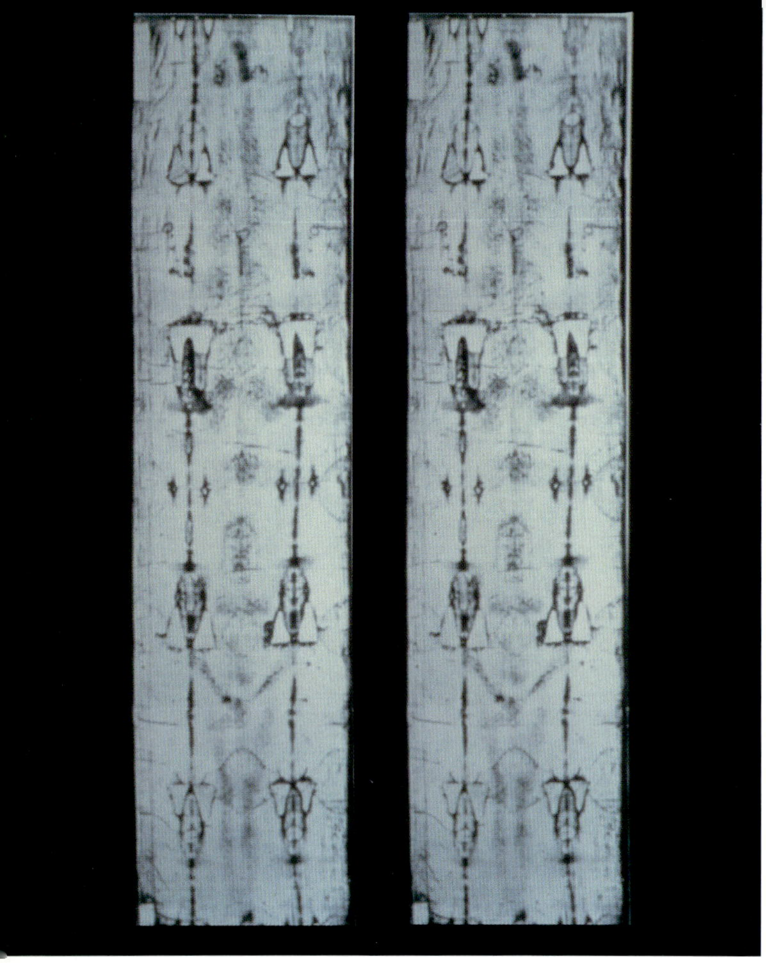

La décomposition de la lignine

La lignine est une substance solide et incolore. Stockée dans la paroi cellulaire des végétaux, elle est responsable de la lignification des cellules. La méthode de datation par la lignine repose sur le fait que la lignine contenue dans un morceau de lin tissé se décompose au fil du temps par des processus chimiques. Le produit résultant de cette décomposition s'appelle la vanilline. Ainsi, plus la part de vanilline est importante, plus le tissu est vieux. Cette méthode présente un inconvénient : la décomposition de la lignine variant en fonction des températures auxquelles le tissu a été exposé, les écarts de datation peuvent être importants.

Au cours des siècles, le saint suaire, conservé dans de mauvaises conditions ou exposé au feu, subit de nombreux dommages. Les retouches apportées au linceul ou les traces des dommages subis sont plus nettement visibles que les contours schématiques du corps du défunt.

On distingue pourtant bien les blessures causées pendant la crucifixion par des clous ou une lance.

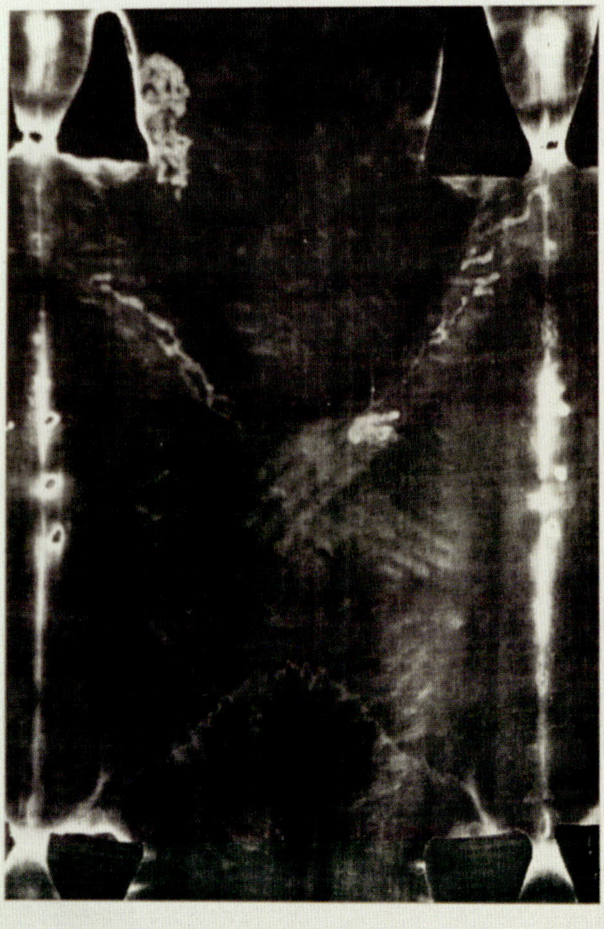

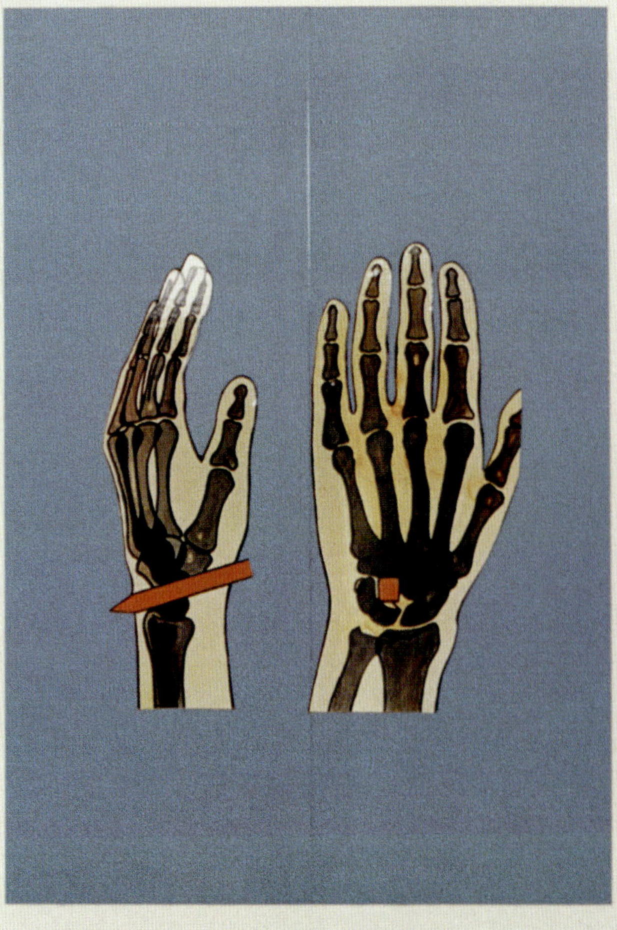

Lors de l'incendie de la cathédrale de Turin, le 12 avril 1997, le saint suaire échappa aux flammes grâce aux efforts d'un pompier qui le sauva *in extremis*.

Expertises scientifiques

Dans les années 1930, des expertises médico-légales effectuées sur le linceul confirmèrent que le suaire de Turin était bien celui d'un homme crucifié et flagellé. Cet homme portait une couronne d'épines et l'on avait vérifié qu'il était bien mort d'un coup de lance dans le flanc. Ces éléments étaient attestés par les traces de sang décelables sur le suaire.

En 1988, la datation au carbone 14 (voir l'encadré ci-dessous), effectuée sur plusieurs morceaux du suaire dans des laboratoires d'Oxford, de Zurich et de l'Arizona, suscita le plus vif intérêt de la part des médias. On estima alors, avec un indice de fiabilité de 95 %, que le suaire datait d'environ 1260 à 1390, ce qui semblait prouver sans aucun doute possible l'inauthenticité de la relique. Toutefois, quelque temps plus tard les partisans de l'authenticité du suaire critiquèrent la façon dont les experts avaient procédé, suggérant même que l'on avait falsifié les échantillons expertisés.

Les chercheurs employèrent alors une nouvelle méthode de datation et analysèrent le taux de lignine du suaire (voir l'encadré de la page 122). Cette méthode, bien qu'elle mît au jour les faiblesses de la datation au carbone 14, n'apporta guère de résultats concrets prouvant formellement l'authencité du linceul, puisque l'âge du suaire fut estimé entre 1 300 et 3 000 ans.

Tentatives d'explications

Comme par le passé, on ne sait donc toujours pas d'où provient l'image du suaire. Toutes les théories avancées furent réfutées. Au Moyen Âge, on pensait, par exemple, que l'image du suaire avait été peinte. Cette hypothèse se trouva cependant démentie par l'absence de toute trace de pigments. On supposa par la suite qu'elle résultait d'une réaction chimique liée à des émanations d'aloès, plante avec laquelle on aurait embaumé le corps avant la mise en bière. Mais les expériences montrèrent que, si ces émanations pouvaient effectivement créer une image, celle-ci aurait été beaucoup moins contrastée que celle du suaire.

Mais la façon dont l'image est apparue sur le suaire n'est pas le seul sujet de spéculation. On s'interroge également sur les raisons pour lesquelles ce suaire demeura caché pendant 1 300 ans et sur la façon dont il parvint de Palestine. Cependant, rien ne permet de prouver avec certitude que l'homme représenté sur le suaire et qui agite les esprits depuis six cent trente ans est effectivement Jésus-Christ.

La datation au carbone 14

La datation au carbone 14 permet de mesurer le taux d'isotopes de carbone. En effet, pendant sa vie, un être vivant absorbe des isotopes C14 radioactifs.

Après la mort, cette proportion d'isotopes C14 diminue selon certaines lois. On peut ainsi dater des matières organiques jusqu'à 40 000 ans en arrière.

La Vierge de Guadalupe

Le 9 décembre 1531, la Vierge serait apparue à un paysan de Guadalupe, Juan Diego Cuauhtlatoatzin, lui confiant la mission de faire ériger en cet endroit une église. L'archevêque ayant refusé, une image de la Vierge apparut sur le manteau de Juan Diego. Aujourd'hui encore, cette relique est exposée à l'endroit de la première apparition.

Près de vingt millions de personnes du monde entier viennent, chaque année, visiter l'image de la Vierge.

L'APPARITION

La légende raconte que Juan Diego Cuauhtlatoatzin se rendait à la messe à Tlatilolco, lorsqu'il entendit une voix venant du ciel. Selon lui, cette voix était celle de la vierge Marie et lui enjoignait depuis un nuage de se rendre auprès de l'évêque de Mexico pour lui demander de faire ériger à cet endroit une église. Mais lorsque Juan Diego Cuauhtlatoatzin se présenta devant l'évêque de Mexico pour lui transmettre la requête, celui-ci ne voulut pas le croire et le renvoya chez lui.

Le lendemain, Juan Diego Cuauhtlatoatzin retourna au même endroit et entendit de nouveau la voix de la Vierge qui lui demandait d'aller trouver une nouvelle fois l'évêque de Mexico. Mais, de nouveau, l'évêque renvoya le paysan. Juan Diego Cuauhtlatoatzin retourna alors une troisième fois à l'endroit où il avait entendu la voix et expliqua que, sans preuve, l'évêque ne voudrait jamais le croire.

Rentré chez lui, Juan Diego trouva son oncle alité. Comme le médecin du village n'était pas en mesure de lui apporter de l'aide, l'oncle envoya son neveu chercher un prêtre à Mexico. Le 12 décembre 1531, il se mit en route vers la ville. En chemin, il rencontra une femme dont la voix était la même que celle de la Vierge. Cette dernière l'assura que son oncle était déjà guéri et lui dit d'aller cueillir des fleurs au sommet de la colline où elle lui avait parlé pour la première fois. Diego obéit, cueillit les fleurs et les mit dans son manteau. La femme lui ordonna alors de retourner à Mexico et de n'ouvrir son manteau contenant les fleurs que lorsqu'il se trouverait en présence de l'évêque.

Parvenu à destination, Diego découvrit sur sa cape une image de la Vierge, vêtue d'un manteau d'or. Aussitôt l'évêque accepta de faire construire une chapelle, puis une église, à l'endroit indiqué par Juan Diego. L'image de la Vierge fut d'abord exposée dans la chapelle, puis, à partir de 1709, dans une basilique. Une seconde basilique fut construite en 1976, où la relique se trouve aujourd'hui exposée.

L'ÉNIGME

Malgré son ancienneté et bien que reproduite sur des fibres d'agave qui se décomposent d'ordinaire en quelques décennies, l'image est encore parfaitement reconnaissable. Exposée dans de mauvaises conditions – dans une chapelle sans fenêtres, derrière des cierges allumés, dans les fumées d'encens, touchée, embrassée par les croyants, mise parfois au contact de plaies –, la relique fut bien souvent maltraitée au cours des siècles. On tira des fils de la cape, on y renversa même par inadvertance, en 1791, de l'acide nitrique ; puis, en 1921, des opposants de l'Église tentèrent de faire exploser l'image et la vitre qui la protégeait. Pourtant, jamais la relique ne fut sérieusement endommagée.

Au XXe siècle en particulier, cette image fit l'objet de nombreuses études. Il en ressortit qu'elle ne portait aucune trace de coups de pinceau, hormis aux endroits où elle avait été retravaillée plus tard par des hommes – notamment aux mains –, et qu'en outre, ces endroits paraissaient plus usés que l'image originelle. L'examen des yeux de la Vierge révéla une autre circonstance troublante : on s'aperçut, en effet, que plusieurs personnes s'y reflétaient. Ces figures avaient, de plus, une taille presque microscopique et respectaient les lois de l'optique, alors que celles-ci ne furent introduites en peinture que bien plus tard.

Le mystère de la Vierge de Guadalupe n'est toujours pas éclairci. Aucune théorie n'a permis à ce jour d'expliquer de manière probante l'apparition de cette image sur le manteau de Juan Diego. Convaincus qu'il s'agit là d'un miracle, des millions de visiteurs viennent, chaque année, lui rendre hommage.

Aujourd'hui encore, rien ne permet d'expliquer comment l'image de la Vierge a pu être reproduite sur la cape de Juan Diego Cuauhtlatoatzin.

Le pape Jean-Paul II s'est rendu quatre fois sur le lieu de l'apparition. À plusieurs reprises, il a proclamé sa foi en cette apparition.

La sainte tombe d'Arles-sur-Tech

Dans l'église d'Arles-sur-Tech, un sarcophage fermé aurait, dit-on, abrité pendant un temps les reliques de deux saints. D'après la légende, ce tombeau se remplirait tous les jours d'un à deux litres d'une eau sacrée, aux vertus prétendument curatives.

L'eau de la sainte tombe

La sainte tombe d'Arles-sur-Tech, dans les Pyrénées-Orientales, est attestée dans les textes depuis la fin du XVIe siècle. Construite vraisemblablement au IVe ou au Ve siècle, elle aurait abrité depuis le Xe siècle, au moins temporairement, les reliques des saints Abdon et Sennen (voir encadré, p. 128). De ce fait, l'eau qui remplit de manière apparemment inexpliquée le cercueil de pierre aurait d'étonnantes vertus curatives, et des malades très gravement atteints lui devraient, paraît-il, la vie sauve.

Le sarcophage se situe à l'extérieur de l'église dans une cour mal éclairée, derrière une grille de métal, et il est surmonté d'une croix blanche. Bien que la cour soit orientée vers le nord et ne reçoive aucune lumière directe, l'air y est chaud et humide, en raison des vents qui soufflent par-dessus le mur sud.

Le cercueil de marbre est posé sur deux socles massifs d'environ 20 centimètres de haut. Il mesure 1,90 mètre de long, 90 centimètres de haut et 50 centimètres de large ; son couvercle prismatique est haut de 30 centimètres et, comme le sarcophage, épais de 10 centimètres.

Taillée dans un bloc de marbre, la sainte tombe est posée sur deux socles massifs d'environ 20 centimètres de haut. Elle mesure 1,90 mètre de long, 65 centimètres de haut et 50 de large. Son couvercle, en forme de prisme, est haut de 30 centimètres et, comme le sarcophage, épais de 10 centimètres. D'une surface irrégulière, le couvercle ne ferme pas hermétiquement et laisse apparaître des interstices de la largeur d'un doigt. Sur l'une des parois latérales, un autre trou permet, au besoin, d'introduire le tuyau d'une pompe. Le curé de l'église peut ainsi vider l'eau du sarcophage et la distribuer aux visiteurs.

Premières études

Il existe quantité de légendes évoquant des endroits sacrés et des phénomènes surnaturels. À chaque fois, les scientifiques tentent d'expliquer ces phénomènes. À Arles-sur-Tech, deux séries d'analyses ont permis d'analyser le caractère prétendument surnaturel de l'apparition de l'eau.

Les premières études scientifiques se déroulèrent en 1961. Les conditions météorologiques de la région jouant un rôle déterminant, trois scientifiques restèrent sur place pendant deux mois et demi. Une circonstance se révéla particulièrement précieuse : pendant deux mois, il ne plut pas une goutte. Comme le cercueil avait été préalablement calfaté avec du mastic et une housse de nylon, les scientifiques constatèrent tout d'abord que le sarcophage ne se remplissait pas tous les jours d'un à deux litres d'eau. L'eau se maintenait au même niveau, hormis lorsque le curé venait en prélever.

Une croix blanche, fortement endommagée par les intempéries, surmonte le sarcophage.

Les conditions météorologiques dans les Pyrénées ont joué un rôle déterminant pour l'étude de la sainte tombe d'Arles-sur-Tech. Les vents chauds de la Méditerranée poussent des masses d'air chaud et humide vers l'intérieur du pays. Toutefois, comme les montagnes font obstacle au passage des nuages et que le climat méditerranéen comporte peu de précipitations, l'air est souvent très humide.

Le niveau de l'eau ne remonta que plus tard, quand il se remit à pleuvoir et, qui plus est, très lentement. De toute évidence, il fallait plusieurs jours pour que l'eau pénètre à l'intérieur du sarcophage.

Un examen plus attentif du couvercle permit d'y découvrir une série de petits creux, de 1 à 2 millimètres de diamètre. Par temps de pluie, ces petits orifices se remplissaient d'eau, puis se vidaient en 45 secondes. On examina ensuite le dessous du couvercle et l'on s'aperçut que l'eau suintait à travers le couvercle de pierre.

Comme le marbre du cercueil est moins perméable que celui du couvercle, l'eau pouvait s'accumuler dans le cercueil. De plus, l'eau de pluie entraînait avec elle des particules de poussière qui se déposaient au fond du sarcophage et colmataient d'éventuels trous ou brèches. L'eau pouvait ainsi s'infiltrer dans le sarcophage sans jamais en sortir.

Abdon et Sennen

Abdon et Sennen, deux martyrs originaires de Perse, furent condamnés, sous l'empereur Valérien au IIIe ou IVe siècle, à être tués par des gladiateurs. En 826, leur dépouille fut transférée à Saint-Marc à Rome, où elles sont encore honorées. Bien que l'on ne sache pas au juste si leurs ossements ont été conservés dans la tombe encore désignée comme la sainte tombe, ils sont considérés comme les protecteurs de la petite ville d'Arles-sur-Tech.

Par ailleurs, les chercheurs ont découvert que la formation de rosée contribuait également à remplir le cercueil, car, même si les gouttes de rosée ne modifient pas beaucoup la masse d'eau présente dans le cercueil, elles nettoient les petits orifices du couvercle et les empêchent de se boucher.

Le rapport des chercheurs souligne également le rôle des interstices situés entre le sarcophage et le couvercle. Des écarts de température occasionnent, en effet, la formation d'une eau de condensation à l'intérieur du sarcophage, de sorte que ces orifices sont, eux aussi, responsables du « débordement » occasionnel que l'on a pu aussi observer pendant les expériences. Ce débordement, toutefois, se limite à quelques gouttes, perlant sur la face externe du sarcophage. Celui-ci présentant de ce côté une surface irrégulière, l'eau qui « déborde » est, en réalité, de l'eau de condensation s'écoulant non plus à l'intérieur du sarcophage mais à l'extérieur.

Dès 1961, donc, les scientifiques étaient parvenus à expliquer le phénomène de remplissage du cercueil.

Parapsychologie contre science : une seconde expertise

Pourtant, en 1992, un reportage diffusé à la télévision française sur la sainte tombe d'Arles-sur-Tech déclencha une nouvelle polémique. En effet, des parapsychologues prétendirent, dans plusieurs articles, que le sarcophage était protégé de la pluie par un auvent, ce qui est absolument faux. Ils tournèrent également en ridicule les méthodes employées par les scientifiques de 1961, pointant notamment du doigt le fait qu'ils s'étaient servis d'une règle d'écolier pour mesurer le niveau de l'eau. Les scientifiques contre-attaquèrent en répondant que les résultats de 1961 étaient tout à fait fiables et que l'on pouvait parfaitement obtenir de bons résultats même avec une simple règle.

Toutefois, comme la polémique ne faiblissait pas, un nouveau groupe de chercheurs décida de procéder à de nouvelles expériences entre 1998 et 2001, avec des instruments de mesure plus modernes. Ils parvinrent à confirmer en grande partie les résultats de 1961 en les affinant. Le seul point de divergence concernait le pourcentage de rosée et d'eau de condensation par rapport au volume d'eau général, qui était de 10 % supérieur à celui estimé par les premiers chercheurs.

La publication de ces résultats mit enfin un terme au débat qui opposait parapsychologues et scientifiques, sans cependant rien changer ni à l'inscription que l'on peut encore lire près du sarcophage ni aux descriptions de certains guides, qui continuent de qualifier le phénomène d'« énigmatique ».

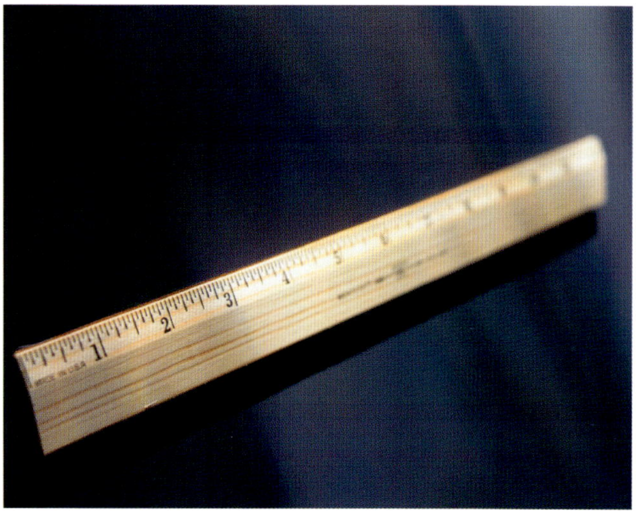

Lors du premier examen du sarcophage, on mesura le niveau de l'eau avec une simple règle.

Malgré les rumeurs, la tombe n'est pas située sous un auvent, mais à ciel ouvert dans la cour intérieure de l'église.

Les êtres lumineux

Sur de nombreuses représentations de saints, le statut particulier de ces personnes est représenté par une aura. Celle-ci prend la forme d'un nimbe, c'est-à-dire d'une auréole qui entoure seulement la tête, ou d'une mandorle, c'est-à-dire d'une lumière enveloppant tout le corps. On peut d'ailleurs remarquer à ce propos que le concept de « rayonnement » est passé dans le langage courant. Depuis plusieurs décennies, des chercheurs étudient les cas de personnes dont il se dégage réellement une lumière.

Le cas d'Anna Monaro

En 1934, l'asthmatique Anna Monaro devint dans les cercles médicaux une véritable célébrité. En effet, cette personne fut auscultée par plusieurs médecins sans qu'aucun ne parvienne à déterminer la raison pour laquelle il se dégageait de sa poitrine, pendant ses crises d'asthme, une lumière bleue, rouge ou verte. La femme et les médecins furent d'abord accusés de mystification, mais de nouvelles expertises et même des prises de vue finirent par prouver qu'il n'y avait là ni manipulation ni mystification.

On avança plusieurs explications, mais aucune ne se révéla satisfaisante. Alors qu'un psychologue évoquait la présence d'organismes électriques ou magnétiques dans son corps, un généraliste émit l'hypothèse d'une forte concentration de sulfites dans le sang : sulfites qui se mettaient à briller sous l'action de rayons ultraviolets. À cette théorie, longtemps discutée, on opposa finalement que le rayonnement n'émanait que de la poitrine, tandis que les sulfites circulent dans tout le corps.

Le rayonnement des malades et des saints

À partir des années 1940, des chercheurs intéressés par ce phénomène de rayonnement se mirent à collecter des informations. On s'aperçut alors qu'il concernait essentiellement deux catégories de personnes : les malades et les personnes très croyantes.

Généralement, les récits faisaient état de plaies qui luisaient faiblement ou de morts dont il se dégageait une faible lueur. Dans d'autres cas, la luminescence concernait des liquides physiologiques comme la sueur ou l'urine. Dans presque tous les cas, il s'agissait de personnes malades, à quelques exceptions près.

Certaines personnes, en effet, très croyantes ou saintes, possèderaient, dit-on, une aura particulière, parfois visible. Des témoins racontent ainsi avoir observé une lumière émanant de personnes qui furent par la suite béatifiées ou

Comme dans beaucoup d'autres religions, le dieu aztèque Quetzalcóatl est souvent représenté entouré de flammes.

canonisées. Cette lumière se présentait sous la forme d'un rayonnement, qui perçait à travers leurs vêtements et pouvait même éclairer l'espace environnant.

Ce rayonnement s'accompagne parfois d'autres qualités extraordinaires. Dans son livre *Les Phénomènes physique du mysticisme* (1952), le père Herbert Thurston relate ainsi le cas du bienheureux Bernardino Realino (1530-1616) et du père Francisco Suarez (1548-1619), qui vivaient tous deux au XVIIe siècle. Indépendamment les uns des autres, différents témoins racontent à leur propos qu'ils possédaient également le don de lévitation (voir p. 200), c'est-à-dire qu'ils pouvaient s'élever dans les airs.

Les nimbes représentés sur les images saintes renvoient-ils à l'origine à un rayonnement réel ?

Sous tension

À peu près à la même époque, les scientifiques s'intéressèrent également à deux autres phénomènes : l'électricité humaine et le magnétisme humain.

L'intérêt pour ces phénomènes fut déclenché par le cas de madame Antoine Timmer qui, en 1938, se rendit à New York pour prendre part à un concours, dans lequel

Le pape Benoît XIV (1675-1758) rédigea un traité sur les béatifications et les canonisations, dans lequel il fait allusion au « feu » de certaines personnes.

les participants devaient présenter un phénomène parapsychologique qu'aucun tour de passe-passe ne pouvait imiter. Devant le jury, auquel participait le célèbre prestidigitateur Joseph Dunninger, elle montra que, si elle touchait légèrement du doigt une cuillère ou d'autres petits objets, ils restaient accrochés à ses mains. Dunninger ayant prétendu pouvoir faire la même chose avec un fil, madame Timmer n'obtint pas le prix, mais son tour fut néanmoins remarqué.

Plus tard, quand l'usage des appareils électriques se popularisa, on vit apparaître de nombreux témoignages de personnes qui racontaient pouvoir provoquer, par un simple contact ou même par leur seule présence, une panne de courant ou un court-circuit. Dans les années 1950, on publia même à ce sujet des articles de presse ou des séquences de film. À Cardiff, par exemple, Brian Williams fit la une des journaux en 1952 en prétendant pouvoir allumer une ampoule électrique dans sa main. Autre exemple : en 1967, Brian Clemens, surnommé Flash Gordon, raconta dans le *Daily Mirror* que son corps était si chargé électriquement qu'il devait toujours décharger sa main au contact d'objets métalliques avant de toucher d'autres personnes.

D'autres témoignages, plus anciens, ont également été recensés, mais ceux-ci ne permettent cependant pas de remonter très loin dans le temps. En effet, en l'absence d'appareils électriques, l'électricité humaine est longtemps restée un phénomène méconnu.

Comme Brian Williams le prétendait en 1952, les personnes « électriques » produiraient dans leur corps tant de courant qu'elles seraient capables d'allumer une ampoule électrique dans leur main.

Électricité et rayonnement ?

Si les appareils électriques n'existent que depuis peu de temps, il a pourtant fallu que les personnes chargées électriquement puissent se décharger. Et c'est vraisemblablement là que le phénomène du rayonnement humain rejoint celui de l'électricité humaine. En effet, les témoignages de personnes capables d'émettre des étincelles peuvent aussi bien s'interpréter comme un phénomène de rayonnement que comme un phénomène de décharge électrique.

Les deux phénomènes présentent, en outre, d'autres points communs. Et notamment le fait qu'une maladie peut conduire le malade à développer cette faculté ou à la renforcer.

Le docteur Julius Ransom, médecin-chef d'une prison d'État à New York, raconte, par exemple, avoir dû traiter trente-quatre prisonniers souffrant d'un empoisonnement alimentaire. Lors de sa convalescence, l'un des prisonniers voulut froisser une boule de papier pour la jeter. Mais la boule de papier resta collée à sa main. Les examens montrèrent que ce prisonnier ainsi que d'autres détenus étaient si chargés d'électricité statique qu'ils pouvaient faire dévier les aiguilles d'une boussole ou mettre en mouvement des morceaux de tôle suspendus. Le phénomène disparut une fois que les malades furent complètement rétablis.

Ni le phénomène du rayonnement ni celui de l'électricité ou du magnétisme humain n'ont reçu à l'heure actuelle d'explication satisfaisante. Certains chercheurs, il est vrai, ont tenté d'établir un parallèle avec d'autres phénomènes naturels (comme les vers luisants ou les gymnotes), mais, chez l'homme, ces phénomènes ont vraisemblablement d'autres causes, car le corps humain ne présente pas les mêmes propriétés. Et le problème se complique d'autant que ces cas de magnétisme ou d'électricité sont assez rares.

Dans certains cas, on a pu démontrer que ces pouvoirs ne se manifestaient que pendant un laps de temps limité, notamment chez les personnes malades. Un autre cas a permis, par ailleurs, de montrer que l'état d'esprit général de la personne concernée jouait également un grand rôle dans l'apparition de ces facultés. Ces phénomènes constituent donc, encore à ce jour, un vaste champ d'investigation pour la science.

Le physicien François Arago fut chargé d'étudier le cas d'Angélique Cottin. Bien que persuadé qu'il s'agissait d'une escroquerie, il ne put toutefois pas en apporter la preuve.

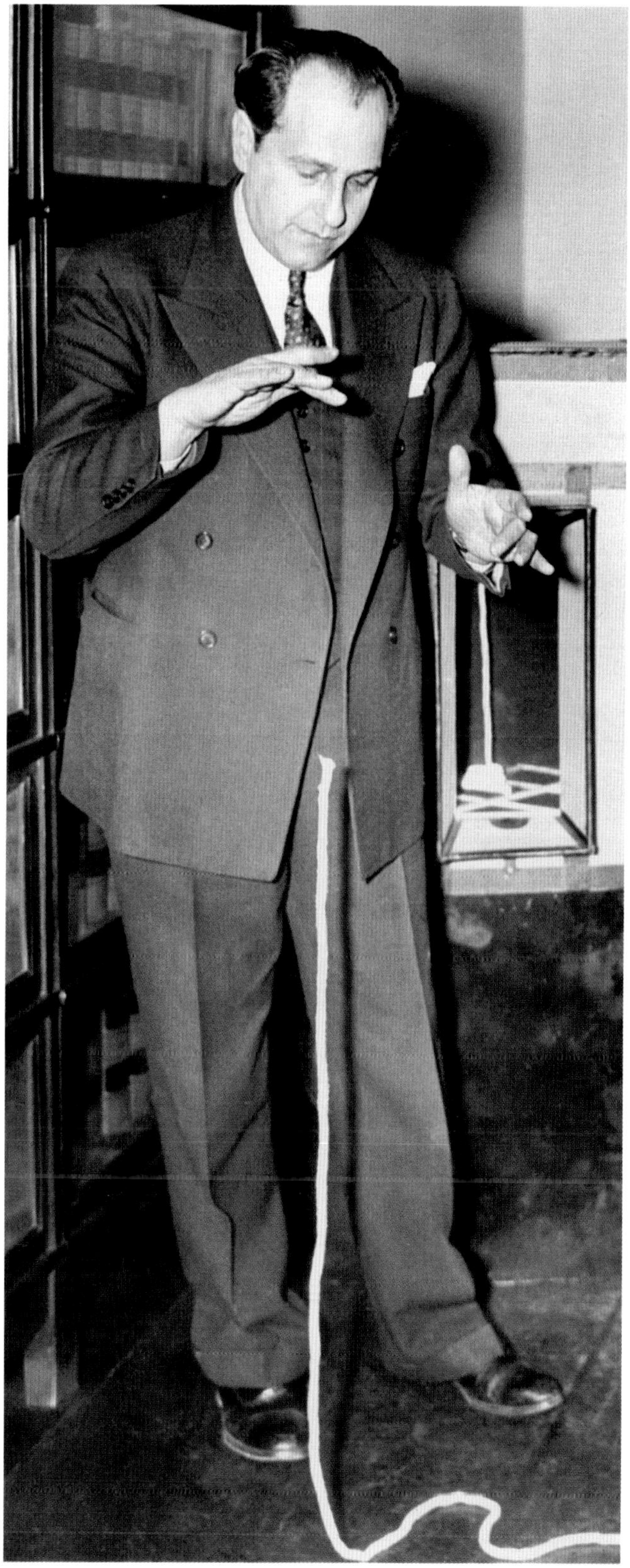

Le célèbre prestidigitateur Joseph Dunninger fut l'initiateur d'un concours au cours duquel des personnes réputées « électriques » devaient présenter leurs prouesses.

Les stigmates

Quand Jésus-Christ fut crucifié, ses mains et ses pieds furent transpercés avec des clous. On lui posa ensuite sur la tête une couronne d'épines, puis on lui perfora le flanc d'un coup de lance. Dans les siècles qui suivirent, plusieurs personnes affirmèrent porter des blessures semblables à celles du Christ.

Les stigmates de la Passion

Les stigmates (du mot grec *stigma,* qui signifie « piqûre », « point ») peuvent revêtir plusieurs formes. Parfois, ces blessures ne sont que des ecchymoses ou des colorations de la peau, mais ces marques peuvent aussi être extrêmement douloureuses…

En effet, il s'agit souvent de plaies ouvertes qui se manifestent pendant un certain temps. Dans d'autres cas,

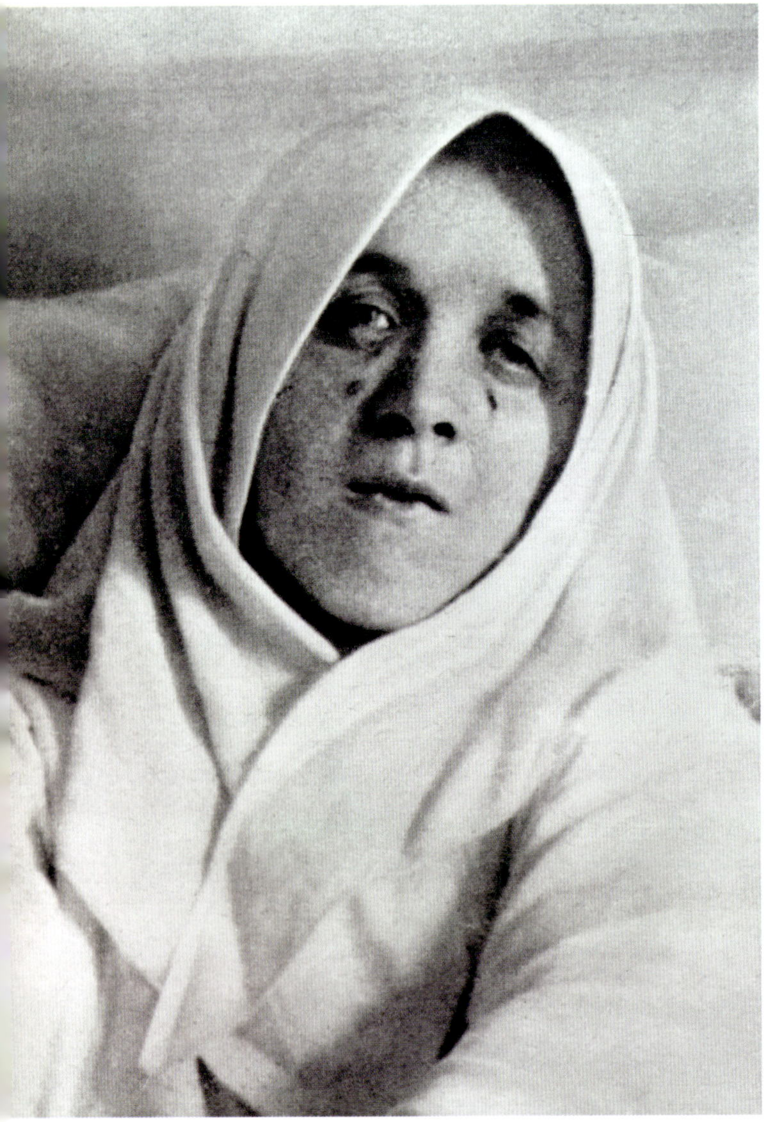

Les premières marques de Thérèse Neumann (1898-1962) apparurent en 1926, ce qui provoqua un afflux de visiteurs.

L'Église catholique a officiellement reconnu les stigmates de saint François d'Assise.

ces blessures ne guérissent même jamais, sans pourtant suppurer ou s'infecter. Le phénomène des stigmates concerne presque exclusivement des catholiques et, majoritairement, des femmes.

Qui sont les porteurs de stigmates ?

Quatre-vingts personnes touchées par des stigmates ont été jusqu'à présent canonisées. Toutefois, aux yeux de l'Église, la présence de stigmates ne constitue pas à elle seule un critère de canonisation, et d'autres facteurs sont également pris en compte.

Bien souvent, l'authenticité des stigmates est rapportée par des sources historiques peu fiables. Dans certains cas, la mention de stigmates symbolise sans doute une relation étroite entre la personne concernée et Jésus-Christ.

Ainsi, l'apôtre Paul est l'une des premières personnes à avoir parlé de ces « marques du Christ ». Il les évoque notamment dans son Épître aux Galates. Mais il est peu vraisemblable qu'il s'agisse là de véritables stigmates. L'Église reconnaît, en revanche, les stigmates de saint François d'Assise (v. 1181-1226) ; ces marques indélébiles lui seraient apparues alors qu'il méditait sur la Passion du Christ.

Tentatives d'explication

Selon une théorie, l'homme est capable d'influencer son corps par l'esprit. On sait, par exemple, que, placées dans des conditions extrêmes, certaines personnes peuvent accomplir des exploits surhumains, comme soulever des objets extrêmement lourds. Les stigmates apparaissant essentiellement sur des catholiques, on a pensé que ces personnes étaient si croyantes que leur corps produisait lui-même ses blessures. On oppose toutefois à cette hypothèse qu'un petit nombre de non-chrétiens ont également porté des stigmates.

D'après une autre théorie, les personnes concernées souffriraient d'hystérie. Autrement dit, ces personnes auraient été soumises à une émotion très forte qui aurait provoqué l'apparition de différents symptômes, comme, par exemple, des saignements. Certains chercheurs ont tenté de vérifier cette hypothèse par l'hypnose. De fait, les personnes testées ont développé des taches sombres exactement aux endroits où le Christ portait, selon elles, des blessures.

De vraies blessures ?

Les stigmates ont également donné lieu à de nombreuses mystifications. Ainsi, si certains se contentent d'affirmer qu'ils portent des stigmates, d'autres vont jusqu'à s'infliger volontairement des blessures pour présenter ensuite leurs cicatrices comme preuve qu'ils ont été « stigmatisés ». Dans certains cas extrêmes, ces mystificateurs maintiennent leurs plaies à vif pendant un certain temps, ce qui peut entraîner des complications médicales.

Même si le phénomène n'est pas courant, des exemples récents de stigmatisation ont été signalés et étudiés. À ce jour, il n'existe cependant aucune explication satisfaisante à ce phénomène.

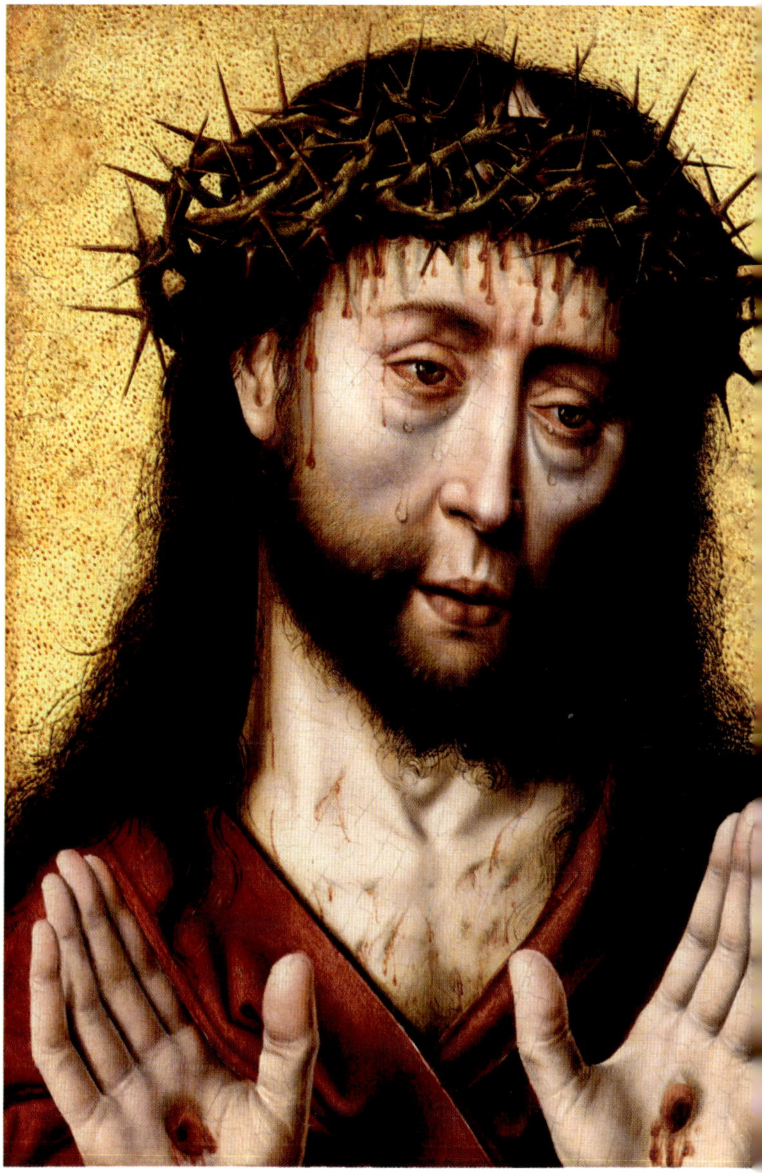

Les stigmates apparaissent sur les mains ou les poignets et sur les pieds ou les chevilles, mais parfois aussi sur le front (en représentation de la couronne d'épines) ou sur le flanc (pour le coup de lance).

Les apparitions de la Vierge concernent généralement des témoins catholiques. Mais des chrétiens orthodoxes et des non-croyants ont également décrit ce phénomène.

Les apparitions de la Vierge

Depuis deux siècles, les cas d'apparitions de la vierge Marie, comme figure salvatrice et prophétesse, se multiplient. Pour les croyants, ces apparitions sont un miracle ; pour les sceptiques, une charlatanerie.

Qu'est-ce qu'une apparition de la Vierge ?

La Vierge entrerait en contact avec une personne pour lui faire part de prophéties, lui adresser des paroles de réconfort, des avertissements et parfois même des prédictions apocalyptiques. Ceux à qui elle serait apparue ne doivent pas divulguer les messages qu'ils reçoivent. En général, il s'agit de prières ou de messages secrets que le destinataire ne pourra communiquer que peu de temps avant sa mort ou qu'il lui faudra emporter dans la tombe.

Les personnes témoins d'une apparition sont généralement des croyants, et souvent des enfants. Ils voient la Vierge et l'entendent. Parfois celle-ci apparaît, entourée

La position de l'Église

Comme tous les phénomènes surnaturels, les apparitions de la Vierge sont généralement soumises à un examen de la part de l'Église, qui confie à un évêque ou à une autre instance le soin d'en vérifier l'authenticité.

Trois niveaux d'appréciation sont prévus :

- Constat de supernaturalité
- Constat de non-supernaturalité
- Non-constat de supernaturalité

Les deux premières évaluations sont définitives, la troisième est susceptible d'être remise en cause par de nouvelles découvertes. Dans de très nombreux cas, les apparitions de la Vierge ont été contestées par l'Église. Celles de Lourdes (voir p. 138 et suivante), de Fátima et de Guadalupe (voir p. 124 et suivante) ont cependant été confirmées.

En revanche, celles de Mejdugorje en Croatie et de Sievernich en Allemagne, au cours desquelles la Vierge apparaît à une femme, tous les premiers ou les seconds lundis du mois, pour encourager la prière, la repentance, la paix, l'amour du prochain et la fidélité au pape, n'ont pas été encore reconnues par l'Église.

À Fátima, en 1917, la vierge Marie apparut plusieurs fois à trois jeunes pâtres, leur enjoignant de prier et de faire des offrandes pour les pécheurs. Cet endroit est devenu depuis un lieu de pèlerinage célèbre.

de senteurs de roses, de musique ou d'une lueur éblouissante. Les autres personnes présentes au moment de l'apparition perçoivent en général moins de choses que la personne concernée : elles ne voient qu'une lumière ou une silhouette générale.

Les apparitions les plus connues sont celles où Marie, après s'être annoncée, revient plusieurs fois au même endroit. Souvent, ces lieux deviennent des sites de pèlerinage où sont érigées de riches églises.

Les doutes

Depuis 1830, les récits relatant des apparitions de Marie se multiplient. De plus, la Vierge n'aborderait plus seulement des questions religieuses, mais mettrait en garde les personnes auxquelles elle apparaît contre certains développements politiques, promettant son aide à ceux qui ont la foi. C'est en France, où la Révolution de 1789 a entraîné un véritable déclin de la foi, que ces apparitions sont le plus nombreuses. De manière générale, les apparitions de la Vierge sont d'autant plus fréquentes que l'époque est mouvementée et « incroyante ».

C'est pourquoi les sceptiques tiennent ces apparitions pour une simple charlatanerie, organisée peut-être même par l'Église. Ils sont confortés dans leur opinion par le fait que Marie n'apparaît pas aux gens auxquels elle veut s'adresser, mais utilise comme intermédiaires des gens simples ou des enfants : des personnes facilement influençables et plus faciles à duper. Les sceptiques et les scientifiques, convaincus que ces apparitions ne sont que des illusions, n'amènent cependant pas de preuve irréfutable appuyant leur théorie. Pour la plupart des croyants, les apparitions de la Vierge sont des miracles, mais l'Église laisse ses fidèles libres d'y ajouter foi ou de les mettre en doute.

Depuis le 24 juin 1981, la Vierge apparaîtrait tous les jours aux habitants de Mejdugorje en Croatie. Son message serait clair : le déclin de la foi et le matérialisme n'ont pas seulement la guerre et la violence pour conséquence, mais également la décadence morale et spirituelle du monde.

La source sacrée de Lourdes

Le site de Lourdes est principalement réputé pour sa source sainte, à laquelle on prête des vertus curatives. Sur les sept mille cas de guérison recensés par le bureau médical local, soixante-six sont reconnus par l'Église comme des miracles.

La grotte de Massabielle

L'histoire de la source sainte de Lourdes débuta le 11 février 1858, lorsque la jeune Bernadette Soubirous, âgée de quatorze ans, eut plusieurs fois la vision de la vierge Marie, non loin d'une grotte située sur la rive du gave de Pau. On raconte que la source elle-même aurait été découverte lors de l'une de ces apparitions. Dans un premier temps, les représentants de l'Église se montrèrent sceptiques. Mais lorsque la jeune fille employa le terme d'Immaculée Conception qui lui avait été communiqué par la femme de la grotte alors que le pape Pie IX ne l'avait que récemment admis comme dogme, le doute s'évanouit. Les autorités aménagèrent alors à proximité de la grotte un « espace saint », composé de plusieurs édifices sacrés et d'une place pour les processions. Ayant appris ce qui s'y était passé, des milliers de visiteurs du monde entier vinrent à Lourdes en pèlerinage. Dans les décennies qui suivirent, on vit également apparaître dans d'autres pays, dans des églises catholiques ou dans des cimetières, des « grottes de Lourdes », construites sur le modèle français.

Les premiers cas de guérisons miraculeuses furent signalés quelque temps après les apparitions. Un bureau médical, dont la mission était de consigner tous les cas de guérisons miraculeuses, fut alors instauré.

La Vierge apparut à sainte Bernadette de Lourdes en 1858.

Les pèlerins remplissent souvent des fioles d'eau sainte pour les distribuer aux malades de leur entourage.

Août 2004, le pape Jean-Paul II en prière devant la source de Lourdes. En août 1983, il fut le premier pape à se rendre à Lourdes.

Les guérisons miraculeuses

Le travail de ce bureau médical a permis d'établir des statistiques, dont il ressort que cette source agit essentiellement sur les patients atteints de tuberculose. D'autres guérisons ont été enregistrées dans des affections du système digestif ou des affections articulaires, mais la source n'a, cependant, aucun effet sur les maladies génétiques.

Plus d'une fois, l'eau de cette source a été soumise à des analyses scientifiques. Rien ne semblant la distinguer des autres sources, il est impossible, à l'heure actuelle, d'expliquer ces guérisons d'un point de vue médical ou scientifique.

Dans les milieux scientifiques, cette source et sa réputation ont souvent été critiquées. Dans certains cas, notamment, la guérison a été reconnue miraculeuse par l'Église alors que les personnes sont en réalité décédées quelque temps plus tard des suites de leur maladie. Bien que l'Église n'ait pas pris position après ces faits, cette critique a sans doute été entendue, car le nombre de guérisons reconnues miraculeuses a, depuis, sensiblement diminué et les critères de cette reconnaissance ont été formulés de manière plus stricte.

Bernadette Soubirous

Bernadette Soubirous est morte à Nevers le 16 avril 1879 – un mercredi de la semaine de Pâques –, à l'âge de trente-cinq ans, d'asthme et de tuberculose. Sa dépouille est conservée à 800 kilomètres environ de Lourdes, à Nevers, dans la chapelle du couvent Saint-Gildard. Elle a été d'abord béatifiée le 14 juin 1925, puis canonisée par le pape Pie XI en décembre 1933. Son corps, qui est encore exposé de nos jours dans une châsse de verre et de bronze, ne porte aucune trace de putréfaction. Pour certains, ce signe doit être mis en rapport avec les vertus de la source de Lourdes.

Tentatives d'explication

Nul n'est actuellement en mesure d'expliquer les pouvoirs curatifs de la source de Lourdes. Comme pour les stigmates, on imagine que la force de la foi et de l'esprit est telle que le corps trouve ainsi l'énergie de surmonter la maladie. Mais cette théorie reste très controversée. Dans certains cas, une guérison spontanée est, en effet, impossible sans traitement médical, compte tenu de la gravité de la maladie.

L'Évangile selon saint Jean raconte la guérison d'un homme, paralysé depuis 38 ans.

Les guérisons miraculeuses

La Bible, déjà, relatait de nombreux cas de guérisons miraculeuses. Pourtant, depuis des siècles, l'Église considère avec méfiance les personnes capables de soulager des maux par certains rituels, tout comme les lieux, les objets ou les édifices susceptibles d'entraîner des guérisons.

Ce qu'en dit la Bible

Les récits et les témoignages de guérisons miraculeuses relèvent essentiellement du domaine religieux. Dans la religion chrétienne, en particulier, la foi en une guérison liée à l'intervention de Dieu plutôt qu'à l'aide d'un médecin joue un rôle important. Dans l'Ancien Testament, les guérisons miraculeuses étaient considérées comme des preuves de la puissance de Dieu ; preuves par lesquelles prophètes et croyants s'efforçaient de démontrer la supériorité de leur dieu. Dans la plupart des cas, ces guérisons étaient supposées être dues à une intervention directe de Dieu. Une légende raconte par exemple que Hiskia, roi de Judée, apprit du prophète Isaïe qu'il n'allait pas tarder à mourir. Mais Dieu accéda à ses prières et lui accorda quinze années de vie supplémentaires, ce qui lui fut de nouveau annoncé par le prophète.

Sur une parole du Christ, Lazare ressuscita d'entre les morts, alors qu'il avait déjà été enseveli.

Dans le Nouveau Testament, toutes les guérisons sont le fait de Jésus ou de l'un de ses apôtres. Ainsi, les quatre Évangiles racontent l'histoire de malades ou de handicapés guéris grâce à un simple effleurement ou même à de simples paroles. Parfois la guérison fut obtenue à distance du malade.

L'épisode de la résurrection de Lazare montre, d'autre part, le pouvoir que l'on accordait aux paroles du Christ. Rares sont les cas où la guérison s'effectue à l'aide d'un adjuvant. Mais dans l'Évangile selon Marc, par exemple, Jésus rend la vue à un aveugle grâce à un mélange de sable et de salive.

Dans les Actes des Apôtres, des pouvoirs de guérison sont également attribués à Pierre : on y raconte, par exemple, la guérison d'un paralysé ainsi que la résurrection de Tabita. À Malte, Paul réussit à guérir, par simple imposition des mains, le père de Publius, personnage influent qui souffrait de fièvre et de dysenterie.

Ce qu'en dit l'Église

Mais l'Église catholique considère d'un œil très critique les guérisons miraculeuses, d'autant que certains ont plus d'une fois cherché à s'attirer richesses et pouvoir en prétendant pouvoir guérir. Pour éviter cet écueil, l'Église a fini par établir une liste de critères que le Vatican utilise encore de nos jours pour définir si la guérison est miraculeuse ou non.

Cette liste montre, toutefois, des limites, notamment dans les cas les plus anciens. Longtemps, en effet, le déroulement de la maladie ne fut pas consigné avec soin, car l'on préférait s'en remettre pieusement à Dieu : l'échec d'une thérapie était attribué à une « force supérieure », et la guérison interprétée comme une manifestation de la « volonté divine ». C'est pourquoi on ne trouve aucune mention de « guérison miraculeuse » avant le début du Moyen Âge.

Plus tard, le renouveau de la médecine et les progrès de l'anatomie permirent de mieux évaluer les symptômes et le déroulement des maladies, et ce n'est qu'à partir de cette époque que l'on se mit à parler de « guérison miraculeuse ». Souvent, l'Église attribua au départ ces « guérisons miraculeuses » à Dieu ou au Diable, selon la confession religieuse du guérisseur, les méthodes qu'il utilisait, ou encore sa position sociale ou au sein de l'Église.

Jésus rendit la vue à un aveugle en lui oignant les yeux d'un mélange de sable et de salive.

L'intervention d'un guérisseur n'est pas toujours nécessaire pour guérir. La seule force de la prière semble, parfois, capable de soulager.

Les guérisseurs modernes

Compte tenu des critères très stricts définis par le Vatican pour distinguer les guérisons miraculeuses, peu de guérisseurs ont été reconnus comme tels de leur vivant par l'Église. Le Vatican s'est généralement montré très critique à l'égard des guérisons miraculeuses, allant jusqu'à qualifier les personnes responsables de charlatans ou d'imposteurs, même lorsqu'elles étaient catholiques. Dans certains cas même, comme dans celui du pape Jean-Paul II (1920-2005), les témoignages de guérisons miraculeuses n'ont été rendus publics qu'après le décès de la personne concernée.

Canonisé en 2002, le moine capucin Padre Pio (1887-1968) dut faire en son temps l'expérience des préjugés de l'Église et a notamment fait l'objet de deux investigations officielles conduites par le Saint-Siège. Parmi les nombreuses guérisons qu'on lui prête, seul un petit nombre est reconnu par l'Église catholique. Padre Pio était également porteur de stigmates, ce que le Vatican continue, toutefois, de mettre en doute.

La religieuse irlandaise Briege McKenna, à qui l'on attribuait des pouvoirs de guérison particuliers, encourut elle aussi des reproches similaires. Ayant longtemps souffert de rhumatismes déformants dont elle guérit miraculeusement, elle voulut, par ses prières, transmettre à d'autres la force thérapeutique du Christ.

Citons enfin le cas du pasteur nigérian Charles Ndifon, qui voyage depuis des années autour du monde pour transmettre sa foi en Dieu. Pour lui, son devoir est d'aider ceux qui se sentent abandonnés à retrouver leur foi en la vie grâce à la parole de Dieu. Ses apparitions publiques auraient entraîné de nombreuses guérisons, attestées médicalement.

Porteur de stigmates, l'Italien Padre Pio est surtout connu pour ses guérisons et ses prophéties. Il aurait notamment prédit l'élection de Karol Wojtyla comme pape et l'attentat de 1981.

DES GUÉRISONS MIRACULEUSES SANS GUÉRISSEUR ?

Comme le montre l'exemple suivant, les guérisons miraculeuses ne sont cependant pas toujours liées à un guérisseur.

En 1975, le médecin britannique Jennifer Fendick contracta une méningite. Quand elle fut hospitalisée, un matin, les médecins diagnostiquèrent un syndrome de Waterhouse-Friderichsen : une maladie qui évolue de manière foudroyante et peut en quelques heures entraîner la mort, si elle n'est pas traitée rapidement. Dès les premières phases de la maladie, le corps est, en effet, si gravement endommagé qu'une guérison devient par la suite impossible.

À 8 heures 30, informés de la situation par un proche, quatre groupes de prières d'une communauté religieuse se mirent à prier pour le docteur Fendick, qui, de son côté, ne pouvait rien savoir de tout cela, car elle était déjà dans le coma à ce moment-là. Pourtant la guérison intervint aussitôt. Une pneumonie diagnostiquée peu de temps auparavant disparut en deux jours. Par ailleurs, un ophtalmologue avait également diagnostiqué une hémorragie au niveau de l'œil gauche, qui devait conduire à une défaillance de tout le champ visuel. Or, quand le docteur Fendick sortit du coma, quatre jours plus tard, elle ne se plaignit de rien. Ses reins également, qui s'étaient dégradés durant la première phase, se régénérèrent totalement, de sorte qu'à sa sortie de l'hôpital le docteur Fendick ne présentait plus aucun signe de maladie.

Aucune explication satisfaisante ne put être fournie à ces phénomènes et les examens médicaux ne donnèrent aucun résultat.

Effet placebo ou miracle, une chose est sûre : les guérisons miraculeuses concernent toujours des personnes très croyantes.

Une religieuse souffrant de la maladie de Parkinson aurait guéri en une nuit, après une visite du pape Jean-Paul II.

Icônes et statues en pleurs

Certaines statues ou icônes verseraient, dit-on, sans que l'on ne parvienne à expliquer le phénomène, des larmes d'eau, de sang, de résine, d'huile, de miel, de myrrhe ou autre. Depuis les années 1980, les cas signalés sont de plus en plus nombreux. Pour certains, il s'agit sans aucun doute d'un signe divin.

Des flots de larmes

Il est pratiquement impossible de dresser la liste de toutes les statues ou images saintes qui auraient versé des larmes. En Italie, par exemple, plus de deux cents cas ont été recensés. Ces images saintes, statues ou peintures pieuses versent des larmes ou exsudent dans leurs extrémités du sang ou de la sueur. Parfois, le liquide s'écoule même sous la statue ou l'icône. Fait étrange, ces statues ont été sculptées dans des matériaux divers : bois, porcelaine ou métal. Il en est de même pour les icônes, qui ont aussi bien été peintes sur du bois que sur de la toile.

La quantité de liquide secrété varie elle aussi. Ainsi, sur certaines statues ou icônes, le liquide s'écoule sans interruption, pour d'autres, le phénomène est intermittent ou ne se prolonge que pendant un temps déterminé. Ces sécrétions ont souvent des vertus prétendument curatives, et, lorsqu'elles sont accessibles au public, des milliers de pèlerins viennent chaque année se recueillir auprès de ces images.

La statue « La Macarena » à Séville est représentée avec un sourire et des larmes. Cette statue n'a, cependant, jamais versé de vraies larmes.

Mère de nombreux enfants, la reine Niobé prétendait rivaliser avec les dieux. Ceux-ci se vengèrent en tuant toute sa progéniture. Niobé, profondément affligée, fut changée en statue.

Les statues en pleurs dans la littérature

Les statues en pleurs ne sont pas chose rare dans la tradition orale et les contes, mais il s'agit généralement, dans ce cas, d'êtres humains qui ont été changés en pierre. L'une des plus anciennes histoires de ce type nous est racontée par Ovide (43 av. J.-C.-17 apr. J.-C.) dans ses *Métamorphoses*. Dans cette histoire, Niobé, épouse du roi de Thèbes, s'attire par ses sarcasmes la colère des dieux. Pour se venger, ceux-ci tuent ses quatorze enfants et changent Niobé en statue de pierre. Mais son chagrin est tel que même sous cette forme, elle continue de verser des larmes.

On ignore d'où Ovide tenait lui-même cette légende, mais ses *Métamorphoses* trouvent généralement leur origine dans la tradition orale grecque ou romaine. On peut donc supposer que le phénomène existait déjà à l'Antiquité et que, à cette époque déjà, on avait tenté d'y apporter une explication.

Miracle ou mystification

Mais l'on sait aujourd'hui que toutes les statues ou icônes ne sont pas de véritables énigmes. En effet, le nombre croissant de ces statues depuis les années 1980 et leur popularité ont fini par semer le doute. De fait, nombre de ces « reliques en sang » ont été démasquées comme des faux. Certains propriétaires, par exemple, n'hésitaient pas à faire « pleurer » leurs statues ou leurs icônes en y insérant un tuyau ou en utilisant un matériau poreux. L'utilisation de certains produits chimiques permet également d'obtenir des effets similaires.

Parfois, la mystification n'a pas pu être établie de façon certaine. Souvent, en effet, les scientifiques n'ont pas été autorisés à étudier la statue ou le liquide qu'elle secrète, ce qui compliquait leur travail. Toutefois, certaines statues ou images saintes ont pu être étudiées de manière approfondie avec les méthodes les plus modernes sans que l'on décèle la moindre trace de manipulation. Le monde scientifique reste malgré tout sceptique. En l'absence de preuves contraires, chacun pourra donc interpréter ou non le phénomène comme un signe divin.

La Madone de Civitavecchia est l'une des statues les plus controversées, bien qu'aucune manipulation n'ait été établie à ce jour. Certains jours de fête, la statue est montrée au public pendant le service divin. Le reste du temps, elle est tout simplement exposée.

Les anges

Les anges (du grec *aggelos*, qui signifie « messager ») sont des êtres envoyés sur terre par Dieu pour accomplir certaines missions. Il s'agit généralement de transmettre des messages aux hommes ou de les protéger. De nombreux récits racontent, en effet, comment les anges intervinrent sur le cours de certains événements pour sauver des hommes de la mort.

Que dit la Bible ?

La Bible ne dit rien sur la création des anges. Comme ils interviennent dans la Genèse comme gardiens du paradis, on peut conclure qu'ils préexistent, avec Dieu, à la création du monde. Toutefois, le fait qu'ils ne participent pas activement à celle-ci montre qu'ils ne sont pas non plus des égaux de Dieu. De manière générale, les anges de la Bible ont un rôle plutôt passif. Même s'ils influent sur le devenir des hommes par leurs paroles ou par leurs actes, ils restent de simples messagers.

La répartition des tâches chez les anges est très claire. Alors que les anges les plus proches de Dieu ont pour rôle de le louer et de le glorifier, d'autres sont chargés de veiller sur le jardin de l'Éden. Seuls les anges de rang inférieur, comme les anges protecteurs, peuvent entrer en contact avec les hommes.

Les rencontres avec les anges peuvent prendre les formes les plus diverses. Alors que les prophètes décrivent pour la plupart des visions, ces êtres se sont parfois matérialisés, ainsi que le montre le combat de Jacob (Genèse, 28). Toutefois, ils n'ont pas non plus forme humaine : Isaïe décrit les séraphins comme des êtres munis de six ailes : tandis que deux d'entre eux couvrent leur visage et deux autres leurs pieds, les deux dernières servent à voler. Selon lui, les séraphins sont des êtres mixtes, mi-homme, mi-serpent.

On trouve dans la Bible plusieurs catégories d'anges. À partir du VIe siècle apr. J.-C., on admit généralement que les différentes dénominations correspondaient à différentes catégories et l'on établit en conséquence une hiérarchie, au sein de laquelle chaque ange se vit attribuer une fonction bien précise. Cette répartition évolua au fil du temps et diffère légèrement d'une religion à l'autre, notamment en ce qui concerne le nombre de catégories. Dans les religions juive et chrétienne, par exemple, il existe neuf chœurs d'anges qui renvoient vraisemblablement au principe de la Trinité : le Père, le Fils et le Saint-Esprit, disposant chacun de trois chœurs d'anges. Toutefois, les anges de catégorie supérieure ne sont pas non plus tous égaux : les séraphins se situent au-dessus des chérubins, qui se situent eux-mêmes au-dessus des trônes. Les archanges et les anges protecteurs se trouvent au plus bas de la hiérarchie, ce qui leur permet d'être au plus près des hommes. Mais cela ne signifie pas pour autant que les anges soient au-dessus des hommes. Dans la Bible, ce sont en effet les hommes qui, pour finir, jugeront les anges (I Cor., VI, 3).

L'idée, par ailleurs, que les anges accompagnent l'âme des défunts trouve son origine dans un récit de Jésus. Celui-ci raconte, en effet, qu'après sa mort, le pauvre Lazare fut porté par des anges sur le sein d'Abraham, alors que les âmes des riches finissaient dans une tombe.

Enfin, on dit couramment que Satan est un ange déchu, repoussé par Dieu pour s'être élevé contre lui. Mais ce fait, comme la hiérarchie des anges, n'est pas mentionné par la Bible.

Les anges dans l'art

On trouve déjà dans l'Égypte ancienne des sortes d'anges, dont les descriptions présentent beaucoup de points communs avec ceux de la Bible, puisqu'il s'agit d'êtres mixtes, composés d'une tête d'animal et d'un corps d'homme. Dans la mythologie grecque, c'est le dieu messager Hermès qui joue le rôle d'ange. Comme eux, il possède des ailes situées, selon les descriptions, sur sa coiffure ou sur ses sandales. Plus tard, au Moyen Âge, le christianisme renonça en grande partie à représenter les anges, car l'on pensait alors qu'ils étaient constitués de lumière. Puis, à l'époque de la Renaissance, cette conception évolua et l'on vit d'abord apparaître des images de jeunes gens nus et ailés qui se muèrent ensuite en petits angelots joufflus : les *putti*. À partir du XVIIIe siècle, à l'époque romantique, il n'est ensuite plus possible de dégager une représentation unifiée des anges.

Au mont des Oliviers, un ange se tenait auprès de Jésus et le consolait.

Nulle part dans la Bible on ne trouve d'anges dont la description corresponde aux *putti*, plus modernes.

Rencontres avec les anges

Partout dans le monde, quelle que soit leur origine ou leur religion, des gens racontent avoir rencontré des anges ou des messagers divins.

Ces rencontres ont en général pour point de départ une situation de danger. La personne concernée est malade ou menacée de mort et l'apparition de l'ange, dans la plupart des cas, permet d'écarter le danger.

Beaucoup d'automobilistes racontent, par exemple, qu'un événement inhabituel les a un jour dissuadés de poursuivre un voyage, de sorte qu'ils ont pu ainsi éviter un accident qui leur aurait certainement coûté la vie. L'événement en question peut être une communication radio qui a conduit l'automobiliste à ralentir ou à s'arrêter, mais d'autres personnes racontent avoir aperçu sur le bas-côté une silhouette qui leur faisait signe et qui a ensuite disparu. Dans un cas, l'ange a même pris place sur le siège avant, au côté du conducteur. Généralement, les personnes concernées racontent n'avoir éprouvé aucune crainte, malgré le caractère inhabituel de la situation.

Les personnes gravement malades ou leurs proches sont elles aussi susceptibles de rencontrer des anges. Les malades racontent, en général, que ces rencontres se sont déroulées comme dans un rêve et que les anges sont soudain apparus dans l'espace. Aux proches, les anges apparaissent généralement sous la forme de médecins ou d'amis qui disparaissent dès qu'ils se font reconnaître comme ange.

Le psychiatre suisse Carl Gustav Jung (1875-1961) décrit les apparitions d'anges comme un complexe d'énergie subconscient qui exerce un effet stabilisateur sur l'âme.

Lucia est l'une des trois enfants auxquels la vierge Marie est apparue à Fátima. Peu de gens savent que la Vierge était alors précédée de six anges.

Dans certains cas, des anges sont apparus à quelqu'un pour empêcher un malheur ou pour le consoler. Ainsi, certaines personnes racontent par exemple avoir été réveillées par un cauchemar, puis avoir vu un ange à leur chevet.

La plupart du temps, ces cauchemars annonçaient un événement qui s'est ensuite réellement produit, comme par exemple le crash d'un avion ou une tentative de suicide. Grâce à l'ange, la personne avertie a pu intervenir. Dans un autre cas troublant, un enfant raconte avoir vu en rêve deux anges qui entraient dans sa chambre, y soulevaient quelque chose et redisparaissaient à travers le plafond. Or, la même nuit, l'un de ses frères et sœurs décédait.

Les anges et la science

L'étude des anges, d'un point de vue scientifique, est quasiment impossible. En effet, dans les apparitions des anges, les silhouettes ou les personnes décrites disparaissent sans laisser de trace et il ne reste généralement aucun indice de leur présence. Certains prétendent avoir pris des photos d'anges ou de bons génies, mais l'authenticité de ces photos est très controversée.

Bien souvent, les clichés ne sont pas très révélateurs : soit les photos sont troubles, soit on ne voit personne à l'endroit où l'ange est censé s'être tenu, ou bien encore la photo ressemble beaucoup trop à une reproduction d'œuvre d'art…

D'un point de vue scientifique, les apparitions d'anges ne peuvent cependant pas être mises sur le même plan que les hallucinations, comme on a tenté de le faire par le passé. En effet, les personnes qui disent avoir rencontré des anges font généralement état d'un contexte particulièrement grave, voire menaçant, ce qui n'est jamais le cas dans les hallucinations.

Il est peu probable que l'existence des anges puisse être un jour démontrée scientifiquement, les anges étant par nature immatériels, et l'on ne peut pas prouver ce qui est surnaturel. L'existence ou la non-existence des anges restera donc toujours une question de foi.

Bien que les archanges soient souvent représentés armés, ils n'ont pour rôle dans la Bible que d'annoncer la volonté de Dieu.

Alchimie, magie et sorts

En dépit de différences fondamentales, religions et occultisme partagent quelques similitudes : la croyance en des forces surnaturelles, des rituels aux gestes consacrés et destinés à des objectifs précis ou bien l'espoir en l'amélioration d'une situation particulière, par exemple. Leur évolution fait apparaître de nombreux parallèles, d'autant que nombre de religions furent, à leurs premières heures, occultes, au sens originel du mot (du latin *occultus* qui signifie caché, secret), lequel renvoie au fait que les implications n'étaient pas divulguées.

La principale différence entre religion et occultisme réside dans la forme des manifestations surnaturelles. Alors que les religions se tournent systématiquement vers une ou plusieurs divinités susceptibles d'induire les changements aspirés, les forces du domaine occulte ne se manifestent généralement que par la volonté de l'homme ou l'accomplissement d'un rituel. Certes, des puissances surnaturelles entrent ici également en jeu, mais par la force de son esprit, le magicien peut en garder le contrôle, pour peu que la procédure du rituel soit respectée.

Dans certains domaines, la frontière séparant la religion et l'occultisme s'est au fil du temps estompée. Parfois, des représentations erronées, à partir de l'époque moderne, ont modifié la perception de faits et de traditions, originellement à caractère religieux et aujourd'hui considérés comme du ressort de l'ésotérisme. Les pages suivantes en apportent nombre d'exemples. En outre, des descriptions de phénomènes dont la nature menaçante leur a valu l'appellation d'« œuvres du diable » sont également décrits, à l'instar de découvertes modernes considérées comme relevant de l'ésotérisme.

La croix du Christ repousse le comte Dracula, le célèbre vampire, incarné ici par Christopher Lee.

Les laboratoires des alchimistes n'étaient pas considérés comme des « cuisines du diable ». En effet, les alchimistes concevaient leur métier comme la recherche d'une meilleure compréhension de la création divine. Aussi restèrent-ils épargnés par l'Inquisition, durant une longue période.

L'alchimie et la pierre philosophale

La pierre philosophale est une substance alchimique qui permettrait de transformer n'importe quel métal en or. Les connaissances et moyens de l'époque ne suffisant pas pour réaliser un tel prodige, les savants se mirent alors à rechercher la matière susceptible d'accomplir cette transformation.

Histoire de l'alchimie

À l'origine, l'alchimie intégrait les domaines de la chimie, de la magie, de l'astrologie et de la théologie. Une forme spécifique qui portait une attention particulière à l'herboristerie s'était développée en Chine. Il est aujourd'hui acquis que l'alchimie occidentale et extrême-orientale remonte aux mêmes sources. Il est fort probable que l'alchimie européenne soit le résultat de mythes associés à des actes religieux et des rituels des temps anciens. Selon une légende, le berceau de l'alchimie se trouverait en Égypte, là où la divinité Thot, sous le visage d'Hermès Trismégiste (trois fois grand), a créé l'art et la science. Historiquement, les origines de l'alchimie européenne remontent au Ve siècle av. J.-C.

Dès cette époque, des hermétistes établissent des théories qui ne s'affirmeront qu'un siècle plus tard, telles, par exemple, les premières découvertes médicales fondamen-

Les réussites thérapeutiques de Paracelse (1493-1541) résultent de ses méthodes d'examen et de traitement totalement novatrices.

tales et la restriction des observations aux éléments individuels d'Empédocle, ou la théorie atomique de Démocrite. Au IIIe siècle apr. J.-C., Zosime de Panopolis, alchimiste de renom, publie vingt-huit volumes où il décrit le moyen de transformer l'argent en or, grâce à une teinture de mercure. Par la suite, les enseignements hermétistes s'étendent, dans un premier temps, depuis la Grèce au monde culturel islamique.

Au VIIIe siècle apr. J.-C., Abu Musa Djâbir Ibn Hayyân, dont Geber est le nom de plume, fixe, dans l'un de ses écrits, une méthodologie de l'expérimentation. Il établit les bases fondamentales de la chimie et livre les premières descriptions de mécanismes de réactions. À ce titre, il est considéré comme l'un des pères fondateurs de la chimie. Geber fait également mention d'un composé chimique permettant de fabriquer de l'or. Pour lui, cette matière se compose d'une petite quantité de soufre et de mercure purs.

À partir du XIIe siècle, l'alchimie se développe en Europe. Certes, les hermétistes du Moyen Âge ne peuvent bien souvent travailler qu'en cachette, toutefois, nombre d'entre eux jouissent d'une excellente réputation et se voient confier, généralement par un riche ou influent protecteur, des travaux de recherche, notamment médicale, et l'établissement d'horoscopes.

Paracelse, pionnier de la médecine moderne

De son vrai nom Theophrastus Bombastus von Hohenheim, l'alchimiste Paracelse ouvre de nouveaux horizons grâce à ses découvertes : en effet, il dépasse les principes de la médecine établie en privilégiant l'observation et l'expérience. Dans ses écrits, la maladie bénéficie d'un éclairage plus abstrait : il ne s'intéresse pas aux symptômes, mais aux causes, qu'il attribue à des processus biologiques, chimiques ou physiques. Selon Paracelse, la lutte contre les agents pathogènes requiert non seulement la connaissance du remède, mais également celle de la quantité à administrer, un dosage erroné pouvant provoquer des interactions indésirables. Cette découverte fait véritablement de Paracelse un pionnier de la chimie pharmaceutique moderne.

Nicolas Flamel

L'un des premiers alchimistes à se faire un nom en Europe est le Français Nicolas Flamel (v. 1330-1418), dont on raconte qu'il aurait reçu d'un ange un livre lui livrant le secret de la pierre philosophale. Aussi Flamel serait-il parvenu à transformer l'argent en or. Flamel distribuait généreusement ses richesses aux églises et aux hôpitaux dont il ne demandait, en retour, que d'être mentionné, pour la postérité, sur les murs extérieurs.

Quelque temps après la mort de l'alchimiste et de sa femme, une exhumation révéla qu'un tronc d'arbre avait été substitué à la dépouille mortelle de Flamel. C'est vraisemblablement depuis que l'on associe la pierre philosophale à la vie éternelle. On dit qu'au cours des six cents années qui suivirent, Flamel aurait été vu vivant, de sorte que le mythe perdure encore aujourd'hui.

Aujourd'hui encore, Nicolas Flamel est considéré comme le seul alchimiste à avoir découvert la pierre philosophale.

Les alchimistes n'étaient pas des chercheurs travaillant seuls sur leurs expériences. Ils exerçaient de véritables métiers tels que professeur, astrologue ou médecin, qui leur permettaient de gagner leur vie.

Découvertes inattendues

Les donations et l'œuvre de Flamel entraînèrent, au fil des décennies suivantes, une quête intensive de la pierre philosophale. Il n'était pourtant pas le premier à s'y consacrer. En effet, le franciscain Roger Bacon (v. 1220-1292), Arnold Villanova (v. 1235-1312) et le mystique majorquin Raymond Lulle (v. 1235-1315) avaient décrit, bien avant lui, le procédé de la pierre philosophale. Toutefois, Flamel semble avoir dépassé le simple stade de l'écriture : il aurait réellement fabriqué de l'or. Aussi les expérimentations sur les métaux se poursuivirent-elles.

Les alchimistes ne parvinrent certes pas à produire de l'or pur, mais des métaux non nobles d'une teinte dorée prononcée. Cependant, les produits obtenus au terme de ces expériences ont ouvert d'autres champs d'application.

C'est ainsi, par exemple, que l'on attribue la découverte de la poudre à canon au moine franciscain fribourgeois Berthold Schwarz, en 1353 ou 1359. D'un point de vue historique, cette assertion est fortement contestée, car Chinois et Arabes disposaient déjà de la poudre, bien avant l'invention de Schwarz. De plus, Roger Bacon, précédemment cité, en avait fait la description dès 1267. Toutefois, il est tout à fait probable que la découverte effective de cette substance relève de l'alchimie. En 1669, au gré de sa quête de la pierre philosophale, l'alchimiste hambourgeois Hennig Brand (1630-1692) découvre le phosphore et de fait, le premier élément de l'histoire de la chimie moderne. En collaboration avec le mathématicien Ehrenfried Walther von Tschirnhausen (1651-1708), l'alchimiste Johann Friedrich Böttger (1682-1719) découvre la fabrication de la porcelaine de Meissen.

De plus, les connaissances scientifiques accumulées par l'alchimie se révèlent extrêmement précieuses pour les sciences déjà existantes et pour celles qui apparaîtront par la suite. Pour preuve, les observations de Paracelse, qui aiguillèrent la médecine sur une nouvelle voie, ou bien les travaux d'Isaac Newton (1642-1727) qui s'est illustré dans les domaines de la physique, de la philosophie, des mathématiques et de l'astronomie.

La fin de l'alchimie

La trace des sociétés alchimistes se maintient clairement jusqu'au XIXe siècle. Bien que le XXe siècle bénéficie encore de quelques découvertes alchimiques utiles dans divers domaines, à cette époque, les réalisations les plus importantes relèvent déjà d'autres disciplines scientifiques telles

Sir Isaac Newton (1643-1727) parvient à allier alchimie et sciences naturelles modernes.

L'homme dans la Lune – décrit et dessiné avec les symboles correspondants par un alchimiste vénitien.

que la physique, les mathématiques, la chimie, la biologie, la médecine, la théologie ou la philosophie. Dans ces spécialités, les avancées fondamentales, comme l'établissement d'une classification périodique des éléments chimiques par Dimitri Mendeleïev (1834-1907) et Lothar Mayer (1830-1895) en 1869, ont rendu caducs bien des fondamentaux alchimiques. À la lumière de la science et des technologies actuelles, nombre des recherches ou conclusions des alchimistes semblent désormais discutables. Aussi l'image de l'alchimie ne bénéficiera pas d'un éclairage très flatteur par la suite.

Désormais, la notion d'alchimie fait écho à d'inquiétantes représentations du Moyen Âge occulte. Outre les représentations de mystérieuses expériences, les convergences religieuses, magiques et astrologiques conduisent les hommes d'aujourd'hui à prendre un recul considérable par rapport à cette science des origines. Il ne faut toutefois pas négliger le fait que nombre de découvertes ont bénéficié à d'autres sciences, bien que la quête de la pierre philosophale soit restée vaine.

Brebis galeuses

Par le passé ont existé des alchimistes qui, par leur charlatanisme ou leur incompétence, portèrent un tort considérable à leur profession, notamment Alessandro Cagliostro (1743-1795) dont les élixirs d'amour, de jeunesse ou de beauté ont poussé de nombreux clients à se départir de sommes considérables. D'autres ont été accusés de pactiser avec le diable, à l'instar de Georg Faust (v. 1480-v. 1540). Une troisième catégorie, menant des expériences étranges, a elle-même contribué à altérer la réputation de la profession. Citons, par exemple, Johann Konrad Dippel (1673-1734) qui travaillait à partir de cadavres ou de parties de cadavres et qui, un beau jour, visiblement après un essai avec de la nitroglycérine, provoqua l'explosion d'une tour de son château de Frankenstein, déflagration qui faillit lui coûter la vie.

Le manuscrit de Voynich

Les livres consacrés à l'alchimie ainsi que quelques ouvrages de sciences naturelles rapportent l'existence du célèbre « Manuscrit de Voynich ». Ce livre de quelque 200 pages renfermerait de nombreux secrets et il est possible que, lors de sa rédaction, son auteur ait recouru à une forme d'écriture cabalistique par crainte d'une découverte du contenu et de ses conséquences.

Découverte et premières recherches

En 1912, l'antiquaire Wilfred Michael Voynich (1865-1913) acquiert un livre contenant de nombreux dessins et rédigé dans une écriture d'aspect archaïque. Les illustrations attirent son attention : spirales insolites, plantes, constellations, silhouettes féminines, utricules et autres représentations. Le texte affiche également une construction biscornue. En effet, à plusieurs reprises, il devient même partie intégrante des dessins ou bien s'étire en formes géométriques sur une double page.

Le livre est toutefois rédigé dans une écriture codée, et bien qu'il présente une grande régularité dans la structure et la répartition des mots, Voynich reste incapable de la déchiffrer.

Au XVIIe siècle, Athanasius Kircher comptait parmi ceux qui tentaient de déchiffrer le manuscrit de Voynich.

Roger Bacon, moine franciscain et philosophe, est considéré comme le rédacteur du manuscrit de Voynich.

Il en conclut que le manuscrit contient des informations de la plus haute importance, telles que des découvertes scientifiques ou alchimiques qui devaient, à l'époque de la rédaction du livre, valoir le bûcher à leur auteur. Les recherches de Voynich attestent que dès le XVIIe siècle, des tentatives avaient été (supposément) menées pour décoder l'écriture secrète.

Décodage et contre-expertise

Voynich envoie des copies commentées de feuillets à de nombreux spécialistes. Toutefois, même les services secrets et de réputés cryptanalystes ne parviennent pas à traduire les écrits. Les illustrations ne contribuent pas davantage au décryptage, car les plantes et les diagrammes astronomiques restent également impossibles à identifier.

Aussi, l'intérêt de la sphère spécialisée est à son comble lorsque, en 1921, William R. Newbold, professeur de philosophie à l'université de Pennsylvanie, publie les résultats de ses investigations. En examinant le texte, il a décelé des signes microscopiques, éléments d'une écriture abrégée. Le déplacement de chaque lettre produit un texte en latin, qui traiterait des gamètes et de la vie organique. On serait alors en présence de données scientifiques supposées émaner de Roger Bacon, un moine franciscain.

Seulement dix ans plus tard, peu après la mort de Newbold, son ancien confrère, le professeur John Manly, parvint à un résultat tout autre après étude des rapports d'examen. Selon lui, la supposée écriture abrégée résultait en fait de résidus ou de déchirures du parchemin. Il en déduisit que Newbold avait procédé à l'interversion des lettres selon un système obscur et que ses conclusions étaient le simple fruit du hasard.

Au cours des décennies suivantes, de nouvelles tentatives de décryptage furent effectuées, mais, même les systèmes informatiques les plus modernes, n'ont pu, encore à l'heure actuelle, percer le mystère du code du manuscrit de Voynich. Ils ont tout de même permis de lever certains doutes. On sait par exemple aujourd'hui que deux personnes sont impliquées dans la rédaction du manuscrit, et qu'aucune correction n'y a été apportée, ce qui laisse supposer l'existence d'un modèle. De plus, le texte présente des structures linguistiques cohérentes. Il ne s'agit donc pas de la juxtaposition aléatoire de symboles, mais bien d'une langue affichant certaines régularités. Ces constats attestent donc d'un encryptage ou bien d'une langue inventée ou retranscrite avec des erreurs, ce qui remettrait en question le décodage définitif de l'ouvrage.

À l'heure actuelle, nul n'est encore parvenu à interpréter les signes et illustrations du manuscrit de Voynich.

Le Necronomicon

Dans ses ouvrages, l'auteur américain Howard Phillips (H. P.) Lovecraft fait la description d'un livre qui aurait été écrit en 730 à Damas par un Arabe dément répondant au nom d'Abdul Alhazred (ou Abd Al'Azrad). Au fil des 800 pages sont expliquées tant les origines des « Grands Anciens » que les instructions exactes pour conjurer les entités surnaturelles.

Abdul Alhazred

H. P. Lovecraft (1890-1937) compte aujourd'hui encore parmi les auteurs fantastiques les plus célèbres. Et ce, essentiellement grâce au vaste mythe de Cthulhu qu'il a créé. Plusieurs de ses récits sur les « Grands Anciens » font référence au Necronomicon.

S'il l'on en croit Lovecraft, le poète arabe Abdul Alhazred aurait rédigé, en 730, un livre intitulé *Kitab al'Azif (Le Hurlement des démons du désert),* traitant de diverses divinités et de races proto-humaines sur terre. Alhazred aurait perdu la raison au fil de la rédaction de son ouvrage. Ses descriptions sont censées reposer sur les découvertes qu'il fit lors d'un voyage long de dix ans au cœur du désert arabe, de Babylone et de l'Égypte. Il aurait découvert une ville sans nom, abritant des dessins illustrant des événements et des secrets. Se fondant sur ces récits, il publia son ouvrage à son retour. Alhazred serait mort à Damas en 738, dévoré par un monstre invisible.

Le Necronomicon aurait donc été rédigé en arabe, bien que H. P. Lovecraft évoque à plusieurs reprises un « original grec ». Le titre grec offre plusieurs interprétations, selon la façon de définir les différents composants du nom. Selon Lovecraft, l'intitulé pourrait ainsi être interprété comme le « Livre des Lois Mortes », le « Code des Morts », la « Loi des Portraits Morts » ou le « Livre des Lois des Morts ».

Dans les histoires de Lovecraft, le Grand Ancien Cthulhu sommeille sur une île, parmi les vestiges d'une civilisation depuis longtemps disparue.

Voilà pour un aperçu rapide de la genèse fictive du Necronomicon.

Derrière « Abdul Alhazred » se cache en réalité Lovecraft lui-même. D'après ses propres aveux, il s'agit là d'un nom fictif qu'il se donne lors de ses rêveries. L'origine de ce nom s'appuie sur le mot anglais *hazard* qui signifie danger, risque.

Cthulhu

Le mythe de Cthulhu, lui aussi né sous la plume de Lovecraft, se constitue d'une série de nouvelles sans grande relation les unes avec les autres. Toutefois, des lecteurs attentifs détectent certains traits relatifs aux « Grands Anciens », une race extraterrestre non humaine, immensément puissante et dont l'origine demeure un véritable mystère.

L'une de ces entités, Cthulhu, arrivée sur Terre il y a plusieurs millions d'années, y a érigé une cité que les glissements tectoniques finirent par engloutir. Depuis, Cthulhu est plongé dans un sommeil profond sous la surface de la terre. Alors que certains « Grands Anciens » affichent une totale indifférence à l'égard de l'humanité,

Lovecraft décrit les « Grands Anciens » comme des entités ailées, offrant une vision effroyable aux humains et dotées de forces surnaturelles.

De son vivant, l'écrivain H. P. Lovecraft fut à peine connu. Ce n'est qu'après sa mort que son œuvre disséminée dans de nombreux écrits fut compilée, ordonnée et publiée par des amis.

Cthulhu semble appartenir à ceux bien décidés à la réduire en esclavage.

Du temps de Lovecraft, d'autres écrivains ont repris et étendu le mythe de Cthulhu, si bien que l'on trouve aujourd'hui une centaine de textes faisant référence au Necronomicon.

Le texte du Necronomicon

Dans nombre de ses histoires, et notamment celles consacrées à Cthulhu, Lovecraft livre diverses descriptions du Necronomicon et de son contenu. L'ouvrage contiendrait des invocations détaillées à destination des « Grands Anciens ». Toutefois, Lovecraft évoque souvent indirectement que l'objectif de ces incantations n'est pas de maîtriser les « Grands Anciens », mais plutôt de leur ouvrir la voie pour accéder à la Terre. Race apparemment immortelle et assujettie à des lois naturelles au-delà de la compréhension humaine, son invocation conduirait à la réduction en esclavage de l'humanité, voire à la destruction du monde.

Le Necronomicon contient par ailleurs des informations sur l'évolution des « Grands Anciens », de leur civilisation, ainsi que divers cultes et rites tombés dans l'oubli depuis longtemps.

Le véritable Necronomicon ?

Depuis la publication des textes de Lovecraft circulent plus ou moins ouvertement sur le marché du livre diverses versions d'un certain Necronomicon, plusieurs étant aujourd'hui disponibles en librairie. Pour l'une d'entre elles, le livre avait été divisé en huit volumes pour éviter que le lecteur ne perde la raison.

Les nombreux Necronomica disponibles sur le marché auraient-ils, hormis leur nom et quelques allusions à l'œuvre de H. P. Lovecraft, un lien avec le livre qui est supposé être à la base du mythe des « Grands Anciens » ? Voilà qui semble fort discutable. Il apparaît plus plausible que ce type d'ouvrages ne soit apparu qu'une fois le nom de « Necronomicon » diffusé à un large public *via* le livre de H. P. Lovecraft.

Après avoir été plongés dans le sommeil, les « Grands Anciens » ont été invoqués et honorés par les civilisations suivantes.

Comme il est mentionné précédemment, des rumeurs persistent, selon lesquelles Lovecraft aurait lui-même rédigé un Necronomicon. Sans pour autant que cela soit impossible, nombre de spécialistes de l'auteur en excluent l'hypothèse.

D'une part, les Necronomica en question ne correspondent pas, d'un point de vue stylistique, à l'œuvre de Lovecraft. D'autre part, l'écrivain entretenait une correspondance si intense avec ses amis que le temps qui lui restait ne lui aurait pas permis de rédiger un tel ouvrage, d'autant qu'aucune de ses lettres ne fait mention de ce livre.

Des traducteurs versant dans la folie

Une autre légende associée au Necronomicon affirme que nombre de traducteurs s'étant penchés sur le livre perdirent la raison, à plus ou moins long terme.

Les éditions actuellement disponibles ne laissent supposer aucun effet de ce type. Il n'existe par ailleurs aucun dossier médical attestant de tels cas, de sorte que l'on peut en conclure qu'il s'agit également d'une légende.

Lord Edward Dunsany, lui-même un pionnier de la littérature fantastique, s'est également consacré à la promotion de jeunes talents tels que Lovecraft.

Aujourd'hui encore persiste une rumeur selon laquelle deux ou plusieurs étudiants auraient, par manque d'argent, rédigé un Necronomicon à part entière dans les années 1970. Certes, cette thèse n'a pas été réfutée, mais il existe cependant bien d'autres éditions antérieures aux années 1960.

Une autre légende raconte qu'il existerait une authentique édition du Necronomicon dont les rares exemplaires seraient conservés dans les réserves secrètes du British Museum de Londres et même à la Bibliothèque nationale de France. Toutefois, on rapporte à l'inverse que l'unique exemplaire du Necronomicon est gardé sous clé au Vatican après que diverses personnes se sont essayées à invoquer démons et esprits sur la base des rituels indiqués.

Indépendamment de l'existence actuelle d'un Necronomicon, il convient davantage de s'interroger sur la possibilité qu'aurait eu Lovecraft d'accéder à un tel ouvrage de son vivant. De l'avis général, le cas semble exclu, pourtant l'auteur ne manquait pas de matière adaptée. Il est certain que Lovecraft, qui n'a fréquenté l'école que peu de temps, a développé sa vaste culture grâce à la bibliothèque de son grand-père, laquelle contenait notamment quelques ouvrages ésotériques. Après ses premières publications d'œuvres fantastiques, il s'est consacré à des livres et des écrits traitant tous d'anciens cultes. Même le bienfaiteur de Lovecraft, lord Edward Dunasy, s'intéressait aux secrets de l'occulte, de sorte qu'un échange à ce sujet entre les deux hommes fut tout à fait possible.

D'après les propres dires de Lovecraft, l'idée d'intégrer dans diverses nouvelles un livre aussi inquiétant et dangereux que le Necronomicon comme élément récurrent lui est venu d'un ouvrage mentionné dans le recueil de nouvelles de Robert W. Chambers, *le Roi en jaune*. Quiconque lirait ce livre perdrait la raison.

Si l'on s'en tient à cette remarque de Lovecraft lui-même, un livre tel que le Necronomicon n'existait donc pas au moment de la rédaction de ses ouvrages. Cette restriction n'exclut toutefois pas la réalité de compilations occultes et de grimoires (voir p. 162) aux contenus identiques.

Selon certaines rumeurs, l'original du Necronomicon se trouverait dans une chambre souterraine du Vatican.

Magie et rituels

Chaque civilisation contient sa part de manifestations magiques, même si toutes ne sont pas désignées comme telles, d'autant que la frontière entre rituels magiques et pratiques religieuses se révèle, dans de nombreuses circonstances, très fluctuante. Dans le principe, l'acception de magie recouvre des événements provoqués par rituel prédéterminé.

Grimoires

Le Necronomicon évoqué dans l'œuvre de Lovecraft présente de nombreuses similitudes avec un grimoire, sans pour autant en être un puisqu'il n'est pertinent que dans un contexte temporel bien spécifique. Un grimoire (de l'ancien français, *grammaire*) est un ouvrage contenant des indications sur l'exécution de rituels magiques, ainsi que des descriptions d'entités surnaturelles telles que démons, anges ou monstres. Les grimoires apparaissent essentiellement entre 1250 et 1750. Bien qu'en ces temps de procès pour sorcellerie, la possession d'un tel livre conduisait irrévocablement au bûcher, la majeure partie des œuvres de référence a été conservée. On attribue cela au fait que les grimoires étaient gardés comme preuves dans la sécurité des bibliothèques conventuelles.

Déroulement d'un rituel magique

Le procédé exposé par la plupart des grimoires s'appuie sur une structure simple. Avant le rituel, le magicien doit se soumettre à une préparation physique et spirituelle : jeûne, bains, prières et autres, selon le rituel. D'après les grimoires, une telle purification aurait pour but de faciliter le flux de la magie.

La seconde étape prévoit la réunion par le magicien des instruments requis (craie, baguette, poignard, robe…). Dans la plupart des cas, l'ensemble de ces outils même requérait un travail préalable, comme une gravure sur un

Le Dr Faust serait parvenu à invoquer le diable. Un contrat conclu prévoyait que le diable servirait Faust vingt-quatre années durant. Ce délai achevé, l'âme de Faust lui appartiendrait.

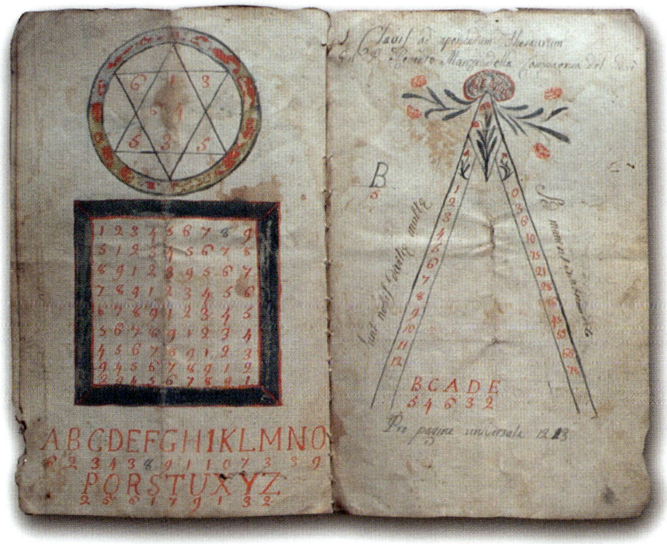

Les livres de magie ne contiennent pas seulement des recettes pour concocter philtres et baumes, ils fournissent également des indications précises pour invoquer démons et esprits.

poignard, une baguette spécialement conçue pour cet usage ou un dessin détaillé sur une bure. Il est également souvent question de la « virginité » des instruments utilisés : en d'autres termes, les ustensiles ayant déjà servi pour un rituel ne peuvent pas être utilisés pour en réaliser un autre.

La troisième étape intègre le « cercle magique », lequel, selon les besoins du rituel, sera peint sur le sol ou d'une toute autre nature et doté de symboles et d'inscriptions magiques prédéfinis. Le cercle n'intervient généralement pas dans le rituel à proprement parler, mais sert davantage à protéger le magicien des créatures invoquées.

Les étapes suivantes dépendent du type de magie pratiquée. Toutefois, le grimoire ou du moins la liste des entités à invoquer et la composition du rituel restent des éléments indispensables. Si des conjurations se révèlent nécessaires, il est généralement fait mention d'un autre livre dans lequel la créature conjurée doit apposer sa marque en signe de son obéissance.

En règle générale, il est expressément souligné que chaque étape doit être consciencieusement respectée et que toute préparation imparfaite risque de provoquer l'échec de l'invocation, voire même de mettre le magicien en grand danger. Les descriptions données évoquent des conséquences allant de la folie à la perte de certaines parties du corps.

Les effets d'un rituel

Bien souvent, l'incantation d'esprits, d'anges, de démons ou de monstres vise à l'expansion de la puissance personnelle du magicien. Une telle entité assujettie permet à l'invocateur d'en utiliser les pouvoirs à volonté, afin de nuire aux hommes ou bien de les aider. L'incantation d'un démon de bas niveau est susceptible de provoquer par exemple des cauchemars chez un autre sujet. Un démon de rang supérieur peut, éventuellement, provoquer ou guérir des maladies. Toutefois, l'invocation d'entités supérieures se révèle plus fatigante et requiert des préparations plus poussées dont des cérémonies sacrificielles ou même l'automutilation du magicien peuvent constituer l'apogée.

Magie blanche et magie noire

Magie blanche et magie noire ne se distinguent en rien en termes de rituels. Il s'agit davantage de l'usage qui est fait de la magie. Lorsqu'un sortilège est destiné à apporter un élément positif à une personne, et éventuellement avec son consentement, il est question de magie blanche. En revanche, des rituels entrepris aux détriments de quelqu'un caractérisent la magie noire. Aussi la limite entre ces deux formes de magie est-elle difficile à déterminer, tout comme il est difficile de démêler les différentes applications d'un charme d'amour ou de sommeil.

L'étoile à cinq branches (pentacle) compte parmi la symbolique magique et intervient souvent dans la création d'un cercle de protection.

Au Moyen Âge, la magie est considérée comme un crime envers Dieu. Aussi étaient condamnées au bûcher toutes les personnes prises en flagrant délit de sorcellerie ou bien accusées de telles actions.

Les poupées rituelles

Il existe toutefois d'autres rituels très répandus d'une nature plus simple et avec lesquels le magicien ne prend aucun risque. Une forme de magie rituelle, aujourd'hui largement associée au vaudou, s'appuie sur des poupées de tissu, de cire ou d'argile. Les rites effectués avec ces représentations visent généralement une personne bien spécifique et ont pour objectif de lui nuire ou d'exercer un pouvoir sur elle. Afin d'exercer une action occulte sur la victime, cheveux, ongles et sécrétions corporelles sont essentiels. L'intégration de ces éléments à la poupée obéit à différentes règles : parfois, les ingrédients doivent être brûlés dans une figurine de terre, bien que certains ouvrages préconisent également de les mélanger à la glaise humide dont sera faite la poupée. D'autres rituels préconisent de coudre ces composants dans une poupée de chiffon. Une fois préparée, la figurine subit un traitement qui la lie au sort de la victime. Deux poupées envoûtées et liées l'une à l'autre concrétisent un sortilège d'amour entre les deux personnes visées. Si une partie de la figurine subit un dommage, son alter ego de chair en ressent les effets aux mêmes endroits. Enfin, la destruction de la poupée condamne la personne envoûtée à mort.

Si les effets escomptés par le rituel ne se manifestent pas, il est possible que le sorcier lui-même le paye de sa santé ou de sa vie, car le sort se retourne alors contre lui.

Les rituels magiques et leurs répercussions

Beaucoup d'événements semblent être le fruit d'envoûtements : personnes tombant mystérieusement malades, accidents, décès survenant soudainement et même les mariages malheureux sont soupçonnés d'être le fruit d'un sortilège d'amour défectueux. Dans quelle mesure les coups du sort sont-ils imputables à des rituels magiques? Une telle question reste aujourd'hui ouverte, car, au Moyen Âge, magiciens, enchanteurs et sorcières allaient vers une mort certaine s'ils venaient à être découverts.

Toutefois, certains cas documentés rapportant les répercussions de rituels soulèvent bien des interrogations. En 1690, le père Arthur Bedford relatait les rituels occultes de Thomas Parke, à Bristol : par provocation, ce dernier se lançait dans une incantation et se voyait subitement entouré d'esprits. Réitérant l'expérience, il perdit le contrôle des événements et se retrouva confronté à des démons plus puissants que son cercle de protection. Le père Bedford semblait accorder foi au récit de Parke.

Les rituels de magie sur des poupées ont fait l'objet de plusieurs descriptions selon lesquelles la victime envoûtée a bien subi blessures ou désagréments à partir de l'objet rituel. Un journaliste américain rapporte l'histoire d'un pianiste concertiste français membre d'une secte dont il s'était séparé à la suite d'une dispute. La poupée qui lui fut consacrée fut placée dans un étau. Les jours qui suivirent, l'agilité des doigts du pianiste ne cessa de s'affaiblir au point que le musicien dut interrompre un concert. Le journaliste fait également état de la présence de plusieurs membres de la secte, constamment à proximité immédiate du concertiste et ne cessant de critiquer sa performance. Les psychologues affirment que, la victime connaissant parfaitement les méthodes de la secte et étant persuadée de la puissance des poupées envoûtées, son propre inconscient avait provoqué la paralysie des mains. Si le concertiste avait tout ignoré des projets de vengeance de la secte, ces répercussions l'auraient épargné.

L'envoûtement par les poupées n'est pas une pratique exclusivement réservée au culte vaudou. En effet, l'occultisme européen médiéval accordait beaucoup de crédit à ces rituels.

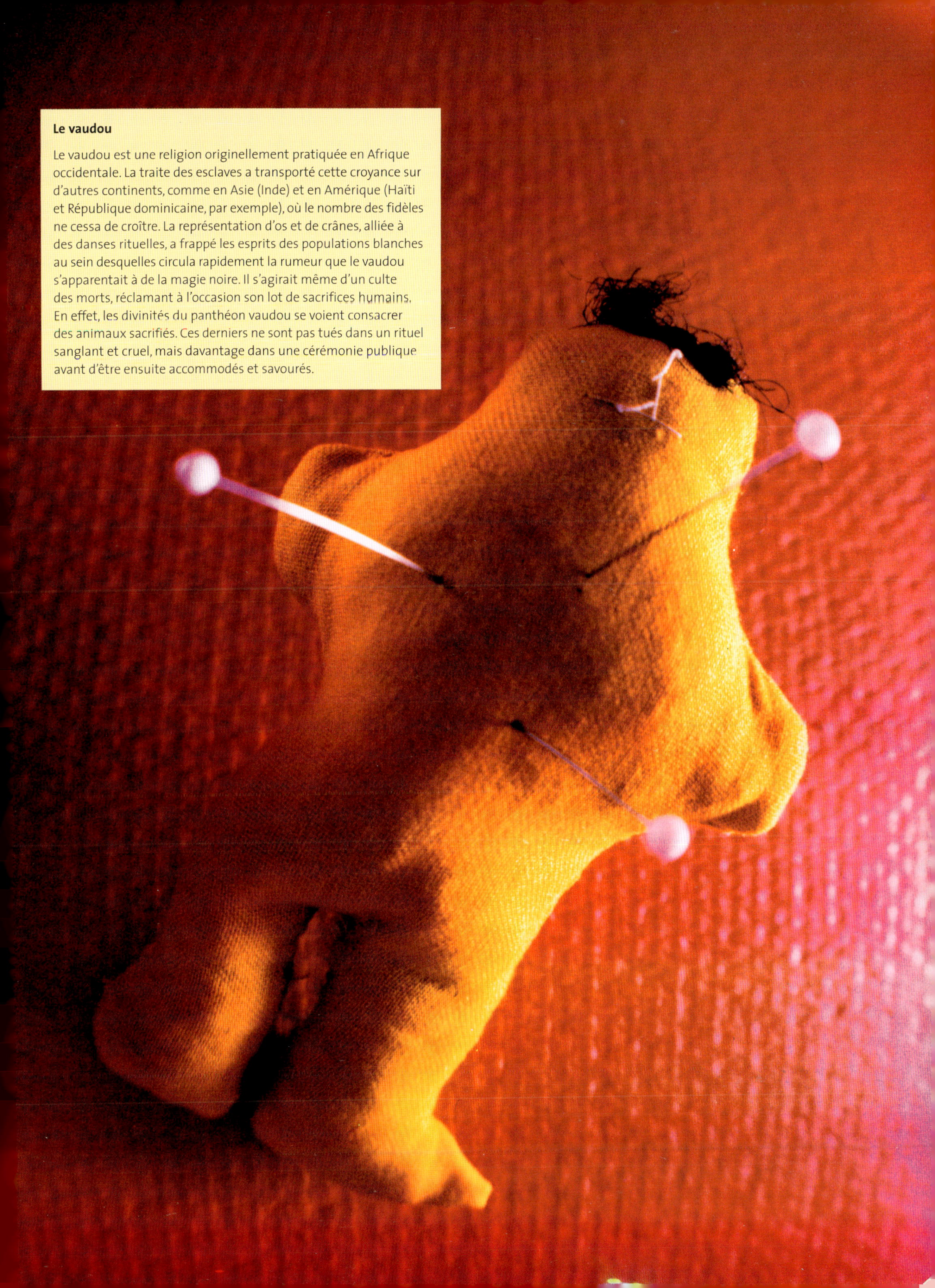

Le vaudou

Le vaudou est une religion originellement pratiquée en Afrique occidentale. La traite des esclaves a transporté cette croyance sur d'autres continents, comme en Asie (Inde) et en Amérique (Haïti et République dominicaine, par exemple), où le nombre des fidèles ne cessa de croître. La représentation d'os et de crânes, alliée à des danses rituelles, a frappé les esprits des populations blanches au sein desquelles circula rapidement la rumeur que le vaudou s'apparentait à de la magie noire. Il s'agirait même d'un culte des morts, réclamant à l'occasion son lot de sacrifices humains. En effet, les divinités du panthéon vaudou se voient consacrer des animaux sacrifiés. Ces derniers ne sont pas tués dans un rituel sanglant et cruel, mais davantage dans une cérémonie publique avant d'être ensuite accommodés et savourés.

En 1980, lorsque l'une des Devil's Marbles est déplacée, Mick Taylor, doyen de la tribu, prophétise maladie et mort. Peu de temps après, nombre d'enfants de la colonie tombent malades et lui-même décède à l'âge de 50 ans.

Les malédictions

À la bénédiction s'oppose la malédiction, l'une des formes de magie rituelle les plus fréquentes. Depuis toujours, les malédictions sont considérées être à l'origine des malheurs. Les formulations de malédictions sont très variées, de même que la durée d'action de l'imprécation et la nature du sortilège.

Qu'est-ce qu'une malédiction ?

Promesses d'infortune, les malédictions sont largement répandues, et le langage courant en a intégré de nombreuses variantes, lesquelles constituent parfois un élément de style incontournable. Les invectives négligemment proférées aujourd'hui avaient autrefois une tout autre portée.

Dans la culture médiévale, on considérait que des malédictions, lancées volontairement ou inconsciemment, pouvaient avoir un effet tangible, et parfois même de graves répercussions. À cette époque, l'usage n'a cessé de se répandre. Alors que, dans les temps anciens, la capacité de lancer une malédiction sur une personne restait l'apanage des mages et des sorcières, au Moyen Âge, on pensait qu'une malédiction proférée par un homme commun suffisait à invoquer le diable ou ses démons, toujours à l'affût de nouvelles âmes. Maladie, blessure, accident ou mort pouvaient alors être les finalités d'une malédiction.

Les traditions, telles que les contes, illustrent parfaitement la signification et l'utilisation des malédictions. Sous l'action de sortilèges ou d'objets envoûtés, des personnes subissent nombre de changements ou sont la proie d'un sort particulier. Et briser la malédiction peut parfois prendre des années. Les contes constituent un support symbolique privilégié pour expliquer la portée d'une malédiction.

Usage et incidences d'une malédiction

D'un point de vue occulte, la malédiction n'a rien de commun avec un simple juron négligemment proféré. C'est un véritable rituel magique, constitué d'une formule ou d'une phrase, ainsi que d'une gestuelle précise ou de la transmission d'un objet associé à des paroles déterminées. En règle générale, les mouvements devant accompagner la malédiction font toutefois l'objet d'une description très générale, vraisemblablement dans l'optique de dissimuler aux yeux de tous qu'une imprécation est en cours. D'autre part, il se peut également qu'une malédiction devienne active alors qu'elle a été prononcée à un moment incontrôlé.

Les préparatifs à l'imprécation dépendent des intentions de celui qui en est à l'origine. Certaines, aux conséquences lourdes, requièrent des dispositions plus poussées ou bien des ingrédients plus inhabituels. D'autres, en revanche, agiraient dès qu'elles sont spontanément prononcées. Le contrecoup d'une malédiction repose également sur l'intention première qui anime l'imprécateur. Dans certains cas, la personne visée doit entendre la malédiction prononcée par son auteur afin que celle-ci prenne effet.

En règle générale, la visée d'une malédiction se limite à souhaiter une mauvaise fortune à la personne maudite. Maladies, coups du sort ou altérations du comportement, de la volonté ou même de la mémoire. À l'extrême, elle vise à la mort du sujet.

Le roi Agamemnon de Mycènes fut victime d'une malédiction qu'Hermès avait lancée sur sa lignée.

L'actrice américaine Jayne Mansfield décède le 29 juin 1967 dans un accident de voiture. D'aucuns restent persuadés que sa mort est due à une malédiction, lancée par son ancien amant Anton LaVey, dirigeant de l'Église de Satan.

Le mauvais œil

Le « mauvais œil » est une forme de malédiction spécifique et sans doute la plus répandue. Elle ne requiert aucun rituel particulier, la personne dotée du mauvais œil n'ayant qu'à le diriger vers sa victime pour que celle-ci soit immédiatement maudite. La nature du mauvais œil ne fait pas l'objet d'une description précise, mais semble être un don inné pour la personne qui en est dotée. Aussi la malédiction est-elle, dans la plupart des cas, jetée involontairement.

De plus, certains récits indiquent que chaque regard porté n'implique pas forcément le mauvais sort. Il semble intervenir uniquement dans certaines situations et serait déclenché, par exemple, par une louange ou un sentiment de jalousie. Aucune parade n'apparaît possible une fois que l'on en est victime. Le pape Pie IX était soupçonné d'être porteur du mauvais œil, car nombre de gens et de lieux bénis par ses soins subissaient peu de temps après un sort étrange.

Diverses techniques permettent de se protéger du mauvais œil, comme se frotter avec une teinture spéciale ou porter un masque. C'est à cette croyance d'ailleurs que les bourreaux doivent leur cagoule. Toutefois, tous ces moyens ont été mis en doute. Les origines de cette superstition ne sont pas entièrement définies, mais semblent néanmoins issues du continent africain.

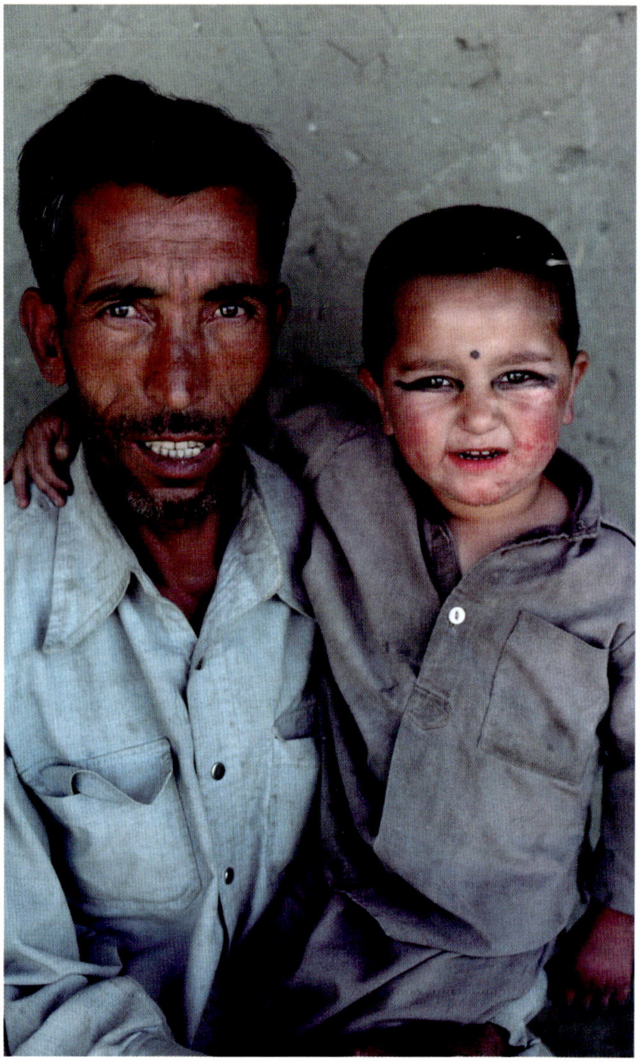

Certaines civilisations tentent d'amoindrir la force du mauvais œil en traçant des dessins sur les personnes concernées.

Les malédictions de l'Antiquité

Une malédiction est lancée par un simple être humain, mais repose sur des principes magiques et surnaturels. Aussi les répercussions n'en seraient-elles pas homogènes. Dans certains cas, la malédiction ne durerait que quelques jours, d'autres sembleraient en revanche agir sur plusieurs millénaires.

La malédiction de Toutankhamon reste un exemple du genre. En 1922, le Britannique Howard Carter (1873-1939) découvre le tombeau du pharaon Toutankhamon dans la Vallée des Rois, véritable événement archéologique. Les trésors renfermés par les diverses chambres surpassent ceux de toutes les autres tombes. Même la momie et le sarcophage sont intacts.

Selon la croyance locale, le volcan hawaïen Mauna Loa abrite la divinité Pele qu'il convient de ne pas irriter en emportant des pierres. Nombre de touristes ont déjà fait état de périodes de malchance qui n'ont cessé qu'une fois la dernière pierre prise en souvenir rapportée sur le sol hawaïen.

Victimes de la malédiction du pharaon

La malédiction de Toutankhamon aurait coûté la vie à au moins seize personnes. Parmi les victimes, on ne compte pas uniquement des membres de l'expédition, mais également des visiteurs du tombeau comme l'homme de lettres Gardian la Fleur, le millionnaire George Jay Gould ou bien Arthur C. Mace, conservateur du Metropolitan Museum de New York.

Les membres des familles ou les employés des explorateurs n'ont pas été épargnés par la malédiction. Ainsi Richard Bethel, secrétaire d'Howard Carter, fut-il retrouvé mort dans son appartement. Les causes de son décès ne trouveront jamais d'explication. La malédiction semble encore active de nos jours. En effet, en 1992, une équipe de la BBC tournant un film sur le sujet a vu son travail contrarié par divers petits incidents.

Quelques semaines après l'ouverture de la tombe, lord Carnavon, l'un des amis de Carter, décède des suites d'une piqûre de moustique. L'inquiétude ne naît qu'au fil des années suivantes, marquées par le décès de douze personnes concernées par la mise au jour de la sépulture égyptienne. Les journalistes parlent alors de la « malédiction du pharaon » et d'une emprise mystérieuse à laquelle auraient été soumis tous les membres de l'expédition. Il a été avancé la présence d'un champignon particulier ou d'une bactérie dans la tombe, destiné à tuer les éventuels pilleurs. Toutefois, poisons et forces surnaturelles ont également été évoqués.

Howard Carter et ses archéologues jugent sévèrement ce type de journalisme à sensation et qualifient ces articles de « bavardage stupide ». Chaque décès ayant pu faire l'objet d'une explication rationnelle, la « malédiction du pharaon » ne reposerait sur aucun fondement.

Quelque temps plus tard, Edgard Wallace, écrivain de romans policiers, rédigea un article dans le *Berliner Illustrierte,* où il rapportait que les momies des pharaons ayant offensé les dieux portaient malheur. D'une façon racoleuse, il tentait d'apporter un éclairage mystérieux sur la mort de chacun des membres de l'expédition et de mettre en exergue la prétendue imprudence des archéologues. Howard Carter ne réagit pas à cet article.

Bien que la « malédiction du pharaon » réapparaisse de temps à autre dans la presse à sensation, plusieurs recherches laissent entendre que les chambres funéraires n'auraient pu constituer un environnement favorable, des millénaires durant, au développement de virus, bactéries et champignons. Ces décès soi-disant inexpliqués ne seraient donc que de simples coïncidences, et la malédiction du pharaon, rien de plus qu'une invention née de l'imagination débridée de certains journalistes.

Des malédictions efficaces ?

Même si la malédiction de Toutankhamon semble être une pure invention journalistique, il existe de nombreuses descriptions de lieux ou d'objets semblant véritablement maudits. De tels récits de malédictions constituent la trame de beaucoup d'histoires de fantômes. Il est bien entendu impossible de se prononcer formellement sur la véracité de ces narrations, de même que sur l'effet et la durée d'une imprécation.

La malédiction de Toutankhamon semble avoir provoqué la mort de plusieurs personnes ayant participé de près ou de loin à l'ouverture de son tombeau.

Les pluies d'animaux

It's raining cats and dogs (« Il tombe des chats et des chiens ») : cette expression anglaise populaire symbolise une pluie battante. Toutefois, l'Antiquité rapporte des cas dans lesquels ces paroles ont pris une dimension réelle, bien au-delà d'une simple image linguistique. Des témoignages de diverses formes organiques subitement tombées du ciel font cependant le plus souvent état de poissons ou de grenouilles...

Des poissons tombés du ciel

Longtemps, les pluies de poissons et de grenouilles sont restées confinées au domaine de la légende, bien que diverses civilisations en aient rapporté l'existence, la plupart dans un contexte de malédiction divine ou de mauvais présage. Depuis, de tels événements ont fait l'objet de preuves scientifiques.

Une théorie veut que les avions soient à l'origine des pluies animales. Toutefois, l'existence de ces phénomènes antérieurement à l'invention de l'aéronautique infirme cette hypothèse.

Le 9 février 1859, une pluie d'épinoches – petits poissons marins ou d'eau douce – s'est abattue sur la ville galloise de Mountain Ash. Dès lors, les scientifiques se sont penchés plus précisément sur le phénomène des pluies animales.

Au fil des dernières décennies, de nombreux cas historiques ont été recensés, du IIe siècle av. J.-C. jusqu'à nos jours. Il apparaît que ces phénomènes ne se limitent pas aux poissons et batraciens, mais s'étend également aux insectes, escargots, oiseaux, chair, sang ou pierres, même si ces dernières catégories se produisent plus rarement.

Tentatives d'explication

Une récente théorie met en relation pluies de poissons et avions, lesquels déverseraient par accident leur cargaison sur les régions survolées. Bien que cette théorie bénéficie d'une grande popularité dans les milieux scientifiques, les témoignages issus des temps anciens où l'aéronautique n'existait pas la réfutent indubitablement.

L'hypothèse la plus répandue reste celle des poissons et des grenouilles qui, aspirés par des tornades ou des trombes, seraient rejetés lorsque la puissance du vent diminuerait. De prime abord, cette théorie apparaît la plus adaptée à une explication du phénomène, toutefois différents paramètres viennent s'inscrire en faux.

En effet, plusieurs témoignages font état de pluies animales concernant exclusivement une espèce : citons, en guise d'exemple, la pluie de sardines qui s'abattit en 2002 sur le nord de la Grèce ou bien les épinoches qui déferlèrent sur Mountain Ash. Le plus étonnant est le phénomène de « tri des espèces » : une tornade, en se déchaînant, devrait logiquement entraîner diverses espèces de poissons ou d'amphibiens, des pierres, des plantes, et même des morceaux de terre.

De plus, ces pluies animales se concentrent généralement sur une très petite surface. À Mountain Ash, les poissons se sont répandus sur une zone de 800 mètres carrés. De plus, les déclarations des observateurs font état de deux pluies, à 10 minutes d'intervalle. Un tel phénomène signifierait donc que la tornade aurait stagné 15 minutes sur le même site afin de se délester en deux fois des poissons vivants. Une telle éventualité demeure certes possible, mais relève de la plus haute improbabilité.

Le troisième argument infirmant la théorie de la tornade reste les états différents des animaux. Deux cas recensés en Inde, en 1833 à Futtepoor et en 1836 à Allahabad, rapportent une pluie de poissons, non seulement morts, mais desséchés. En 1896, à Essen, s'est abattue une pluie de carassins – une espèce de carpe – pris dans la glace, tandis qu'à Mountain Ash, il s'agissait de poissons vivants, visiblement indemnes après la chute.

Bien que certaines pistes existent, le phénomène des pluies animales demeure encore un mystère à l'heure actuelle.

Selon une autre théorie largement répandue, des tornades transporteraient les poissons sur des distances considérables.

Représentations artistiques et évocations littéraires permettent d'affirmer que les pluies animales existent depuis des siècles.

Les pierres mobiles de la Vallée de la Mort

En Californie, la Vallée de la Mort abrite un lac asséché, nommé Racetrack Playa. Pendant longtemps, des rumeurs ont circulé sur ce site prétendument maudit. En effet, l'apparition régulière de traces dans le sol laisse supposer que les lourdes pierres se déplacent spontanément.

Racetrack Playa

Le Racetrack Playa est un lac salé asséché de 4,5 kilomètres de long et 2,2 kilomètres de large. Il se remplit d'eau uniquement lorsqu'il pleut, ce qui, les précipitations étant extrêmement rares dans la Vallée de la Mort, ne se produit qu'une à deux fois par an. Sur la surface plane du lac se trouvent plus de cent soixante gros blocs de pierre, atteignant jusqu'à 320 kilos. Le sol se marque régulièrement de traces qui laissent penser que ces pierres se déplacent à une vitesse considérable, estimée à 1 mètre par seconde. Aucun indice ne permet de penser que ces mouvements sont le fruit d'une intervention extérieure. Jusqu'à présent, aucun déplacement de bloc n'a fait l'objet d'une observation directe. Dans les années 1990, le parcours des pierres a cependant été cartographié sur plusieurs mois. Cette surveillance a permis de constater que les blocs très proches les uns des autres suivent le même modèle de trajet, de sorte que les scientifiques pensent que ces migrations ont une origine commune.

Le sol du Racetrack Playa se compose de boue séchée. Les températures très élevées contractent la surface du sol de façon hétérogène, de sorte que la surface du lac prend l'aspect d'une mosaïque.

Tentatives d'explication

Par le passé, diverses explications ont été tentées pour trouver la cause de ces phénomènes.

L'une des possibilités avancées est que le Racetrack Playa n'est pas une surface plane, mais pentue, de sorte que les pierres glissent vers le bas de la plaine. L'autre théorie est qu'elles réagiraient à un champ magnétique. Toutefois, un seul et même argument vient réfuter ces deux solutions : les traces indiquent que certaines pierres ont brusquement changé de direction, jusqu'à imprimer un virage à 90° à leur trajectoire. Dans les conditions supposées, ce revirement ne serait possible que si l'angle d'inclinaison de la plaine ou son point magnétique avaient été brusquement altérés, ce qui ne peut s'expliquer d'un point de vue physique.

La théorie qui trouve le plus d'adeptes dans les milieux spécialisés part du principe qu'en dépit des faibles précipitations, les importantes amplitudes thermiques régnant dans la Vallée de la Mort provoque quotidiennement la formation de gel voire de glace se déposant sur la surface du sol. Associée au fin sable du désert, cette glace forme un film extrêmement glissant. Si dans un tel contexte, un vent fort souffle sur le Racetrack Playa, il est possible que les pierres puissent se mouvoir sur cette base. Puis, le sol s'asséchant, le bloc s'arrête, tandis que la majeure partie du sable qui s'est accumulé devant la pierre durant son déplacement est balayée par le vent.

Le parc national de la Vallée de la Mort se trouve au cœur du désert de Mohave, à cheval sur les États de la Californie et du Nevada.

Jusqu'à aujourd'hui, hormis quelques investigations conduites entre 1968 et 1974 par le géologue Bob Sharp, les recherches n'ont pas été menées plus avant. Aussi cette théorie n'a-t-elle pu encore être étayée par des observations directes. Il a cependant été prouvé que du gel et de la glace se formaient au cœur de la Vallée de la Mort, et diverses expéditions ont attesté de très forts passages venteux. Toutefois ces constatations ne concernent que des régions relativement éloignées de Racetrack Playa. Il s'imposerait donc de mener des recherches sur un délai beaucoup plus long. Mais une équipe, même très intéressée par ce phénomène, y réfléchira à deux fois avant de se lancer dans un séjour prolongé et astreignant au sein de la Vallée de la Mort, exposée à ces conditions extrêmes.

La Vallée de la Mort est l'un des endroits les plus chauds et les plus secs de la planète. Des températures atteignant 56,7 °C ont été enregistrées en 1913.

Les vampires

Comme il a été évoqué au fil des pages précédentes, les malédictions sont supposées par certains être à l'origine de tous les événements en marge de la normalité. Si ces phénomènes se répètent, ils offrent alors un support de choix pour les mythes et légendes, tels les vampires, les loups-garous et les zombies.

Vampires du monde entier

Il n'existe pas un recoin de la planète qui n'ait ses histoires de vampires ou de créatures apparentées. Même s'ils portent différents noms – *Moroi* chez les Slaves, *Danag* aux Philippines, *Saundal Bolong* sur Java, *Strigas* dans la Rome antique ou *Kuang Shi* en Chine – et que les facultés qu'on leur attribue divergent quelque peu, il s'agit toujours d'une créature humaine, ou du moins d'apparence humaine, qui se nourrit exclusivement ou de préférence de sang humain. La croyance en l'existence des vampires est si répandue et si diversifiée qu'une origine unique semble exclue. On pense davantage que des histoires se sont développées individuellement, indépendamment les unes des autres, en se fondant sur des observations vérifiables dans le monde entier.

Les chauves-souris vampires mordent leurs victimes et lèchent le sang qui s'écoule de la blessure.

Les caractéristiques d'un vampire

Recenser toutes les descriptions de vampires dépasserait le cadre de cet ouvrage, toutefois des caractéristiques communes peuvent être dégagées. Ainsi, presque tous les vampires « traditionnels » partagent la particularité de pouvoir transformer leur victime à leur tour en vampire, par le biais d'une morsure ou en leur faisant boire du sang. Les vampires sont souvent décrits comme des personnes jeunes et séduisantes, des attributs qui ne leur sont généralement conférés que par la magie. Nombre de récits font état de leur faculté à se transformer en un animal, de préférence en un loup ou une chauve-souris. On leur attribue également une agressivité importante, associée à une force physique surhumaine. Tous les vampires sont également des êtres sortant uniquement la nuit.

Il est difficile d'apporter une réponse claire à la question de savoir si un vampire est un humain possédé, un

Sculpture de la « comtesse sanglante » Elizabeth Báthory (1560-1614), dont les rituels cruels ont coûté la vie à quelque six cents femmes et lui ont valu la réputation de vampire.

La rage

La rage est une maladie résultant d'une infection virale, généralement transmise par la morsure d'un animal contaminé et provoquant une encéphalite. Les symptômes de la maladie se traduisent par une agressivité et une irritabilité accrues. De plus, les personnes atteintes de la maladie affichent une extrême sensibilité à la lumière, au bruit, aux courants d'air et parfois aux odeurs. Les symptômes évoluent : anxiété, agitation, excitation ou hallucinations associées à des tressaillements musculaires et des crampes, pour arriver, en phase finale, à une véritable paralysie.

mort-vivant ou un démon et s'il est possible de le tuer. Dans certains cas, cette possibilité est totalement exclue tandis que d'autres disparaissent s'ils sont exposés à la lumière du soleil, au feu ou à des symboles chrétiens. Une autre méthode efficace consiste à leur percer le cœur d'un pieu de bois. L'eau et les plantes fortement odorantes, tel l'ail, sont censées exercer une action dissuasive sur les vampires.

Origines de la croyance

La croyance en la possibilité de voir certains morts s'extraire de leur tombe pour se nourrir de sang s'appuie vraisemblablement sur divers phénomènes fondamentalement indépendants les uns des autres. Les descriptions de vampires offrent plusieurs similitudes avec le tableau clinique de la rage (voir l'encadré ci-dessus). En conséquence, le vampire peut transformer sa victime par le biais d'une morsure. La conviction que celui-ci est également capable de se métamorphoser se fonde également sur ces observations, dans la mesure où la rage peut se transmettre à l'homme par le biais d'animaux contaminés.

De plus, sur des dépouilles de malades ont été constatées des altérations d'apparence inexplicable, qui ont amené les superstitieux à penser que ces cadavres avaient bu du sang. Aujourd'hui, ces modifications trouvent leur explication dans le processus de décomposition.

Juste un mythe ?

Le sang comme « sève vitale » occupe indubitablement une place fondamentale dans nombre de civilisations. Dans le monde entier, existaient ou existent encore des rituels, de nature également autre que religieuse, dans lesquels le sang joue un rôle central. Aujourd'hui, il symbolise encore la vie, la force et parfois également la jeunesse, aussi a-t-il souvent été utilisé comme offrande symbolique. De surcroît, certains récits rapportent le cas de personnes buvant le sang d'animaux ou d'autres humains afin de s'en approprier les spécificités.

Seigneur de Valachie au XVe siècle, le comte Vlad III (dit « L'Empaleur ») a servi de base à Bram Stoker pour son personnage de Dracula.

Les loups-garous

La notion de loup-garou englobe des entités capables de prendre l'apparence tant d'un humain que d'un loup. Dans la plupart des cas, on attribue aux loups-garous les mêmes spécificités qu'aux vampires.

Qu'est-ce qu'un loup-garou ?

En se fondant sur la topographie de la croyance en l'existence des vampires, on constate que vampires et loups-garous partagent un lien de parenté mythologique. En effet, les récits concernant ces deux entités présentent d'importants parallèles, autant sur l'étendue des deux phénomènes que sur leur origine.

En effet, l'apparence extérieure et les diverses particularités psychologiques font l'objet de descriptions assez similaires. Toutefois, et c'est une similitude supplémentaire, les diverses cultures ont des représentations différentes du loup-garou. Son aspect physique est évoqué de différentes façons dans de nombreux récits : parfois, il semble être un mélange entre un être humain et un loup, marchant sur deux jambes. Mais, le plus souvent, il revêt la forme d'un loup commun. La troisième option est celle d'un être humain adoptant le comportement d'un loup sans pour autant subir de modification physique.

Lycantrophie

Comment naît un loup-garou et quels éléments doivent être réunis pour provoquer la transformation ? Une fois de plus, il est difficile d'apporter une réponse précise à ces questions. D'autant qu'au sein d'une même civilisation sont transmises des descriptions différentes, voire même contradictoires.

Selon une variante populaire, un homme se métamorphose en loup-garou à la suite d'une maladie ou d'une malédiction. Cette maladie porte le nom de lycanthropie, dérivé de Lycaon, roi d'Arcadie, changé en loup par Zeus, courroucé.

D'autres facteurs peuvent initier la transformation en loup-garou : malédiction, séjour près d'un lieu ou d'une eau maudits ou bien utilisation de certains objets, en par-

Dès l'Antiquité, la pleine lune se voit attribuer des pouvoirs spéciaux ; elle favoriserait, voire provoquerait, la métamorphose des loups-garous.

Les procès des loups-garous

Au Moyen Âge, se sont tenus des procès qui ont mené de supposés loups-garous à la potence. Toutefois, dans ce cas de figure, les accusés n'étaient pas systématiquement des humains. Un cas attesté de 1685 fait mention à Ansbach d'un loup au museau coupé et habillé de vêtements qui fut mené au gibet.

ticulier d'une ceinture faite de la peau d'un pendu ou de fourrures d'animaux.

La métamorphose est généralement provoquée par des éléments extérieurs, par exemple, la pleine lune. Dans certaines versions, le coucher du soleil ou la colère suffisent à la transformation en loup-garou.

Cette mutation s'effectue parfois volontairement. Il existerait des objets permettant de se changer en loup-garou puis de reprendre forme humaine. Certains récits décrivent des êtres capables de se transformer en animal grâce à leur seule volonté, sans le truchement d'un support. Dans de tels cas, les loups-garous sont présentés comme des entités bienveillantes, médiatrices entre les mondes humain et animal, et apportant consciencieusement leur aide aux deux parties.

Dans nombre de films, le loup-garou est présenté comme un personnage tragique, incapable de lutter contre la métamorphose qui s'opère en lui.

Depuis l'Antiquité, la pleine lune revêt une signification particulière et symbolise la force.

Les loups-garous existent-ils ?

À l'instar des vampires, le comportement de supposés loups-garous semble découler de maladies psychiques, provoquées ici aussi par la rage.

Le mythe du loup-garou présente la particularité supplémentaire d'être alimenté par des descriptions et des images de personnes donnant l'impression que ces hommes-loups peuvent effectivement exister. Ce phénomène repose en grande partie sur certaines maladies héréditaires telles que l'hypertrichose, générant une pilosité excessive. Une autre pathologie, s'apparentant à la porphyrie, interfère sur la production des globules blancs, provoquant, outre une forte augmentation de la pilosité, une sensibilité accrue à la lumière qui affecte également la peau. De plus, la muqueuse gingivale qui se rétracte fait ressortir les canines.

En dépit de tous ces éléments, le mythe du loup-garou continue d'exercer une telle fascination sur nombre de personnes qu'elles s'identifient avec ce type d'entité. Il existe même quelques cas où des criminels ont avancé leur appartenance au genre des loups-garous pour expliquer leurs actes.

Les zombies

De nos jours, le terme de zombie désigne à la fois des morts rappelés à une forme de vie et des vivants dont la volonté a été annihilée. Le nom de zombie est issu d'un esprit des morts africain *(zumbi)*. La croyance générale veut que le vaudou africain, voire américain, soit à l'origine des zombies.

Zombies vaudou

Il est fondamentalement faux de limiter l'origine de la croyance autour des zombies à l'Afrique ou l'Amérique Centrale, car depuis des siècles nous parviennent des récits de morts errants, dépourvus d'âme, même si ceux-ci sont associés à d'autres appellations telles que revenants ou, dans les pays germaniques, *draugr*. Le monde de la magie fait état de nombre de personnes cherchant à s'emparer de la volonté d'autrui ou de ramener à la vie, sous forme de golems, des morts ou des objets inanimés, afin de les exploiter comme esclaves dépourvus de volonté ou instruments de pouvoir.

Les sortilèges d'un prêtre vaudou reposent également sur de la magie rituelle. L'envoûtement commence par une malédiction prononcée par un *hougan* (prêtre), une *mambo* (prêtresse) ou un *bokor* (magicien noir) à destination d'une victime. Celle-ci passerait alors de vie à trépas ou, selon d'autres sources, tomberait dans un état de mort apparente. Quelques jours plus tard, par un rituel spécifique, l'imprécateur amènerait le sujet, désormais zombie, à se relever d'entre les morts, et le soumettrait à sa volonté. Le zombie ne disposerait alors plus de la faculté d'agir ou de penser par lui-même.

Les films présentent généralement les zombies comme d'inhumaines machines à tuer en état de décomposition avancée, assassinant de leur propre gré.

Le golem

Le golem (de l'hébreu « non formé ») est une créature artificielle, souvent humanoïde, créée par un être humain et soumise à la volonté de son créateur. Lors de la genèse d'un golem, il est généralement fait usage d'une matière d'origine naturelle. Les histoires font le plus souvent mention de golems de glaise ou de bois. Celui qui amène la créature à la vie *via* un rituel magique a le golem en son pouvoir et peut s'en servir selon son bon vouloir.

La poudre zombie

Nombre de récits font mention d'une ou plusieurs poudres grâce auxquelles un prêtre pourrait engendrer un zombie. Quelques scientifiques sont parvenus à se procurer un échantillon du produit fabriqué et probablement utilisé par les prêtres vaudous. Il s'agit d'un mélange de substances végétales et animales, notamment des extraits de crapaud et de poisson-coffre. Le produit provoque des hallucinations suivies d'une paralysie du cœur et d'un arrêt circulatoire. Un dosage maîtrisé plonge le sujet dans un état de mort apparente. Toutefois, les chercheurs n'ont pas encore découvert quels moyens permettraient d'annihiler la volonté du zombie…

Les zombies existent-ils ?

S'il est fait ici mention de quelques descriptions, il ne faut toutefois pas perdre de vue que ces récits, hormis les résultats des recherches menées sur la poudre vaudou, reposent exclusivement sur des éléments transmis par des prêtres vaudous ou leurs adeptes.

Ce sortilège vaudou ne semble cependant que très rarement mis en pratique. Toutefois, certaines histoires concernant l'île d'Haïti ont suscité l'intérêt des scientifiques.

Au printemps 1918, notamment, une nouvelle fit le tour du monde. Lors de la récolte de la canne à sucre, le planteur Ti-Joseph du Colombier aurait forcé avec brutalité plusieurs hommes, visiblement dépourvus de toute volonté, à travailler en guenilles. Ceux-ci ne semblaient pas sentir les coups qui s'abattaient sur eux. Plusieurs habitants de la ville voisine auraient reconnu dans certains de ces hommes des parents ou des amis décédés.

Un autre cas remonte à 1980 : mort dix-huit années auparavant, Narcisse Clairvius surgit, apathique et déguenillé, sur le marché du village, devant sa sœur terrifiée.

Les deux récits ont fait l'objet d'études scientifiques et, bien que toutes les données des histoires ne puissent être validées, on peut toutefois partir du principe qu'elles contiennent un élément central authentique.

Dans les régions où le vaudou est pratiqué, de nombreuses boutiques tirent profit de la méconnaissance, largement répandue, de cette religion.

Les zombies sont qualifiés de « morts-vivants », car ils se trouvent à la frontière entre la vie et la mort. Mais le vaudou ne fournit presque aucune représentation de morts relevés de leur tombe.

L'exorcisme

L'exorcisme relève également du rituel. Magique ou religieux, il est difficile de trancher, car cela dépend souvent de la personne qui procède à la cérémonie. Dans le principe, un exorcisme consiste à exhorter un démon ou un diable à quitter le corps d'une personne ou d'un animal, ou bien à quitter un objet, un lieu.

Au contact du mal

Le comportement altéré d'un être humain ou d'un animal est parfois imputé à un démon qui se serait emparé du corps de sa victime. Ce concept de « possession » est bien antérieur à celui de chrétienté et très répandu à travers le monde. De nombreuses civilisations attestent de ce phénomène et la diversité mythologique offre de nombreuses possibilités.

Les contre-mesures font également l'objet de descriptions : un homme doté des pouvoirs adéquats – selon la croyance, un chaman, un prêtre, un héros, un chef de tribu ou autre – doit entrer en contact avec l'esprit qui s'est rendu maître de la créature afin de l'en chasser. Selon les civilisations, le bannissement s'effectue différemment : outre la prière, une véritable conversation « intellectuelle » se met en place, de façon à « convaincre » le démon de sor-

Le mauvais esprit doit être contraint de quitter le corps dont il s'est emparé. Selon certains peuples primitifs, cette libération n'intervient que si le corps lui-même est affaibli par des coups et des conjurations.

Représentation du XVIIe siècle d'un exorcisme biblique : le mauvais esprit quitte le corps de sa victime.

tir du corps. La danse en état de transe permet au chaman d'accéder à un plan spirituel afin de combattre l'esprit indésirable.

Les parallèles avec le rituel magique sont plus patents lorsqu'il s'agit d'exorciser des humains ou des animaux dont l'état altéré est dû à la sorcellerie ou un sortilège.

Les symptômes de la possession

L'anormalité du comportement humain ou animal ne peut faire l'objet d'une description générale. Il n'existe que peu d'écrits sur les symptômes qui laissent supposer une possession, mais le fait que le sujet parle une langue incompréhensible, repousse les symboles religieux, vocifère, hurle, développe une force surhumaine, présente d'importants changements physiques et parle avec différentes voix successives en sont des signes communément admis.

Dans certains cas, l'entourage proche du possédé est également victime de phénomènes paranormaux, notamment de télékinésie (possibilité de déplacer les objets par la force de l'esprit), d'importantes variations de température ou d'émission de bruits inexpliqués semblant venir de nulle part.

La conjuration du démon

Seuls quelques grimoires (voir p. 162) renferment les rituels des exorcistes. Toutefois, plusieurs récits laissent penser qu'une contre-mesure ne se révèle efficace qu'à la condition que l'exorciste parvienne lui-même à conjurer le démon et à lui commander de libérer le corps du possédé. Même si le processus semble différent d'un cas à l'autre, on peut néanmoins distinguer une trame fondamentale dans le rituel.

Dans un premier temps, l'exorciste doit menacer le mauvais esprit de façon à irriter le démon qui se comportera alors imprudemment. Puis est alors posée la question du nom du démon. Cette procédure tient au fait que de nombreux démons et esprits seraient soumis à une structure hiérarchique. Dans un cadre autre que religieux, on procède à un rituel magique afin d'exhorter l'entité à sortir du corps de sa victime. Mais, au sein de l'Église chrétienne, une particularité d'origine inconnue permettrait à l'exorciste de prendre le pouvoir sur le démon, une fois son nom révélé. Dès lors, il lui intimerait l'ordre de quitter le corps du possédé. Puis par une formule finale, il lui interdirait à jamais de revenir dans ce corps.

La durée d'un exorcisme tient à trois facteurs : la force du démon, celle de l'exorciste et l'énergie de la victime. On rapporte que certains possédés seraient morts d'épuisement ou de blessures infligées lors de l'exorcisme.

L'homme n'a que peu de moyens de défense face à une attaque démoniaque. Le démon s'empare dans un premier temps de l'esprit.

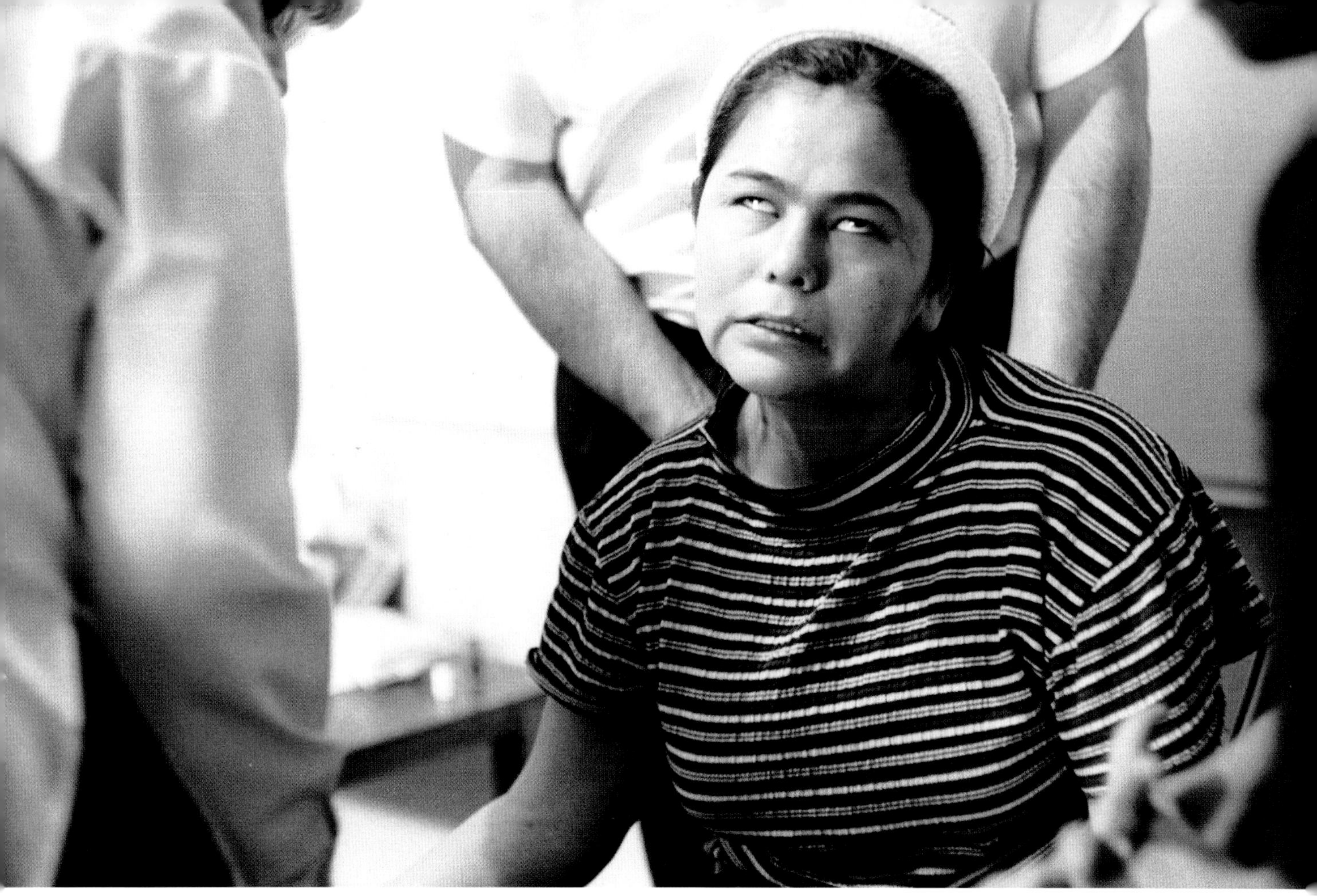

27 février 2002, Iztapalapa : exorcisme conduit par le père Hugo Alvarez de l'Église du Protecteur divin, Mexico City.

Exorcisme et maladies

Certains récits médiévaux de possession ont été étudiés à l'aune des découvertes médicales, mais surtout psychologiques, des dernières décennies. Presque toutes ces descriptions ont pu être mises en relation avec des tableaux cliniques connus aujourd'hui, depuis l'épilepsie, qui provoque chez certains malades crampes et tressaillements, aux tics étranges (syndrome Gilles de la Tourette), les sujets s'articulant de façon incompréhensible ou présentant des agitations musculaires incontrôlées. Sont identifiés également des cas de schizophrénie ou de troubles de la personnalité susceptibles d'amener les sujets à adopter temporairement un comportement inhabituel.

Si certaines sources évoquent d'autres phénomènes survenus lors d'un exorcisme, les milieux scientifiques s'accordent à dire que les rapports d'émissions de fumée ou de déformations physiques temporaires sont le fruit de l'imagination du rédacteur ou revêtent davantage un caractère symbolique. La possession n'étant pas un phénomène reconnu par la science, l'efficacité d'un exorcisme est elle aussi en butte au scepticisme.

L'exorcisme et l'Église

De nos jours, l'Église catholique établit une distinction entre petit et grand exorcisme. L'exorcisme simple concerne surtout le baptême grâce auquel le nouveau-né est libéré de ses péchés et donc du diable. Un grand exorcisme ne peut avoir lieu que si le prêtre en a reçu l'autorisation de son évêque, laquelle n'est délivrée qu'une fois recueilli l'avis d'un représentant du corps médical. En vigueur dès le Moyen Âge, cette procédure évite que des personnes malades soient soumises à un exorcisme. Au Moyen Âge, si certaines maladies pouvaient être mises sur le compte d'une malédiction, on considérait que rien n'était incurable pour peu que le médecin s'occupât de son patient. Mais, face à la possession, la médecine restait impuissante. Ainsi, l'Église n'autorisait un exorcisme qu'une fois toutes les autres voies de recours épuisées. Cependant, les hommes de science de l'époque ne disposant pas de nos connaissances en psychologie, nombre de personnes souffrant de troubles psychiques ont été soumises à un exorcisme. Depuis 1999, l'Église reconnaît les maladies mentales comme une alternative possible à la possession.

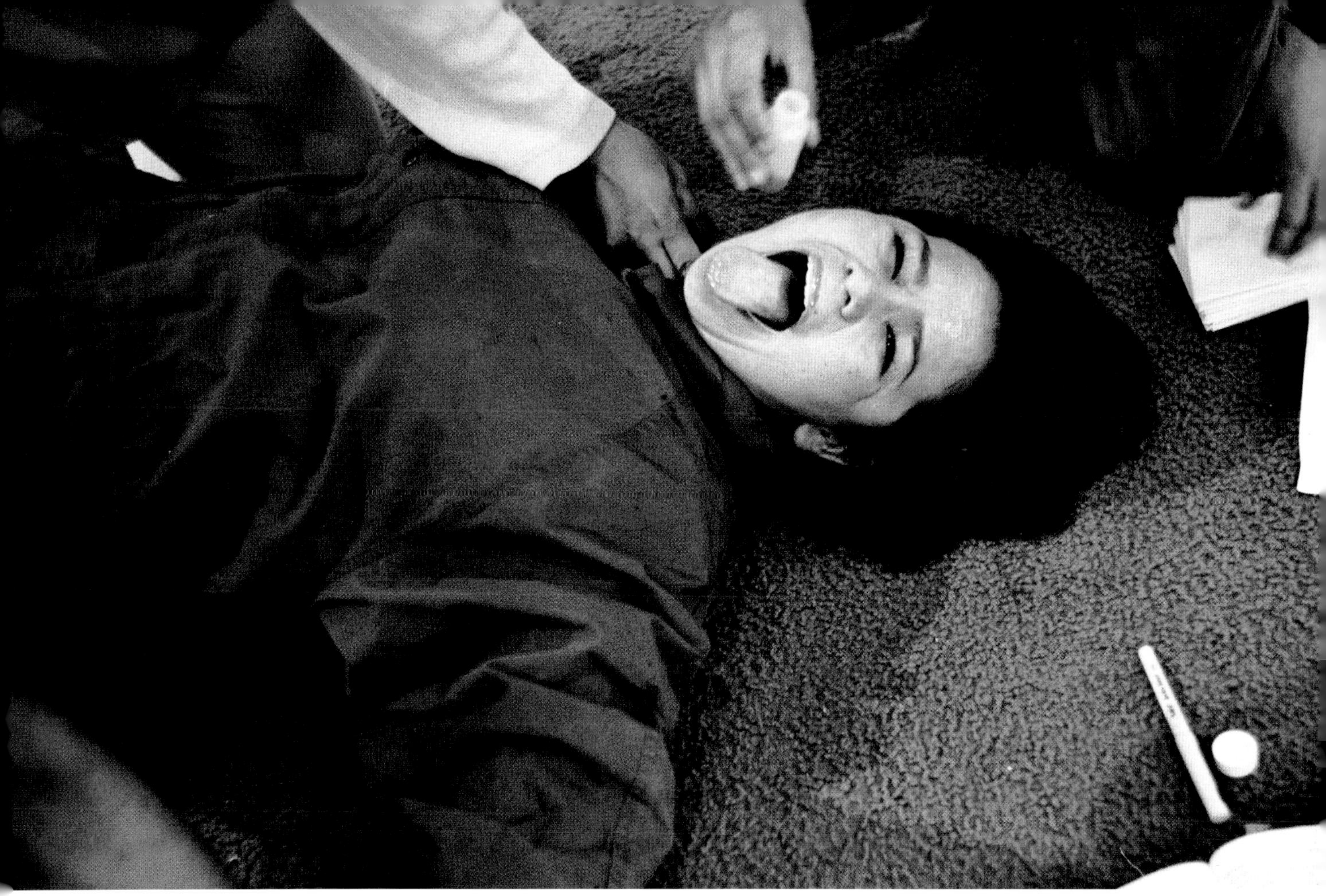

Il n'existe pas d'exorcisme unique. En effet, les comportements des possédés et la durée du processus sont très variables. Certains exorcismes s'étalent parfois sur des années.

Mais l'Église catholique reconnaît encore l'exorcisme. Ainsi, le Vatican en propose même des cours. En 2004 s'est tenu le premier Congrès de l'exorcisme à Mexico.

L'Église orthodoxe conserve également sa tradition liée à l'exorcisme. Ici, les possédés doivent être « crucifiés » dans le cadre du rituel. Des récits de cette nature sont encore rapportés à notre époque.

Il en est de même dans la plupart des religions animistes où le chaman mène, aujourd'hui encore, son combat contre les démons sur le plan spirituel.

En revanche, les Églises protestantes ont abandonné cette pratique. Là aussi, les avancées scientifiques en matière de psychiatrie ont fait leur chemin et la plupart des cas sont remis aux mains de médecins pour un traitement approprié.

À l'heure actuelle, on ignore encore les procédés efficaces en matière d'exorcisme. En effet, les cas de possessions s'expliquent presque toujours, après examens adéquats, par une maladie psychique, bien que des expulsions démoniaques aient encore cours. Leurs résultats restent toutefois inconnus.

Selon les civilisations, un exorcisme peut également comprendre danses et gestes de menace.

Les sciences paranormales

Parapsychologie

Domaine en marge de la psychologie, la parapsychologie se penche sur les capacités dépassant les aptitudes connues de l'homme, comme le don de perception et de communication extrasensorielles. Le psychologue allemand Max Dessoir (1867-1947) légitime ce concept, faisant de toutes les manifestations sortant du commun de la vie mentale humaine un objet d'observation scientifique.

La parapsychologie examine sur une base scientifique les phénomènes d'apparence surnaturelle et occulte. Son objet consiste à étudier l'existence de la télépathie, la télékinésie (ou psychokinésie), la psychométrie, les expériences de mort imminente, le spiritisme et la bilocation. En outre, la parapsychologie explore des sections des domaines cités précédemment, telles les aptitudes particulières de certains individus comme les yogis et les fakirs.

Elle analyse surtout les conditions préalablement nécessaires pour l'expression de ces facultés, en relation avec d'autres personnes ou l'environnement. La parapsychologie veut s'affirmer comme une science, œuvrant avec des méthodes scientifiques. Toutefois, nombre de phénomènes ne peuvent être prouvés de façon certaine par le seul biais des sens. De plus, les comptes rendus d'expériences sont souvent empreints de subjectivité, ce qui amène à douter de leur crédibilité. En effet, un réexamen au sens classique et scientifique du terme n'est pas toujours possible. Nombre de manifestations n'ont pu à ce jour trouver d'explications concluantes. Toutefois, il existe des indices de leur existence et, dans nombre de cas, notamment la psychophotographie de Ted Serios, elles ont fait l'objet d'importantes recherches et été grandement documentées.

Un couple observe un médium qui tente d'entrer en contact avec l'autre monde.

La télépathie

Existe-t-il des personnes qui, grâce à des aptitudes particulières, sont capables de percevoir les processus mentaux d'autres sujets ? Capables de lire dans les pensées, d'en transmettre, de ressentir à distance, dotées, donc, d'une faculté que Frederick W. H. Myers (1843-1901), fondateur de « The Society for Psychical Research », à Londres, qualifia pour la première fois en 1881 de télépathie ? Ce phénomène parapsychologique, qui reste le plus populaire, constitue l'un des plus grands mystères de l'existence humaine.

Des canaux de communication non perçus

La télépathie n'est pas un phénomène aussi controversé que d'autres manifestations parapsychologiques, et de très sérieuses recherches scientifiques ont cours sur le sujet depuis des décennies. Cet intérêt tient vraisemblablement au fait que nombre de personnes en ont déjà fait l'expérience. En effet, qui n'a jamais pensé à quelqu'un en particulier, sans raison spécifique, et trouve justement l'objet de ses pensées à sa porte ? Nous considérons cela comme le pur fruit du hasard et ne sommes pas prêts à envisager que l'approche d'autrui ait pu s'annoncer à nous *via* un canal de perception spirituel, hors de notre portée directe.

Les diverses applications de la télépathie

Entre la fin de la Seconde Guerre mondiale et le début de la guerre froide, URSS, États-Unis et Angleterre procèdent à des expériences ayant pour but de « lire » dans les pensées d'autrui. Les résultats obtenus sont saisissants. Pour les services secrets, la télépathie offre une véritable possibilité d'espionnage. On parle alors d'« agents psi ». Toutefois, dans ce contexte, la télépathie prend davantage le nom de *remote viewing* (perception à distance). Les agents cherchent, par la force de leur pensée, à décrire des lieux et des personnes. En 1940, le télépathe Wolf Gregorevitch Messing est présenté à Joseph Staline en personne.

Lors d'une expérience de perception extrasensorielle, le sujet tente de deviner les symboles sur les cartes sélectionnées et affichées par un générateur aléatoire.

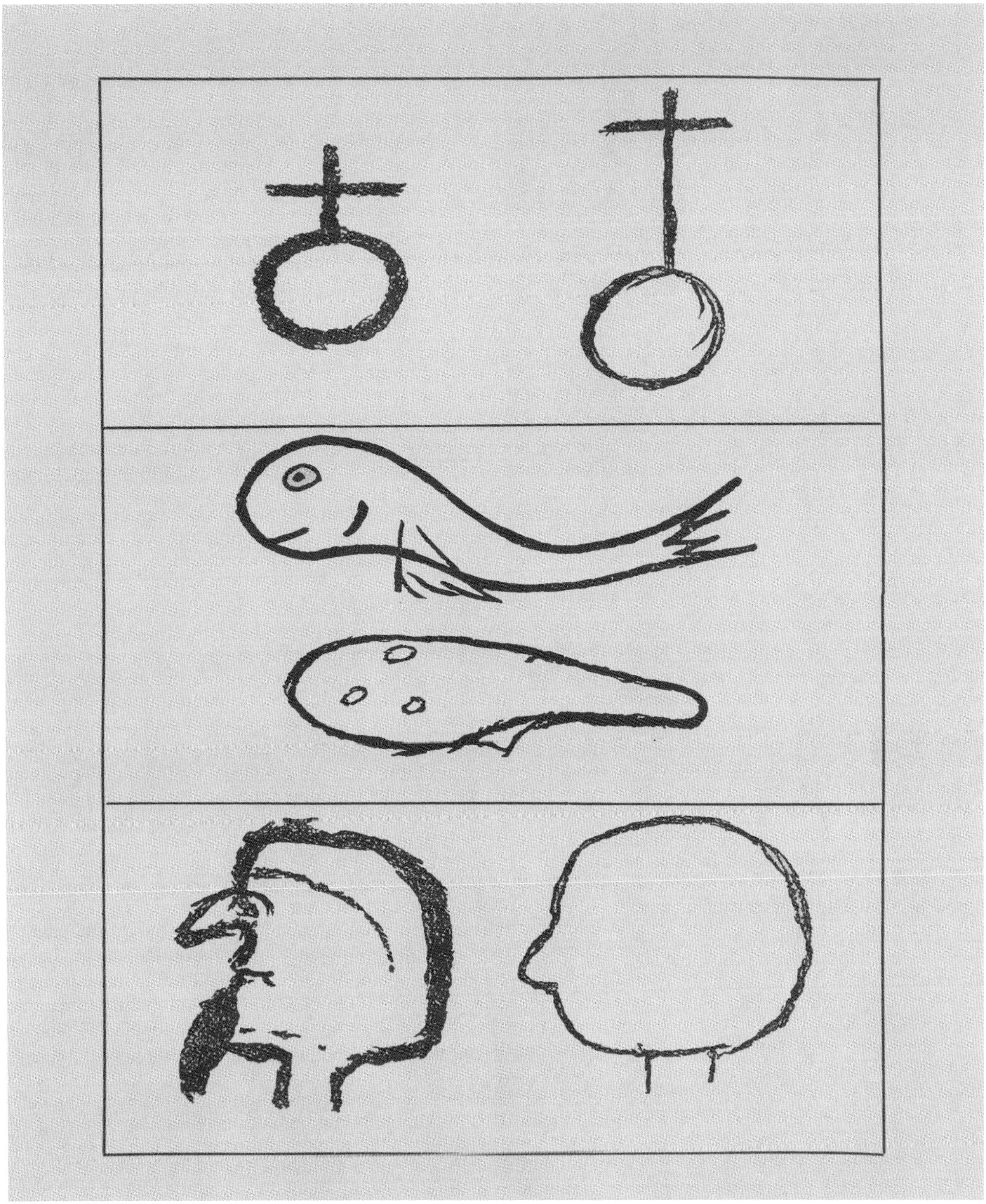

Ces dessins seraient le résultat d'une expérience télépathique de 1883, menée par le chercheur britannique Samuel Guthrie. Chaque image montre le schéma de départ, puis le rendu de l'impression télépathique.

Une expérience menée par la BBC a révélé un phénomène étonnant : au moment où son maître décide de rentrer à la maison, le chien se lève et l'attend à la porte.

Cette rencontre peut être considérée comme le point de départ de l'intérêt des gouvernements pour les applications de la télépathie. L'Occident s'intéresse également au phénomène. Entre 1934 et 1939, S. G. Soal (1889-1979), professeur de mathématiques à l'université de Londres, teste cent soixante sujets sur quelque cent mille expériences individuelles. En 1941, les deux parapsychologues Basil Shackleton et Rita Elliot parviennent également à des résultats que le hasard seul ne peut expliquer.

L'origine de ce phénomène, qui ne touche que certaines personnes, reste cependant dans le domaine de l'inconnu. Nombre de scientifiques sont persuadés que chaque individu est doté de facultés télépathiques et que ce « septième » sens pourrait être stimulé par un entraînement approprié.

Les expériences de télépathie obéissent à une trame simple : le sujet testé fait face à un examinateur, lequel observe sur un écran des symboles ou images affichés de façon aléatoire. Le télépathe doit alors deviner ou dessiner la carte visualisée par l'examinateur. Les sujets tests pouvaient effectivement « lire » ce que pensait leur partenaire et dessiner ce qu'il voyait. Un très grand nombre d'expériences ont donné des résultats très impressionnants.

Les champs morphogénétiques

Le biologiste anglais Rupert Sheldrake se penche depuis des années sur la télépathie et travaille sur la thèse des champs morphogénétiques. Selon cette théorie, la nature stocke des informations dans des champs, lesquelles sont alors accessibles à certaines personnes. Dans son plus célèbre exemple, il renvoie à des souris anglaises ayant appris, à un certain endroit, à ouvrir le bouchon d'aluminium d'une bouteille de lait. En peu de temps, cet acquis a été utilisé par d'autres souris situées en divers autres lieux. Elles avaient assimilé cette nouvelle méthode d'approvisionnement *via* les champs morphogénétiques. La télépathie est illimitée. Illimitée au point d'englober communément hommes et animaux.

Dans une expérience étonnante, Sheldrake en fait la preuve avec un perroquet et sa propriétaire. Capable de s'exprimer avec plus de cinq cents mots et des phrases complètes, l'oiseau est placé devant une caméra ; et Aimee, sa maîtresse, deux étages plus bas. Aimee ouvre des enveloppes contenant des images. Le résultat époustouflant de cette expérience fut que le perroquet sembla percevoir les pensées de sa propriétaire, car il prononça les mots correspondant à ce qu'elle voyait. Il lisait dans l'esprit d'Aimee et en exprimait le contenu en anglais. Il s'agit d'un cas unique, car aucune autre expérience n'a donné des résultats avec une exactitude aussi probante.

Autres expériences animaux/hommes

La BBC a fait des reportages sur d'autres expériences avec des humains et des animaux, notamment des chiens dont les maîtres étaient sortis et se promenaient sans but en ville. À un certain moment, l'homme reçoit un signal, il décide alors de rentrer à la maison et de retrouver son chien. Le film montre qu'à ce moment exact, l'animal se lève, se dirige vers la porte et commence à attendre son maître. Réitérée à plusieurs reprises, cette expérience montre qu'il ne s'agit pas d'un pur hasard, les résultats étant systématiquement les mêmes.

Les mécanismes de la télépathie demeurent aujourd'hui encore un mystère. Toutefois, au terme de nombreuses années de recherche, on peut affirmer l'existence d'un tel phénomène. Reste la question relative à l'origine de cette faculté et de la conformation des personnes qui en sont dotées. Ces interrogations en suspens en font un véritable mystère de l'humanité.

Le biologiste et philosophe Rupert Sheldrake (né en 1942) a développé la théorie selon laquelle les informations sont transmises au-delà de l'espace et du temps *via* une sorte de résonance morphogénétique, de génération en génération.

Le médium hollandais Gerard Croiset (à gauche) était réputé pour prévoir des événements et retrouver des personnes disparues. Le professeur Hans Bender l'a soumis plusieurs fois à l'expérience des chaises, dans le cadre de laquelle Croiset arrivait à prévoir les places, pourtant attribuées au hasard, occupées par diverses personnes.

La précognition

Le terme de précognition est synonyme de voyance, clairvoyance et prédiction de l'avenir. En parapsychologie, il s'agit de la faculté de voir et de prédire *via* une perception extrasensorielle des événements qui se produiront dans le futur. Des milliers de voyants ont été et sont actifs, toutefois demeure la question de la crédibilité de leurs interprétations des horoscopes, des lignes de la main, des cartes et autres oracles. Quelle garantie avons-nous de ce regard porté sur le futur ? Quel sens cela a-t-il pour l'humanité et ses valeurs ?

La peur de la mort et de l'après-vie

Depuis toujours, l'Homme se préoccupe de ce qui l'attend après la mort. Et, s'il aspire à l'espoir et à des moments de bonheur, la peur de la mort et de l'au-delà l'habite. Les oracles étaient des personnes dotées de dons particuliers leur permettant de voir dans l'avenir. C'est à ce titre que les gens venaient les consulter, leur demandant de leur dévoiler leur connaissance secrète du futur. L'intérêt porté à ce savoir n'est pas l'apanage des temps anciens. En effet, l'époque moderne semble même se passionner encore davantage pour la connaissance de l'avenir. Dans le sillage de la vague ésotérique de ces dernières années, les voyants et les médiums n'ont pas connu une telle affluence depuis le Moyen Âge. Les clients crédules ne manquent pas, car 38 % de la population adulte est persuadée que le futur peut être prédit. Mais quelle vision précise les voyants ont-ils de l'avenir ?

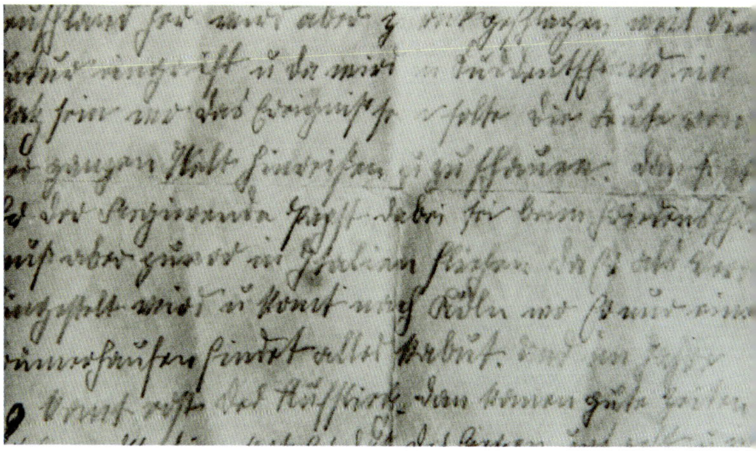

En 1914, le soldat bavarois Andreas Rill évoque dans deux lettres de campagne « un Français prophétisant », lequel aurait donné des informations exactes sur l'issue de la Première Guerre mondiale et le déroulement de la Seconde. Examinées par des experts, ces deux lettres se sont révélées authentiques.

Vivant aux États-Unis, le physicien et parapsychologue allemand Helmut Schmidt a conçu un appareil de test destiné à la précognition : la *four button machine*. Le sujet testé active l'un des quatre boutons afin de prédire quelle lampe associée va s'allumer. Un processus aléatoire est lancé et l'une des quatre lampes s'allume. Si le médium est doué, c'est évidemment celle qui était annoncée qui clignote.

Le plus grand voyant du dernier millénaire, Nostradamus (1503-1566), a publié une série de prévisions véritablement étonnantes. Il annonce en outre la fin du monde pour l'année où Pâques tombera un 25 avril. Ce cas de figure s'est présenté en 1666, 1734, 1886 et 1943. La prochaine occurrence est prévue pour l'an 2038.

La précognition : une réalité

Il reste toujours difficile de définir la limite avec les autres phénomènes paranormaux tels que la télépathie. Mais, après plus d'un siècle de recherche en parapsychologie, les scientifiques s'appuient sur des cas avérés de cognition, des milliers de tests en laboratoire et des études expérimentales. La recherche se penche ici assez peu sur les cas individuels, mais s'appuie sur le présupposé que tout un chacun est capable de deviner le futur.

Le parapsychologue William Cox a mené une étude sur les accidents et le comportement des personnes. Il a comparé le nombre des passagers des trains accidentés avec le nombre moyen des passagers sur les mêmes trajets, sur dix autres jours. Il apparaît que, les jours d'accident, le train transportait systématiquement considérablement moins de voyageurs que les autres jours. Cox en tire alors la conclusion que nombre de personnes ont eu un pressentiment inconscient et se sont laissé guider par ce dernier.

La vie : prédétermination ?

Cet attachement à lire dans l'avenir soulève une large critique, car si une telle possibilité s'avérait, la globalité de notre savoir et de notre religion serait remise en doute ou nécessiterait une redéfinition intégrale. En effet, nos sociétés vivent sur le principe de la liberté et de la responsabilité de l'homme. Mais si le futur est déjà écrit et peut être « lu » par certaines personnes, ces deux concepts ne seraient alors qu'une illusion ; et notre vie, une succession d'événements prédéterminés. De plus, notre conception du temps et de la causalité devrait également être totalement révisée et nécessiterait l'instauration d'une nouvelle « physique » avec des perspectives radicalement différentes, afin d'intégrer la précognition dans notre vision du monde.

> « On ne voit pas l'avenir, on voit le passé. C'est curieux car nous n'avons pas les yeux dans le dos. »
>
> Eugène Ionesco

Les voyants célèbres

Les voyants classiques

La Grèce antique comptait de nombreux voyants, célèbres au travers des mythes : annonciateurs de la volonté divine, ils officiaient sur des lieux de culte ou au sein d'oracles, comme celui de Delphes. Les plus connus restent Teirésias, Amphiaros, Bakis, Kalchas, Mopsos, Epiménide et Amphilocos. Parmi les voyantes, l'on peut citer la Sybille, une prêtresse itinérante, originaire d'Asie Mineure et prédisant les malheurs destinés à s'abattre sur les villes et les peuples. Figure de l'histoire troyenne, Cassandre eut la vision de la destruction de la ville et en fut punie.

Les grands voyants de l'histoire

Michel de Nostre-Dame, dit Nostradamus (1503-1566)

Il est le voyant le plus célèbre du dernier millénaire et a émis des prophéties jusqu'à l'an 3000. Les quatrains de ses prophéties, qui semblent englober l'histoire mondiale, sont rédigés en latin et dans un langage codé. Aussi, chaque génération en retire de nouvelles interprétations, lesquelles concordent de façon étonnante avec les événements... Quelques-unes de ses grandes prédictions concernaient l'assassinat de John F. Kennedy en 1963, les attentats du 11 septembre 2001, les conflits religieux actuels ainsi que les bouleversements climatiques.

Michel de Nostre-Dame, ou Nostradamus, fut l'un des plus grands voyants de tous les temps.

Stefan Ossowiecki (1877-1944)

Stefan Ossowiecki était un voyant russe doté de grandes facultés paranormales.

Parmi ses dons extraordinaires, on compte la psychométrie (visualisation de personnes et d'événements à travers des objets), la télékinésie (déplacement d'objets sans contact corporel) et la téléportation (aptitude à se trouver à deux endroits en même temps). En 1917, Ossowiecki est condamné à mort par les Bolcheviks et parvient à s'enfuir pour Varsovie. Au cours de la Seconde Guerre mondiale, il a grandement aidé des personnes à retrouver des parents disparus. Ossowiecki sera assassiné en 1944 par la Gestapo.

Erick Jan Hanussen (1889-1933)

Dans les années 1920, il travaillait comme illusionniste dans un café-concert. En tant que voyant, il conseilla stars du cinéma, hommes politiques et banquiers. Il soutint le parti nazi et fit la promotion du national-socialisme. Il aurait été le voyant personnel d'Adolf Hitler. Ses prévisions relatives à l'incendie du Reichstag, la prise de pouvoir du parti nazi et la nuit de cristal se sont avérées. Dénoncé comme Juif, il est assassiné par les SA en 1933.

Margareta Meerstein, dite Madame Buchela (1899-1986)

Elle a prédit à Soraya son mariage avec le Shah d'Iran, conseillé Adenauer sur la question du rapatriement des prisonniers de guerre en Russie. Willy Brandt, Leonid Brejnev et Ted Kennedy l'ont également consultée. Elle a également annoncé l'assassinat de J. F. Kennedy, la guerre des Balkans et l'apparition du sida. La « voyante de Bonn » recevait quelque quatre-vingts clients par jour.

La télékinésie

Dans les sciences paranormales, l'un des phénomènes les plus étranges reste la télé- ou psychokinésie. Certaines personnes sont dotées de la faculté de déplacer, modifier ou faire léviter des objets par le biais de leur force mentale et de leur concentration. Bien qu'il soit possible que cette aptitude sommeille en chacun de nous, rares sont ceux qui parviennent à réveiller cette puissance de l'esprit humain.

Une énergie mystérieuse grâce à des énergies inconnues

Une personne capable de télé- ou psychokinésie (les deux termes recouvrent le même phénomène) recourt à une énergie encore inconnue. Les chercheurs présument que ceux maîtrisant cette mystérieuse faculté créent une interaction spécifique entre leur propre énergie et celle de l'objet à déplacer. Il existe également la macropsychokinésie, phénomène au cours duquel des objets sont soumis à une déformation visible, ainsi que l'aurait réalisé Uri Geller (voir encadré). À cette catégorie appartiennent également les manifestations de poltergeists et de fantômes, lesquelles feront l'objet d'un chapitre ultérieurement. La modification des transmissions de données (rétropsychokinésie), le pouvoir de déclencher le feu par la pensée (pyrokinésie), la transformation de l'eau en glace (cryokinésie) ou l'action sur le vent (aérokinésie) sont des expressions et phénomènes apparentés.

Uri Geller en 1978 avec une cuillère tordue supposée avoir été déformée par la seule force de son esprit.

Les dés et autres expériences

En 1934, un joueur s'adressa au chercheur psi Joseph Bank Rhine, lui affirmant qu'il était capable d'influencer sur le lancer de dés. Rhine initia alors une série de tests : les sujets devaient lancer des dés et le scientifique établissait alors un rapport de statistiques. Les personnes et les groupes qu'il testa obtinrent des résultats bien au-dessus de la réalité statistique établie. Aussi Rhine en tira-t-il la conclusion que ces personnes étaient en mesure d'influencer le lancer de dés.

D'autres expériences avaient pour objet de prouver que des personnes étaient en mesure de détourner des gouttes d'eau par la force de leur esprit. William E. Cox (alors l'assistant de Rhine) et le Dr Werner F. Bonin étudièrent le phénomène et parvinrent à des résultats étonnants. Bonin expliqua toutefois que la véritable origine des manifestations psychokinésiques restait inconnue et scientifiquement inexplicable. Aussi la télékinésie est-elle souvent associée au domaine des poltergeists, car on dit que les objets sont alors bougés par une main spectrale.

Uri Geller

Uri Geller est né en 1946 à Tel-Aviv et vit actuellement en Angleterre. Dans les années 1970, le monde entier découvre ce mentaliste et sa faculté à tordre les cuillères et les fourchettes, à faire redémarrer les vieilles pendules et bouger les aiguilles des boussoles.

Pour libérer les forces télékinésiques sommeillant en soi, il convient :

- d'être en bonne forme physique et mentale ;
- de pouvoir ressentir l'énergie d'un objet se trouvant à proximité ;
- d'être capable de se transposer dans un état de transe légère ;
- de pouvoir se concentrer parfaitement sur une chose ;
- de pouvoir se recharger en énergie propre et être capable de la concentrer ;
- d'entrer en contact énergétique avec l'objet et le contrôler.

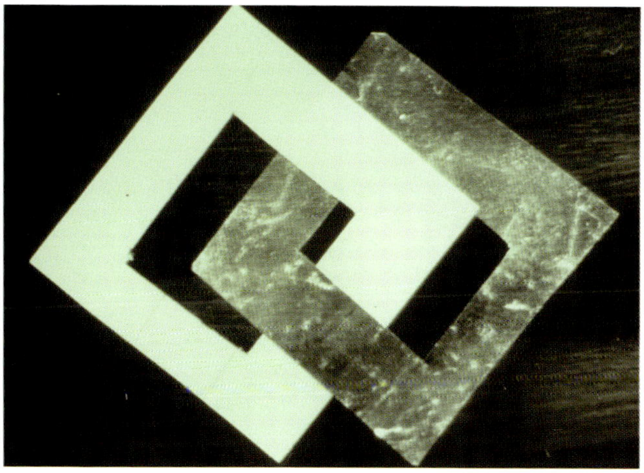

L'objet impossible de Silvio Mattioli : deux carrés découpés dans un morceau de papier ont été imbriqués l'un dans l'autre de façon visiblement psychokinésique, sans pour autant que se forme un point de rupture.

La télékinésie en doute

Depuis le XVIIIe siècle, des expériences psychokinésiques répétées ont visé à apporter une preuve scientifique à ces phénomènes. Le déplacement des chaises et des verres appartient à ce champ d'observations. Certains résultats obtenus ont néanmoins permis d'affirmer clairement que des personnes sont en mesure de manipuler de la matière inerte. À cette époque, les phénomènes paranormaux ou surnaturels suscitaient l'émerveillement.

Le mouvement philosophique des Lumières est à la base de cette admiration. En effet, cette période est marquée par la volonté d'une nouvelle définition des paramètres scientifiques, sociaux et moraux, et de se défaire de l'obscurantisme religieux et de l'ignorance générale. Malheureusement, le domaine de la psychokinésie a fait l'objet de nombreuses supercheries, dans la veine des numéros de prestidigitation.

Aussi l'existence de la télékinésie fait-elle l'objet de controverses. Les détracteurs de la parapsychologie ne cessent de rappeler l'absence de preuves authentiques et réitérables. Ils ajoutent que la précision des instruments de mesure augmentant, la distance sur laquelle les objets se déplaçaient diminuait.

L'un des sujets testés par le parapsychologue Richard Broughton doit influencer par la psychokinésie sur le résultat affiché par des dés virtuels sur un écran. Les dés sont lancés par un générateur aléatoire.

La psychométrie

Une maison qui a été le théâtre d'un événement traumatisant, tels un meurtre ou un suicide, peut être perçue par les extrasensibles comme un lieu où il leur est impossible de séjourner. Parallèlement, un ancien jouet suscitera des sensations positives. Les objets et les lieux sont chargés de ressentis et de souvenirs. Mais comment est-il possible que certaines personnes soient en mesure d'en faire la lecture ?

Umberto di Grazia sur un cimetière pré-étrusque, au milieu des dolmens. Le médium romain est spécialisé dans les découvertes de sites archéologiques par voie paranormale.

Le crime inscrit sur l'arme

Dans le domaine de la parapsychologie, la psychométrie étudie la faculté particulière d'une personne en mesure de lire des choses du passé à travers un objet ou un lieu en se trouvant à l'endroit en question ou en touchant ledit objet. Les voyants de cette catégorie affirment percevoir un crime et le revivre, ne serait-ce, par exemple, qu'en touchant l'arme qui fut utilisée. À l'instar de nombreuses autres manifestations parapsychologiques, ce phénomène est largement controversé. Lors d'un congrès international d'archéologie, le célèbre voyant et ingénieur Stefan Ossowiecki a fait la démonstration de ses facultés psychométriques : touchant un silex présenté à l'époque comme une découverte archéologique d'importance, il livre une description détaillée des formes de vie préhistoriques. Des années plus tard, ses déclarations se sont vu confirmer par les méthodes d'investigation archéologique classiques et les progrès de la science.

Application médicale

Dans le domaine médical, la psychométrie trouve une application solide. En effet, le médecin Tino Merz part du principe que les tests effectués sur les personnes victimes de produits chimiques ne peuvent s'effectuer correctement que s'ils sont menés *via* ce procédé ultrasensible. Il permettrait de soigner les patients extrêmement sensibilisés aux produits chimiques. Selon lui, certaines études sur les phosphates organiques n'auraient pu aboutir sans cette méthode, la seule permettant de se prononcer sur les contaminations.

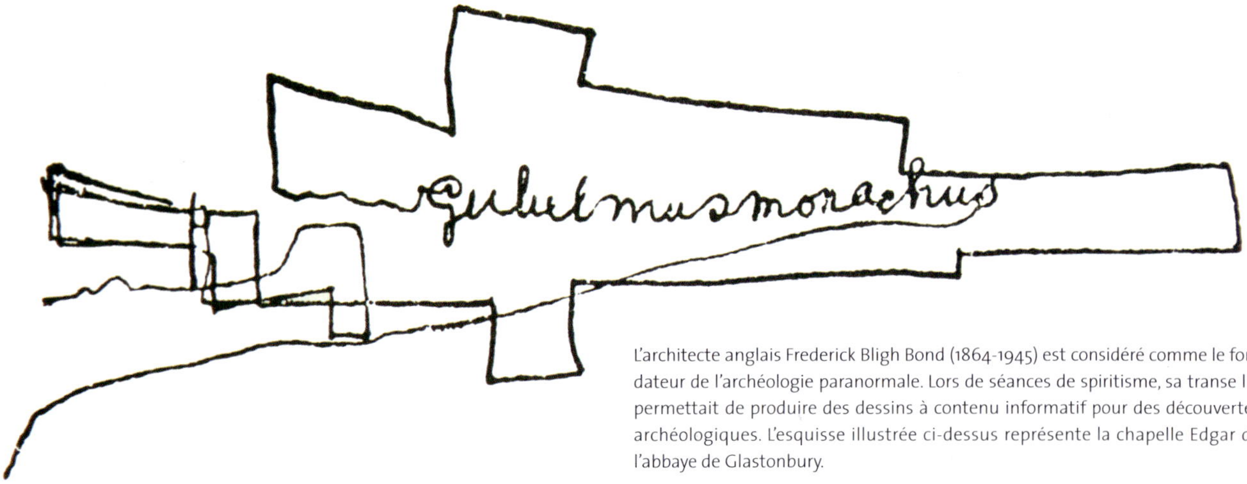

L'architecte anglais Frederick Bligh Bond (1864-1945) est considéré comme le fondateur de l'archéologie paranormale. Lors de séances de spiritisme, sa transe lui permettait de produire des dessins à contenu informatif pour des découvertes archéologiques. L'esquisse illustrée ci-dessus représente la chapelle Edgar de l'abbaye de Glastonbury.

L'aura

Littéralement, le terme aura signifie « souffle ». Nombre de parapsychologues s'accordent à dire qu'elle est le résultat de l'interaction entre ceux qui l'émettent et ceux qui la perçoivent, entre l'offre et la demande pour ainsi dire. Par ses aptitudes spécifiques, une personne fait briller son aura, exprimant ainsi son éclat intérieur, tandis qu'un récepteur extrasensible pourra la distinguer. Mais que reflète véritablement l'aura ?

Un champ de forces émotionnelles

Aura, compagne d'Artémis, fut changée en ruisseau par Zeus. Aussi reste-t-elle aujourd'hui encore l'incarnation de la douceur aérienne, du souffle frais de l'eau. En parapsychologie, l'aura est le rayonnement de l'état mental d'une personne, visible pour certains voyants ou médiums. Au vu de ses couleurs ou de son état, ils seraient à même de déterminer la forme physique du sujet et le traiter en conséquence. En effet, l'aura ne servirait pas uniquement de support au diagnostic, mais également à la thérapie. L'aura représenterait donc une sorte de champ de force rapporté aux émotions ou à la santé du sujet.

Les arts figuratifs représentent toujours Aura avec un voile flottant au-dessus de la tête. Les illustrations religieuses de l'aura sont particulièrement connues : Bouddha, Jésus ou les saints sont eux aussi constamment entourés d'une lueur ou d'une auréole. Jusqu'à présent, il a été impossible de déterminer les aptitudes spécifiques nécessaires à la perception et à la lecture de l'aura.

L'effet Kirlian

En 1939, alors qu'il répare des appareils médicaux, l'Ukrainien Semyon Davidovitch Kirlian découvre par hasard un type de photographie qui sera baptisé photographie Kirlian. Une personne, un membre ou un objet, dont le seul prérequis reste la conductibilité électrique, est photographié et apparaît alors entouré d'un champ électrique, une aura. Un diagnostic énergétique peut alors s'établir sur la base de la couleur de ce champ. Certains thérapeutes affirment que même le cancer peut être guéri par ce biais. La capacité de l'effet Kirlian à révéler des maladies ou des états émotionnels reste très controversée.

En 1939, Semyon Davidovitch Kirlian découvre un nouveau genre de photographie, permettant de faire apparaître l'aura d'un corps ou d'un membre. Ici apparaissent les bouts des doigts et des orteils d'un sujet.

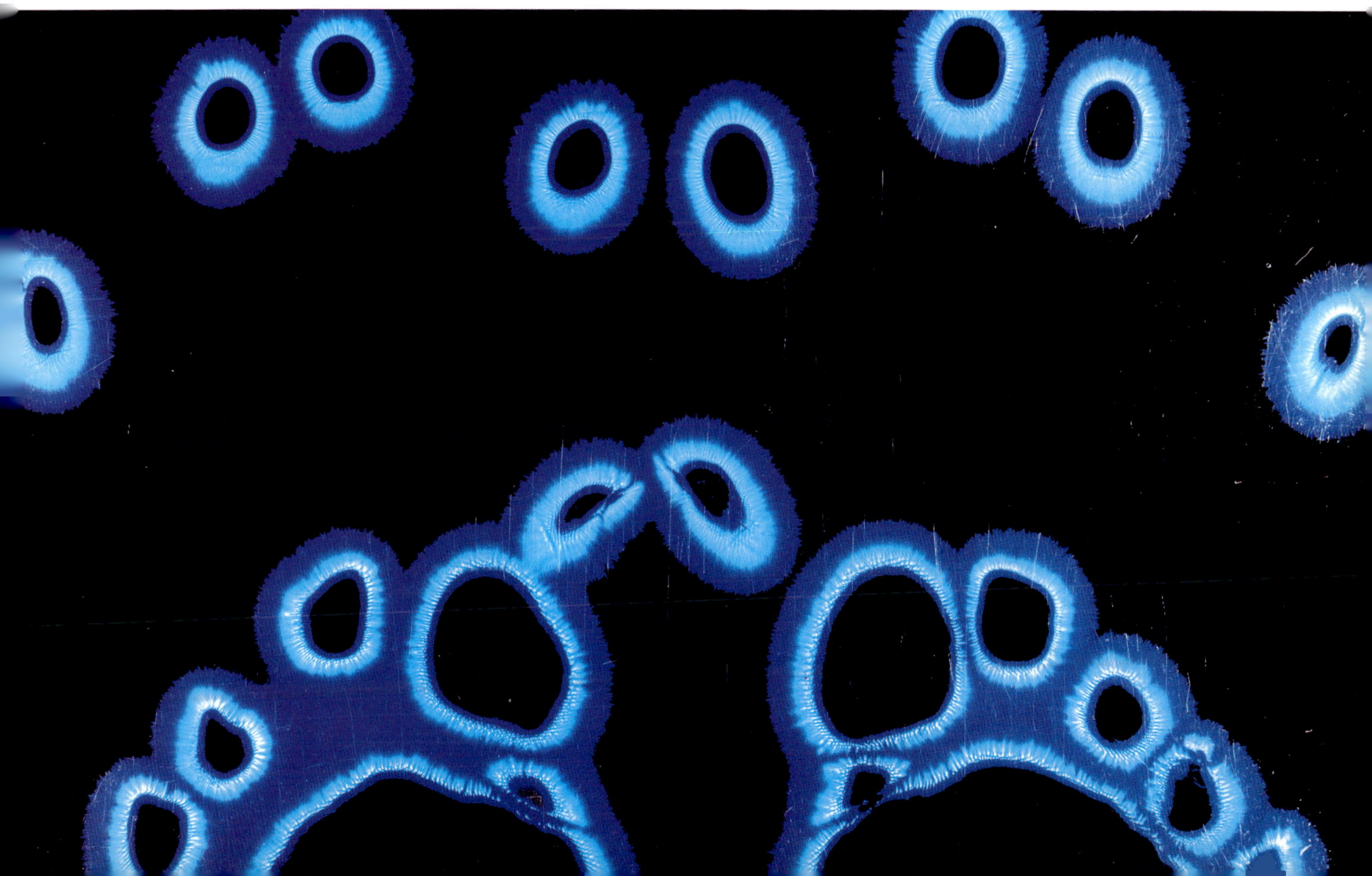

Les châteaux sont souvent hantés, tel Fyvie Castle, par exemple, en Écosse. On rapporte l'apparition de taches de sang qui ne disparaissent jamais, d'esprits et de courants d'air froid d'origine inconnue.

Fantômes et poltergeists

Les poltergeists se manifestent par des cognements, le déplacement d'objets ou des décharges statiques. Il peut également s'agir d'esprits souhaitant se venger des vivants. Dans ce cas, un simple esprit frappeur deviendra un obscur compagnon. Sur toute la planète, les phénomènes de poltergeist sont souvent assimilés aux pires événements paranormaux.

Contact avec le côté obscur

Les sciences paranormales intègrent les phénomènes de poltergeist au domaine de la télékinésie. En effet, les objets sont également soumis à un mouvement mystérieux. Nombre de manifestations, considérées comme des apparitions fantomatiques, se révèlent toutefois, après examen plus attentif, comme de simples supercheries ou des effets du vent et de la météo.

Cependant, si les cognements ou les déplacements d'objets ne laissent apparaître aucune cause identifiable et que la réalité de ces phénomènes de hantise est scientifiquement prouvée, le poltergeist prend alors une dimension parapsychologique et exerce une réelle fascination. Il nous relie en effet avec l'autre côté, le côté obscur.

Phénomènes de hantise : un esprit s'agite

Les recherches menées autour des phénomènes de poltergeist ont montré qu'ils se manifestaient généralement dans l'entourage d'adolescents ou de personnes douées de dons médiumniques. En 1958, les deux parapsychologues américains J. Gaither Pratt et William G. Rolol ont qualifié ces expériences de psychokinésie spontanée (RSPK pour Reccurent Spontaneous Psychokinesis). Selon leurs recherches, il ne s'agirait pas de fantômes, mais simplement de la projection de personnes soumises à une forte tension émotionnelle, comme les adolescents. Cette énergie accumulée se libérerait en décharges télékinésiques. Dans les années 1960 et 1970, le parapsychologue Hans Bender observa des phénomènes identiques chez de jeunes sujets. Il parvint

DE INFESTIS
OB MOLESTANTES
DAEMONIORVM ET DEFVNCTO-
RVM HOMINVM SPIRITVS, LOCIS,
LIBER VNVS.

IN QVO. SPIRITVVM INFESTANTIVM
genera, conditiones, vires, discrimina, opera, mala quæ viuentibus afferunt; rationes item quibus partim cognoscuntur, partim proscribuntur; modi denique, quibus loca ab ipsorum molestia liberantur, hisq; similia discutiuntur & explicantur.

AVTHORE PETRO THYRÆO NOVESIENS, SOCIETATI
Iesu, D. Theologo, & Professore Ordinario Herbipoli.

Accessit eiusdem Libellus de TERRICVLAMENTIS nocturnis, quæ hominum mortem solent portendere.

L'un des livres les plus anciens sur les lieux hantés : *Petrus Thyraeus, Loca Infesta*, Cologne, Cholinus, 1598.

à la conclusion qu'une sorte de dédoublement de personnalité provoquait ces manifestations télékinésiques.

La science a donc démontré que l'explication des poltergeists se trouvait au niveau des personnes touchées par le phénomène. Pour le parapsychologue Theo Locher, l'explication scientifique des esprits frappeurs réside dans le domaine de la schizophrénie, des hallucinations ou d'une agitation mentale.

Maisons hantées

La situation devient inquiétante lorsque les phénomènes de hantise ou de poltergeist ne rentrent pas dans ces schémas d'explication habituels. Un exemple particulier d'événements mystérieux reste une maison de Breslau d'où émanait un chant d'origine inconnue. Les scientifiques qui ont suivi la trace de ce chant étrange se sont butés à des murs d'où les sonorités semblaient provenir ou bien se sont perdus dans le dédale des caves voûtées. Aucune loi de l'acoustique n'est en mesure d'apporter une explication. Par ailleurs, une démence des témoins ne peut être invoquée, en raison de leur nombre important.

En Suisse, à Stans, la maison hantée de la famille Joller peut être visitée. Des années durant, les occupants de la maison ont consigné les événements qui se sont produits chez eux, débutant par des cognements et des grattements, comme à Breslau, devant la famille réunie. Des témoins ont été invités, des explications scientifiques cherchées. Mais la science est restée impuissante et n'a encore trouvé aucune réponse à ces événements. Un matin, le notable Melchior Joller s'est réveillé totalement désorienté, et ses cheveux étaient devenus blancs. Il décédera un an plus tard, en 1865. Il a publié un livre, *Phénomènes mystiques vécus,* aujourd'hui introuvable.

Il existe nombre de récits rapportant le dysfonctionnement de machines qui semblaient animées d'une vie propre. D'aucuns considèrent ces phénomènes comme la preuve de l'existence d'un monde parallèle des esprits, messagers des morts. Notre monde connu cohabite-t-il avec un univers occulte, demeure des esprits ?

Cet appareil particulier enregistre les brusques variations de température. Il est utilisé pour mettre en évidence le « souffle glacé », caractéristique des manifestations d'esprits.

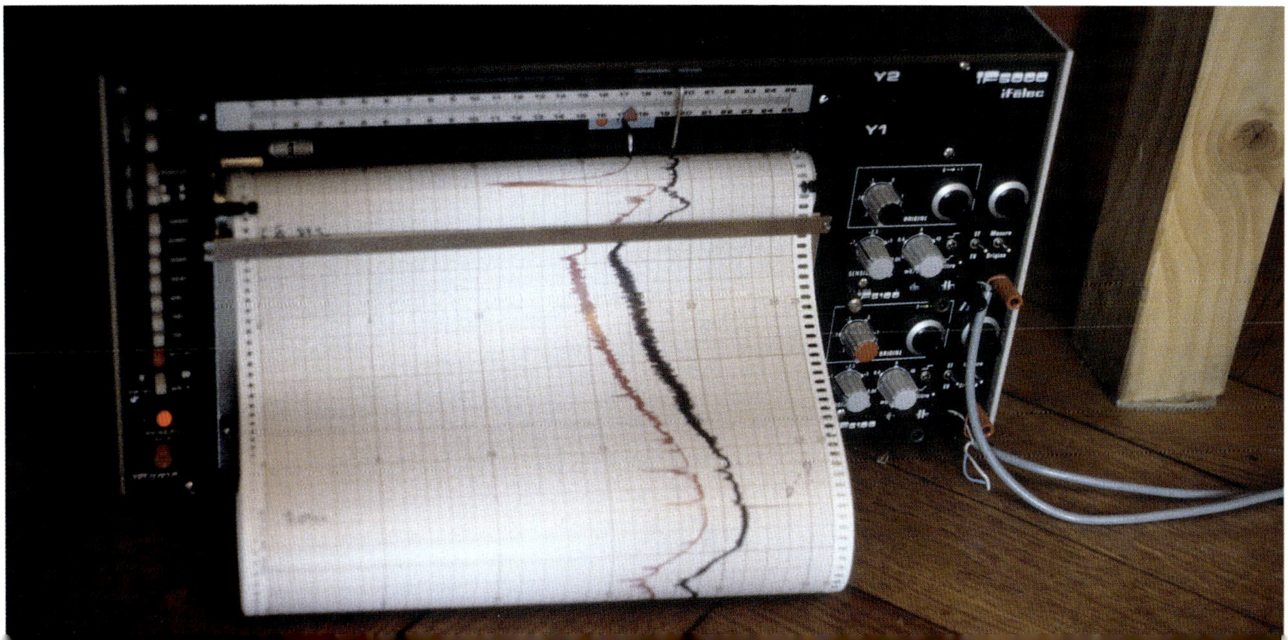

La lévitation

Une personne ou un objet lourd s'élève et se met à flotter dans l'air. Ce phénomène est considéré par l'Église catholique comme un charisme presque habituel, attribué à tous les saints. Ainsi, saint Joseph de Copertino était célèbre pour ses lévitations. Quelle est la concentration d'énergie nécessaire pour qu'un corps puisse s'élever au-dessus du sol par la simple force de l'esprit ?

L'eau peut léviter

Sous forme de glace, l'eau est à l'état solide. En relevant sa température et sa vibration, la glace fond et devient liquide. Alors moins tangible que la glace, elle reste néanmoins palpable. La chaleur augmentant, l'eau se transforme en vapeur, volatile et insaisissable, à peine visible. Il s'agit à chaque fois de la même eau, mais sous trois états différents : solide, liquide et gazeux. Lorsque la vibration maximale est atteinte, sous forme de vapeur donc, elle peut être transportée par l'air. Une fois refroidie, elle apparaît alors à un autre endroit, à nouveau sous sa forme liquide ou solide. L'eau dispose donc de la capacité de flotter, de se déplacer, de voyager. Plus qu'un simple exemple de lévitation, cette description s'applique également au cas de la bilocation, exposée dans le chapitre suivant.

Le rêve de voler

En parapsychologie, la lévitation est considérée comme une forme de psychokinésie : il s'agit de la faculté qu'ont certaines personnes de s'élever au-dessus du sol, sans aucune aide extérieure. Toutes les civilisations ont leurs récits traitant de tels phénomènes. La Bible évoque Jésus s'élevant et marchant sur les eaux, aussi la lévitation est-elle considérée par l'Église catholique comme un signe de sainteté. Plus de deux cent trente saints sont crédités de cette faculté. Certains d'entre eux en font mention dans leur autobiographie, comme sainte Thérèse d'Avila. Il ne faut d'ailleurs pas perdre de vue que voler reste un sujet onirique, le plus grand rêve de l'humanité.

Une femme a été placée en lévitation par la magicienne Adelaïde Hermann.

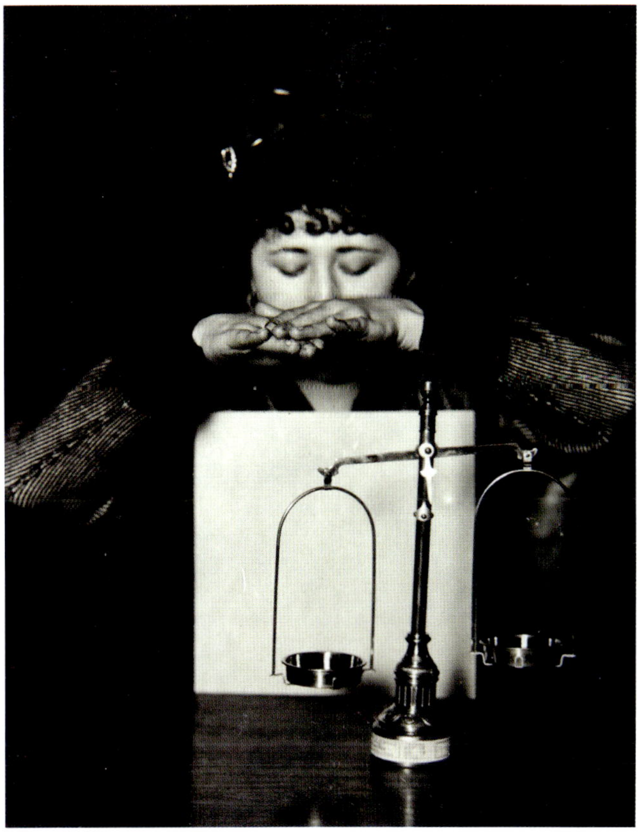

La médium polonaise Stanislava Tomczyk était capable d'influer de façon télékinésique sur les balances.

Évangile selon saint Matthieu : Jésus marche sur les flots

La barque, déjà au milieu de la mer, était tourmentée par les vagues, car le vent était contraire. À la quatrième veille de la nuit, Jésus alla vers ses disciples, marchant sur la mer. Eux, le voyant marcher sur la mer, furent bouleversés, et dirent : « C'est un fantôme ! » ; et ils poussèrent un cri de frayeur. Mais aussitôt Jésus leur parla, et leur dit : « Rassurez-vous, c'est moi ; n'ayez pas peur ! »
(Mt. 14,24-27)

Voler par la fenêtre

Au milieu du XIXe siècle, l'Américain Daniel Douglas Home (1833-1866) suscite l'attention dans les cercles européens par sa faculté à voler. Des personnalités telles que Mark Twain, John Ruskin ou William Crookes, président de la Royal Society, ont été les témoins de ses démonstrations. Dans le *Quaterly Journal of Science,* ce dernier fait part de sa rupture intérieure, tiraillé entre ce qu'il a vu et senti de ses mains et sa certitude inébranlable que l'homme ne peut pas voler. Mais il écrit aussi avoir vu de ses propres yeux, à Londres, Home sortir de sa maison en volant par une fenêtre du troisième étage, puis rentrer par une autre.

Sainte Thérèse d'Avila est créditée de la faculté de lévitation.

Le vol yoguique, technique de la méditation transcendantale

Dans le domaine de l'ésotérisme, le vol yoguique est une technique de méditation transcendantale (TM). Dans la première phase, les méditants bondissent et, dans la seconde, ils volent. Des clichés font apparaître des personnes en position de méditation, sans aucun contact avec le sol. Le phénomène du Sidhi, comme on appelle ce phénomène de méditation transcendantale, conduirait, selon les adeptes de cette technique, à une amélioration de l'harmonie corps-esprit.

Des études ont mis en évidence les effets bénéfiques de la méditation transcendantale sur l'esprit, le corps, le comportement et l'environnement. Les tenants de cette technique affirment qu'un groupe de mille personnes pratiquant ensemble un vol yoguique sont en mesure de modifier suffisamment la conscience collective pour augmenter la cohésion, l'harmonie et la pensée positive, tout en réduisant le stress, la violence et les tensions sociales. Ces affirmations sont même étayées par des statistiques : diminution de la criminalité de 20 %, des accidents de circulation de 25 % et du taux de chômage de 35 %.

La bilocation

Une personne se manifeste à deux endroits simultanément : voilà un phénomène de bilocation. L'Église catholique attribue le charisme de cette mystérieuse aptitude à nombre de ses saints. Toutefois, grâce à cette faculté particulière, d'autres personnes sont parvenues à faire voyager leur corps astral.

Voyage astral pour ubiquiste

Le corps astral représente le corps immortel, composé des particules les plus fines, des âmes montées vers les astres. Selon Paracelse, notre corps visible renferme une force puissante. Dans certaines conditions, grâce à la méditation et à une extrême concentration, certaines personnes seraient en mesure de séparer leurs corps astral et physique, d'entreprendre des voyages astraux et de se manifester à deux endroits simultanément. En parapsychologie, tout ce qui se distingue formellement de toute forme d'imagination sans pour autant relever d'un niveau matériel est qualifié d'éthérique. Les corps fluidiques sont des phénomènes physiques se manifestant sur ce plan. D'autres appellations usuelles parlent de sosies ou doubles. Certaines personnes, comme lord Byron (1788-1824), travaillaient leur image occulte et utilisaient le phénomène du voyage astral à cet effet. En effet, Byron cultivait son image d'incarnation diabolique et engageait des sosies qui apparaissaient en même temps que lui dans différentes villes d'Europe. De cette façon, il simulait le voyage astral.

Exemples religieux d'ubiquité

Les exemples religieux de bi- ou multi-location, Padre Pio par exemple, montrent, selon les psychologues, que la foi des mystiques leur permet de déclencher de tels phénomènes. Padre Pio a en effet été aperçu à de multiples endroits de la terre où il parvint à sauver des gens de terribles accidents ou bien, dans le cas du général Cardona, dont il empêcha le suicide. Mais le fait est que jusqu'à sa mort, Padre Pio n'a jamais quitté son monastère. Détracteurs et sceptiques reprochent une trop grande dévotion à l'Église catholique et considèrent ces récits comme une tactique religieuse afin de maintenir ou d'attirer les crédules sous sa coupe.

Le phénomène du voyage astral est surtout fréquent dans le contexte d'expériences de mort imminente (voir p. 214).

Lors d'une expérience sur les expériences extracorporelles au sein de l'Institut de psychologie de Cologne, les chercheurs ont effectué de nombreux tests sur le yogi indien Pushpal Behen (à droite) et publié les résultats.

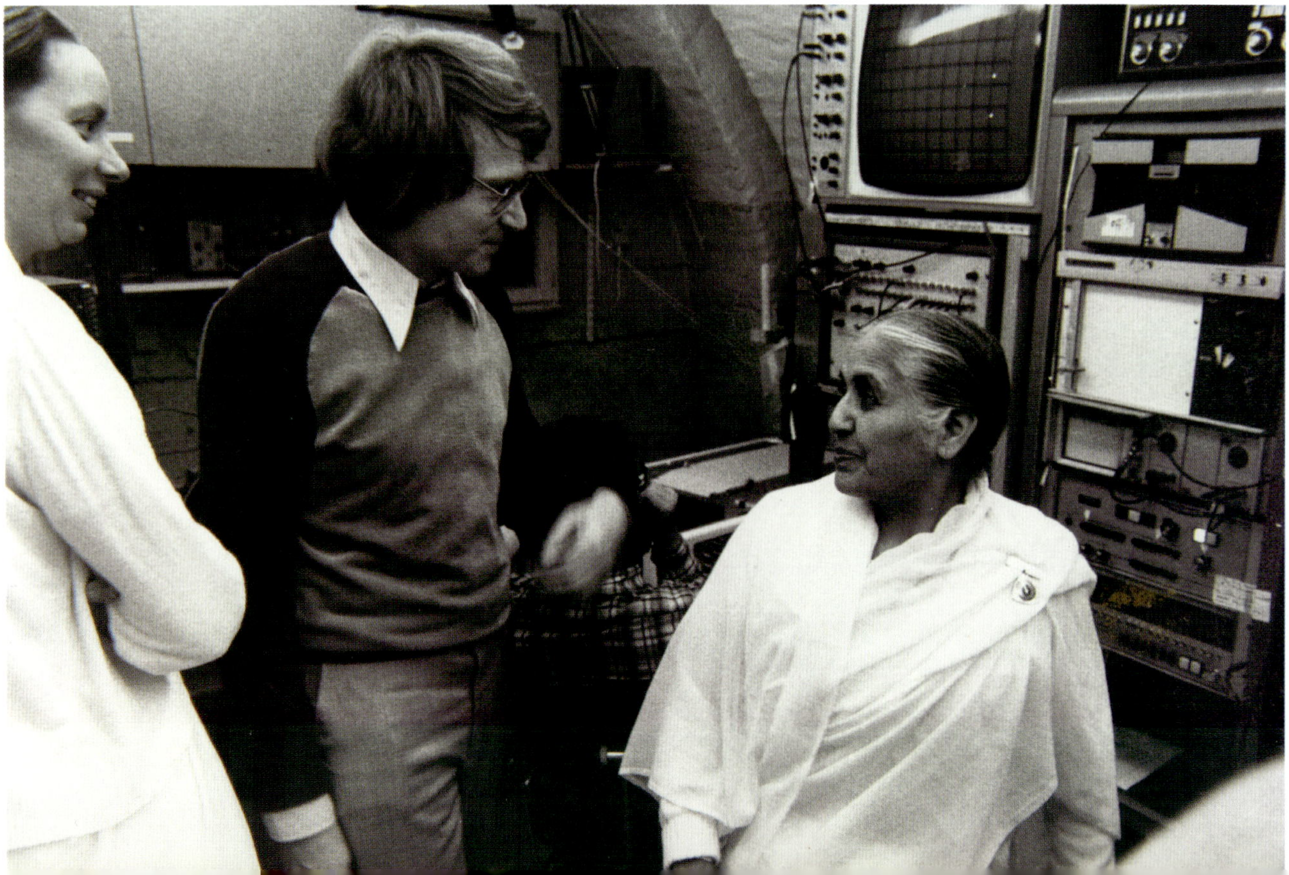

Pendant la phase de voyage astral, l'électro-encéphalogramme de Behen fit apparaître des ondes d'extrêmement basse fréquence, indiquant un état de décontraction intense associé à une vigilance élevée.

Jusqu'à présent, la parapsychologie n'a toujours pas trouvé d'explication à la bilocation et au voyage astral. Seule l'Église renvoie au fait que, avant leur canonisation, tous les actes des saints font l'objet d'une enquête longue et minutieuse. Des témoins sont interrogés et des connexités sont prouvées. Ce n'est qu'alors que la canonisation est prononcée. Reste néanmoins la question de savoir combien de saints sont concernés par la bilocation, de façon à pouvoir la considérer comme prouvée.

Témoignages de la bilocation de Padre Pio

Un jour, un ancien officier de l'armée italienne entre dans la sacristie et à la vue de Padre Pio s'écrie : « Oui, c'est lui. Je suis bien au bon endroit. » Il s'approche du religieux, s'agenouille devant lui et dit, le visage baigné de larmes : « Mon Père, je vous remercie de m'avoir sauvé la vie. » Aux personnes présentes, l'homme explique : « J'étais capitaine d'infanterie. Un jour, dans un moment effroyable sur le champ de bataille, je vois un religieux qui me dit : "Monsieur, poussez-vous immédiatement de cet emplacement." Je me dirige vers lui et quelques instants après, une grenade explose exactement à l'endroit où je me trouvais. La déflagration a creusé un cratère dans le sol. J'avançai afin de retrouver cet homme, mais il avait disparu. » (3) Par son don de bilocation, Padre Pio lui avait sauvé la vie.

Le poète et aventurier anglais lord Byron (1788-1824) aimait cultiver son image d'incarnation diabolique.

Une séance de spiritisme représentée dans le film *Docteur Mabuse* de Fritz Lang. Les participants sont assis autour d'une table et se touchent par l'auriculaire, afin de fermer le cercle et concentrer l'énergie.

Le spiritisme

Les adeptes du spiritisme affirment que les morts peuvent s'exprimer par le biais d'un médium ou se concrétiser sous la forme d'un fantôme. Né sur la base de l'occultisme, le spiritisme cherche à influer sur les effets du monde des esprits sur celui des vivants. Les esprits existent-ils vraiment ? Les vivants peuvent-ils réellement entrer en contact et communiquer avec les morts ?

Historique rapide du spiritisme comme mouvement de masse

Depuis 1848, le spiritisme moderne est considéré comme un mouvement de masse. Verres et guéridons déplacés, séances de spiritisme et médiums ont été les pionniers d'une mouvance qui compte aujourd'hui 4,6 millions d'adeptes au Brésil où elle occupe le statut de religion. Sous le pseudonyme d'Allan Kardec, le Français Léon Hippolyte Rivail a compilé dans ses ouvrages *Le Livre des esprits* et *Le Livre des médiums* des phénomènes d'apparitions. Les deux livres servent toujours de référence à l'heure actuelle. Au XIXe siècle, cercles, sociétés et magazines de spiritisme ont fleuri aux États-Unis et en Angleterre sous l'impulsion de grands médiums tels que l'Américain Daniel Douglas Home (voir p. 200). En 1882, ces nombreux groupes fusionnent pour fonder la Society for Psychical Research afin d'étudier ensemble les phénomènes paranormaux. La parapsychologie moderne trouve ses racines dans ce mouvement.

Depuis la Seconde Guerre mondiale, le spiritisme connaît un regain de vitalité en Europe et aux États-Unis. Toutefois, les tenants modernes visent à une recherche objective tournée vers l'au-delà, reposant sur des faits. Intéressés par la pratique, ils ne se tournent plus vers les idées romantiques et les dogmes religieux. Dans son ouvrage *Die andere Welt* (*L'Autre Monde,* 1962), le parapsychologue Hans Geisler explique que les questions autour de l'éternité, de l'au-delà et du sens de la vie doivent être traitées avec une exactitude et une systématique toutes scientifiques. Examen et expérience sont au premier plan. Geisler estime à environ 200 millions le nombre de personnes concernées, activement ou passivement, par la thématique du spiritisme.

Les techniques du spiritisme

Les techniques de nécromancie sont multiples et toutes efficaces, à leur façon. Elles visent à la communication, peu importe que les tables tournent et les verres se déplacent, que ce soit par le biais de l'écriture ou de la parole automatiques ou qu'il s'agisse d'expériences avec des voix enregistrées. Si elles sont appliquées correctement, elles aboutissent toutes au même résultat : la communication avec le monde des esprits et des morts. La réussite est totale lorsque la séance est présidée par un médium, une personne dotée d'aptitudes énergétiques extraordinaires.

Cette gravure du XIXe siècle représente l'apparition d'un esprit en présence des membres d'une séance de spiritisme, afin de leur donner des indications sur l'au-delà.

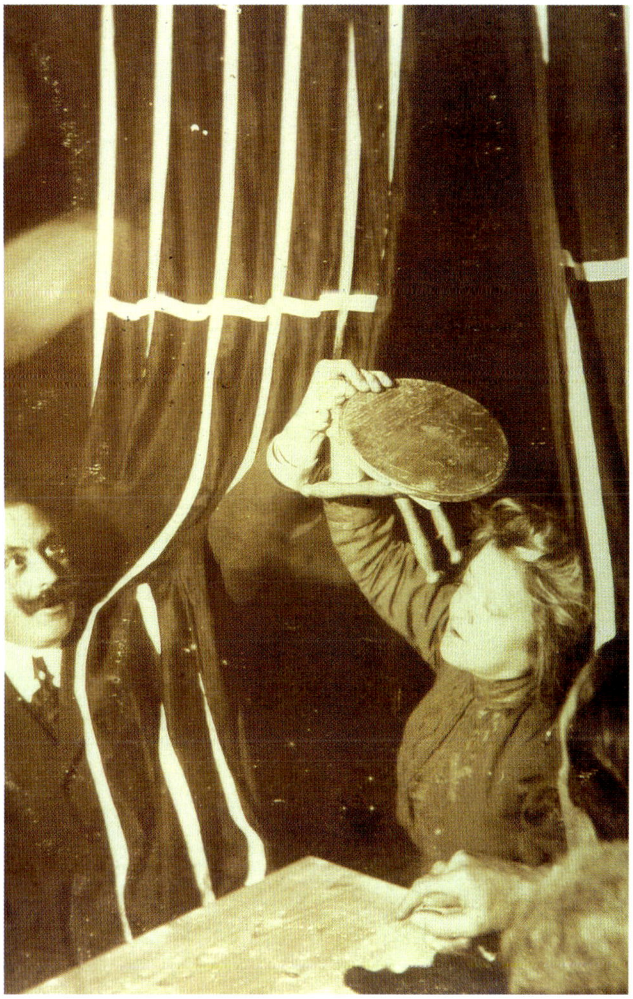

Lors d'une séance de spiritisme avec la médium italienne Eusapia Paladino, une tablette est censée s'élever dans les airs, suite à un phénomène de télékinésie. Il apparaît toutefois clairement qu'elle est maintenue par la médium elle-même.

Se pose la question de l'identification de l'entité contactée. On ne peut en effet pas être sûr de se trouver en présence de la personne invoquée. Au début du XIXe siècle, dans son ouvrage *Theorie der Geisterkunde (Théorie du spiritisme),* Johann Heinrich Jung-Stilling explique que le monde est habité d'esprits qui nous distinguent aussi peu que nous les voyons. Si une communication inattendue s'instaure, ils s'effrayent tout autant que nous. Si le contact se révèle positif, un échange fructueux s'établit. On ne peut toutefois, poursuit-il, être assuré du comportement amical d'une entité. Car, à l'instar du monde des humains, celui de esprits comporte son lot d'éléments dangereux. Il est incontestable que frayer avec le monde parallèle reste une aventure à risques. Les pages suivantes décrivent la technique de nécromancie la plus populaire, celle qui consiste à faire bouger les verres.

La technique des verres

La méthode des verres est la technique de spiritisme la plus simple et la plus populaire chez les non-initiés, car elle permet d'obtenir rapidement des résultats probants. Elle nécessite une table lisse, un verre, des papiers affichant toutes les lettres de l'alphabet, les chiffres de zéro à neuf, ainsi que les mots oui et non. Le verre est retourné au centre de la table et les participants y posent tous un doigt. Une fois l'assemblée fortement concentrée, un esprit est appelé. Il peut s'agir d'une entité en particulier, d'un proche décédé de l'un des membres de l'assemblée ou bien d'un autre mort requis pour la séance. Si la prise de contact réussit, le verre commence à se déplacer. Les participants posent des questions dont les réponses sont données *via* les déplacements du verre vers les différentes lettres. À ce stade peut survenir un problème dans la mesure où souvent les réponses s'imprègnent télépathiquement dans le conscient d'un ou plusieurs participants.

Ectoplasmes

En biologie, le terme d'ectoplasme désigne la couche protoplasmique d'une cellule. En parapsychologie, il s'agit de la substance psychophysique supposée s'élever au-dessus du médium, sous la forme d'un voile grisâtre, lorsque s'établit le premier contact avec un esprit. L'ectoplasme est considéré comme une substance organique instable et photosensible, émise par les esprits, qui leur permet de se matérialiser et de procéder à des actions télékinésiques. Souvent invisible à l'œil nu, l'ectoplasme apparaît toutefois sur les photographies. Nombre de scientifiques considèrent cette substance indéfinissable comme une supercherie issue de la manipulation d'un gaz.

Il s'agit alors de bien distinguer s'il s'agit d'une véritable communication avec une entité ou bien d'un message émanant de son propre inconscient.

Les dangers du spiritisme et de la nécromancie

Les parapsychologues insistent très fortement sur les dangers associés au spiritisme. De nombreuses personnes se frottant à ce mystère sans adopter une disposition d'esprit positive, la plupart n'ont pas conscience du potentiel de

Lors des séances de spiritisme, les participants forment souvent une chaîne énergétique, c'est-à-dire qu'ils se touchent par le bout des doigts, de façon à fermer le cercle. Derrière la médium Linda Gazzera (au centre) se forme un ectoplasme.

risques et des répercussions possibles. L'auteur Johann Edgar énumère les risques suivants :

Dépendance et confiance aveugle

La nécromancie est souvent utilisée comme une aide à la décision dans diverses situations de la vie réelle. Cet usage affaiblit la propre faculté d'autodétermination. Les personnes faibles courent le danger d'assujettir leur jugement à ces séances d'interrogation. Edgar met en garde contre le risque d'abandonner son libre arbitre. Les esprits n'étant pas tous animés de bonnes intentions, certains se jouent de ceux qui les interrogent aveuglément.

Angoisses

Pour nombre de non-initiés, la période qui fait suite à la séance, notamment si elle a été mal menée, s'accompagne d'angoisses. Cet effet secondaire se manifeste notamment lorsqu'une matérialisation (apparition d'un esprit) a eu lieu. Dans certains cas, les états anxieux deviennent insupportables et requièrent un traitement médical.

Lors d'une séance de spiritisme, la médium polonaise Stanislava P. a été ligotée dans un maillot cousu, et sa tête et ses mains ont été recouvertes d'un voile afin d'éviter toute supercherie. Pourtant, un ectoplasme s'est formé hors de sa bouche.

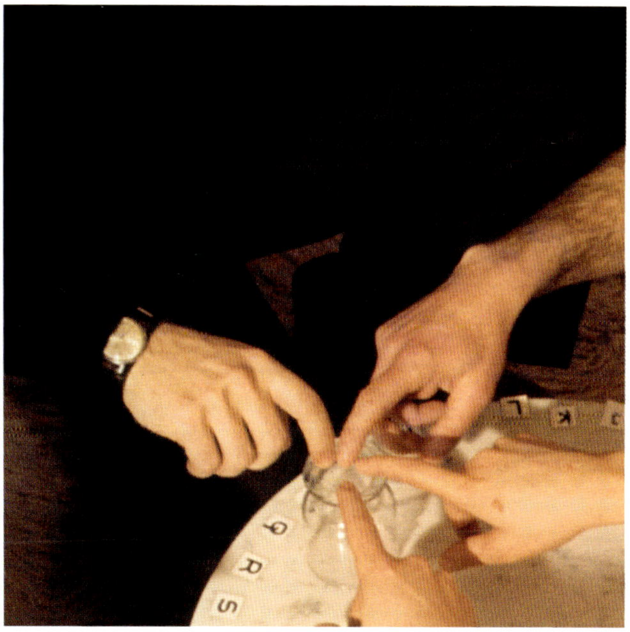

Grâce à la force d'une entité spirituelle appelée lors d'une séance, un verre se déplace sur la table, lettre après lettre, de façon à écrire un message. Celui-ci constitue généralement la réponse à la question de l'un des participants.

Obsession et possession

Par obsession, Johann Edgar décrit l'influence négative exercée par des entités du monde parallèle. Le sujet est littéralement « obsédé » par des esprits et ceux-ci développent une mainmise sur sa vie, jusqu'à ce qu'il ne soit plus en mesure d'agir. Le degré supérieur de cette influence relève de la possession. Là, une entité extérieure s'empare du corps de sa victime et le contrôle totalement. À l'instar de drogues, ces dangers peuvent conduire à une grande détresse sociale et aboutir à une hospitalisation en unité psychiatrique, voire au suicide.

Allan Kardec

Allan Kardec (1804-1869), pionnier du spiritisme, était un élève de Johann Heinrich Pestalozzi avant de devenir pédagogue, puis chercheur spirite. Ses livres se sont vendus à des centaines de milliers d'exemplaires. Son œuvre trouve un écho extrêmement favorable au Brésil où fut édité en 1957 un timbre en l'honneur du centenaire de la première édition de son *Livre des esprits*.

Le physiologiste et prix Nobel français Charles Richet a rendu hommage au rôle prépondérant de Kardec dans le développement du spiritisme : « Il nous faut admirer sans réserve l'énergie intellectuelle d'Allan Kardec. Il s'appuie constamment sur l'expérience, de sorte que son œuvre ne doit pas être reconnue uniquement comme une théorie grandiose et homogène, mais également comme la compilation impressionnante de faits. » (4)

Lors de la grande sécheresse qui a frappé la Californie, le sourcier King Faria, ancien éleveur de bétail, a souvent été appelé afin de détecter les sources sur les propriétés privées.

Les sourciers

La Rome et l'Égypte anciennes nous ont livré des représentations de baguettes de sourciers. Par la vibration de leur baguette, les sourciers sont capables de percevoir la présence d'eau, d'or, de charbon, de minerais, de pétrole et même de trésors cachés. Cette baguette peut s'apparenter, dans l'idée, à une baguette magique, car les événements prennent une tournure magique lorsque minerais ou or se trouvent à son extrémité.

Détection du rayonnement ésotérique

Une baguette de sourcier est un morceau de bois, généralement de noisetier ou de saule, en forme de fourche. Des modèles récents sont même en plastique ou en métal. Le sourcier doit tenir souplement sa baguette aux deux extrémités de la fourche. La base de la fourche est dirigée dans le sens opposé au corps, car cette partie réagit aux rayonnements telluriques et se met à bouger. Selon les sourciers, les rayonnements perçus sont de nature ésotérique et non physique. Ils décrivent leur action comme un processus mental et non une perception. Lors de leur recherche, ils sont en mesure de se concentrer sur tout type de matériau, ils se calibrent à volonté. Pour ce faire, ils partent du principe que chaque substance émet une vibration qui lui est propre, qui pénètre tout et que le sourcier peut perce-

Cette gravure illustre les différentes manières de tenir une baguette de sourcier.

voir. Ils détecteraient même la tolérance des malades vis-à-vis de certains médicaments. Les détracteurs relèguent cependant ces activités au domaine de l'occultisme.

Histoire des sourciers

L'existence de sourciers remonte au XVIe siècle. Le principe fondamental réside dans la croyance en l'existence de forces dans certaines essences d'arbres, particulièrement dans le gui. Cette conviction découle de celle voulant que les baguettes magiques soient faites d'un bois particulier ou de l'ancienne pratique des oracles consistant à jeter des bâtons. Moïse a frappé les rochers avec un bâton afin de trouver de l'eau et le dieu grec Hermès était doté d'une baguette avec laquelle il ouvrait la porte de l'autre monde.

Des témoignages datant du Moyen Âge décrivent des sourciers utilisant des branches afin de trouver du minerai. Toutefois, la méthode était déjà contestée. Des branches de noisetier étant coupées au cours de la nuit de la Saint-Jean, elles étaient considérées comme les plus appropriées à la sourcellerie. Jusqu'au milieu du XIXe siècle, la baguette trouve une large application, notamment chez les géologues et les physiciens. Au XVIIe siècle, le radiesthésiste français Jacques Aymar affirme même être en mesure de pister des criminels. Crédité de pouvoirs surnaturels, il fait également à l'époque l'objet d'une très vive critique.

L'effet Carpenter

Du nom du physiologiste anglais Walter Benjamin Carpenter (1813-1885), l'effet Carpenter décrit un phénomène idéomoteur : la simple représentation mentale d'un mouvement peut suffire à le provoquer. Le comportement des spectateurs lors d'événements sportifs en est une bonne illustration : ils subissent une impulsion en empathie avec le mouvement vu ou attendu. Cette manifestation relève du domaine de la suggestion. Les détracteurs de la parapsychologie attribuent à l'effet Carpenter des phénomènes tels que les déplacements de verres ou que la sourcellerie.

La radiesthésie s'appuie sur la conviction qu'il existe des champs électrométriques particuliers, capables de se concrétiser physiquement, *via* des veines de minerais ou d'eau, et perçus par des sujets sensitifs.

Le monde scientifique a entrepris nombre d'expériences visant soit à prouver l'efficacité réelle de la baguette de coudrier, soit à démasquer cette pratique comme une vaste supercherie. Les détracteurs la considèrent comme peu fiable et en attribuent les vibrations à l'effet Carpenter (voir l'encadré ci-dessus).

Un radiesthésiste tente de déterminer quel médicament homéopathique est le plus adapté à un patient : il examine successivement les préparations et le patient avec sa baguette.

L'hypnose

Des années durant, l'hypnose, qualifiée autrefois de magnétisme, s'est vu attribuer une origine surnaturelle et a, de fait, alimenté les superstitions populaires. Il s'agit d'un état de conscience modifié, provoqué par un hypnotiseur. Dans quelle mesure un bon magnétiseur peut-il influer sur l'état, physique ou psychique, d'une personne ? Sous hypnose, le cerveau est-il soumis à des processus psychiques particuliers, et un sujet en transe est-il véritablement dénué de toute volonté ? Ce type de questions renforce l'idée que cette pratique relève du domaine du surnaturel.

Un esprit sous influence

Les chercheurs se penchent sur le phénomène de l'hypnose depuis deux siècles ; le mot a été introduit au milieu du XIXe siècle par le médecin anglais James Braid (1795-1860). Toutefois, c'est entre 1950 et 1980 qu'ont été menées les recherches scientifiques décisives sur le phénomène et sur la possibilité de sensibiliser les clients, comme on les appelle désormais, à la prise de contrôle. Parmi ces influences, on compte la baisse de la vigilance, la suggestion de certaines représentations, réactions et sensations, de même que des modifications physiques.

Définition médicale de l'hypnose

Pour Milton Erickson, « l'hypnose offre un accès aisé à l'esprit inconscient du patient. Elle permet de s'occuper directement de ces forces inconscientes qui sont sous-jacentes aux perturbations de la personnalité [...]. Seule l'hypnose peut donner un accès aisé, rapide et large à l'inconscient [...] qui est primordial dans le traitement des désordres aigus de la personnalité. » (5)

L'hypnose s'enorgueillit d'une longue tradition. Sur ce cliché, pris à la fin du XIXe siècle, un groupe de médecins français observent leur collègue hypnotiser un patient.

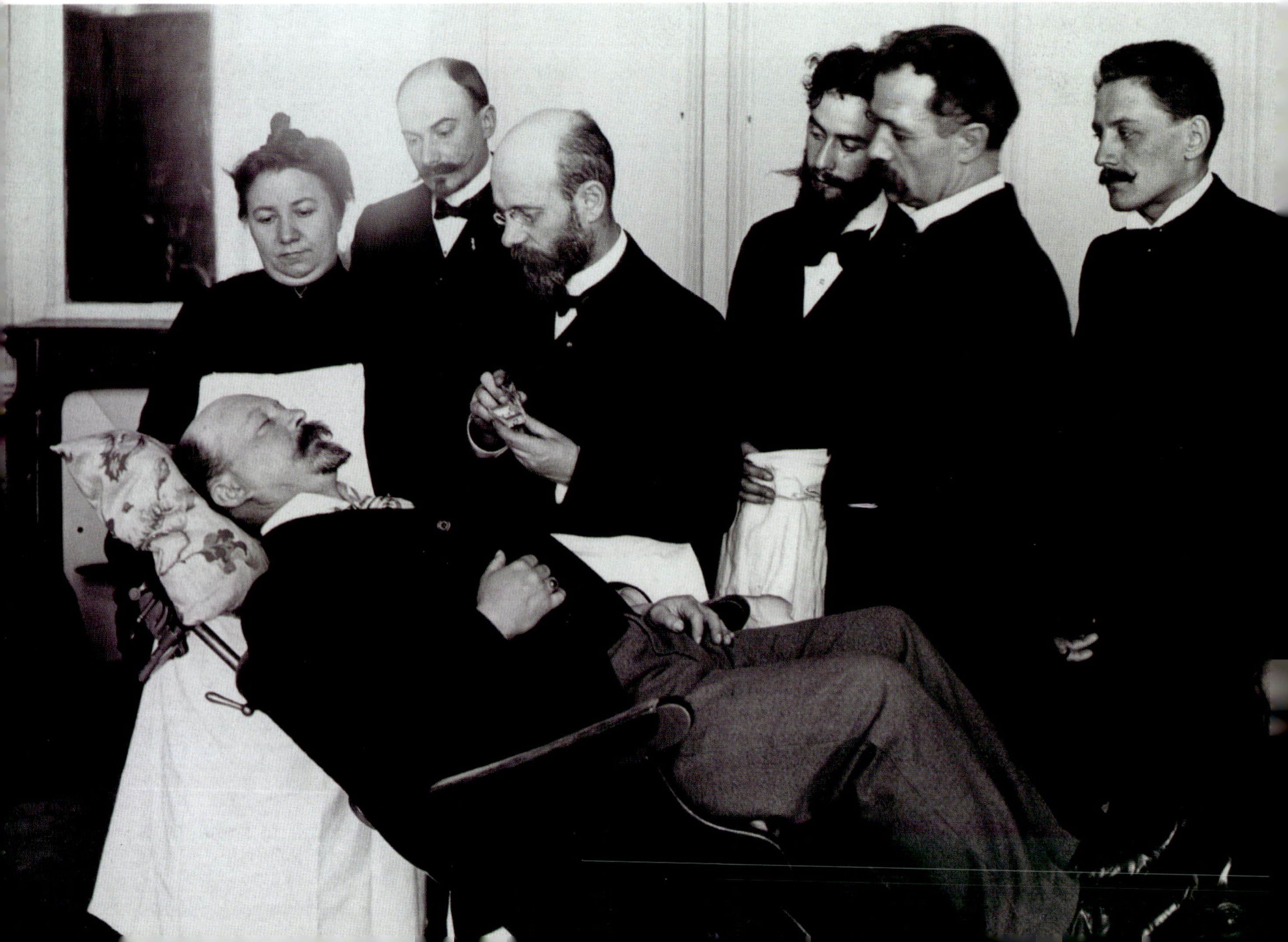

L'hypnose en thérapie

- Perte de poids
- Arrêt du tabac
- Résolution de problèmes liés à la dépendance aux drogues ou à l'alcool
- Relaxation, prévention ou réduction du stress
- Amélioration de la concentration
- Guérison de phobies
- Traitement de la phobie de l'avion
- Amélioration des chances de réussite

Les suggestions post-hypnotiques sont les indications inscrites dans l'inconscient d'un sujet hypnotisé qui aura, une fois son état de conscience retrouvé, l'impression d'agir de sa propre initiative. Les processus psychiques n'ont pas cours lors de l'hypnose : en effet, il s'agit seulement d'une forme de suggestion extrême.

Avec la découverte de connexions entre les systèmes nerveux et immunitaires, l'hypnose a pris une nouvelle dimension dans le traitement de pathologies ou de dépendances (voir l'encadré ci-dessus). Les recherches sur l'hypnose montrent toutefois que la réaction est fonction du sujet. Il existe en effet des personnes totalement insensibles à cette forme de suggestion.

Le psychologue W. J. Ousby se tient sur le corps d'un de ses clients qu'il a préalablement hypnotisé. Il utilisait la transe hypnotique pour traiter les problèmes psychologiques de ses patients.

Les trois méthodes d'hypnose

Dans la croyance populaire, l'hypnotiseur est une sorte de magicien fixant son sujet droit dans les yeux en intimant : « Dormez, je le veux ! » Dans la réalité, plusieurs méthodes permettent de parvenir à l'hypnose. Parmi les trois plus usuelles, on compte la fascination : le sujet à hypnotiser fixe un objet lumineux ou réfléchissant la lumière, tel un pendule. Il existe également une méthode de suggestion consistant à compter à voix haute. L'hypnotiseur indique qu'il va compter jusqu'à dix, par exemple, et qu'au terme de ce décompte, le client se plongera en état hypnotique. Par la fixation, le magnétiseur fixe la personne droit dans les yeux, l'enjoignant à la torpeur jusqu'à ce que ses yeux se ferment. Point commun de toutes ces techniques : la suggestion accompagne le client à toutes les étapes, depuis la décontraction jusqu'à la véritable fatigue. C'est également la suggestion qui induit l'état de conscience relâchée et qui annihile les doutes, véritables freins à l'hypnose.

En effet, une personne ne peut pas être hypnotisée sans son consentement ou si elle est en proie au scepticisme. Aussi la croyance populaire qui veut que l'on puisse être plongé en transe à l'encontre de sa volonté et, qui plus est, sous cette emprise accomplir diverses actions répréhensibles est-elle infondée. En effet, le client, et lui seul, se place spontanément dans cet état de conscience modifiée. Les spécialistes appellent ce phénomène : le training autogène.

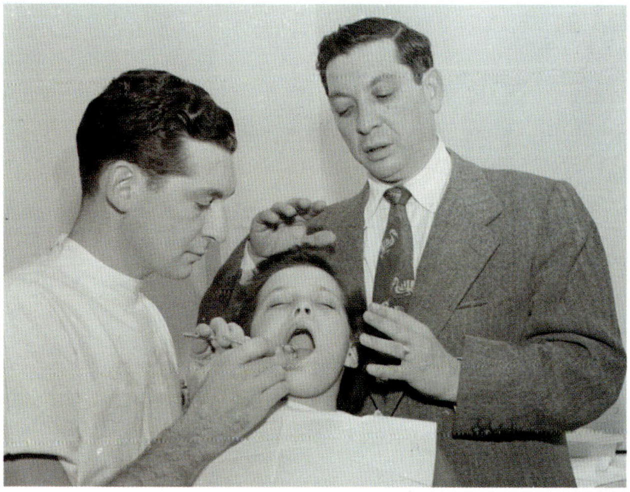

En 1954, l'hypnotiseur Edwin L. N. Baron place Karen Shafer en transe hypnotique de sorte que le dentiste, le Dr Arthur M. Krause peut traiter ses dents sans procéder à aucune anesthésie.

La psychophotographie

Certaines personnes seraient capables, par la simple force de leur esprit, de projeter des images, des représentations ou des sentiments sur une pellicule non exposée, de sorte que ces éléments deviennent visibles. Quelles lois naturelles régissent les phénomènes psi tels que la psychophotographie ? Il doit effectivement s'agir de lois d'un genre inconnu, en dépit des formidables progrès de la science.

Quand les pensées deviennent réalité

Les psychophotographies sont des créations mentales qui se matérialisent par le biais d'une concentration extrême, d'émotions intenses ou d'une imagination exacerbée. Le sujet visualise son image mentale sous la forme d'un objet, devant lui.

Si cette image concerne une personne, les forces d'interaction peuvent la mettre en relation avec le médium et ainsi lui faire prendre corps. La densité de l'image mentale dépend de la force de l'esprit qui s'écoule dans cette image. Ce ne sont pas des pensées au sens propre qui sont photographiées (la notion anglaise étant « thoughtography »), mais des images imaginaires. De plus, il s'agit d'un phénomène psychokinésique.

Extrait du livre du Dr Jule Eisenbud *Psychophotographie*, les clichés psi de Ted Serios, sur la valeur de la physique.

« Il est possible, comme évoqué précédemment que la trame conceptuelle de la physique, à laquelle, je le crois, les phénomènes psi sont subordonnés, ne sera jamais en mesure d'accepter des pensées de ce genre. Peut-être que seules des visions, telles que perçues lors d'un état de conscience mystique qui ne considère pas les événements selon une perspective abstraite, sont en mesure de nous amener à une compréhension claire des phénomènes psi et de la nature dans son intégralité. »

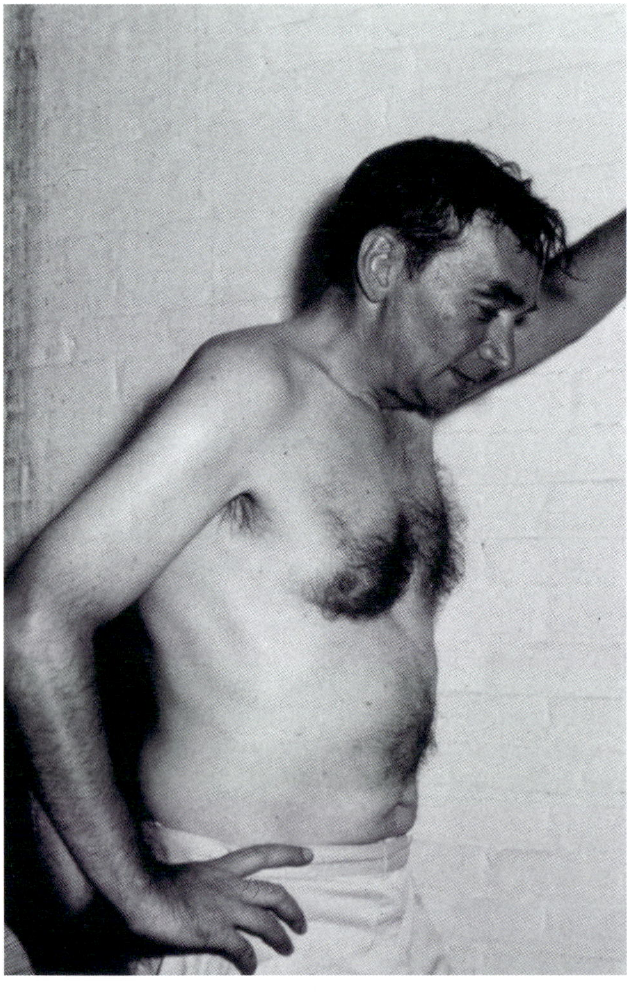

Ted Serios est le médium le plus célèbre dans le domaine de la psychophotographie.

Le cas spectaculaire de Ted Serios

Dans la recherche parapsychologique, le psychiatre et parapsychologue Jule Eisenbud (1908-1999) est considéré comme le pionnier de la psychophotographie. Dans son ouvrage de 1975, il décrit l'une de ses plus grandes expériences avec Ted Serios, portier d'un hôtel de Denver dans le Colorado.

Ce dernier pouvait effectivement photographier ses pensées en dirigeant un appareil vers son visage. Nombre de clichés ne laissent apparaître que son visage concentré, toutefois, d'autres se révèlent extrêmement étonnantes. Elles dévoilent des personnalités ou des lieux célèbres sur lesquels il se concentrait avant de pouvoir les projeter sur la pellicule. Le Dr Eisenbud et d'autres scientifiques soumirent Serios à de nombreux tests médicaux, sans toutefois parvenir à des résultats satisfaisants.

Son environnement, de même que son corps, firent l'objet d'une surveillance constante et d'examens minutieux, de façon à démasquer une supercherie éventuelle. Toutefois, ils n'apportèrent aucun résultat. Le cas doit alors être considéré comme un phénomène parapsychologique authentique, l'un des plus étonnants de toute la recherche psi.

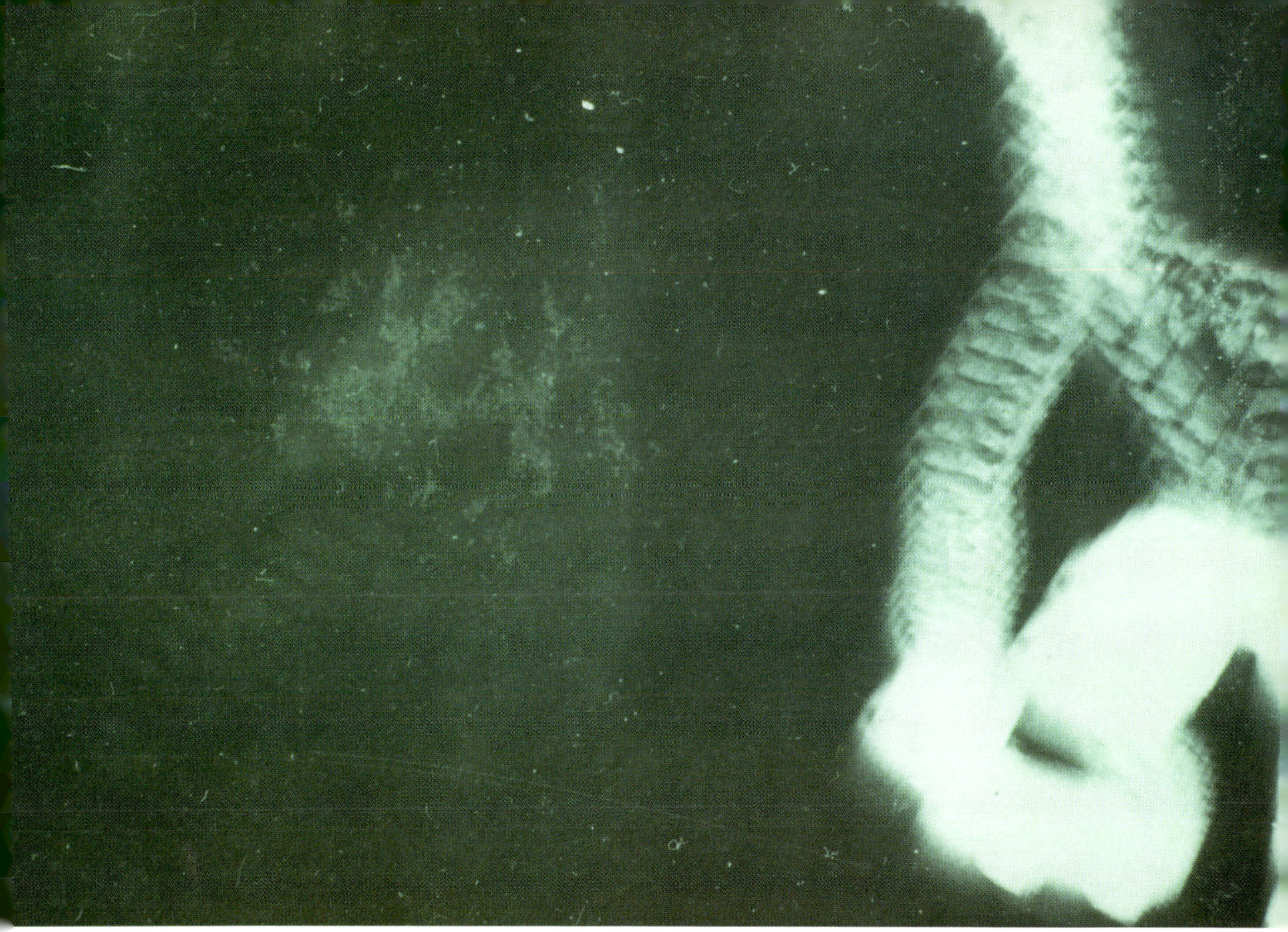

Cette psychophotographie de Willi Schwanholz, Américain d'origine allemande, représente un joueur de base-ball équipé de son gant.

Sagesses venues d'un autre temps

L'intérêt porté à Ted Serios et à ses facultés tient en partie à la fascination générale pour le paranormal et le surnaturel au début des années 1970. De nouvelles religions, des drogues élargissant les champs de la conscience et une nouvelle approche de la vie déterminèrent la sensibilité de l'époque. Dans ce contexte, Serios ne constitue qu'une partie d'un phénomène culturel et, d'une certaine façon, Eisenbud le considère comme un sauvage, un sauvage issu de la jungle moderne de la métropole. Toutefois, il voit également en Serios une personne dotée de l'accès à des sapiences et des aptitudes venues des temps anciens, aptitudes que l'époque moderne a reléguées au domaine de la superstition et de l'obscurantisme. Serios nous mettait tous en relation avec un élément qui sommeille en nous, parallèle au monde qui nous entoure.

Willi Schwanholz (à gauche) lors d'une expérience de psychophotographie avec le psychiatre Jule Eisenbud, lequel a mené la plupart des expériences avec Ted Serios.

Expériences de mort imminente

Toutes les civilisations ont leurs propres récits relatant ce qui se passe au seuil de la mort. Depuis plus de deux millénaires, il est question de voyages au cours desquels héros, prophètes et rois franchissent ce seuil de deux façons : ils meurent avant de revenir dans le monde des vivants, dépositaires d'un message pour les hommes.

L'exploration de l'au-delà

Toutes les épopées, tous les mythes et écritures saintes du monde parlent de l'expérience de la mort. Cette thématique est traitée sous trois formes différentes : la première l'illustre comme une descente en enfer.

Ainsi, dans la mythologie grecque, certains héros, tel Héraclès (le célèbre Hercule), tentent d'arracher une personne disparue au royaume des morts ou d'en percer les mystères.

Selon une autre croyance, l'extase mystique et la bénédiction permettent l'ascension vers un monde supérieur. Le prophète Mahomet entreprend un voyage céleste et revient du monde paradisiaque avec la connaissance qui est aujourd'hui toujours en vigueur chez les pratiquants musulmans. Les mystères d'Éleusis avaient, dans la Grèce antique, valeur de rituels cultuels d'acceptation et de préparation à la mort. Zarathoustra (prêtre), saint Paul (apôtre), Mani (fondateur du manichéisme) ou Énoch (septième des pères de la Genèse) sont également représentés comme regagnant la terre, entourés d'une magnificence céleste. Jésus meurt sur la croix et revient d'entre les morts par la Résurrection.

La troisième représentation s'appuie sur des voyages imaginaires, comme les errances d'Ulysse, qui, notamment, descendra dans les enfers d'Hadès. Mais les récits des grands marins, tels ceux de Marco Polo (vers 1254-1324) ou Ponce de Léon (vers 1460-1521), s'apparentent aussi à cette forme de contes. Tous regagnent le monde connu après avoir franchi d'improbables frontières, puis narrent des histoires d'incroyables trésors, de jardins enchantés, d'esprits, de créatures fabuleuses et de monstres.

La plupart des gens relatant leur expérience de mort imminente évoquent un tunnel noir au bout duquel brille une lueur vive.

Les récits d'expériences de mort imminente amènent à s'interroger sur le caractère définitif de la mort. La nature même de la mort compte parmi les grandes interrogations de l'Humanité.

Témoins de l'au-delà

À l'heure actuelle, nous disposons d'innombrables récits sur l'au-delà, rapportés par des personnes cliniquement mortes et néanmoins ramenées à la vie. Il ne s'agit pas là de la représentation imagée de voyages exotiques, mais bien d'expériences, sérieuses pour la plupart. À notre époque moderne, le voyageur de l'au-delà est une sorte de « témoin de l'éther ». La popularité de ce type de récits explose dans les années 1970 avec le livre du D. Raymond Moody : *La Vie après la vie*. Depuis, un flot de livres et de narrations alimente le marché et la culture populaire.

Lors d'une interview télévisée, l'ingénieur américain Tom Sawyer raconte comment il est resté quinze minutes coincé sous un camion :

« Mon cœur a cessé de battre. Ce vide a pris la forme d'un tunnel, puis, devant mes yeux, j'ai vu une vive lumière ; c'était la lumière entre les lumières, c'était, pour le dire simplement, l'essence même de Dieu. » (6)

Daté du VIe siècle, le récit suivant est attribué à saint Salvien :

« Il y a six ans, lorsque je suis mort, j'ai été soulevé par deux anges et emmené dans les hauteurs célestes, de sorte que, sous mes pieds, ne se trouvait plus seulement notre triste terre, mais également le soleil et la lune, les nuages et les étoiles. Par la suite, je fus conduit au travers d'une porte qui rayonnait plus que le soleil. Je pénétrai dans une maison dont le sol brillait, comme de l'or et de l'argent. Une indescriptible clarté régnait ici et son étendue est indicible. » (6)

Ces deux récits semblent décrire la même expérience, bien que quatorze siècles les séparent. Les concordances sont impressionnantes. La même trame se retrouve donc, indépendamment de l'âge, du sexe, de l'appartenance sociale ou ethnique des sujets et, comme les exemples précédents le prouvent, des époques : sortie du corps, tunnel, lumière, film de la vie, rencontre avec des êtres de lumière, jugement sur la vie passée, retour contraint dans l'enveloppe mortelle.

> « Lorsqu'on voit ce que la médecine d'aujourd'hui accomplit, on se demande involontairement : combien d'étages la mort a-t-elle ? »
>
> Jean-Paul Sartre

Sur la fresque du *Jugement dernier* de Michel-Ange (1475-1564), le vieux Charon fait passer les âmes damnées vers le royaume d'Hadès. Commandée en 1536 par le pape Paul III, l'œuvre fut achevée en 1541. Elle se trouve dans la chapelle Sixtine, à Rome.

L'architecte suisse Stefan von Jankovich (à gauche) est déclaré cliniquement mort à la suite d'un accident. Après sa réanimation, il se rappelle une multitude de détails d'une expérience de mort imminente très impressionnante qu'il a fixés dans de nombreuses aquarelles.

Électroencéphalogramme plat

Lors d'une étude menée en Angleterre sur soixante-trois patients dont le cœur s'est arrêté, sept personnes ont relaté une expérience de mort imminente. Selon le directeur de cette recherche, le Dr Sam Parnia, il s'agit là des meilleures preuves jamais obtenues de l'existence d'une vie après la mort. Les patients ramenés à la vie ont évoqué joie, lumière, chaleur, visions d'êtres de lumière ou de parents décédés. À ce moment, leur électroencéphalogramme était plat. Une forme de perception est-elle alors possible sans le cerveau ? Certains scientifiques imputent ces sensations à des associations d'oxygène et de dioxyde de carbone dans le cerveau. Le Dr Sam Parnia réfute cette hypothèse en indiquant que les sept personnes présentaient d'importantes concentrations d'oxygène, de sorte qu'une hypoxie n'explique nullement le voyage dans l'au-delà. Il exclut également les hallucinations, en raison du réalisme et de la quantité de détails des témoignages fournis. Au vu de leur état clinique, leur cerveau n'était pas en mesure d'activer des processus aussi clairs ou bien d'engranger des souvenirs.

Une vie après la mort ?

En 1994, le Dr Parnia procéda à d'autres expériences. Les personnes testées devaient respirer de façon extrêmement rapide, puis tombaient en phase d'inconscience. Les cobayes évoquèrent alors des états et des expériences similaires à ceux vécus par les morts cliniques.

Pour Parnia demeure la question de savoir si tous ces signes constituent la preuve d'une vie après la mort. Seules des recherches plus poussées pourraient apporter une réponse. Mais le point le plus intrigant reste les concordances frappantes entre les récits. La mort serait-elle un début et non une fin ? Une existence est-elle possible au terme de notre vie corporelle et terrestre ?

Une étude anglaise menée sur des patients en arrêt cardio-circulatoire et à l'électroencéphalogramme plat laisse augurer d'une vie après la mort.

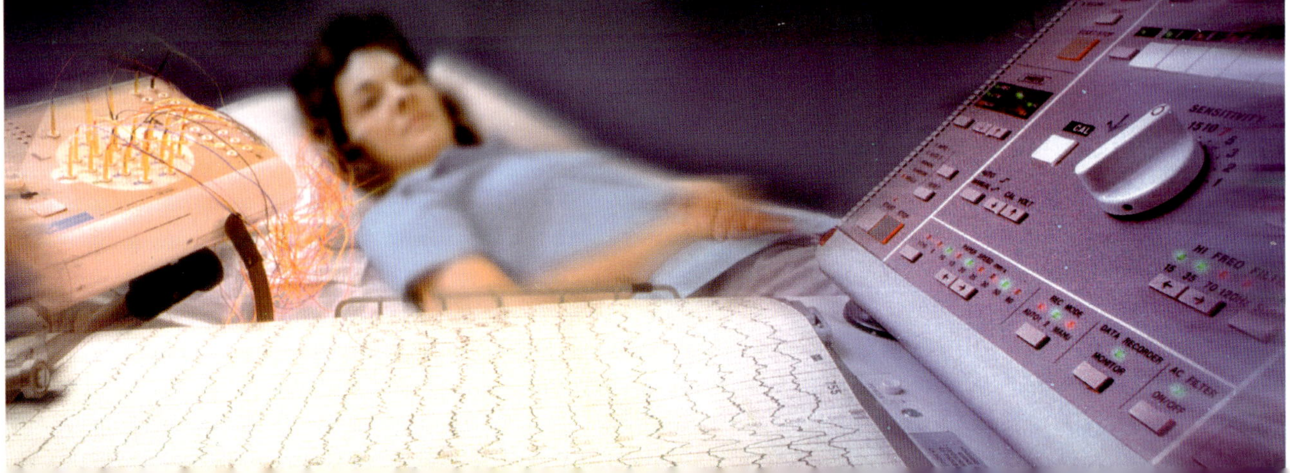

La vie après la mort

Des études menées sur un vaste champ interdisciplinaire ont montré que de tout temps, et en tous endroits, dans toutes les civilisations et toutes les religions, l'homme a aspiré à la pérennité de son existence au-delà de la mort, à l'éternité et l'immortalité et s'y est attaché par le biais de la religion, de l'ascèse ou de l'extase. L'espoir que notre existence se poursuive après la mort est-il le moteur de notre vie ?

L'ESPOIR D'UNE VIE APRÈS LA VIE

L'homme naît de la fusion de deux cellules et est alors doté d'un capital génétique minimal. Tous les éléments nécessaires à sa vie apparaissent au cours des neuf mois suivants, dans le corps de sa mère, jusqu'à la naissance. Depuis toujours, les humains se posent la question de savoir ce qu'il advient de cette énergie qui constitue chaque individu lorsque celui-ci décède.

Pendant la grossesse, l'être humain se prépare à sa vie sur terre. Et lors de son séjour terrestre, il se préoccupe de l'au-delà. Il lui faut acquérir tout ce dont il a besoin de ce côté-ci de la porte. De cette idée découlent les représentations religieuses habituelles, déterminées par l'espoir de survie au-delà de la mort.

Mais cette espérance n'est pas l'apanage des religions. En effet, la croyance populaire s'appuie également sur cette aspiration. Les diverses civilisations font toutes état de récits de fantômes et de lieux hantés. Ces revenants se manifestent prétendument à minuit. Les Églises catholique et anglicane combattent même ces phénomènes par l'exorcisme (voir p. 180 et suivantes), rituel destiné à permettre à l'âme torturée de retrouver la paix. Par cette pratique, elles reconnaissent l'existence de ces revenants comme une composante indéniable de leur dogme.

Par l'exorcisme, les Églises catholique et anglicane chassent un incube, un mauvais esprit ou le diable qui a pris possession du corps d'un humain. Ce rituel permet à l'âme torturée de retrouver la paix. L'illustration ci-dessous reprend une scène du célèbre film *L'Exorciste*.

Aperçu des différentes représentations religieuses

Les religions orientales reposent sur le principe de l'éternité du monde, soumis aux lois immuables de l'existence. Les religions occidentales enseignent le caractère éphémère de ce même monde, régi par un dieu personnifié. En dépit de représentations différentes, les spiritualités occidentales restent dominées par la croyance en l'éternité de l'âme qui, une fois ses actes jugés, sera acceptée au paradis, livrée au feu de la purification ou condamnée à la damnation.

L'hindouisme

Le karma constitue la destinée de l'homme, laquelle dépend de ses actions lors de ses vies antérieures. À ce principe est associée la croyance en la transmigration des âmes. Si les actions d'un être sont bonnes, son destin sera clément. À l'immortalité de l'âme se juxtapose le caractère transitoire de l'enveloppe humaine. Les esprits s'incarnent donc successivement dans différents corps.

Le bouddhisme

À l'instar de l'hindouisme, le bouddhisme s'appuie sur la renaissance *via* les lois du karma, donc sur le principe de l'action dans la vie présente. Toutefois, contrairement à l'hindouisme, le cercle des réincarnations peut être brisé et le nirvana atteint, dans une sérénité absolue de l'âme. Celle-ci est donc affranchie du processus de transmigration.

Le culte des ancêtres

Le culte des ancêtres est une composante commune à plusieurs religions chinoises. L'ancêtre décédé intervient dans la destinée des siens et les assiste en tant qu'esprit protecteur. Les ancêtres disparus sont honorés par des sacrifices et des offrandes, notamment de l'argent, de la nourriture, voire des voitures. Leur existence se poursuit au-delà de la mort, sous une forme d'apparence humaine.

Détail de la résurrection du Christ sur une fresque de Francesco Pagani, datant du XVIIe siècle.

La « Roue de la Renaissance » : un Thangka, lesquels constituent une composante fondamentale de la civilisation tibétaine. Cette roue se trouve sur le mur du centre tibétain pour les réfugiés Happy Valley à Darjeeling en Inde.

Le judaïsme

Le judaïsme se fonde sur l'Ancien Testament. Le dogme judaïque se réclame d'Abraham, père des croyants, et de Moïse, législateur d'Israël. Même les tenants d'autres religions ont une vie après la mort, pour peu qu'ils aient mené une vie honorable.

Le christianisme

Le christianisme s'appuie sur l'Ancien et le Nouveau Testament, reposant sur l'enseignement de Jésus-Christ. L'existence d'une vie après la mort constitue une composante essentielle de la foi et a valeur de dogme.

L'islam

Dans le principe, l'islam se réfère au même Dieu que le christianisme et le judaïsme et repose également sur l'Ancien Testament. La vision du paradis comme refuge de la vie éternelle découle essentiellement du récit du voyage effectué par le prophète Mahomet.

Le régression

L'expérience spirituelle de vies antérieures peut permettre de découvrir des aptitudes et des talents spécifiques dans l'existence actuelle et de se défaire aisément de certaines angoisses. Sous hypnose, nombre de personnes revivent leurs diverses incarnations et recueillent des informations sur leurs vies passées. Cette connaissance redonne un sens à leur histoire présente, leur procure joie et énergie. Les personnes qui font l'expérience d'une régression vivent ce voyage intérieur à la lumière de leur essence même, hors de tout contexte religieux. Avons-nous vécu des vies antérieures à celle-ci et leur souvenir peut-il être réveillé ?

LA RÉGRESSION

La régression dans des vies antérieures peut être induite de plusieurs façons différentes (voir p. 210 et suivante). L'hypnose constitue la méthode la plus simple et la plus rapide. Elle ne requiert, en effet, aucune technique de méditation particulière qui nécessite généralement un certain apprentissage. En quelques minutes, la personne atteint une telle décontraction que, assistée par un guide expérimenté, elle plonge aisément en pleine régression. Le sujet développe une attention spirituelle soutenue et se concentre sur lui-même. Tous les événements qu'il va revivre dans son fort intérieur sont susceptibles d'être rappelés ou réactivés.

LA PEUR DU NÉANT

Tant qu'il y aura des hommes, ils seront dominés par la peur de la mort, la crainte de la dissolution intégrale et définitive dans le néant. Ces angoisses génèrent, dans toutes les civilisations, des interrogations liées au sens de la vie, à nos origines et à notre destinée. Il semble donc logique que l'aspiration humaine à l'immortalité constitue un espoir au centre de toutes les religions. Aussi la résurrection ou la réincarnation sont-elles une composante immuable de la foi. Les personnes qui revivent des existences passées grâce à l'hypnose font le récit extatique de situations et d'images issues de ces périodes. La recherche sur la vie après la mort tient pour acquis que toutes les expériences faites par l'Homme au cours de ses précédentes existences sont stockées dans sa conscience. La difficulté réside dans la possibilité d'en réactiver le souvenir. En surmontant son vécu antérieur, l'individu parvient à une meilleure connaissance de lui-même, devient le véritable maître de sa destinée, tire des leçons du passé, de façon, au final, à maîtriser les problèmes de son présent et de son avenir.

La régression peut être initiée par diverses techniques, telles que l'hypnose.

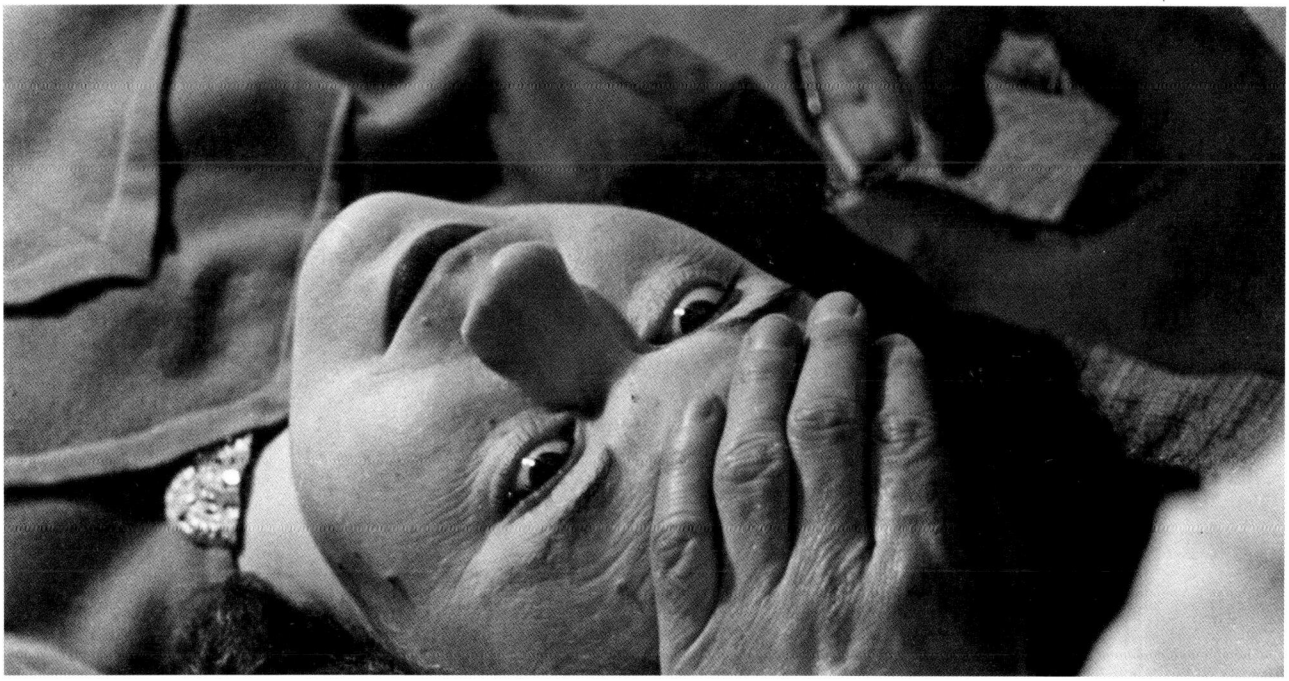

Enterré volontairement, ce fakir est resté des années durant dans cette situation.

Les fakirs

Les fakirs constituent des figures fascinantes et exotiques, nées de la civilisation mystique de l'Inde ancienne, mi-bateleurs, mi-saints et véritables saltimbanques dans notre représentation occidentale. Mais comment les véritables fakirs peuvent-ils faire montre de ce contrôle extraordinaire de leur corps ? S'agit-il de mystificateurs ou bien véritablement d'hommes dotés de mystérieuses aptitudes ?

Thaumaturges et illusionnistes

Les fakirs sont considérés comme des hommes saints, capables de réaliser de véritables miracles, grâce à la méditation et à des forces surnaturelles conférées par les dieux. Ils peuvent s'allonger sur des planches à clous sans se blesser, courir sur des charbons ardents, matérialiser des *vibhuti* (cendres sacrées) ou des joyaux, fixer des crochets dans la chair de leur dos et tracter ensuite des voitures, se planter de longues aiguilles dans les joues sans saigner, plonger leurs mains dans de l'huile bouillante, entrer en lévitation, maîtriser le tour de la corde hindoue (lancer une corde en l'air, laquelle reste droite de sorte qu'ils peuvent y grimper), rester enterrés des mois durant, se couper la langue puis la régénérer et procéder à des exorcismes.

Les fakirs sont des initiés de l'ordre mendiant de Sufi, vivant dans l'ascèse la plus complète, saints hommes ayant fait vœu de pauvreté. Telle est d'ailleurs la signification de leur nom. Vêtus d'un pagne, ils passent de village en village, réalisant des miracles, soignant les malades et divertissant les populations. Ce dernier aspect de leur activité est le plus connu de notre culture occidentale, où ils sont surtout réputés comme illusionnistes et magiciens.

En Inde, il n'est pas rare de croiser çà et là des fakirs sur des planches, en bordure de chemin.

Sai Baba, aboutissement parfait des religions

En Inde, certains fakirs jouissent d'une grande renommée et accèdent au statut de saints hommes. Le plus célèbre reste l'impénétrable et mystérieux Sai Baba. Né en 1926, il fut légendaire dès sa naissance : un cobra venimeux aurait niché sous son berceau, les instruments de musique de la maison auraient joué d'eux-mêmes, des fleurs de jasmin jetées en l'air auraient inscrit son nom par terre en retombant sur le sol. La révélation a lieu en 1963 : il serait une incarnation de Shiva et de Shakti, deux divinités hindoues symbolisant les principes masculin et féminin. Sa religion est l'hindouisme, son dieu Brahma, l'énergie.

Pour ses adeptes, Sai Baba est un avatar, une matérialisation divine, dotée d'une puissance céleste. Il réalise d'innombrables miracles, on lui attribue même le pouvoir de ressusciter des morts. Sai Baba affirme que, par son vecteur, toute religion est portée à la perfection. Il ne cesse de s'identifier au Christ. Sai Baba s'est toujours refusé à un examen scientifique des phénomènes supposés, de sorte que nombre de critiques l'accusent de mystification.

Saints ou saltimbanques

Des scientifiques de l'*Indian Rationalist Association* (IRA) sont allés de village en village, en prétendant qu'ils étaient fakirs. Ils étaient et sont toujours persuadés que les fakirs sont des mystificateurs, utilisant des tours de passe-passe, l'illusion et d'autres moyens déloyaux pour convaincre les villageois crédules de l'existence de forces extraordinaires. Aussi, tout comme les fakirs, les intervenants de l'IRA se couchent sur des tessons de verre et marchent dans le feu pour montrer, à qui veut le voir, comment ces phénomènes se réalisent sans intervention surnaturelle. Leur objectif vise à démasquer les fakirs, lesquels abusent de l'ignorance et de la superstition des villageois afin de s'enrichir à leurs dépens.

Il ne faut toutefois pas perdre de vue que ces thaumaturges, qui se produisent lors de fêtes de village ou sur les marchés, se distinguent par une extrême piété. Comment séparer le bon grain de l'ivraie ? S'agit-il de miracles ou d'astuces, de saints ou de saltimbanques ? Aujourd'hui, la question reste ouverte.

Au cours de cette démonstration, le fakir Yvon Yva a prouvé qu'il pouvait s'allonger sur une planche à clous tout en recevant des poids sur la poitrine. Son assistant peut même éclater une pierre à la masse sur sa poitrine, sans pour autant que le fakir soit blessé.

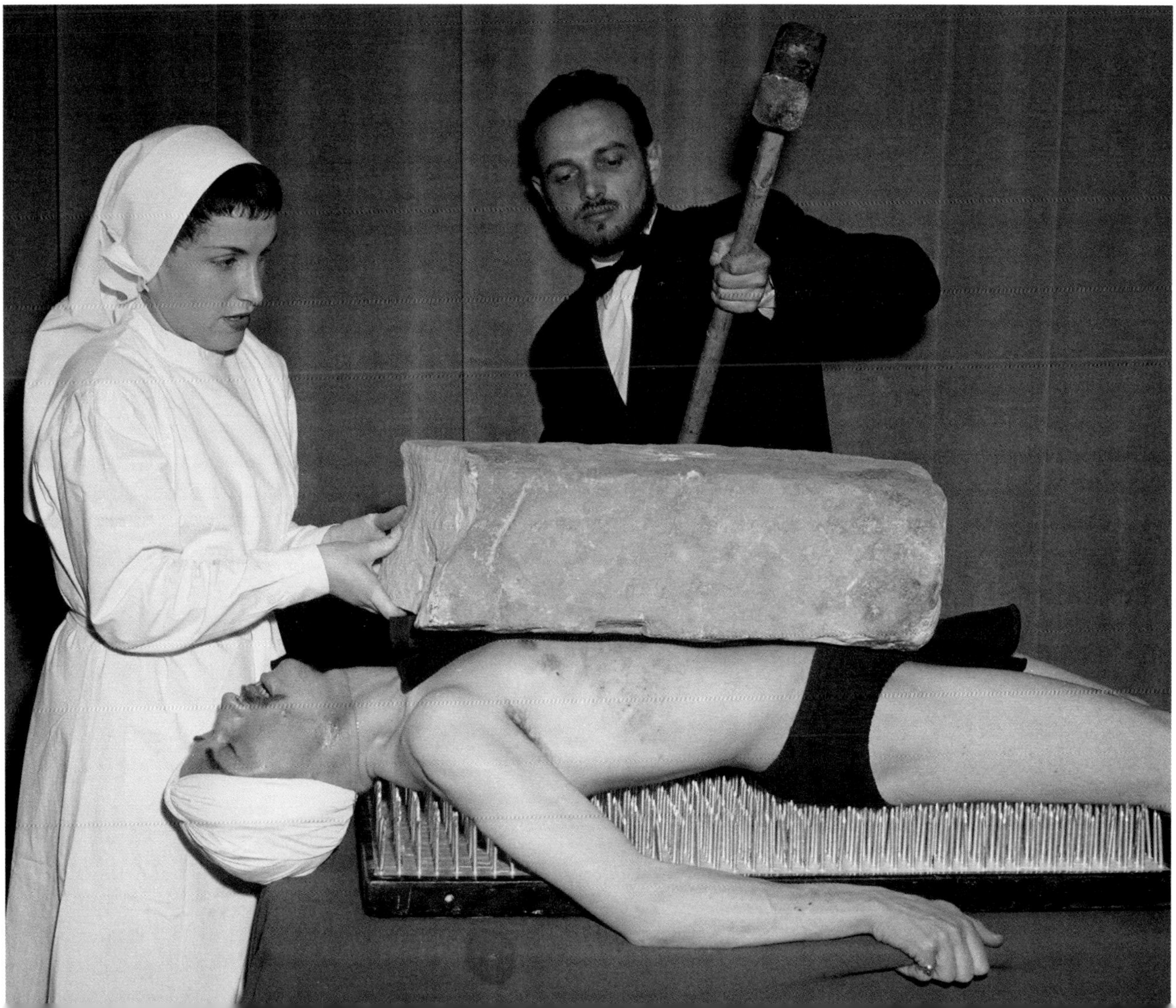

Les yogis

En sanskrit, le mot yogi désigne « celui qui se maîtrise », l'adepte pratiquant et méditant du yoga. Pour un yogi, l'immortalité en tant qu'expérience mystique de l'éternité constitue un état de conscience accessible en ce monde. Quelles énergies ces saints hommes sont-ils en mesure de libérer et de concentrer, lesquelles leur procurent cette extraordinaire force intérieure ?

Habit rouge en l'honneur de la déesse Amba Mata

Dans une grotte non loin d'un temple dans l'État de Gujarat, en Inde occidentale, vit un ermite, le yogi Prahlad Jani. En hommage à la déesse Amba Mata, il s'habille exclusivement de rouge, car c'est elle, dit-il, qui lui a conféré une aptitude particulière. Elle aurait en effet percé un trou dans son palais qui laisserait couler dans sa bouche un liquide nutritif, le dispensant totalement de manger et de boire. Prahlad Jani affirme n'avoir plus rien absorbé depuis 1965 et, par conséquent, ne pas s'être non plus soulagé. Les croyants qui visitent le temple de Gujarat et connaissent le yogi depuis de nombreuses années confirment ses dires.

Maharishi Mahesh Yogi à côté d'une photo de son maître de Shankaracharya. Maharishi Mahesh Yogi était le gourou des Beatles.

Une vie de jeûne absolu

Le neurologue Sudhir Shah, qui connaissait Prahlad Jani depuis de nombreuses années, a fini par le convaincre de se soumettre à une observation au sein de l'hôpital de la ville indienne d'Ahmedabad. Une équipe de médecins s'est donc attachée à cet homme mystérieux, alors âgé de soixante-seize ans. Ils confirmèrent la présence d'un trou dans son palais, de même que l'émission d'un liquide. Ils ne peuvent toutefois se prononcer sur le phénomène. Un médecin avoue que ce yogi est un véritable défi pour la science. Hospitalisé dix jours durant, l'homme à l'allure ascétique et à la longue barbe blanche n'a absorbé ni nourriture ni boisson et ne s'est pas davantage rendu aux toilettes. En dépit d'une surveillance vidéo permanente, aucune explication ne permit de faire la lumière sur ce mystère et tous les tests médicaux se sont déroulés normalement. Les examens n'ont pu que mettre en évidence le fait que la vessie de Jani produit certes de l'urine, mais que celle-ci est à nouveau absorbée par la paroi, de sorte qu'elle n'est jamais évacuée. Le yogi est depuis considéré comme un saint et ses fidèles affirment qu'il n'est jamais tombé malade.

Les adeptes de la voix du diamant

Un yogi est un adepte pratiquant du yoga. C'est là que réside l'explication de la multitude de facultés mystérieuses dont sont dotés les yogis tels que Prahlad Jani. Certains sont capables de ralentir leur pouls au point que ce dernier devient imperceptible et qu'ils plongent dans un état de quasi-mort clinique. Par la méditation, d'autres entrent en lévitation ou bien parviennent à marcher sur des charbons ardents. Le yoga classique de Patanjali du IIe siècle av. J.-C., la voie des huit membres (voir l'encadré page suivante), permet-il de réaliser de tels prodiges ? Par des exercices de respiration associés à des positions corporelles acrobatiques, le yogi aspire à atteindre la purification et la transformation de son corps. La science reste toutefois en butte à un mystère, à savoir comment les yogis, que le bouddhisme tibétain appelle les adeptes de la voix du diamant, parviennent à de tels résultats par la pure méditation.

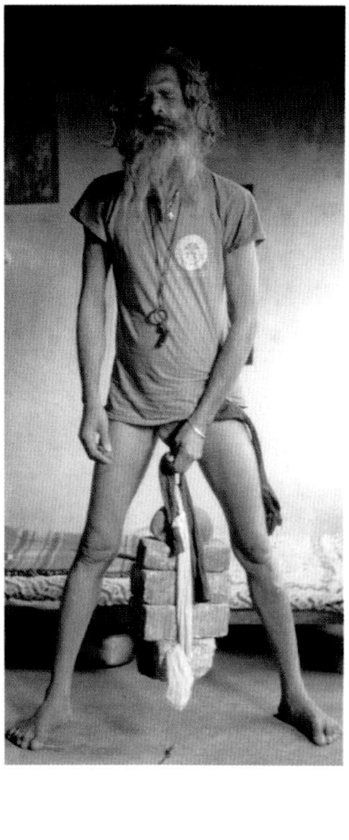

Intensément concentré, un yogi soulève des pierres de plusieurs kilos avec ses parties génitales.

Ce yogi est dans la position méditative du lotus.

La voie de la guérison avec les huit membres du yoga classique de Patanjali

Les huit degrés de Patanjali sont la division la plus courante des méthodes de yoga. Cette répartition s'articule selon des degrés de progression et des techniques afférentes pour parvenir à une concentration et une introspection plus élevées.

- Code moral
- Étude
- Postures
- Discipline du souffle
- Contrôle des sensations
- Concentration
- Méditation
- Enstase

La fête de la Thaipusam

La fête de la Thaipusam compte parmi les rituels les plus étonnants de l'hindouisme. De jeunes fervents qui ont fait serment se perforent joues et langue, s'incrustent de volumineux crochets sous la peau, se plantent des pointes dans le corps et dansent en transe dans les rues. Et de façon très mystérieuse, la cendre sacrée apposée sur leur corps empêche le sang des pénitents de couler.

La souffrance en offrande au dieu Muruga

Le dixième mois du calendrier lunaire tamul, lorsque l'étoile Pusam brille dans le ciel de pleine lune, les croyants hindous célèbrent leur plus grande fête, dont les origines remontent à plus de deux millénaires. La Thaipusam glorifie le fils des dieux hindous Shiva et Parvathi.

Leur fils, le seigneur Muruga à six têtes, est celui qui réalise les vœux. Tout fervent dirigeant ses prières vers Muruga et requérant ses faveurs doit prêter le serment de lui offrir sa douleur, ainsi que du miel, du lait et des fleurs.

Dans la nuit, les croyants se réunissent dans la cour du temple Sri Srinivasa Peruma dans le quartier indien de Singapour, là où la célébration bat son plein. Les pénitents se préparent en famille en vue de leur procession destinée à s'attirer les grâces de Muruga.

Les saints hommes et la transe des pénitents

Fakirs et yogis préparent les pénitents : des douzaines de petits crochets sont incrustés dans la peau de leur dos et de leur poitrine. Courage, endurance et insensibilité sont les qualités requises. Les regards sont tournés vers l'intérieur, les yeux quasiment fermés. Six semaines durant, le jeune hindou se soumet à un jeûne et à une préparation intense afin de tenir sa promesse envers son dieu. Des oranges et des citrons sont alors accrochés aux crochets fixés à sa peau. À cette étape succède alors la perforation des joues, préalablement frottées par le religieux avec de la cendre consacrée. La musique retentit, la chaleur est intense, tambours et flûtes bercent les pénitents jusqu'à ce que leurs yeux se

Recouverte de cendre sacrée, cette jeune fille ne perd aucune goutte de sang alors que ses deux joues et sa langue sont percées d'une pique.

Courage, endurance et résistance à la douleur sont des aptitudes requises pour pouvoir affronter la procession sans faillir. Les crochets fixés sur le dos de ce pénitent s'ornent de citrons verts.

révulsent et qu'une pique épaisse comme un doigt vienne leur perforer les deux joues. Très mystérieusement, ce traitement ne génère aucune goutte de sang. Le fakir transperce alors la langue du dévot d'une petite broche, afin que les deux éléments de métal se croisent. Le sang ne coule pas. Le jeune fervent ouvre alors les yeux et rectifie la position des tiges sur son visage et sa langue. Il semble ne ressentir aucune douleur. Des assistants font couler de l'eau dans sa bouche qui restera ouverte jusqu'au lendemain.

Plumes de paon et fleurs pour ornement

Le cavadee est l'arceau d'aluminium de 3 mètres de haut, ancré dans les hanches et le torse du pénitent et orné de plumes de paon, de fleurs et d'images pieuses. De telles structures pèsent jusqu'à 60 kilos. Certains accrochent même des chariots de bois aux crochets plantés dans la chair de leur dos, puis se mettent en route pour l'autre temple. Ils semblent comme insensibilisés, la joie illumine leur visage, et certains porteurs de cavadee se lancent dans une danse effrénée, pieds nus sur l'asphalte. Les membres de la famille ne cessent de verser de l'eau dans les bouches ouvertes, percées par les broches croisées. À l'entrée du temple Sri Thendayythapani, des assistants fracassent des noix de coco sur le sol en signe d'offrande au dieu. Puis les pénitents sont libérés du poids douloureux, qu'ils semblent néanmoins n'avoir pas senti. Les fakirs interviennent alors à nouveau pour retirer avec les gestes adéquats les piques de la langue et des joues des croyants. Ils frottent ensuite les trous avec de la cendre. Aucune cicatrice ne subsiste. Épuisés par cette longue cérémonie, les pénitents l'ont toutefois vécue comme une immense source de joie et non de souffrance.

Lors de la fête de la Thaipusam, un homme porte, en l'honneur de Muruga, un cavadee monté sur des broches qui lui transpercent le corps et le visage.

Certains Sampedranos vont jusqu'à porter quelqu'un sur leur dos tout en marchant sur les charbons ardents.

La marche sur le feu

Depuis des milliers d'années, les hommes de toutes les civilisations marchent sur des charbons ardents afin d'honorer le feu, élément purificateur. Ainsi, les chamans marchent dans le feu afin d'apporter la guérison à leurs communautés. Les participants à de telles cérémonies transcendent cette expérience comme une danse avec le feu de la vie. Et, très mystérieusement, cette marche ne provoque aucune blessure chez les participants.

La marche sur le feu : rituel initiatique

Nombre de civilisations utilisent la marche sur des charbons ardents comme un éternel rituel initiatique. En parapsychologie, cette pratique est considérée comme une voie royale pour accéder à sa propre conscience. Dans les sphères ésotériques s'organisent de nombreux séminaires autour de cette tradition, offrant ainsi la possibilité de pratiquer ce rituel ancestral sans danger, d'activer des ressources internes, d'accroître sa concentration et de se libérer de son stress. Les adeptes de cette pratique se rencontrent presque partout dans le monde, les plus célèbres se trouvant en Inde, au Sri Lanka, sur les îles Fidji et dans les pays du sud de l'Europe. Aux Fidji, contrairement aux autres régions privilégiant les charbons ardents, les pratiquants marchent sur des pierres incandescentes. À la fin mai, à Agia Eleni, en Grèce, des adeptes foulent des charbons ardents en brandissant des icônes de saint Constantin et de sainte Hélène. Le rite du passage du feu le plus célèbre d'Europe se déroule dans le petit village espagnol de San Pedro Manrique, dans la province de Soria. En Espagne, ce lieu est considéré, non seulement comme la frontière entre plusieurs provinces, mais surtout comme l'interface entre différents mondes. Ce rituel du feu trouve ses racines dans les civilisations celtes et païennes, issu de la croyance en l'invulnérabilité conférée par la nuit du solstice d'été.

Les Sampedranos : les adeptes du rite du feu de San Pedro Manrique

Vers 10 heures dans la nuit de la Saint-Jean est allumé sur la place, devant la chapelle de la Virgen de la Peña, un formidable bûcher, alimenté, selon la tradition, par du bois de chêne apporté du village de Sarnago. Les charbons ardents sont disposés en rectangle. Le lieu est empreint de mystère. Des centaines d'années auparavant, la Madone y serait apparue près d'un buisson d'aubépine qui, depuis, n'aurait jamais séché. Des documents anciens attestent de guérisons miraculeuses qui se seraient produites à cet emplacement. Nombre de villageois marchent sur ces charbons ardents. Pieds nus et portant une personne sur leur dos, ils traversent résolument ce tapis de feu en tapant des pieds, sans brûlure, ni cri, ni souffrance.

Mais comment une telle pratique est-elle possible sans provoquer de blessures ? En effet, des charbons ardents dégagent une chaleur pouvant atteindre jusqu'à 1 000 °C, selon les allégations des marcheurs. Cette traversée est-elle envisageable pour une personne en situation mentale normale ? Les scientifiques ayant étudié le phénomène l'expliquent ainsi : les charbons ardents provoquent des brûlures en raison de leur capacité calorique et de leur conductibilité thermique. Les cendres entourant la braise se révèlent de très mauvais conducteurs de chaleur : la surface du charbon est inégale et les surfaces de contact réduites. De plus, les marcheurs foulent les braises très rapidement, le contact est donc limité, inférieur à une seconde. En outre, la chaleur est très rapidement évacuée par le sang, aussi les pieds n'en retirent-ils aucune blessure. Les pratiquants ne restent au maximum que sept secondes au total sur les charbons. C'est pourquoi les pieds doivent être bien irrigués et chauffés avant le premier tour. De plus, leur sécheresse absolue évitera qu'une braise ne s'y colle. En dépit de toutes les instructions, les recommandations émises et les recherches menées par les sceptiques, le mystère des Sampedranos, les habitants du village, et de leur aptitude à marcher dans le feu en toute sérénité, reste entier.

À Rukua, sur l'île de Beqa, aux Fiji, un homme se repose après avoir participé au rite traditionnel de la marche dans le feu. Ses pieds sont noirs de cendres, mais ne montrent aucune trace de blessure.

D'un pas décidé, les marcheurs du feu de San Pedro Manrique piétinent résolument la braise dans la nuit de la Saint-Jean.

Cryptozoologie

La cryptozoologie se définit comme la science visant à l'étude et la recherche d'animaux légendaires et mythiques. S'agit-il d'une véritable science ou les cryptozoologues sont-ils les derniers aventuriers romantiques ?

Le concept de cryptozoologie est utilisé pour la première fois par le Dr Bernard Heuvelmans dans les années 1950. La cryptozoologie compte parmi les sciences paranormales et évolue entre science véritable et domaine fantastique. D'un point de vue étymologique, le mot grec *kryptos* signifie « caché », « inconnu », « secret ». Associé à la notion de zoologie, il forme le terme de cryptozoologie, « l'étude des animaux mystérieux ».

Il existe quelque 1,5 million d'espèces animales identifiées, mais bien plus encore inconnues de l'homme. Certains scientifiques envisagent même que ce chiffre s'élève à 15 millions d'espèces. Cette zone de marge inconnue est le champ d'action de la cryptozoologie. Le cœlacanthe, par exemple, était considéré comme une espèce disparue jusqu'à ce que son existence soit prouvée en 1986. Le calmar géant relevait du domaine des mythes marins, puis une équipe japonaise parvint à en photographier un spécimen vivant en 2005. Pour les cryptozoologues, l'existence de ces animaux, ainsi que celle des varans de Komodo et des rhinocéros de Java, justifie pleinement celle de leur science.

Cependant, la cryptozoologie se penche également sur les animaux qui n'existent – très probablement – pas, mais dont la présence n'a eu de cesse d'être attestée au fil des siècles, pour peu que l'on considère que les récits d'animaux relevant du domaine de l'imaginaire et de la fable s'appuient finalement sur des espèces encore inconnues.

Depuis toujours, les animaux étranges alimentent notre imaginaire, les mythes et les légendes. Ces fantaisies sont attisées par les représentations d'êtres extraordinaires. Cette gravure colorée illustre l'attaque d'un voilier par un monstre marin.

Les cryptozoologues, derniers romantiques

Il peut sembler étrange de se lancer à la recherche d'animaux cachés alors que parallèlement, le taux d'extinction des espèces du fait de l'homme est de cent à mille fois supérieur à l'évolution naturelle. La plupart des 794 espèces animales menacées sont généralement endémiques et la plupart des sites d'implantation se situent dans les pays en voie de développement, là où le taux d'extermination est le plus élevé. Mais c'est également le champ d'activité des cryptozoologues. À leur façon, ces scientifiques incarnent l'image des derniers romantiques recherchant l'aventure dans les postes les plus reculés.

Les deux domaines de la cryptozoologie

La cryptozoologie s'articule autour de deux domaines. D'une part, elle s'attache aux entités légendaires, tels les dragons et les sirènes. Les cryptozoologues soupçonnent qu'un véritable animal se cache derrière chaque histoire, lequel aurait autrefois vécu ou vivrait encore dans un endroit secret. D'autre part, il pourrait s'agir d'authentiques animaux, disparus ou n'ayant pas encore été répertoriés en tant qu'espèce. À cette catégorie appartiennent les cryptides, c'est-à-dire les animaux recherchés par les cryptozoologues, tels le yéti ou les chupacabras. Cette discipline a connu, ces dernières années, un véritable regain d'attention. Évoluant à la frontière de la zoologie conventionnelle, les « détectives de la nature », tels qu'on les appelle souvent, s'enorgueillissent de succès considé-

Sur la petite île de Komodo vivent les varans de Komodo, une espèce de sauriens totalement endémique, dont la longueur (3 mètres) en fait les plus grands du monde.

rables grâce à la confirmation de quelques-unes de leurs théories.

En 1989, les journaux publient encore divers articles selon lesquels plusieurs personnes auraient aperçu une panthère dans l'Odenwald, en Allemagne. Toutefois, aucun zoo n'a alors signalé la disparition d'un animal. Ces visions sont-elles le fruit de la peur de l'inconnu, ou bien de grands félins vivent-ils véritablement en Europe sans que nous le sachions ?

Les quatre groupes de cryptides

La méthode scientifique de la cryptozoologie, rangée parmi les sciences paranormales, reflète celle de la véritable zoologie. Elle organise les animaux encore inconnus, les cryptides, en quatre groupes :

1. Les animaux inconnus : ils se distinguent totalement des espèces connues et ne peuvent être intégrés à aucun système zoologique existant, comme Mothman ou Bigfoot.
2. Les animaux potentiellement disparus : il s'agit là d'organismes considérés comme éteints, une forme de dinosaures modernes.
3. Les animaux ressemblant à des espèces connues, mais qui s'en distinguent par leur genre à part : il peut s'agir de mutations ou de parents inconnus d'espèces connues. Leur classification dans le système zoologique se révèle alors relativement simple.
4. Les animaux connus mais présents dans des régions atypiques : il s'agit alors de déterminer si ce sont des animaux égarés ou de véritables populations implantées.

Justification de l'existence de la cryptozoologie

La découverte de certaines espèces animales qui étaient considérées comme disparues ainsi que celle, récente, de nouvelles espèces ont donné un nouvel essor à la cryptozoologie. Parmi ces spécimens, on peut citer :

Cœlacanthe *(Latimeria chalundae)* : Poisson osseux prédateur doté de nageoires charnues. Jusqu'en 1938, il n'est connu que sous forme fossile, dans le Devon. Ces animaux vivent entre 600 et 900 mètres de profondeur et pèsent jusqu'à 70 kilos. Leur structure s'apparente à celle de vertébrés quadrupèdes.
Rhinocéros de Java *(Rhinoceros sondaicus)* : Espèce de rhinocéros sylvicole, autrefois répandu dans tout le Sud-Est asiatique. Il n'en reste que quelques spécimens dans la réserve protégée de Udjong-Kulon sur Java.
Varans de Komodo *(Varanus komodensis)* : Ce sont les plus gros sauriens du monde : ils mesurent jusqu'à 3 mètres et pèsent jusqu'à 135 kilos. Ils ont été découverts en 1912 sur l'île de Komodo.

Bernard Heuvelmans

Né en 1916 au Havre, Bernard Heuvelmans obtient son doctorat de zoologie à Bruxelles, à l'âge de vingt-trois ans.

Il commence alors à rédiger systématiquement des articles et des études sur tout ce qui sort du cadre zoologique classique.
En 1955, il publie un livre en deux volumes, *Sur la piste des bêtes ignorées*, traduit en vingt langues. Il fonde en 1982 l'International Society of Cryptozoology (ISC).

En tant que philosophe scientifique, il ne s'est jamais posé la question de savoir si la cryptozoologie est une para- ou une pseudoscience. Père de la cryptozoologie, il a posé les fondements d'une approche méthodique moderne. Il est décédé en août 2001. Aujourd'hui, le musée zoologique de Lausanne abrite l'unique collection mondiale d'archives cryptozoologiques.

Dragons, licornes et animaux fabuleux

Depuis des millénaires, les animaux fabuleux accompagnent l'histoire des hommes. Les constellations accueillent Pégase, l'Hydre, le Centaure et le Phénix. Ils apparaissent également comme symboles religieux et maîtres du monde, frappés sur diverses monnaies, depuis les temps antiques orientaux et asiatiques.

Les animaux fabuleux et la cryptozoologie

Ils se rencontrent dans les chants, les récits ou au cinéma et jouent un rôle central dans nombre de civilisations. Nos ancêtres découvraient parfois des ossements ne semblant appartenir ni à des humains ni à des animaux conus. Plus tard, les voyageurs rapportèrent des dépouilles animales également impossibles à classer dans une quelconque catégorie. C'est ainsi que naquirent nombre de légendes et de fables. Les énormes os d'un mammouth se virent, par exemple, attribués à un géant. La méthode la plus moderne de traiter ces trouvailles inexplicables porte aujourd'hui le nom de cryptozoologie. Pour beaucoup de chercheurs, les animaux fabuleux ne sont pas à traiter comme de simples légendes et trouvent leur place dans cette discipline quasi scientifique.

Le dragon

Le dragon est la créature la plus forte en symbolisme et la plus populaire de toutes les civilisations : elle apparaît dans de nombreux contes et légendes, dans la Bible, mais surtout dans la mythologie chinoise. Cracheur de feu quasi invulnérable, il incarne à la fois le malheur de l'humanité et sa chance.

Les dragons sont présents dans toutes les civilisations et à toutes les époques. Constat étonnant : toutes leurs représentations ont les mêmes caractéristiques. Ci-dessus, la sculpture d'un dragon sur un pont de Ljubljana en Slovénie.

Saint Georges terrassant le dragon. Les lieux où sont tombés des dragons deviennent souvent des sanctuaires. Ils décrivent en effet des emplacements où la christianisation a pu progresser : le dragon symbolise le paganisme vaincu et surmonté.

Un hybride fabuleux

Le dragon n'est pas un animal au sens zoologique du terme, mais une créature tenant à la fois du serpent, du lézard, de l'oiseau, de la chauve-souris et du lion. Souvent, le dragon revêt le rôle de gardien d'un trésor. Qui parvient à le vaincre, conquiert la princesse ou se voit conférer une capacité particulière. Selon la civilisation, le dragon représente une entité bénéfique ou maléfique. Le monde chrétien le considère comme une forme diabolique, véritable incarnation du Mal, ennemi de Dieu et des hommes. En Asie, en revanche, et notamment dans la civilisation chinoise, le dragon apporte bonheur, sagesse et incarne le principe masculin.

Le dragon dans les mythologies mondiales

Jusqu'au milieu du XVIe siècle, les dragons étaient perçus comme des animaux réels. Dans son œuvre en six volumes, Konrad Gesner, médecin et biologiste zurichois (1516-1565), distinguait trois types de dragons : l'immense serpent dépourvu d'ailes, le serpent ailé et la créature au corps reptilien, aux ailes membraneuses et à la tête ornée de cornes. Les dragons apparaissent dans toutes les civilisations. Chez les Égyptiens, à la mort d'Osiris, les divinités Nephtys et Isis flottèrent sous la forme d'un dragon au-dessus de son corps embaumé. La mythologie grecque, quant à elle, raconte l'histoire de Ladon, dragon aux cent têtes, gardien des pommes d'or du jardin des Hespérides, ou celle du dragon Typhon placé par Zeus sous l'Etna. Citons encore Apollon qui conquiert l'oracle de Delphes en combattant les dragons Delphyne et Python, ou Jason et les Argonautes qui plantent des dents de dragon dans un champ du roi de Colchide Éétes pour donner naissance à des géants invincibles. La Toison d'Or, destination ultime du voyage de Jason, est elle-même gardée par un dragon qui s'enroule autour de l'arbre où elle est suspendue. Kadmos, le fondateur de Thèbes, sème également des dents de dragon et récolte des monstres. Médée, personnage féminin de la mythologie grecque, vole dans un char tiré par deux dragons.

Dans la légende chrétienne, sainte Marthe dompte le dragon Tarascon dans le sud de la France et saint Georges vainc et tue un dragon. Chez les Germains, au pied du frêne Yggdrasil réside le dragon Niddhög auquel l'écureuil apporte les paroles de l'aigle nichant en son faîte. Le dragon tué par Siegfried porte le nom de Fafnir : le héros se baigne dans son sang pour devenir invincible.

Le dragon asiatique est une créature bienfaisante et tutélaire. Il vit dans les nuages, les lacs, les sources. En Chine, il est le symbole de la puissance et l'empereur siégeait sur un trône en forme de dragon.

Naissance d'une symbolique unitaire

Une question intrigue les cryptozoologues : comment est-il possible que toutes les civilisations rapportent l'existence d'une créature dotée d'attributs identiques et d'un aspect similaire ? D'après une théorie avancée, le dragon serait un saurien qui aurait appris à voler, de sorte qu'il a pu survivre bien plus longtemps que les autres représentants de son espèce. Son extinction ne serait intervenue qu'à une époque où l'homme peuplait déjà la planète. De cette façon, les diverses traditions ont pu en fournir une image concordante. Une autre thèse, nettement plus glissante, envisage les dragons comme des ovnis, vus dans le monde entier, ce qui expliquerait l'image unitaire véhiculée.

La légende allemande des Nibelugen compte son lot de dragons. Le héros Siegfried tue le dragon, puis se baigne dans son sang, devenant alors invulnérable.

La licorne – créature de légende dotée du corps d'un cheval et d'une corne sur le front. Elle appartient aux mythes de nombreuses civilisations. La tradition chrétienne en a fait le symbole de la pureté, voire du Christ.

La licorne

La licorne est un cheval fabuleux arborant une longue corne sur le front. Saint Ambroise l'interprétait comme le symbole du Christ. Depuis l'Antiquité et dans les diverses civilisations, les licornes se voient conférer des pouvoirs magiques. Les amulettes représentant la corne de cette créature jouent un rôle central dans les domaines de la médecine populaire et de la superstition.

La vie d'une licorne

À la naissance, la licorne n'a pas de corne ou celle-ci est très petite. Cet attribut atteindra sa taille définitive au bout d'une dizaine d'années. La licorne quitte alors son lieu de naissance et part à la recherche d'une autre forêt. Certaines sources attribuent l'immortalité aux licornes, tandis que d'autres s'en tiennent à une durée de vie extrêmement longue. Elles fuient les hommes, car ces derniers les chassent afin de s'emparer de leur corne. Elles ne se montent qu'aux personnes qui croient en leur existence et apparaissent comme de simples chevaux aux autres. Seules les vierges sont capables de dompter la nature sauvage des licornes. On raconte qu'elles se montrent aux jeunes filles vierges assises en lisière de forêt, qu'elles posent leur tête sur leurs genoux et s'endorment. Cette confiance est parfois trahie : une jeune fille attend l'animal, et, une fois celui-ci endormi, les chasseurs s'en emparent.

Le rostre du narval mâle peut atteindre jusqu'à 3 mètres. Les scientifiques ont longuement spéculé sur l'utilité d'une telle dent : sa longueur devait permettre de définir le rang de l'animal dans le groupe ; ou bien il servait à découper la couche de glace en surface, fouiller le sol marin, embrocher des poissons, etc. Aujourd'hui, l'on sait que ce rostre est un organe des sens, parcouru par quelque 10 millions de liaisons nerveuses : il s'agit en réalité d'un capteur permettant au narval de déterminer la température, la pression et la salinité de l'eau.

La légende de la licorne

Nos ancêtres mettaient régulièrement au jour des ossements dont ils ne pouvaient déterminer l'origine. Leur forme ou leur taille ne permettaient en rien de les attribuer à des animaux connus. La légende de la licorne est sûrement née à la suite d'une telle découverte. La poudre de sa corne passait pour être dotée de pouvoirs thérapeutiques. On suppose que nos prédécesseurs trouvaient souvent, sur les plages, un objet dont l'aspect ressemblait à l'idée qu'ils pouvaient se faire d'une corne de licorne.

Mais il s'avère que ces trouvailles étaient en fait les rostres, rejetés par la mer, de narvals mâles (voir l'encadré page précédente).

Certains cryptozoologues tiennent la *Procamptoceras brivatense,* espèce éteinte il y a un million d'années, pour le véritable ancêtre de la licorne. Il s'agissait d'une espèce d'antilope dotée de cornes très fortement accolées l'une à l'autre, de sorte qu'elles pouvaient donner l'illusion qu'il n'y en avait qu'une.

AUTRES CRÉATURES MYTHIQUES

Pégase

Cheval miraculeux et ailé de la mythologie grecque, sorti du cou de la Gorgone Méduse et dompté par le héros Bellérophon. Il symbolise l'imagination poétique.

L'Hydre

Monstre marin à neuf têtes de la mythologie grecque. Le héros grec Héraclès tua l'Hydre de Lerne (sur le Péloponnèse) en brûlant les têtes qui repoussaient.

Issu de la mythologie grecque, avec sa tête et son torse humain associés à un corps de cheval, le Centaure est considéré comme un être lubrique.

Né du cou de Méduse et dompté par le héros grec Bellérophon, Pégase incarne aujourd'hui le symbole de la poésie.

Les Centaures

Personnages fabuleux au torse et à la tête d'homme et au corps de cheval. Ces êtres lubriques et rudes vivaient dans les montagnes d'Arcadie et de Thessalie.

Les sirènes

Dans la mythologie grecque, les sirènes sont des démons au corps d'oiseau et à la tête de femme. Dans *l'Odyssée,* ce sont des démons marins, résidant sur une île et attirant les navigateurs vers les récifs par leur chant. Les mythes ultérieurs les décrivent comme des créatures mi-femme, mi-poisson, symboles d'immortalité. Christophe Colomb affirme avoir vu des sirènes à proximité des Antilles. Au XVIIIe siècle, le British Museum en a exposé un spécimen, prétendument capturé dans les eaux japonaises.

Cerbère

Chien gardien des Enfers, doté de trois têtes et d'une queue de serpent, issu de la mythologie grecque. Il fait entrer les hommes au royaume d'Hadès et les empêche d'en ressortir.

Nessie

Si l'on cite le nom de Nessie, la conversation tourne autour de la reine absolue des cryptides. Elle alimente depuis mille cinq cents ans les mythes et légendes des Highlands écossais. Au siècle dernier, sa renommée s'est étendue au-delà des rives du Loch Ness et a lancé la moitié de la planète sur ses traces.

Le monstre du Loch Ness

S'il existait une liste des créatures cryptozoologiques les plus recherchées, il est certain que Nessie, le monstre du Loch Ness, se trouverait en tête. D'après les descriptions faites, Nessie serait un plésiosaure. Le Loch Ness, habitat supposé de Nessie, est un lac dont la profondeur atteint 275 mètres, la longueur 37 kilomètres et la largeur 1,5 kilomètre. En été, la température en surface varie de 5 à 12 °C. Le sol argileux entraîne une visibilité faible et rend les recherches de formes de vie lacustres encore plus difficiles.

La première évocation du monstre date de 565 dans une biographie de saint Colomban par l'abbé Adamnan. Colomban, moine irlandais s'évertuant à évangéliser les païens écossais, y est témoin de la mort d'un homme, tué par un monstre. Ce dernier tente alors de s'en prendre à l'un des disciples de Colomban, mais le saint brandit la croix en intimant au diable de se retirer, lequel replonge dans les profondeurs du lac. Depuis, Nessie constitue un élément dominant de la mythologie des Highlands écossais.

Nessie – générateur de tourisme

En 1933, la construction d'une route sur les rives du lac marque l'avènement de l'ère moderne pour le monstre du lac. Le couple MacKay compte parmi les premiers témoins

Situé au nord de l'Écosse, le Loch Ness, avec ses 275 mètres de fond, ses 37 kilomètres de long et 1,5 kilomètre de large, est considéré comme le lieu de résidence de Nessie, légendaire créature.

à avoir vu la créature, à une distance de 500 mètres. Ils prirent Nessie pour une baleine. La même année, cinquante observations supplémentaires seront recensées. Un couple londonien aperçoit une créature de 8 mètres de longueur, semblable à un dragon, avec un long cou, et tenant un agneau dans sa gueule. Certains contacts ont duré alors jusqu'à une dizaine de minutes, tandis que d'autres témoins ont attesté avoir vu le monstre à dix-huit reprises.

Depuis se sont multipliés témoignages et photographies, dont la majeure partie s'est révélée truquée ou ne représentait pas un animal vivant, mais des branchages, sillages de bateaux, phoques, etc. Dans le cadre d'expéditions, les technologies les plus récentes comme les sondeurs acoustiques et les caméras sous-marines n'ont amené que de maigres résultats. Elles n'ont même pas permis de localiser les grottes dans lesquelles Nessie est supposée se réfugier. Les sonars font régulièrement apparaître des formes importantes sous l'eau, mais aucun cliché concluant n'a pu être présenté. En effet, la forme mesurée disparaissait à nouveau ou bien se dissolvait littéralement.

Les livres consacrés à Nessie remplissent des bibliothèques entières. Certains auteurs la tiennent pour un poisson hors du commun, tandis que pour les sceptiques, elle ne serait rien d'autre qu'une légende alimentée pour attirer les touristes. Des scientifiques tiennent encore un autre discours : en effet, le Loch Ness constituerait une impasse évolutionnaire, dans la mesure où la faune et la flore du lac remontent à la dernière ère glaciaire.

Désormais, la chasse au monstre prend une tournure encore plus évoluée, dans la mesure où le lac est surveillé 24 heures sur 24 par des webcams.

Avec le yéti, Nessie est la créature cryptozoologique la plus célèbre du monde. L'incertitude quant à son existence perdure. Cette photo de 1934 faisant apparaître le monstre du Loch Ness s'avérera n'être qu'un trucage.

Lors d'une expédition sous-marine menée en 1976, un plongeur emporte une lampe à ultraviolet dans les eaux boueuses du Loch Ness. En surface, la température n'excède pas 12 °C en été.

Créatures aquatiques et monstres marins

Nessie n'est pas la seule créature supposée hanter les milieux aquatiques. En effet, le Loch Ness n'est pas l'unique environnement lacustre, ou autre, doté d'une éventuelle forme de vie, différente de sa faune habituelle. Depuis des siècles, trois lacs canadiens ont fait l'objet d'observations étranges, et des serpents de mer sont recensés en nombre de la Tasmanie au Massachusetts depuis des temps immémoriaux. La description de plusieurs de ces créatures évoque la structure corporelle du plésiosaure ou de l'ichtyosaure, lesquels vivaient sur cette terre au pliocène, l'époque la plus récente de l'ère tertiaire. Ces animaux sont considérés comme éteints depuis très longtemps. Mais de telles créatures seraient-elles restées dissimulées dans les profondeurs océaniques pour ressurgir de temps à autre ?

Manipogo

Le lac Manitoba de la province canadienne éponyme est censé abriter une créature aquatique de la forme d'un serpent noir au dos bosselé : le Manipogo. Sa longueur se situerait entre 3,5 et 15 mètres. En 1962, deux pêcheurs ont pris des photos, non validées en raison de leur piètre qualité. Il pouvait en effet tout aussi bien s'agir de bois flottant.

Igopogo

Au Canada, au nord de Toronto, le lac Simcoe accueillerait en ses fonds l'Igopogo, baptisé Kempenfelt Kelly. Cette créature serait dotée d'un long cou et d'une tête de chien. La concordance des descriptions renforce la théorie selon laquelle le lac abriterait un animal inconnu. En 1970, John Kirk, président du British Columbia Scientific Cryptozoology Club, entreprit des recherches qui demeurèrent sans résultat. Des vidéos amateur montrent une ombre sombre, puis une tête qui sort de l'eau, observe les alentours avant de replonger dans le lac. Pour Kirk, il ne s'agit que d'un phoque ou d'une otarie.

Autres créatures aquatiques dans divers pays et régions

- Cardborosaurus « Caddy » (Vancouver Island, Colombie Britannique, Canada)
- Piast, Peiste, Paystha, Allphiast, Ullfish (Irlande)
- Morgawr (Cornouailles et Pays de Galles, Royaume-Uni)
- Chessie (Cheasepeak Bay, Maryland, États-Unis)
- Rocky (Rock Lake, Wisconsin, États-Unis)

En 1550, Sebastian Münster dessine plusieurs monstres marins d'après les récits des explorateurs revenus en Europe après avoir fait le tour du monde.

Ogopogo

Le lac canadien Okanagan, en Colombie-Britannique, serait habité par un animal du nom d'Ogopogo. Les Indiens aborigènes connaissaient cette créature lacustre mythique bien avant l'arrivée des « hommes blancs ». C'est pourquoi ils se munissaient, à chaque traversée du lac, de quelques poulets vivants. Aucune preuve ne peut attester l'existence de ce monstre marin. Sa première observation recensée date de 1937. Sa taille serait de 9 mètres. En 1986, six bosses émergèrent à la surface de l'eau et le témoin de l'époque estima que l'animal mesurait de 15 à 18 mètres de longueur. Les scientifiques pensent que cette apparition est le fait d'une baleine ou d'un reptile.

Basilosaurus, ou serpent de mer

Certains cryptozoologues rapprochent ces créatures de *Basilosaurus,* la baleine primitive. Mais les lacs gelant en hiver, ces mammifères n'auraient pas la possibilité de venir

Ce modèle de baleine primitive, *Basilosaurus*, a été élaboré en 1993. Cet animal pouvait atteindre une longueur de 25 mètres.

respirer en surface. De plus, *Basilosaurus* pouvait atteindre une longueur de 25 mètres, de sorte qu'il ne pouvait disparaître dans des fleuves qui ne gèlent pas. D'autres cryptozoologues pensent qu'il s'agit de grands serpents de mer, lesquels, d'une part, peuvent vivre sous la glace, et d'autre part, nager dans un fleuve sans être repérés.

Pour les zoologues, ces observations prouvent uniquement que les phoques migrent parfois de l'océan vers les mers intérieures. Il ne s'agirait donc que de phoques. Bernard Heuvelmans a analysé cinq cent quatre-vingt-sept récits d'observations directes. Il résume : « Serpents de mer, avec un long cou typique, un corps en forme de cigare, quatre membres, palmures et mouvements rapides. Sauriens marins rarement observés, ressemblant à des crocodiles et se manifestant en eaux tropicales ; chevaux marins, super-loutres multibosselées, multi-ailerons, anguiformes géants, le père de toutes les tortues et "le jaune". » (7)

Avec un diamètre de 90 mètres et des grottes et profondeurs sous-marines, le Lighthouse Reef, ou Trou bleu, ainsi que l'ont baptisé les habitants du Belize (Amérique centrale), est considéré comme le repaire de monstres marins.

Le bigfoot

Depuis toujours, aux États-Unis et au Canada, dans les montagnes Rocheuses, de nombreux récits font mention de créatures aux pieds immenses *(big foot)*, de taille considérable et recouvertes d'un pelage abondant. S'agit-il d'hommes-singes, de singes humanoïdes ou, comme certaines recherches tendent à l'avancer, d'extraterrestres ?

Bigfoot – Créature disparue ou légende ?

À l'instar du yéti, les cryptozoologues tiennent le bigfoot, ou *sasquatch* («homme velu») en Indien, pour une survivance du gigantopithèque. Les zoologues le prennent pour une légende. Toutefois, la chasse au bigfoot attire de plus en plus de gens, qu'ils soient scientifiques ou amateurs.

En 1818, un article mentionne la découverte du bigfoot. Depuis, les observations de la créature se sont multipliées. Les descriptions concordent systématiquement : le bigfoot peut atteindre 2,5 mètres de haut et est couvert d'une épaisse fourrure brun roux. Ses yeux rouges et perçants sont très rapprochés et sont capables de plonger les humains en transe. Sa tête massive repose directement sur ses épaules, il pousse des gémissements impressionnants et dégage une odeur pestilentielle de saleté et de moisi.

L'ADN d'un homme-singe

Régulièrement, des empreintes de bigfoot sont découvertes, puis déclarées fausses. Les cryptozoologues affirment que les vraies pistes se distinguent aisément des fausses. Selon eux, le déplacement du poids qui accompagne la marche d'un être vivant et les profondeurs irrégulières des traces

En 1981, le cryptozoologue C. Thomas Biscardi parvient à prendre ce cliché d'un bigfoot s'enfuyant. Sera-t-il un jour possible de prouver l'existence de cette créature, déjà aperçue si fréquemment ?

Bien souvent, le bigfoot est confondu avec un grizzly dressé sur ses pattes arrière.

qui en résultent ne sauraient être imités de façon crédible par le biais de modèles en bois ou en plastique.

Aux empreintes de cet « homme-singe » viennent s'ajouter des échantillons de déjections et de poils, lesquels ne permettent d'aboutir à aucun résultat. Des examens ont toutefois permis de constater que l'ADN recueilli s'apparente à celui d'un homme-singe. Bien souvent, un spécimen de bigfoot se révèle finalement être un grizzli, car ces animaux se dressent parfois sur leurs pattes postérieures et leur structure corporelle ressemble à celle d'un homme.

Feu sur le fantôme

Il existe des enregistrements sonores et vidéo de bigfoots. Mais, comme bien souvent, chaque partie campe sur ses positions. Ainsi, les cryptozoologues considèrent comme authentique le film de Patterson et Gimlin, réalisé en 1967, affirmant que la vidéo montre une femelle traversant une rivière. Les sceptiques, en revanche, parmi lesquels Heuvelmans, considèrent ce film comme une supercherie. Une étude attentive des images laisse pourtant apparaître une déchirure musculaire sur la jambe droite de l'animal, sous la fourrure. Pour les partisans de l'authenticité, un tel sens du détail serait impensable lors du tournage d'un film.

L'auteur Roland Horn intitule son chapitre sur le bigfoot « Feu sur le fantôme ». Il note qu'il est intéressant de constater que presque toutes les personnes ayant aperçu

Le gigantopithèque

Il s'agit là d'une forme de primate issue du sud de la Chine et du nord de l'Inde. Le gigantopithèque a été décrit en 1935, à partir de dents isolées, trouvées dans une pharmacie chinoise. Depuis 1956, quatre grandes mâchoires inférieures ont été découvertes. Les scientifiques estiment que le gigantopithèque a vécu il y a entre 12 millions d'années et 500 000 ans.

la créature étaient dotées d'une arme à feu et ont tiré sur elle, bien qu'elle n'ait pas été menaçante. Il est également remarquable qu'aucun bigfoot mort n'ait pu être récupéré, alors que, dans certains cas, des chargeurs entiers ont été vidés sur l'animal. Dans ces situations, soit le corps est tombé dans un gouffre et n'a pu être ramené, soit les balles n'ont eu aucun effet sur la créature… ou bien il semble qu'elle se soit évaporée dans les airs.

Bigfoot et les ovnis

De nouvelles théories mettent en relation les apparitions d'ovnis avec les manifestations de bigfoot. Elles sont en effet concomitantes. La question n'est pas uniquement de savoir si le bigfoot est un homme ou un animal. On touche là au domaine extraterrestre, car il est évoqué dans un contexte holographique. En effet, les tenants de cette théorie affirment que cette technique est la seule solution pour expliquer son apparition et sa disparition soudaines, de même que son insensibilité face aux balles.

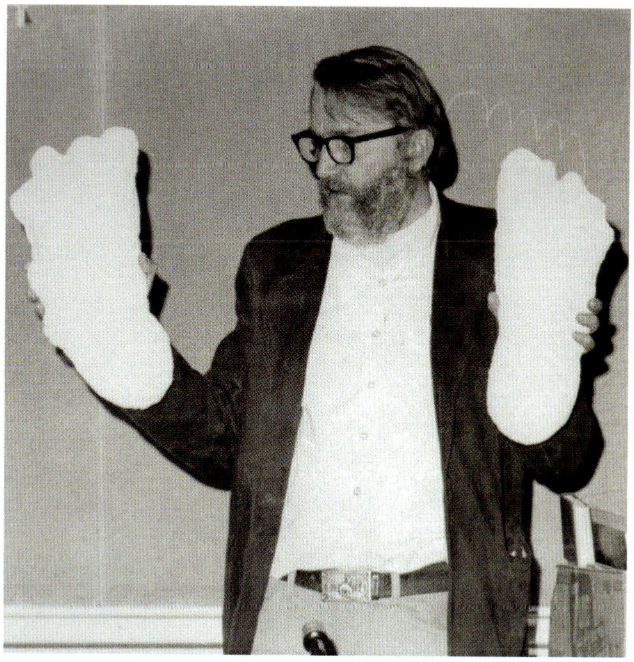

En 1974, le Dr Grover Krantz, un anthropologue de Washington, présente les moulages d'un bigfoot. À partir de la taille et de la profondeur, il évalue la taille de la créature à 2,5 mètres et son poids entre 250 et 350 kilos.

Le yéti

Qui ne connaît pas le yéti ou metoh kangmi, « l'abominable homme des neiges », ainsi que l'ont baptisé les habitants de la zone himalayenne ? Il laisse régulièrement des traces de son passage et peut même être aperçu. L'Himalaya est effectivement son domaine. Le yéti représente-t-il une survivance de nos très lointains ancêtres ou bien s'agit-il d'une espèce encore non identifiée à ce jour ?

De mystérieuses traces dans la neige

Le yéti est un autre classique de la cryptozoologie. Toutefois, les apparitions de cette créature mondialement connue ne sont pas fréquentes. En effet, il est généralement davantage question de ses empreintes, dont la taille varie étonnamment entre 15 et 45 centimètres de long.

Toutefois, même rares, ses manifestations sont souvent mentionnées. Dans son livre *Yeti – Legende und Wirklichkeit (Le yéti – légende et réalité),* publié en 1998, Reinhold Messner raconte comment il a rencontré un yéti. C'est du moins ce qu'affirment ses accompagnateurs autochtones.

Un examen plus attentif permet à Messner de constater qu'il s'agissait d'un ours brun du Tibet. Fréquemment, leur structure osseuse et leur aptitude à se tenir debout sur les pattes postérieures amènent la confusion entre des ours bruns et des cryptides. Cependant, tous les témoins ayant observé des yétis de près affirment qu'il ne s'agit ni d'un singe, ni d'un ours.

Les trois types de yéti

Pour les natifs de l'Himalaya convaincus de l'existence du yéti, il en existe plusieurs types : le petit *yeh-the,* le grand *meh-the* et l'immense *dzu-the*. Cette distinction expliquerait les différentes tailles d'empreintes trouvées. Les traces de petite ou taille moyenne sont vraisemblablement dues à des espèces de singes souvent pris pour des yétis en Himalaya. Si ce cryptide existe, il descend vraisemblablement du gigantopithèque, ce singe géant dont l'espèce a désormais disparu (voir p. 241). Lorsqu'il s'est éteint, il y a un demi-million d'années, le mont Everest s'est justement élevé de 500 mètres. Il est possible que ce changement géologique ait isolé de nombreuses espèces.

Selon une autre théorie, l'habitat du yéti se situerait dans les forêts et les vallées en deçà de la limite neigeuse. En effet, les vallées retirées, luxuriantes et noyées dans le brouillard, sont isolées des humains. Pour passer d'une combe à l'autre, le yéti devrait systématiquement traverser des zones neigeuses, ce qui expliquerait les traces régulièrement découvertes.

Croyance himalayenne

Dans son ouvrage, Reinhold Messner explique que le yéti, redoutable créature humanoïde velue et sauvage, compte parmi les croyances religieuses profondément implantées chez les autochtones himalayens. Mais force est de constater que, hormis quelques mauvaises photos (souvent identifiées comme étant des trucages) et des textes religieux tibétains, l'existence de l'abominable homme des neiges

Le yéti est un sujet qui fascine l'homme depuis très longtemps. Aussi le plateau de production du film *Yéti, géant d'un autre monde* attire-t-il de nombreux visiteurs.

ne s'appuie sur aucune preuve réelle. Des dépouilles sont régulièrement découvertes dans des monastères tibétains isolés et présentées comme des preuves de son existence. Mais elles sont systématiquement réfutées, car il s'agit généralement de dépouilles d'espèces animales connues. En 1960, Heuvelmans étudia un scalp supposé provenir d'un yéti, objet rituel des habitants de ces contrées. Une comparaison avec les poils d'une chèvre des montagnes himalayenne, conservés dans un musée bruxellois, lui permit de démontrer que le supposé scalp de yéti était en fait de la fourrure de cette espèce caprine méconnue.

Il n'y a donc pas de véritables preuves de l'existence du yéti. En dépit de milliers de témoignages visuels, encore aujourd'hui, ce cryptide reste une énigme des vertigineux sommets himalayens.

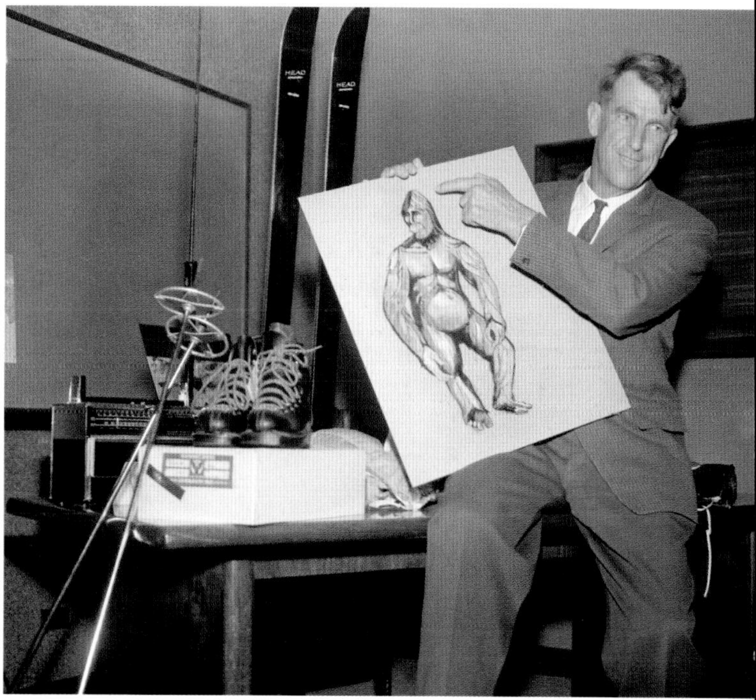

En 1960, sir Edmund Hillary, le premier à avoir gravi le mont Everest, présenta, lors d'une conférence de presse, un croquis présentant une créature des neiges qu'il avait rencontrée dans l'Himalaya.

Au début des années 1960 est retrouvée dans un village de la vallée népalaise de Khumbu la dépouille d'une créature, prétendue être celle du légendaire yéti.

Les hommes-singes

Outre les formes humanoïdes les plus connues, déjà évoquées – le yéti et le bigfoot –, les différents continents et pays offrent leur lot de récits et témoignages relatifs à d'autres types d'hommes-singes. Les similitudes récurrentes sont troublantes. Comment est-il possible qu'indépendamment du lieu et de l'époque se dégagent des caractéristiques identiques ? Les cas exposés par la suite ne présentent qu'une sélection des principaux cryptides. L'existence d'aucune de ces créatures n'a jamais fait l'objet de preuves formelles.

Le singe de De Loys

Le singe de De Loys (*Ameranthropoides loysi,* mais également connu sous les appellations Didi, Vasitri ou Guayazi) est une espèce d'homme-singe ou de singe anthropoïde qui serait localisée en Amérique du Sud. Les premiers récits faisant état de son existence remontent au XVIe siècle. Dès 1595, sir Walter Raleigh (1552-1618) rapporte les premiers témoignages en Europe. Deux siècles plus tard, Alexander von Humboldt (1769-1859) mentionne des histoires indiennes d'hommes-singes anthropophages. Lui-même considère qu'il s'agit d'ours. Les récits des autochtones décrivent des créatures agressives, qui enlèvent les femmes et tuent les hommes.

En 1920, une expédition est organisée par le géologue suisse François De Loys en vue de trouver du pétrole. Dans la jungle, au bord du río Tarra, entre la Colombie et le Venezuela, l'équipe est attaquée par des êtres plus grands que des singes, marchant sur deux pattes et dépourvus de queue. Pour se défendre, les hommes de l'expédition tuent une femelle du groupe. Afin de photographier l'animal, ils l'assoient sur une caisse et le maintiennent droit grâce à un bâton. Mesurant 1,50 mètre, dotée d'une fourrure rousse, de longs bras, de pieds aptes à la préhension et de trente-deux dents (les singes sud-américains en comptant généralement trente-six), la créature arbore un grand clitoris pouvant être confondu avec un pénis. Le zoologue français Georges Montadon, ami de De Loys, considère le spécimen comme une nouvelle espèce qu'il baptise *Ameranthropoides loysi* (singe anthropoïde américain de De Loys). Le monde de la zoologie accueille cette découverte avec le plus grand scepticisme et affirme même que De Loys aurait coupé la queue d'un singe endémique. De plus, la carnation de l'animal et la taille du clitoris semblent indiquer qu'il s'agit d'un spécimen de singe araignée. Les opposants affirment pourtant que la caisse sur laquelle l'animal a été photographié ne mesurait que 45 centimètres,

Le portrait-robot d'*Homo floresiensis* représente la créature dont le squelette a été trouvé sur l'île indonésienne de Flores.

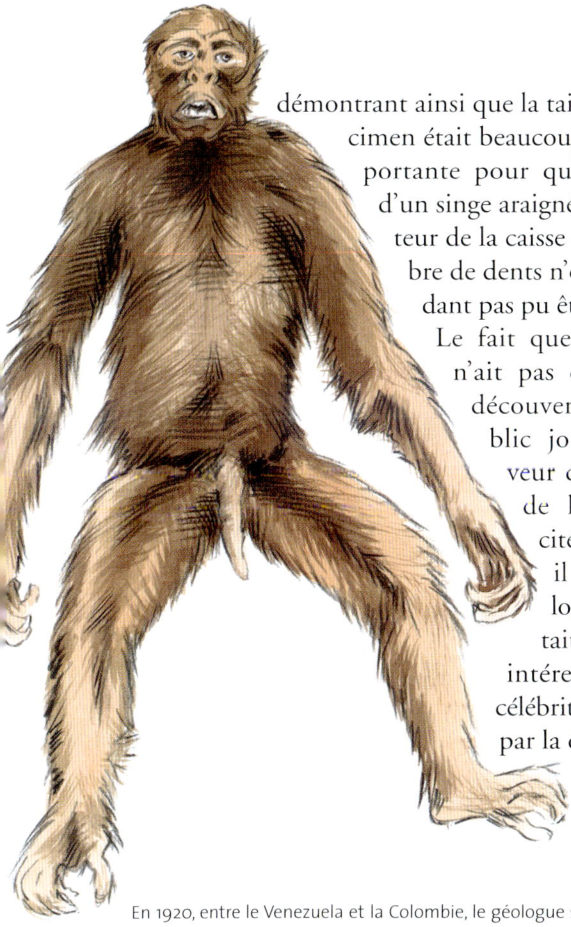

démontrant ainsi que la taille du spécimen était beaucoup trop importante pour qu'il s'agisse d'un singe araignée. La hauteur de la caisse et le nombre de dents n'ont cependant pas pu être vérifiés. Le fait que De Loys n'ait pas dévoilé sa découverte au public joue en faveur de la thèse de l'authenticité. De plus, il était géologue et n'était donc pas intéressé par la célébrité apportée par la découverte d'un animal rare.

En 1920, entre le Venezuela et la Colombie, le géologue suisse François De Loys a tué d'une balle cette créature simiesque. Il s'agit d'une femelle de 1,50 mètre environ. Elle est dotée d'un important clitoris pouvant être confondu avec un pénis. Pour cet animal, le zoologue français Montandon a créé une nouvelle espèce : le singe de De Loys.

L'orang-pendek

L'orang-pendek – le « petit homme » –, qui ne dépasse visiblement pas les 75 centimètres, ressemble à l'orang-outang – « l'homme des bois » – et vivrait dans la jungle du nord de Sumatra. Ces cryptides constituent vraisemblablement une nouvelle espèce de primates. L'orang-pendek se distingue de l'orang-outang majoritairement par sa taille, mais également par sa façon de se déplacer sur les pattes postérieures. Les indices laissant supposer son existence sont diverses empreintes de pieds et des reliquats de fourrure et de tissus. Ces empreintes se distinguent nettement de celles d'autres cryptides humanoïdes tels que le bigfoot ou le yéti. Mais aujourd'hui, aucune preuve n'a pu formellement attester son existence. Un élément demeure toutefois acquis : les restes de fourrure ou de poils ne correspondent aucunement à ceux d'autres singes ou mammifères connus. Toutes les photos de cette créature se sont révélées truquées ou inutilisables. Les témoins le comparent au paranthrope, un bipède apparenté aux ancêtres des premiers hommes. La découverte en 2004 d'*Homo floresiensis* – un hominidé de très petite taille disparu il y a quelques millénaires et habitant sur l'île indonésienne de Sumatra – permet de supposer que l'orang-pendek en serait un descendant.

Ses membres fins et longs ont valu à cette espèce de singe sud-américaine le nom de singe araignée. La science s'attache à affilier le singe de De Loys aux singes araignées, bien que ceux-ci ne dépassent pas les 40 centimètres.

Quels secrets la forêt pluviale sud-américaine recèle-t-elle ? Abrite-t-elle des créatures cachées dont nous ignorons encore tout ?

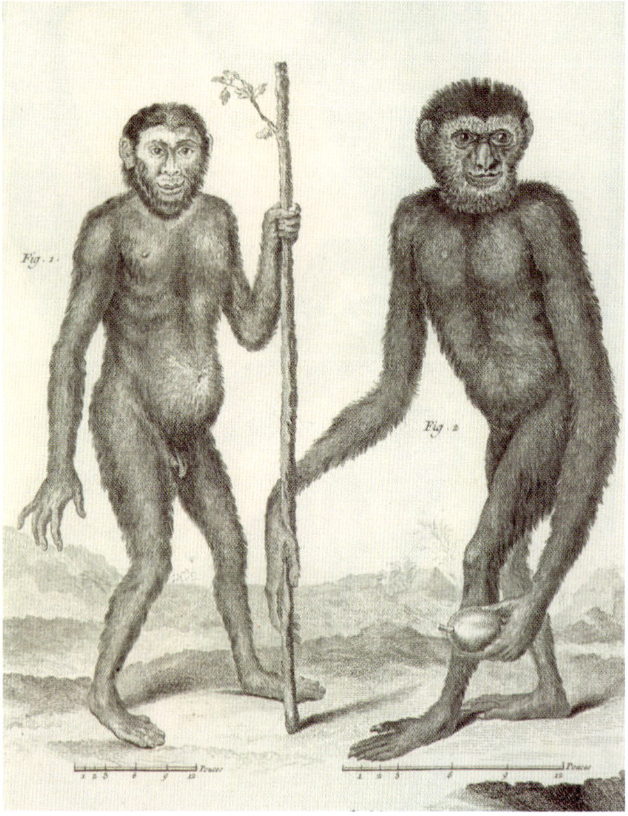

Les illustrateurs ont toujours représenté les singes comme des sortes d'hommes dotés de comportements humains. Ci-dessus, une étude datée du XVIIIe siècle.

Le yeren

Dans la province chinoise du Hubei, on appelle cet homme-singe, vivant dans les montagnes environnantes, yeren, « l'homme sauvage » de Shennongja ou Yen Hsiung. Couvert de fourrure rousse, il mesurerait entre 1,50 et 2 mètres. Depuis sa première apparition en 1920, plus de quatre cents témoignages l'évoquent. Les cryptozoologues pensent que le yeren est également un représentant des gigantopithèques, présumés disparus (voir p. 241), car cette région de Chine recèle de nombreux fossiles.

Alma

Légendaire homme-singe de la Mongolie, l'alma mesurerait jusqu'à 2 mètres. Recouvert d'un pelage brun roux, il est doté de longs bras et d'un front plat. Les almas habiteraient les montagnes de Mongolie et de Tien Shan, en Chine. Les premiers récits les concernant remontent à l'an 1420. Des autochtones décrivent ces créatures comme des « hommes sauvages ». De nombreuses expéditions ont eu pour objet de découvrir ces mystérieuses créatures, dont l'existence n'a jamais pu être véritablement attestée, en dépit de prétendues empreintes de pas et de boules de poils.

L'Iceman du Minnesota

En 1968, les zoologues Sanderson et Heuvelmans se rendirent à une exposition itinérante dans le Minnesota. Dans une roulotte était présenté un hominoïde congelé. Ils le prirent en photo et en firent des croquis précis. « C'est la première fois dans l'histoire que le cadavre intact d'un homme de type néandertalien a été découvert. Cela signifie que cette forme d'hominoïde, alors considérée comme éteinte depuis les temps préhistoriques, vit encore aujourd'hui », écrivit alors Heuvelmans, débordant d'enthousiasme (7). Il supposait que l'Iceman du Minnesota provenait du Vietnam et avait été rapporté dans les sacs destinés à rapatrier les dépouilles des soldats américains. Le capitaine Hansen, l'homme qui exposait la créature, avait en effet été envoyé au Vietnam en 1966. Cependant, Hansen donna lui-même plusieurs versions des circonstances de sa découverte. Il affirma d'abord avoir abattu lui-même la créature dans le Minnesota, l'y avoir laissée puis retrouvée des années plus tard, prise dans la glace. Par la suite, il raconta l'avoir trouvée en Sibérie. Il dit aussi avoir trouvé le cadavre dans un sac plastique chez un Chinois de Hong Kong. L'Iceman du Minnesota de l'exposition itinérante finit par disparaître, car sa dépouille commença sans doute à se décomposer et fut remplacée par une imitation. Les deux zoologues mirent cette supercherie en évidence, se basant sur quinze points. En 1997, un autre hominoïde fut découvert en France, semblable à l'Iceman du Minnesota. Mais Heuvelmans démontra qu'il s'agissait là aussi d'une mystification.

Les hommes-singes dans divers pays

- Yowie (Australie)
- Moehau (Nouvelle-Zélande)
- Chuchunaa (Est sibérien)
- Jag-mort (Oural)
- Mechenji (Ouest sibérien)
- Kaptar et Almastij (Caucase)
- Hibagon (Japon)
- Dwendis et Duende (Belize et Guatemala)
- Shiru (Équateur et Colombie)
- Didi (Guyane, Surinam et Guyane française)
- Mapinguary ou Maricoxis (Brésil)
- Ucumar, Umahuaca et Ucu (Argentine)

« C'est la première fois dans l'histoire que le cadavre intact d'un homme de type néandertalien a été découvert », écrit Bernard Heuvelmans, enthousiaste, lorsqu'il découvre l'Iceman du Minnesota dans une exposition itinérante.

Le chupacabras

Le chupacabras (« suceur de chèvres ») se situe à mi-chemin entre la légende et la réalité. Dès sa première manifestation, en 1995, sa façon bestiale de tuer animaux domestiques et bétail, de les vider de leur sang voire d'en retirer les organes a immédiatement attiré l'attention des cryptozoologues. Cet animal et ses origines sont empreints de mystère et d'interrogations. Certains rapprochent ces événements de l'ufologie tandis que d'autres y voient l'effroyable résultat d'expérimentations génétiques.

Saurien, dragon et vampire à la fois

Le chupacabras fit sa première apparition dans les années 1990 à Porto Rico. La presse locale lui attribua ce nom car l'animal vidait ses victimes de leur sang. Par la suite, cette effrayante entité fut repérée en Amérique du Sud et centrale, dans les États du sud des États-Unis ainsi qu'en Afrique. Les descriptions présentent d'importantes similitudes : il s'agit d'un être au pelage noir et rugueux, mesurant 1,50 mètre, doté d'une mâchoire inférieure très marquée, d'yeux rouges, de très petites narines, d'une bouche faite d'une simple fente et de canines courbées. Selon certains témoins, il pourrait changer la couleur de sa peau et son dos s'ornerait d'excroissances. L'animal serait également capable de courir très vite et de sauter, à la fois haut et loin. L'auteur Vladislav Raab le décrit ainsi : « Il évoque un saurien, comparable à *Deinonychus* ou *Velociraptor*. Les divers récits intègrent également le mythe du vampire, répandu en Amérique du Sud, car les cadavres arborent les traces de morsures classiques, façon Dracula. » (8)

Origine extraterrestre ?

Certains cryptozoologues pensent que les chupacabras seraient d'origine extraterrestre. En effet, l'ufologue Tito Armstrong considère les chupacabras comme des animaux domestiques extraterrestres, errant sur la Terre. Le cryptozoologue Scott Corales décrit la bête comme un croisement entre « des aliens gris » et un animal d'origine terrienne, tel un porc-épic ou un kangourou. La créature, poursuit-il, aurait une activité à la fois diurne et nocturne et provoquerait une vague de panique chez les autres animaux dès qu'elle s'en approche. Mais les chupacabras parviendraient aussi facilement à se rendre invisibles.

Plus d'une créature prise pour un chupacabras s'est finalement révélée être un simple coyote.

Les singes rhésus seraient à l'origine des nombreux cadavres d'animaux de Porto Rico. En effet, pour ces primates, tuer semble être un « sport ». Toutefois, cette théorie se voit réfutée par les innombrables témoins attestant avoir vu des chupacabras plus grands et plus forts qu'un singe rhésus.

La manifestation d'un chupacabras est généralement associée à l'apparition d'ovnis. Certains groupes vont même jusqu'à évoquer un programme des extraterrestres, qui viserait à dépeupler la planète en tuant les humains à la façon de vampires, dans l'objectif d'une colonisation de la planète. Toutefois, on ne recense pour l'instant aucune attaque d'humain.

Un hybride issu de différentes espèces

Le professeur Riviero de Porto Rico donne une explication naturelle à toutes les morts recensées dans son pays. À l'origine de ces massacres se trouveraient des singes rhésus, importés sur une île voisine pour faire des expérimentations. Ces singes, dit-il, tueraient uniquement « pour le sport » et pourraient bien être responsables de ces morts étranges. Toutefois, les innombrables témoignages infirment cette théorie. D'autres thèses évoquent des expériences génétiques menées par la NASA et qui auraient dérapé.

Au Nicaragua, un chupacabras aurait été abattu par un berger. Le cadavre présenterait de très profondes orbites, une peau flasque comme celle d'une chauve-souris, des griffes et des serres impressionnantes, et une sorte de crête se déroulerait le long de sa colonne vertébrale. La créature aurait l'aspect d'un hybride de plusieurs espèces, mais sans similitude avec un animal connu selon les dires des vétérinaires qui en ont examiné la dépouille. Le directeur du laboratoire de la police confisqua la dépouille, de sorte qu'aucune autre information ne put être transmise.

La particularité des animaux retrouvés morts réside dans le fait que leur chair demeure intacte. En revanche, ils sont littéralement exsangues : leur corps ne contient plus une seule goutte de sang.

Avec son regard rouge hypnotique, l'homme papillon est l'une des créatures les plus inquiétantes de la cryptozoologie. Des mois durant, il a hanté l'État américain de Virginie-Occidentale.

L'homme phalène

Doté d'un regard rouge hypnotique, l'homme phalène compte parmi les créatures fantastiques de ce siècle, qui ne peuvent entrer dans aucun cadre d'explication scientifique. Plus d'une centaine de témoins affirment avoir vu cette étrange créature, mi-homme mi-chauve-souris, qui, pendant plus de deux années, a semé la panique dans l'État américain de Virginie-Occidentale avant de disparaître, en 1967, sans laisser de traces.

La créature ailée de Virginie-Occidentale

En 1966 et 1967, l'État américain de Virginie-Occidentale est le théâtre d'innombrables apparitions d'une gigantesque créature ailée, d'un « animal » dont on rapporte qu'il surgit soudainement de l'ombre. Il est doté d'énormes yeux ronds rougeoyants dans l'obscurité, censés exercer un pouvoir hypnotique. D'apparence humaine, la créature mesure 2,10 mètres et semble dépourvue de tête, ses yeux reposant directement sur ses épaules. Dans son dos se replient deux grandes ailes qui, une fois déployées, atteignent une envergure de 3,50 mètres. Selon certains témoins, la créature pousserait de petits couinements, comme ceux d'une souris. De couleur grise, elle se déplace sur deux jambes, semble dotée d'une force colossale et se déplace à une vitesse supérieure à 150 km/h selon des témoins qui auraient tenté de lui échapper en voiture. Mais l'animal se serait toujours maintenu à leur hauteur, en volant au-dessus du véhicule. Dès la nuit de sa première apparition, l'entité s'est vue attribuer son surnom, *mothman,* ou l'homme phalène.

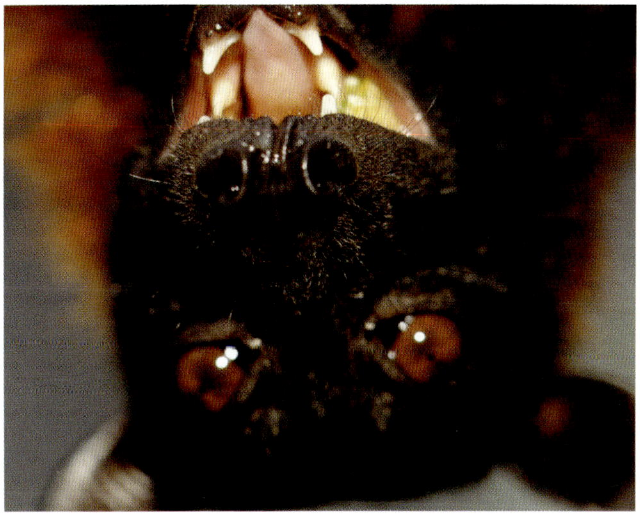

Ce cliché d'une chauve-souris montre la puissance effrayante de ses dents. Les chauves-souris ont toujours été considérées comme des créatures funestes dotées de pouvoirs magiques.

Autres créatures volantes mystérieuses

- Entre 1877 et 1880, il est déjà question à Brooklyn, aux États-Unis, de manifestations de créatures volantes. Il ne s'agit pas d'oiseaux, mais d'une silhouette noire ailée.
- En 1963 est aperçue dans le Kent, en Angleterre, une chauve-souris de taille humaine.
- En 1969 se manifeste à proximité de Da Nang au Vietnam une femme oiseau avec des ailes de chauve-souris.
- En 1971, de témoins aperçoivent à Kristianstad, Suède, une immense créature volante.
- En 1973, plusieurs témoignages rapportent les nombreuses manifestations dans le Maryland, aux États-Unis, de *smallygasters*, des créatures mythiques, nocturnes, mi-oiseaux, mi-reptiles et recouvertes de poils.

Des yeux rougeoyants à l'effet hypnotique

Plusieurs témoins, notamment des femmes en période menstruelle, ont été poursuivis par la créature jusque dans leur maison. Certains la décrivent comme un immense oiseau ; d'autres, davantage comme une énorme chauve-souris, en raison de l'absence de plumes et d'une peau lisse. Toutes les descriptions concordent en revanche sur les gros yeux rouges – dont le diamètre atteindrait 5 centimètres –, semblant dotés d'un pouvoir paralysant. Durant une année, la multiplication des manifestations de l'homme phalène a généré un vent de panique, bien que personne n'ait jamais été blessé. Plusieurs récits rapportent qu'à la fin de l'année 1966, pendant une semaine, de gros oiseaux d'aspect étrange ont parcouru l'Ohio et la Pennsylvanie. La presse de l'époque regorgeant alors d'une multitude de communiqués autour de la mystérieuse entité, il est difficile de savoir s'il s'agit véritablement de manifestations de l'homme phalène ou d'hystérie collective.

Manifestations d'ovnis et apparition de Mothman

Dans son ouvrage *La Prophétie des ombres (The Mothman Prophecies),* John Keel écrit : « Quiconque voyait le mothman, voyait également des ovnis, et quiconque les voyait avait un contact avec les aliens » (9). Chacun de ces trois phénomènes s'accompagnait généralement de sons discordants, décrits par certains comme des piaulements aigus, pour d'autres ces sons ressemblaient à une bande magnétique passée à très grande vitesse. Les créatures aperçues demeurent une énigme. D'une part, elles représentent une aberration biologique, car elles sont bien trop grandes pour voler, et d'autre part, d'après les témoins, elles ne se servent pas de leurs ailes pour voler, mais se déplacent comme un hélicoptère.

Sur ces deux années, ce sont au total plus d'une centaine de personnes qui peuvent attester de cette « improbabilité ailée », ainsi que Keel la surnomme. En 1975, au Texas, on rapporta des manifestations semblables à celles de l'homme phalène. Mais aucune information ne fut collectée à ce sujet. En 2001, le film *La Prophétie des ombres,* tiré du roman éponyme de John Keel, met en scène Richard Gere comme acteur principal.

Dans l'espoir d'interpréter l'inexplicable, les artistes n'ont cessé de représenter l'homme phalène, de diverses manières. Ici, une chauve-souris stylisée en mothman.

Kongamato et thunderbird

Depuis des temps immémoriaux, des récits rapportent l'observation, en Indonésie, en Afrique, en Australie et sur les deux sous-continents américains, d'immenses créatures ailées. Les cryptozoologues se sont surtout intéressés au kongamato africain et au thunderbird nord-américain. Les théories actuelles prônent désormais la manifestation d'objets volants d'origine extraterrestre.

Le kongamato

Selon les cryptozoologues, le kongamato, « l'emporteur de bateaux », serait un ptérodactyle doté d'une envergure comprise entre 1,20 et 2,10 mètres, et qui vivrait encore dans les marais de Jiundu, dans la zone occidentale du Zaïre. Dépourvu de plumes, il arborerait une peau lisse de nuance rouge ou noire et un long bec piqué de dents. Le nom de cette créature lui a été donné par les indigènes, dont il ferait chavirer les pirogues de pêche lors de sa chasse. En outre, selon la mythologie populaire, il apporterait la mort à tous ceux qui l'apercevraient.

En 1923, les membres de la tribu des Kaonde confient à l'explorateur britannique Frank H. Melland qu'il existe un « démon des marais ». Tentant d'identifier l'animal, le Britannique montre plusieurs représentations de ptérodactyles aux indigènes. Ceux-ci, dit-on, auraient formellement et sans hésitation reconnu leur kongamato.

Quelques années plus tard, le journaliste J. Ward Price et le futur roi Édouard VIII partent en expédition dans les colonies anglaises d'Afrique. À proximité des marais de Jiundu, ils trouvent un indigène, souffrant de profondes blessures dans le dos. Un énorme oiseau doté de grandes dents lui aurait infligé ce traitement. Cet homme identifiera également formellement son agresseur sur des dessins de ptérodactyles. En 1957, lors de son admission à l'hôpital, un homme gravement blessé à la poitrine raconte avoir été attaqué par un immense oiseau dans les marais de Bangweulu, en Rhodésie. Lorsqu'il dessine son agresseur, le croquis fait apparaître la silhouette d'un ptérodactyle. Diverses observations seront faites jusqu'à la fin des années 1950, dans les régions citées. Toutefois, une photo d'un kongamato se révélera, après analyse, être un trucage.

Pour l'instant, il est impossible de déterminer l'origine du phénomène du kongamato. Les zoologues pensent qu'il s'agit d'un bec-en-sabot, un oiseau africain voisin des cigognes, qui vit dans ces marécages. Toutefois, aucune attaque sur des humains n'a été rapportée à ce jour.

Sous le coup d'une très grande frayeur, un homme peut voir dans le vol d'une simple cigogne l'attaque d'une créature fabuleuse, souvent un thunderbird.

Pour les zoologues, le kongamato est un bec-en-sabot, un oiseau africain apparenté aux cigognes. Toutefois aucune attaque de cet oiseau sur des humains n'a jamais été rapportée.

D'autres pistes d'explications se sont tournées vers l'existence de très grosses chauves-souris, encore non répertoriées. Les cryptozoologues sont toutefois d'avis qu'il s'agit d'un ptérodactyle, injustement considéré comme une espèce éteinte.

Le thunderbird

L'« oiseau tonnerre », le thunderbird, est la version mythologique des Indiens d'Amérique du Nord du kongamato africain. Depuis les premiers temps du peuplement du territoire, de grands animaux volants ont été régulièrement observés, notamment dans les États américains septentrionaux où l'on peut véritablement parler d'une vague de manifestations. Les cryptozoologues, et en particulier le chercheur américain Ivan T. Sanderson, considèrent que le thunderbird serait une survivance de ptérodactyle, tout comme son parent africain. Toutefois, le seul animal volant préhistorique envisageable ici serait un spécimen de la famille des Teratornithidés américains, désormais disparus. Il s'agit des immenses ancêtres des vautours actuels et dont les plus grands affichaient une envergure de 8 mètres.

Pour l'identification de ces oiseaux, certains scientifiques se rapprochent de thèses pré-astronautiques et vont même jusqu'à avancer que la mythologie indienne autour de l'« oiseau tonnerre » reposerait sur des observations préhistoriques d'objets volants d'origine extraterrestre.

Depuis des temps immémoriaux, les Indiens d'Amérique honorent le thunderbird comme animal totem.

Cette créature, un ajolote, a été photographiée dans les années 1980 en Basse-Californie, au Mexique. Avec ses petits antérieurs, il ressemble au légendaire ver à pattes alpin, et en confirme donc l'existence possible.

Le tatzelwurm, ou ver à pattes des Alpes

Le nom de tatzelwurm vient du vieil allemand, *Tatzel* signifiant patte et *Wurm*, ver. Il s'agit d'un reptile légendaire, doté de deux ou quatre pattes, et localisé dans les Alpes. Ce cryptide fait l'objet d'observations régulières depuis le XVe siècle et a terrorisé plus d'un randonneur.

Un petit dragon ou une salamandre

Le ver à pattes est souvent décrit comme couvert d'écailles, mais d'autres fois il semble arborer un pelage. Il ressemblerait à un serpent, ou bien à un mammifère, occasionnellement doté d'une tête de chat. Certains récits lui attribuent une taille de 30 centimètres, d'autres de 1 mètre. Le ver, petit dragon ou salamandre, semble toutefois être un animal agressif qui attaque hommes et bêtes. Il niche dans des grottes et galeries qu'il creuse dans la roche. On raconte qu'il émet des vapeurs toxiques et cracherait même du feu. Selon certains récits, il émettrait une bave venimeuse et sa peau serait également empoisonnée.

Inobservé depuis près de cinquante ans

Des créatures similaires ont été observées dans toute l'Europe. En 1924, deux randonneurs ont trouvé un squelette long de 1,20 mètre de ce ver légendaire. Ce squelette a malheureusement été perdu. Les photos prises ont toutes été désignées comme des supercheries. L'une des dernières observations date de 1954, près de Palerme en Sicile. Des paysans ont aperçu une créature dotée de pattes arrière et d'une tête de chat attaquant un troupeau de cochons.

Heuvelmans suppose que le ver à pattes est un parent de l'héloderme *(Heloderma suspectum)* ou de la salamandre géante du Japon, le *Megalobratachus*. D'autres cryptozoologues soupçonnent un lien de parenté avec l'*Ophisaurus apodus*, un lézard sans pattes.

Est-il possible que l'écosystème d'une créature vivant à nos portes soit réduit à un point tel par le tourisme et l'urbanisation qu'elle a disparu sous nos yeux ? Les cryptozoologues supposent toutefois que des spécimens de vers à pattes se cachent encore, dans le secret des montagnes.

Le ver tueur du désert de Gobi

Les étendues hostiles du désert de Gobi abritent une créature mystérieuse, l'allghoi khorkhoi, le ver tueur de Mongolie, lequel serait capable de tuer à distance hommes et animaux.

Une créature mortelle sous le sable du désert

Le ver tueur mesurerait entre 60 centimètres et 1,20 mètre et est décrit comme un animal corpulent, rouge vif et de type reptilien. La population de la Mongolie redoute cette créature et sa simple évocation est censée porter malheur. Il cracherait un poison mortel tuant sur le champ et générerait d'importantes décharges électriques.

L'auteur tchèque Ivan Mackerle fut le premier à se pencher sur ce cas mystérieux. Les nomades mongols lui ont raconté que le ver serait attiré par la couleur jaune. Ainsi, ils rapportent l'histoire d'un enfant qui avait un coffre à jouets jaune. Le ver s'était glissé à l'intérieur et, lorsque l'enfant le toucha, il mourut sur le champ. Les parents n'eurent que le temps de voir la queue disparaître dans le sable. Ils voulurent supprimer le ver, mais l'animal les tua aussi.

Le désert de Gobi abriterait le ver tueur de Mongolie. Avec près de 2 millions de kilomètres carrés et situé à une altitude 1 000 mètres, il s'agit du plus grand désert d'Asie.

Une vipère des sables tueuse ?

Les spéculations se multiplient autour de cette mystérieuse créature. Une théorie envisage le ver tueur comme une *desert death adder*, à savoir une vipère des sables tueuse. En effet, la description de cette dernière ressemble à celle du allghoi khorkhoi, et, de la même façon, elle crache du venin. Au vu de son métabolisme, cette vipère pourrait tout à fait survivre dans le désert de Gobi, bien qu'on ne la connaisse qu'en Australie et Nouvelle-Guinée. Les sceptiques pensent qu'un ver normal ne serait pas en mesure de résister aux conditions de vie désertiques, car il se dessécherait très rapidement. Aussi, soit le désert de Gobi abrite une espèce de vipère encore inconnue et dont l'aspect et le danger ont été amplifiés par des exagérations ou superstitions, soit la créature est un pur produit de l'imagination des nomades, cherchant à résoudre l'énigme de ces morts inexpliquées.

Les théories se multiplient autour du ver tueur du désert de Gobi. L'une assimile cette créature à une vipère tueuse des sables. Ce reptile ressemble effectivement à la description donnée du ver et, à l'instar de ce dernier, crache du venin.

ÉNIGMES D'AUJOURD'HUI

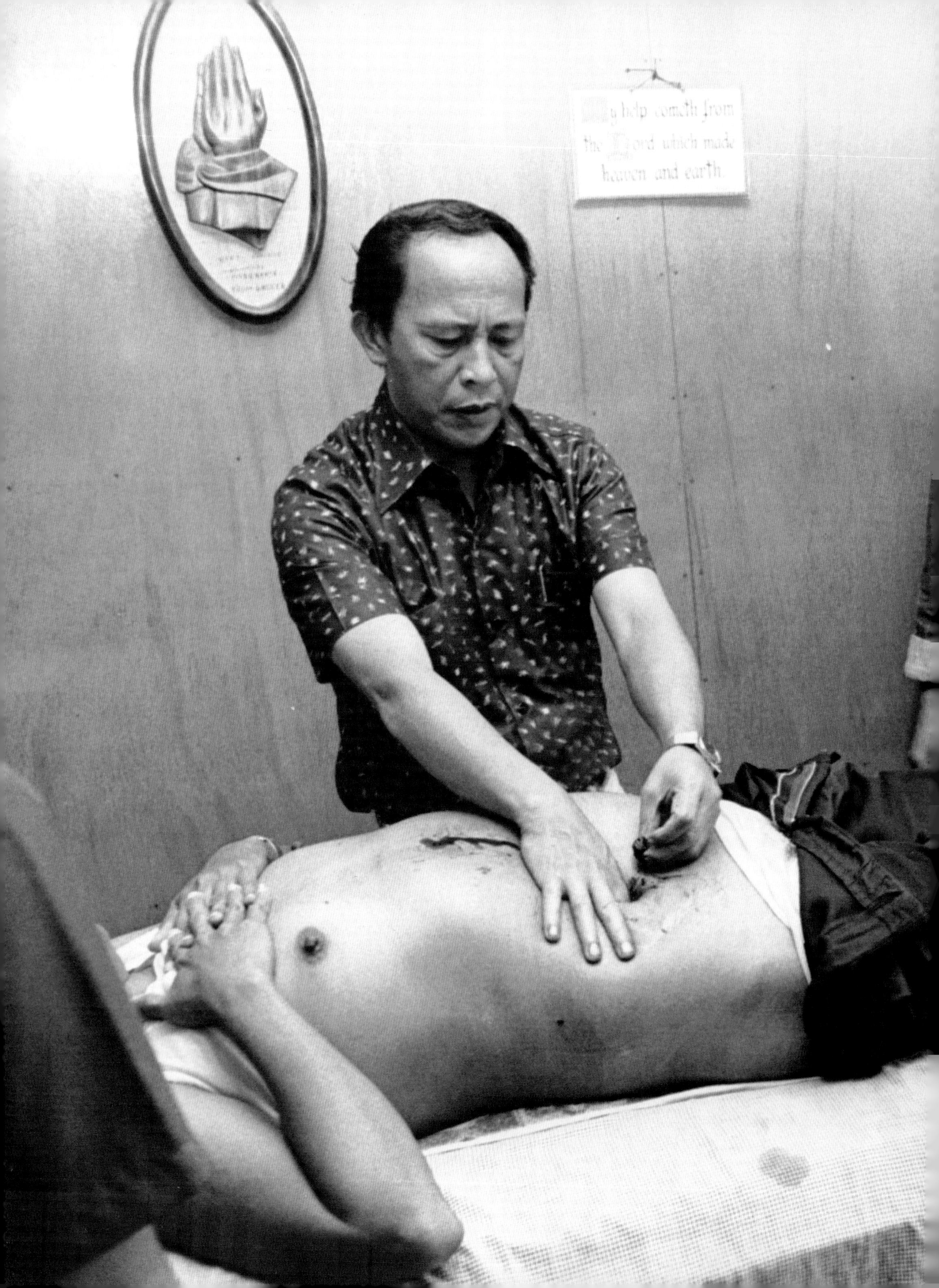
y help cometh from
the ord which made
heaven and earth.

Les phénomènes médico-psychologiques

Grâce à l'étude du rêve et de l'inconscient par Sigmund Freud et Carl Gustav Jung, reconnue comme discipline scientifique, les chercheurs issus de différents domaines se sont intéressés à des disciplines situées à la limite de leur secteur, voire hors du canon de la science. Parmi celles-ci, on compte notamment l'étude des phénomènes qualifiés de paranormaux.

De ce domaine, différentes méthodes thérapeutiques alternatives ont cours, allant des pratiques des chamans des peuples primitifs à celles des guérisseurs, en passant par les techniques de chirurgie psychique. Il s'agit également d'étudier des cas avérés et recensés de guérisons à distance, d'opérations à mains nues réussies, ainsi que de guérisons spontanées de patients qui, atteints de graves maladies, se sont rétablis sans recevoir aucun traitement identifiable. Mais d'autres manifestations entrent dans ce champ d'activité : les dépouilles mortelles qui demeurent intactes, sans trace de décomposition, les personnes dotées de facultés extraordinaires comme ces enfants russes dotés d'un regard pénétrant, grâce auquel ils peuvent regarder au travers des gens et diagnostiquer des maladies. Aucun médecin tenant de la médecine classique n'ose se confronter à ces phénomènes, lesquels sont systématiquement qualifiés de charlataneries. D'où vient cette peur infondée devant l'inexpliqué ou, plus précisément, face à l'inexplicable ?

Ce chapitre ne s'attache pas uniquement à la nature physique de la guérison, mais en étudie également les aspects psychologiques.

Le guérisseur philippin Laurence S. Cacteng opère un patient à mains nues.

La guérison spontanée

Tous les médecins ont été confrontés, dans leur pratique, à des guérisons spontanées voire à la disparition de tumeurs malignes, sans pour autant en comprendre l'origine. Les médecins étant des hommes de science, ils ne s'aventurent pas à parler de miracles. Ils continuent de chercher des explications entrant dans les schémas connus de la médecine, refusant toute autre interprétation. La vraie question que la médecine devrait finalement se poser est : que signifie véritablement la guérison ?

Une aveugle recouvre la vue

En 2004, Joyce Urch, une femme de 74 ans, fut la victime d'un très grave infarctus qui la plongea dans le coma. En 1979, elle avait été atteinte d'un glaucome, à la suite de quoi elle avait presque totalement perdu la vue. Lorsqu'elle sortit du coma, après trois jours d'inconscience, Joyce avait recouvré la vue. Jusqu'à ce jour, les médecins n'ont pas trouvé d'explication à cette guérison inattendue. Les médecins se trouvent confrontés à un mystère, car cette guérison spontanée ne ressemble en rien à quelque chose de connu. La patiente et sa famille parlent de miracle.

Deux autres cas extraordinaires

Un patient allemand souffrait d'une tumeur aux bronches et un autre d'un mélanome malin. Ces deux cas étaient arrivés au stade des métastases, lesquelles avaient déjà atteint des organes vitaux. Les médecins avaient arrêté tout traitement sur le premier patient auquel n'étaient plus prodigués que des soins palliatifs. Mais soudain et sans aucune autre aide médicale, tumeurs et métastases ont toutes disparu. L'homme vécut encore dix ans, entièrement guéri de son cancer, et mourut d'une embolie pulmonaire. Chez le second patient, atteint d'un cancer de la peau, la tumeur fut retirée par le biais d'une intervention chirurgicale. L'homme subit aussi une chimiothérapie en vue de traiter ses métastases, et des rayons afin de contrer celles de son cerveau. En dépit de ce suivi, les médecins décidèrent d'abandonner le combat. L'homme passa alors à des thérapies alternatives, modifiant ses habitudes alimentaires et adoptant un régime complet et végétarien. En l'espace de trois ans, toutes ses tumeurs disparurent et, depuis 1986, le patient est considéré comme guéri. La médecine se trouve une fois de plus confrontée à une énigme.

Certains patients développent des guérisons spontanées, lesquelles restent de véritables mystères pour les médecins. Tel est par exemple le cas d'une femme aveugle qui recouvrit la vue après avoir survécu à un grave infarctus.

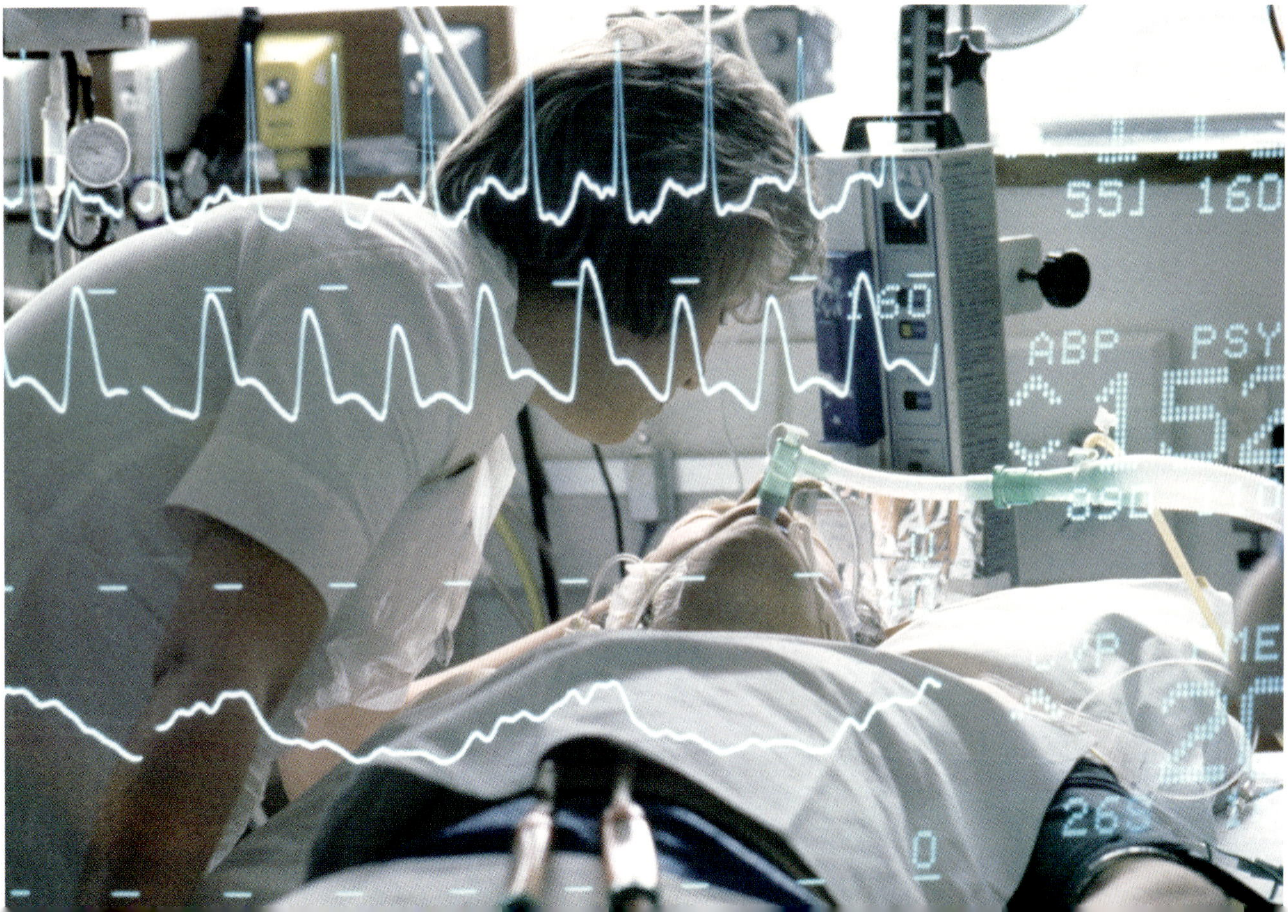

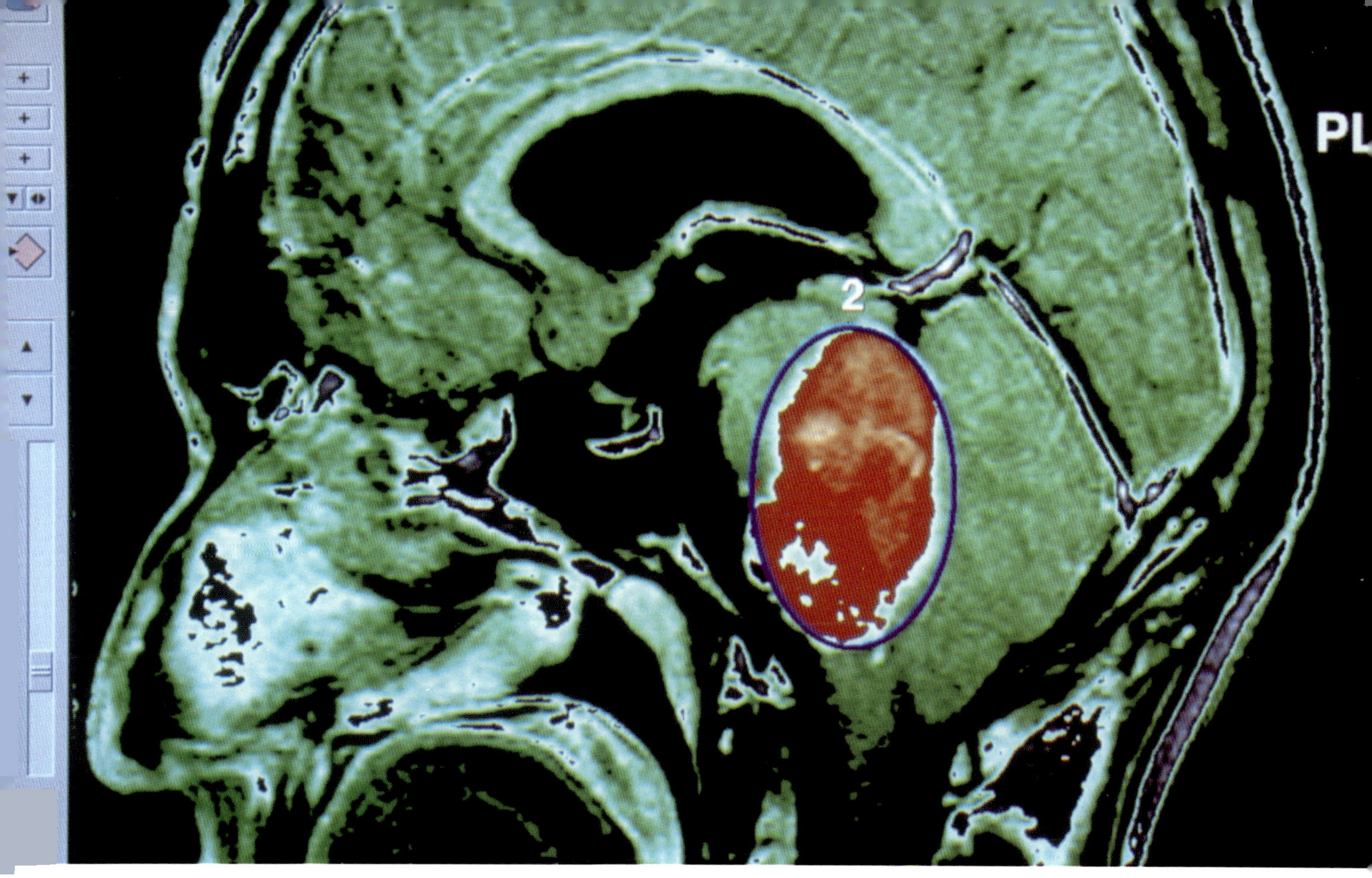

Il existe des cas inexpliqués de guérisons spontanées, dans le cadre desquelles même des tumeurs au cerveau peuvent intégralement se résorber – ci-dessus, une tomographie par ordinateur.

Le mental joue-t-il un rôle ?

Les personnes ayant connu une guérison spontanée l'attribuent souvent à leur mental ou à l'application de thérapies alternatives. Depuis quelques années, les scientifiques compilent des données relatives aux guérisons spontanées et tentent de les exploiter à des fins statistiques, sans trouver d'explication. Des groupes de recherche de la clinique de Nuremberg et de la clinique universitaire de Heidelberg parviennent pour l'instant à la conclusion que la médecine n'est pas en mesure de faire des recommandations aux patients, ni même de donner une quelconque interprétation des faits de façon à stimuler une guérison spontanée.

Dans les cercles de médecines alternatives ou les milieux parapsychologiques, on cherche à impliquer dans ce processus de guérison certaines caractéristiques individuelles, types de comportements ou facteurs religieux. Aussi les cas de guérisons spontanées dans un contexte religieux et de profonde piété sont-ils largement documentés. La médecine se refuse toutefois à établir un lien de cause à effet et pense qu'il s'agit d'un simple concours de circonstances. Pour le moment, la question de savoir si ces guérisons résultent de l'action de forces spirituelles ou du hasard n'est pas encore tranchée.

Une explication scientifique des processus spirituels

Des paramètres tels que le mode de vie du patient, sa qualité de vie et son attitude personnelle face à la maladie jouent un rôle prépondérant dans son rétablissement. Les scientifiques concèdent une « transformation existentielle » lorsque le malade rencontre « la spiritualité » ou Dieu. En conséquence, il développe une forme de reconnaissance pour sa maladie, et, selon les chercheurs, cette pensée pourrait stimuler le système immunitaire et générer une guérison spontanée.

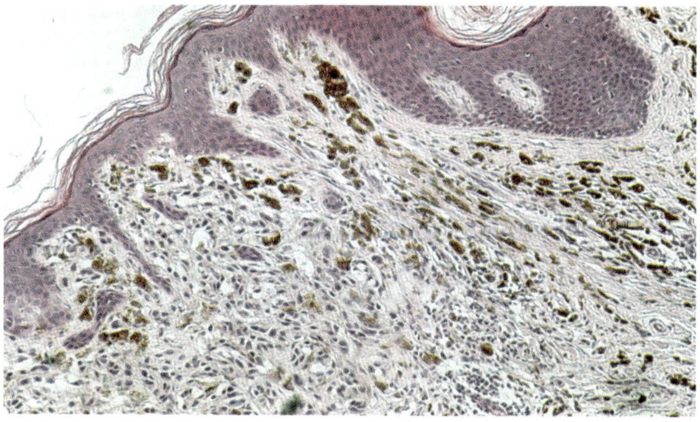

Un mélanome en phase finale. Selon certaines statistiques, pour ce type de cancer, on peut compter un cas sur cinq cents de guérison spontanée.

Les guérisons miraculeuses

De plus en plus de personnes ne font plus confiance à la médecine traditionnelle et se tournent davantage vers des thérapeutes ou des guérisseurs de façon à être soulagés de leurs douleurs. Les méthodes thérapeutiques alternatives sont variées et vont de l'imposition des mains à l'utilisation d'un pendule. Nombre de guérisseurs agissent à distance, identifient les vibrations de la maladie et envoient des énergies curatives. Mais où se situe la frontière entre les charlatans et ceux qui n'hésitent pas à mettre leur don particulier au service de leurs contemporains ?

En 1951, un vaste public assiste à l'action du guérisseur Harry Edwards : lors d'une représentation au Royal Festival Hall, il permet à une femme invalide de marcher à nouveau.

Expliquer l'inexplicable

Depuis des années, la sphère des thérapies alternatives crée la surprise par le nombre de succès obtenus : disparition de tumeurs, guérison de cancers, résorption de paralysies et rétablissement de patients réputés incurables. Les guérisseurs doivent faire d'importants efforts pour être pris au sérieux, il leur faut donc user de leurs facultés de façon très ciblée.

Pendant longtemps, la médecine traditionnelle s'est refusée à reconnaître ces formes différentes de thérapie ou à en faire usage dans son champ d'activité. Toutefois, les scientifiques sont de plus en plus nombreux à s'interroger sur les succès des « autres » techniques. Aussi, ces derniers ont recourt aux caméras infrarouges, aux appareils de mesure de la fréquence cardiaque et à des expériences cellulaires complexes afin de trouver une réponse à la question de savoir s'il existe des énergies curatives.

Deux guérisseurs allemands

Christos Drossinakis, un Allemand d'origine grecque, est l'un des guérisseurs les plus célèbres d'Allemagne et celui qui a fait l'objet du plus grand nombre de tests à travers le monde entier. Il semble être capable de désorganiser la structure moléculaire de l'eau à plusieurs kilomètres de distance. Comment y parvient-il ? Comment est-il en

Le succès des médecines alternatives

Le Dr Harald Wiesendanger décrit le succès des médecines alternatives de la façon suivante : « Le phénomène de guérison spirituelle est porté par une large propension du public à se tourner vers des processus thérapeutiques doux et naturels, lesquels sont, à tort, qualifiés de médecine alternative. Au fil des vingt dernières années, la proportion des Allemands recourant régulièrement à des médicaments naturels a plus que doublé et ce ne sont pas moins de 84 % des personnes qui portent un jugement favorable. Ne serait-ce que dans la partie occidentale de l'Allemagne, un adulte sur six a déjà essayé une thérapie non reconnue par la médecine traditionnelle, et neuf sur dix se sont déclarés satisfaits des résultats. » (10)

> « Sur le fond, je ne soigne rien du tout. Les maladies se guérissent d'elles-mêmes, avec l'aide de Dieu. Mon travail consiste à réunir les bonnes conditions. » (11)
>
> Christos Drossinakis

mesure, par la simple concentration, de modifier la température corporelle d'un patient ? Comment arrive-t-il, à des milliers de kilomètres, à apaiser la crise d'asthme d'une personne ?

Habitant en Rhénanie-Palatinat, le guérisseur Pjotr Elkunoviz ne parvient pas à expliquer comment il est capable de guérir ses patients de leurs troubles. Il explique simplement que la puissance divine agit à travers lui. Une femme souffrant d'ostéoporose à un stade avancé quitte son cabinet soulagée de ses douleurs. Un simple mouvement de main de Pjotr permet de corriger le bassin décalé d'une autre et ses jambes retrouvent alors la même longueur. Des milliers de personnes rendent grâce aux facultés extraordinaires de Pjotr Elkunoviz et ressentent au quotidien l'efficacité de ses méthodes thérapeutiques. Une patiente le décrit comme un mélange de Dieu, de Sai Baba (voir p. 221) et de Mère Thérésa.

À Baltimore, aux États-Unis, la guérisseuse Olga Worrall appose ses mains sur un homme pour le soulager de ses souffrances.

Les guérisseurs, médiateurs entre les mondes

La médecine traditionnelle considère qu'il s'agit de charlatanisme, d'un effet placebo, de foi aveugle. Mais les médecins sont de plus en plus nombreux à se tourner vers ces mystérieuses capacités. Le professeur Kasper Rhyner, médecin chef de l'hôpital de Glaris, en Suisse, travaille même en collaboration avec une guérisseuse. Il a constaté que nombre de ses patients que la médecine traditionnelle ne pouvait aider recouvraient la santé grâce à ses soins.

La guérison spirituelle détermine toutes les méthodes thérapeutiques disant s'appuyer sur des forces et capacités de l'esprit. Énergie, lumière et courant curatif sont mis en œuvre d'une mystérieuse façon. L'origine de cette source thérapeutique ne serait pas le guérisseur en lui-même, lequel ne serait qu'un « vecteur » entre les mondes, mais résiderait dans le divin ou cosmique universel. Le guérisseur serait alors le canal qui permet de structurer et de concentrer les flux énergétiques. Ce schéma permettrait d'expliquer les guérisons par-delà les distances. De plus, chaque rétablissement semble s'accompagner d'une évolution de l'âme de la personne traitée. En effet, les thérapeutes expliquent généralement leur action à leurs patients par ces mots : « Ce n'est pas moi, mais ta foi qui t'a guéri. »

D'origine grecque, Christos Drossinakis est le guérisseur le plus connu d'Allemagne et l'un de ceux qui s'est le plus prêté à diverses expérimentations.

Les guérisseurs spirituels

Née aux Philippines, la chirurgie psychique permettrait à ses pratiquants, par de simples tours de passe-passe avec leurs mains, de pénétrer dans le corps de leurs patients, d'y capter les énergies négatives et de les faire disparaître. Ces chirurgiens psychiques expliquent que le Saint-Esprit agit à travers eux. Leurs mains entreraient également dans les corps afin de les débarrasser des tissus malades. L'aspect le plus mystérieux de cette forme thérapeutique reste le fait que la peau se referme, sans laisser de cicatrice.

La prédisposition des patients à la guérison

Ils interviennent dans le corps de leurs patients, opèrent à mains nues et neutralisent tous types de maladies. Des malades du monde entier ne jurent que par eux. Considérés comme des charlatans par la médecine traditionnelle et honorés comme de véritables thaumaturges par les personnes rétablies, que penser véritablement de ces êtres et de leurs mystérieux dons de guérisseurs ? Quelle est la part de l'autosuggestion dans la réussite des opérations ?

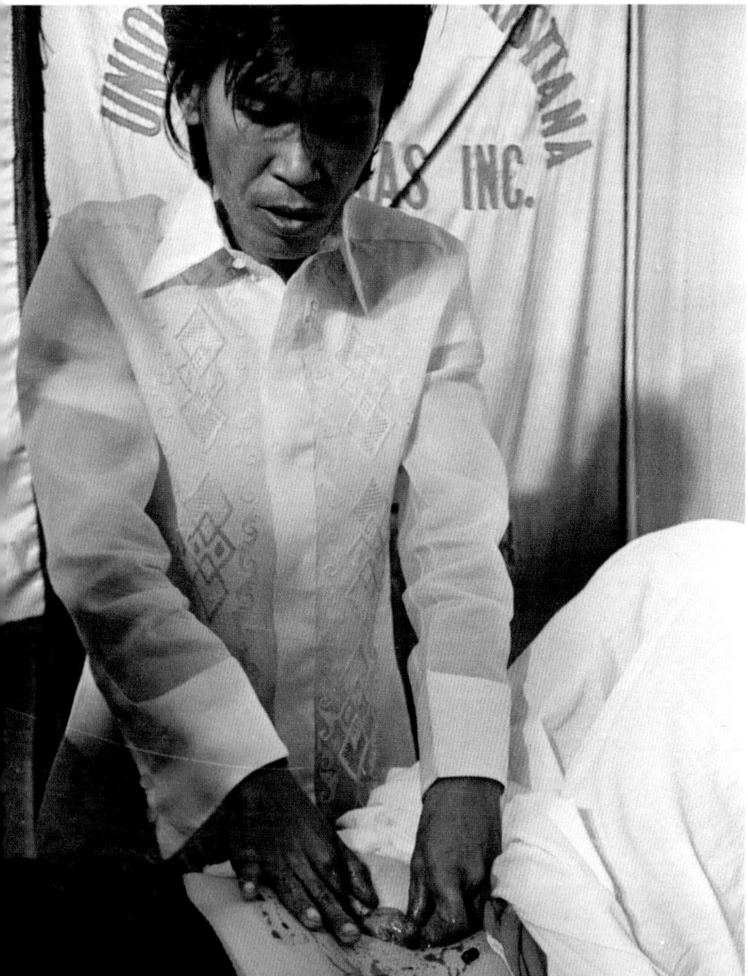

Alex Orbito est l'un des innombrables guérisseurs spirituels philippins. Cette illustration le représente en train de procéder à une appendicectomie, à mains nues.

Un intérêt marqué pour les méthodes thérapeutiques alternatives, notamment la naturopathie, les guérisseurs spirituels et les chirurgiens psychiques se dessine à l'échelle mondiale.

Le médecin hambourgeois Matthias Kamp, directeur d'un groupe de travail médico-scientifique, s'intéresse aux phénomènes de guérisons spirituelles. Les résultats des recherches se révèlent instables, mais, selon lui, la logique veut qu'un domaine aussi novateur ne génère pas que des données positives. Ainsi, la guérison spirituelle attire naturellement les mystificateurs, mais cet élément ne doit en rien diminuer les performances des véritables guérisseurs.

Le Dr Donald McDowall, médecin américain, s'intéresse depuis des années à la guérison spirituelle et la chirurgie psychique. Il explique que tout patient désireux de se lancer dans cette voie doit absolument s'assurer de la fiabilité du chirurgien-guérisseur. Il pose deux conditions : la foi du patient en la force de guérison et une disposition d'esprit entièrement tournée vers ce rétablissement. Ces deux serments doivent être tenus sans faiblir.

Des forces de guérison venues des temps lointains

Toutes les époques et toutes les civilisations ont évoqué des pouvoirs de guérison. Puis, la médecine se modernisant au fil du temps, les hommes ont abandonné ces méthodes. Si les guérisseurs spirituels jouissent généralement d'une réputation douteuse, souvent accusés de charlatanerie, le nombre de succès thérapeutiques validés par la médecine semble s'accroître : ainsi, certains rapports médicaux, évaluations en laboratoire et récits de patients attestent d'une véritable guérison. Les témoignages relatant le rétablissement de personnes atteintes de surdité, de handicapés en fauteuils roulants, de paralytiques et de rhumatisants ne cessent d'affluer. Il existe certes des gué-

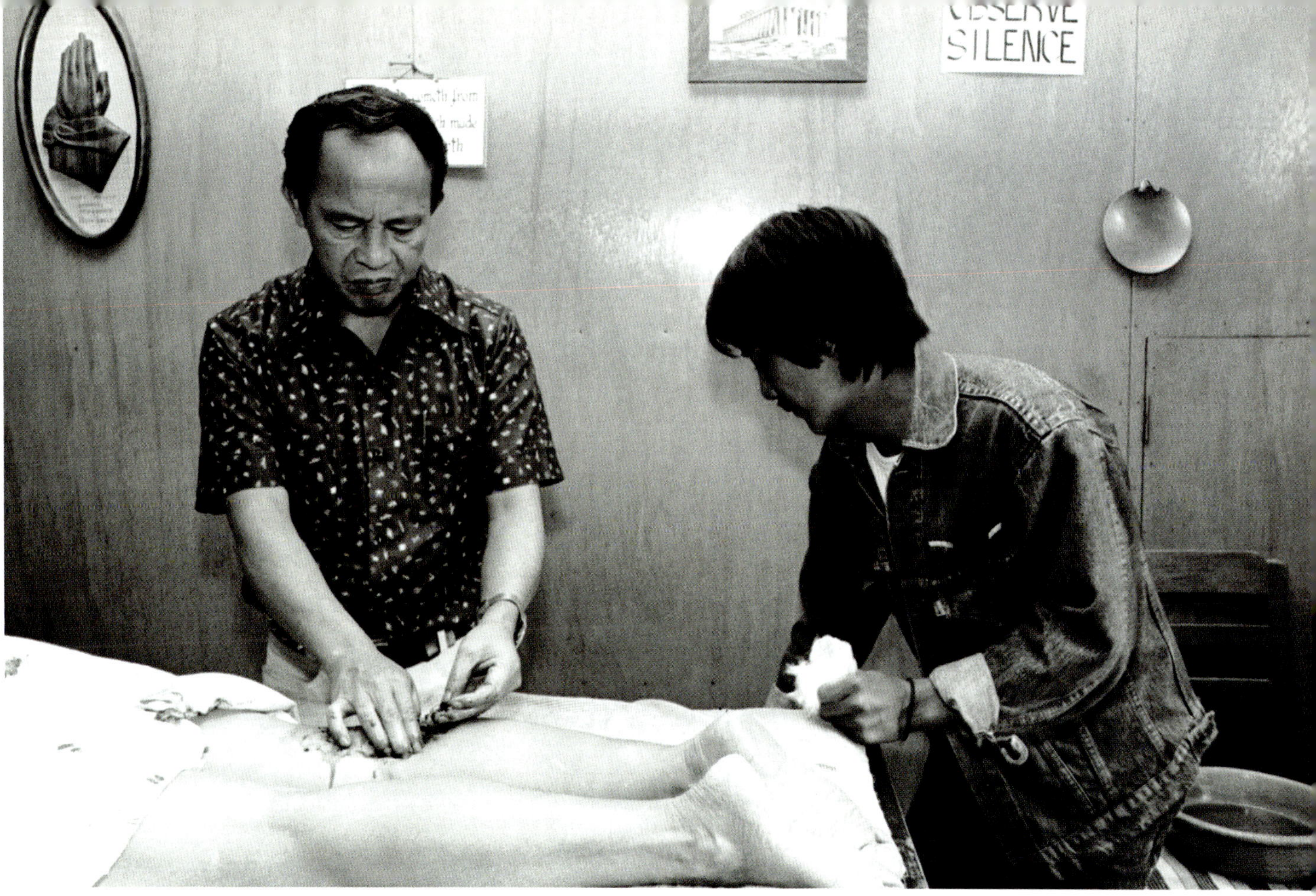

Laurence S. Cacteng, célèbre guérisseur spirituel philippin, traite un patient souffrant de problèmes veineux dans le mollet.

risons spontanées, mais le processus thérapeutique peut s'étaler sur une durée plus ou moins importante. Force est seulement de constater que ces succès ont été attestés par le corps médical. À l'instar de son collègue, le Dr Kamp affirme également que le patient doit absolument croire en la force de guérison.

Vecteurs de l'énergie divine

Les guérisseurs spirituels travaillent avec une énergie qu'ils qualifient eux-mêmes de divine. Ils expliquent que c'est en fait l'énergie qui travaille avec eux, qui œuvre à travers eux. Ils ne sont au final qu'un simple canal. Ressentir l'énergie accompagner les mains du chirurgien dans le corps du patient et le guider lors de l'opération se révèle vraisemblablement une sensation très particulière. Ce type de guérison sans douleur ni effets secondaires montre bien à quel point nous nous sommes éloignés de notre vraie nature et de nos racines.

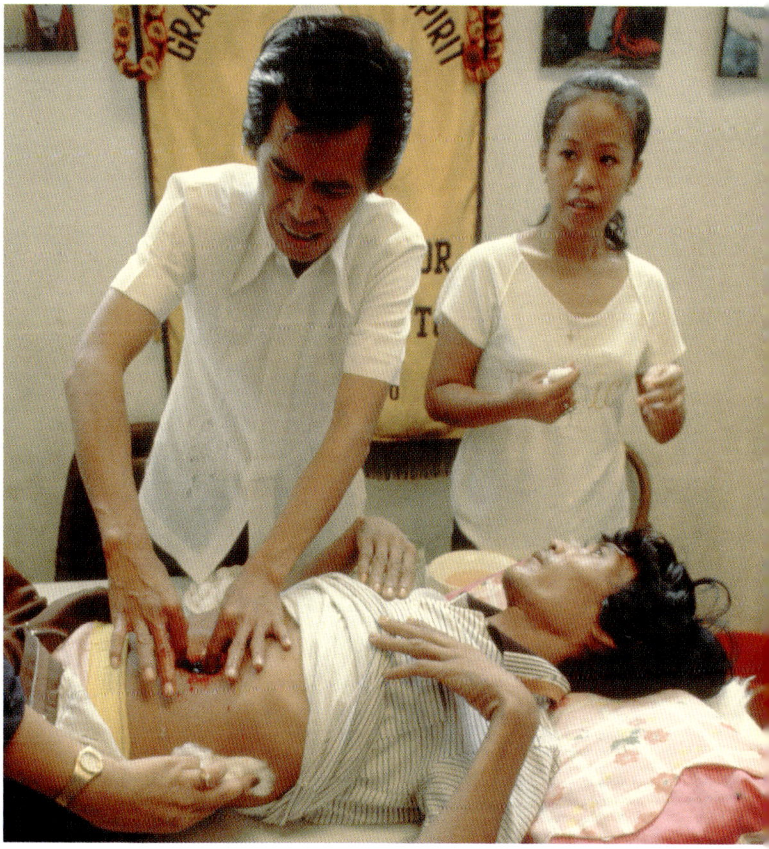

Un autre guérisseur philippin en cours d'opération. Les guérisseurs spirituels s'appellent eux-mêmes les « chirurgiens de Dieu ». Ils affirment pouvoir traiter des patients pour lesquels la médecine traditionnelle ne peut plus rien.

ÉTUDES DE CAS

Les paragraphes suivants présentent quatre cas (12) de personnes soignées par le guérisseur João Teixeira da Faria, également connu sous le nom João de Deus. Les récits sont le fruit d'enregistrements de son secrétaire à Abadiâna, au Brésil. D'après lui, il est difficile de déterminer le nombre de patients soignés par João, ne serait-ce que par la quantité de guérisons à distance opérées par ses soins.

La femme pasteur de l'église eucharistique de Vitoria, Brésil, 1996

« J'ai été opérée à deux reprises, mais mes problèmes de disques sont réapparus. Puis mes jambes ont été frappées par une atrophie musculaire et j'ai été alors obligée de me servir de béquilles. Je suis entrée dans la salle de consultations. João de Deus est apparu, a posé ses mains sur mes jambes, puis sur ma colonne vertébrale. Immédiatement après le traitement, je me suis débarrassée de mes béquilles et suis rentrée à la maison, sur mes deux jambes. Je n'aurai plus jamais besoin de ces instruments. »

Allesandreo Nardes Krug et Terezina Krug, mère et fils, Brésil, 1995

Un jeune homme en pleine santé âgé d'une quinzaine d'années ressent soudain de terribles douleurs dans les jambes. Il finit par être cloué sur une chaise roulante. Les médecins ne trouvent aucune explication et supposent une ostéoporose, une sclérose en plaques ou un effondrement des disques intervertébraux. Mais ils n'ont aucune

Le guérisseur spirituel João Teixeira da Faria, alias João de Deus, traite un patient souffrant d'angine de poitrine.

certitude. « Aujourd'hui, Allesandreo court à nouveau, comme s'il n'avait jamais eu de problème, déclare son père. Il a été soigné *via* une opération invisible, des plantes et l'énergie spirituelle. Je n'ai rien payé, si ce n'est le transport jusqu'à Abadiâna. » La mère d'Allesandreo ne pouvait plus marcher non plus, en raison d'une tumeur à l'utérus. Les douleurs sont insupportables. « Elle a été guérie par une ablation chirurgicale de la tumeur, de façon indolore et sans anesthésie. Une opération qui n'a duré que cinq minutes », explique M. Krug.

Le Dr Romeu Correa de Araujo Filho de Goiania, Brésil, 1996

L'opération a été observée par un collègue du Dr Romeu, le Dr Divaldo Matos Sautana ainsi que par trois autres médecins. Romeu a été invité à s'asseoir sur une chaise basse. Un médium de la maison s'est placé devant lui afin de lui dispenser de l'énergie, tandis que João, « environné d'ombre », pratiquait une incision de 6 centimètres dans l'omoplate droite. Des parties de l'abcès sont retirées, jusqu'à ce qu'il atteigne la tumeur principale. Cette dernière est également extraite, presque en un seul morceau. La cavité est alors rincée avec de l'eau « chargée » afin de stériliser la zone. Deux points viennent refermer l'incision et le jeune docteur se retire en salle de réveil pour se reposer au terme de son opération. Celle-ci a été observée par les médecins. La tumeur a été transmise aux médecins pour une analyse pathologique.

Nombre de personnes paralysées n'abandonnent jamais l'espoir de guérir un jour et recherchent des solutions dans les médecines alternatives et auprès de guérisseurs. Certains quittent leur fauteuil roulant à tout jamais.

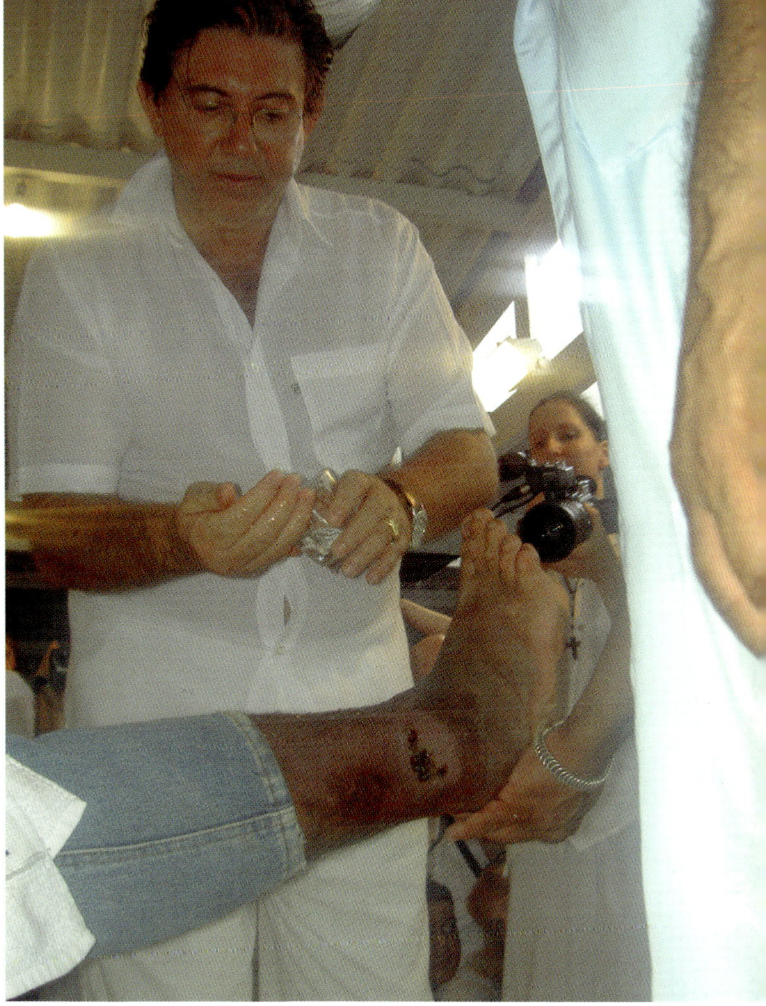

João de Deus masse le pied et la jambe d'un homme, victime de graves brûlures, avec de l'huile consacrée.

Lettre de remerciements de Caterina Pellgrino de Florence, Italie, 1996

« Je t'écris pour te remercier de l'opération invisible que j'ai subie la semaine dernière à Abadiâna. Le Dr Augusto de Almeida a retiré un gros kyste de mon intestin, divers autres de mon rein droit et un petit de ma gorge. Une tumeur intestinale avait été diagnostiquée il y a quelque temps en Australie, mais j'avais bien trop peur de subir une opération traditionnelle. Je ne pourrai jamais suffisamment vous remercier, toi et tes amis, d'avoir adouci mes souffrances. Ma visite dans ton hôpital a été une expérience extraordinaire, je t'en remercie. Salutations, Caterina Pellgrino »

Un chaman de la tribu des Ndebele, en Afrique du Sud, observe le soleil se coucher. Il porte sur sa tête une coiffe d'ornement appelée *isisba,* ornée de piquants de porc-épic. Le chaman est censé pouvoir lire le futur dans l'agencement d'os lancés et retombés à terre.

Les chamans

Un chaman est un homme doté de facultés spirituelles hors du commun, capable de guérir des malades, de détourner les malheurs et d'influer sur le temps. Un homme devient chaman par un événement qui suscite sa vocation, *via* un rêve ou une vision. Les chamans sont en relation directe avec les autres mondes et visent à restaurer la relation altérée entre l'homme et la divinité. Ils jouent donc le rôle de médiateurs entre les hommes et le monde spirituel.

Les magiciennes mandchoues

Le mot chaman signifie « guérisseur » et « guide spirituel ». Le terme trouve son origine dans les langues de l'ethnie mandchou-toungounse et fut attesté pour la première fois par écrit en 1194. Il s'agit du terme utilisé par les ancêtres des Mandchous pour désigner leurs magiciennes. Les chamans ne sont pas liés à une religion spécifique. Dans le sillage du mouvement ésotérique et new age, le concept du chamanisme s'est introduit en Europe.

Ils jouent le rôle de médiateurs entre le monde spirituel et le monde matériel, et disposent de la connaissance des temps anciens. Ce savoir leur donne accès aux techniques et rituels spécifiques leur permettant d'entrer en contact avec la réalité invisible. Ils sont également souvent appelés « hommes-médecine ». Dans les tribus asiatiques, africaines et indiennes, les similitudes concernent tant les pratiques que les devoirs des chamans au sein de la communauté. Outre la guérison de l'âme et du corps, les expériences intenses des chamans concernent également des épisodes de mort corporelle imminente, grâce auxquels ils pourraient entrer en contact avec l'autre monde.

Prise de conscience, assistance et guérison

Depuis les origines de l'humanité, il existe des êtres dont la mission consiste à conserver et à transmettre la connaissance immémoriale de divers remèdes et rituels de guérison. En Europe, la plupart des néochamans vivent et œuvrent encore dans l'ombre et les personnes qui recherchent de l'aide auprès de ces chamans le font généralement dans le plus grand secret, bien que l'Organisation mondiale de la santé (OMS) reconnaisse certains des rituels thérapeutiques chamaniques et leur attribue une efficacité équivalente à la médecine traditionnelle. Aux États-Unis, les médecins hospitaliers travaillent de plus en plus en collaboration avec des chamans. Ainsi, certains pensent que la médecine occidentale aurait beaucoup à apprendre des traditions ancestrales, magiques et rituelles percevant la nature comme vivante et animée, et les maladies comme des envahisseurs de l'organisme. Les chamans maîtrisent aussi des méthodes permettant de diagnostiquer les maladies. Aujourd'hui, ils considèrent que leur mission est d'éliminer ces intrus. Plongé en transe, le chaman prend contact avec les animaux-totems, les maîtres et les ancêtres spirituels, les animaux, les plantes et les éléments. Ainsi, son action s'articule autour de la prise de conscience individuelle, l'assistance et la guérison.

Cette photo d'Edward Curtis représente un homme-médecine de la tribu indienne nord-américaine des Arikara.

L'extase par la danse et les drogues

Chamanesses et chamans génèrent leur extase par la danse et parfois la drogue. Bien souvent, ces phases extatiques rappellent la possession, toutefois cet état surnaturel est initié et mené de façon consciente pendant toute sa durée. Par leurs rituels, les chamans s'ouvrent l'accès à des forces magiques afin d'établir un contact avec les énergies qui peuvent leur servir. Ce faisant, ils ne sont jamais sous le contrôle des esprits qu'ils invoquent : ils interviennent comme médiateurs entre la terre et le ciel, les hommes et les dieux. Leur action s'inscrit dans un voyage de l'âme grâce auquel ils parviennent à lire dans l'avenir, à accompagner les défunts à destination et surtout à soigner les malades et à servir leur communauté.

Les chamans disposent d'une connaissance particulière qui leur donne accès à une réalité invisible. Pour son ritual, ce chaman nigérian utilise une crécelle.

Les druides

Les druides étaient les prêtres légendaires des Celtes, mais jouaient également le rôle de professeurs, enseignant la mythologie et la morale à la jeunesse. Par le biais de l'observation du ciel et des étoiles, parfois *via* des sacrifices humains, ils étaient en mesure de prédire l'avenir. Le culte druidique a réussi le tour de force de perdurer jusqu'à aujourd'hui.

L'élite spirituelle des Celtes

De par leur fonction de prêtre, les druides représentaient une sorte d'élite dans la société celte. Ils étaient aussi poètes, médecins, astronomes, philosophes et magiciens. Les informations dont nous disposons nous viennent des auteurs de l'Antiquité. Il n'est pas certain que ces descriptions des druides correspondent à ce qu'ils ont réellement été. Les représentations données par le christianisme médiéval, et notamment les plus récentes issues des mouvances ésotériques ou néoceltiques, étaient souvent le fruit d'une grande subjectivité. Même la signification du mot ne peut être affirmée de façon univoque : « druide » pourrait en effet dériver du celte *dru,* « approfondi », et de *uid,* « prêtre », mais également de *drus,* « chêne ».

Le 21 juin, un groupe de druides modernes célèbre la nuit de l'équinoxe, à l'intérieur du cercle de pierres de Stonehenge.

Les druidesses

Il est question à plusieurs reprises de femmes druides. Les mythes celtes font apparaître Mebd von Connacht et Ceridwen. Ceridwen aurait été une druidesse ayant concocté un philtre capable de donner la connaissance du passé, du présent et du futur. La boisson avait été initialement préparée pour son fils Affagdu de façon à compenser sa laideur par le savoir. La tentation étant trop forte, son assistant en boit trois gouttes et s'enfuit, afin d'échapper à sa colère. Lors de sa fuite, il se transforme en diverses créatures et objets, pour finir sous la forme d'un grain de blé. Ceridwen l'avale alors. Elle tombe enceinte et donne naissance à un deuxième fils, considéré comme l'ancêtre de tous les druides. D'après cette légende, l'existence de druidesses semble avérée, lesquelles étaient d'ailleurs revêtues d'une fonction religieuse centrale.

La tradition orale comme moyen de transmission

Dans son œuvre *La Guerre des Gaules,* Jules César décrit l'activité des druides. Pline l'Ancien les présente comme des hommes vêtus de blanc, arborant une faucille en or et des rameaux de gui et qui, en tant que prêtres celtiques, connurent une période florissante à l'époque des campagnes romaines. D'autres sources affirment que les druides existeraient déjà depuis les temps de Stonehenge (voir p. 40). Les détracteurs rétorquent que Stonehenge était déjà une ruine lorsque les druides découvrirent le site. De plus, si l'on se base sur les écrits romains, il semble que les druides n'érigeaient pas de temples, mais effectuaient leurs rituels dans des bosquets ou des clairières. Ces écrits rapportent également que les druides transmettaient leur savoir aux novices sous une forme versifiée. Les sources historiques indiquent qu'il fallait plus de vingt ans pour en apprendre l'intégralité par cœur. À cette époque, les Celtes étaient déjà dotés d'une forme d'écriture, mais les druides avaient interdiction formelle de fixer par écrit leur connaissance de l'astronomie et des processus naturels. C'est pourquoi la transmission du savoir ne pouvait s'effectuer que par l'oralité. La forme rimée simplifiait l'apprentissage par cœur des innombrables vers. Et la quantité de savoir devant être assimilée en vingt ans laisse songeur. De façon très générale, de nombreux ouvrages, transmis oralement,

Les druides étaient les prêtres des Celtes. Par l'observation du ciel et des étoiles, ils étaient en mesure de prévoir l'avenir.

étaient versifiés. Ainsi, ils pouvaient être transmis facilement de génération en génération. L'on sait par exemple aujourd'hui que, dans la zone Pacifique, des conseils de navigation pour les voyages maritimes ont été perpétués pendant plusieurs siècles par la tradition orale.

Les druides néo-celtiques

L'archéologue William Stukeley (voir p. 40 et suivantes) est considéré comme le père du druidisme moderne. En 1792, à son initiative, fut instaurée, au pays de Galles, une cérémonie de célébration de l'équinoxe d'été au cours de laquelle sont ordonnés les druides. Le sentiment nationaliste étant en train de germer, l'Irlande et le pays de Galles ne se considéraient plus comme parties intégrante de l'Angleterre, mais comme des États indépendants, dotés de leurs propres langue et culture. Condamnés au silence, les druides n'ont cessé d'être assimilés à des sociétés secrètes. Aujourd'hui, en tant que religion, le druidisme relève du néopaganisme et les néodruides s'inscrivent dans la lignée des druides.

Les druides incorporaient du gui à leurs philtres magiques. Pour les grands prêtres, le gui représentait le signe de la présence des dieux dans un arbre, de sorte qu'il s'agissait d'une plante sacrée. Voilà pourquoi le gui n'était cueilli que lors du service divin : coupé avec une serpe et recueilli dans un drap blanc.

Les combustions spontanées

Des corps s'enflamment soudainement. Au cours des trois derniers siècles, ce sont près de deux cents cas de ce phénomène mystérieux qui ont été recensés. Toutefois, aucun scientifique n'est en mesure d'apporter une explication rationnelle. Les interprétations parascientifiques vont de la punition divine à la réaction atomique en chaîne en passant par des processus chimiques encore inconnus. Quelles énergies peuvent ainsi être libérées de façon à provoquer une combustion spontanée ?

Un alcoolique notoire brûle sur sa paillasse

Le fait qu'une personne puisse prendre feu sans qu'aucun paramètre extérieur n'intervienne compte parmi les phénomènes les plus mystérieux que nous connaissions. Selon le plus grand spécialiste reconnu, l'Anglais Larry Arnold, les premiers récits relatifs à la combustion spontanée remontent à 1671. À Paris, un alcoolique notoire brûla sur sa paillasse, intégralement, à l'exception de sa tête et de l'extrémité de ses doigts. La paillasse resta intacte. Depuis, la police explique de tels cas par l'inflammation de gaz qui se forment chez les alcooliques. Mais cette hypothèse ne suffit plus aujourd'hui, car ces manifestations se révèlent beaucoup trop fréquentes. La question la plus importante reste toutefois la suivante : comment est-il possible qu'un homme brûle intégralement sans pour autant embraser son environnement ?

Tentatives d'expliquer l'inexplicable

Tous les cas de combustion spontanée font clairement apparaître une source de chaleur intense, mais les victimes ne succombent pas à une mort par le feu classique : elles se consument littéralement et ne meurent ni d'asphyxie ni de leurs brûlures. Il ne reste véritablement de ces corps calcinés qu'un petit tas de cendres. Au fil du temps, les scientifiques ont avancé plusieurs explications pour ce phénomène. Pour certains, la consommation régulière de boisson saturerait les cellules du corps en alcool de sorte que la moindre flamme, par exemple celle destinée à allumer

La combustion spontanée serait-elle une punition divine, ainsi que le supputent nombre de parapsychologues ? Ou une réaction atomique en chaîne ? L'énigme qui entoure ce mystérieux phénomène est loin de trouver explication.

Au début du XIXe siècle, sir David Brewster met au point le kaléidoscope. Doté d'une connaissance universelle, il s'intéresse au phénomène de la combustion spontanée et rédige un rapport célèbre sur ce sujet.

une cigarette, suffirait à enflammer le buveur. Des expériences menées sur de la viande imbibée d'alcool n'ont toutefois pas pu confirmer cette thèse. D'autres chercheurs imputent la combustion à des boules de feu. Mais cette thèse se voit également infirmée, dans la mesure où l'énergie contenue dans ces boules de feu (voir p. 306) est beaucoup trop faible. Une autre théorie incrimine des réactions en chaîne dans les cellules corporelles, alors que d'autres envisagent une fusion nucléaire à froid, laquelle serait susceptible de libérer une énergie telle et expliquerait la chaleur extrême dégagée. Cependant, un corps humain ne contient pas d'éléments susceptibles de déclencher une fusion nucléaire. Les scientifiques reconnus affirment que le phénomène de combustion spontanée n'existe pas. En effet, le corps étant constitué aux trois quarts d'eau, il est selon eux impossible qu'il brûle de la sorte.

Caractéristiques de la combustion spontanée

- 80 % des victimes sont des femmes.
- Les victimes sont généralement en surpoids et/ou fortement alcoolisées.
- Les victimes sont presque toujours seules et connues pour avoir un problème d'alcoolisme.
- Les corps sont presque toujours intégralement consumés, mais la pièce dans laquelle ils se trouvent est intacte.
- Généralement, seuls la tête et/ou les membres subsistent du corps calciné ; les vêtements sont souvent intacts.
- Les victimes baignent dans une huile jaunâtre malodorante.

Les victimes de combustion spontanée se consument généralement en intégralité. Le fait que de temps à autre les jambes, uniquement, subsistent s'explique, selon les chercheurs, par l'effet de mèche.

L'effet de mèche

Les victimes de ce phénomène se consumeraient telle une bougie : les vêtements faisant office de mèche, et la graisse corporelle, de cire. Selon Larry Arnold, c'est ainsi que l'on pourrait expliquer la présence d'une huile jaune autour des corps. De plus, il est acquis que les corps brûlent intégralement. Or, ce n'est jamais le cas, même lors des crémations, où il reste toujours des os intacts. Larry Arnold explique que, tout d'abord, une chaleur suffisante pour brûler la graisse corporelle est dégagée. Puis intervient l'effet de mèche qui amènerait le corps à se consumer sur une longue durée, jusqu'à ce qu'il n'en reste rien – une température supérieure à 800 °C appliquée sur une longue période parvient à détruire même les os. Mais comment expliquer que certaines parties, comme une jambe, restent intactes ? Selon Arnold, la réponse est simple : lorsque la personne est assise, la flamme brûle vers le haut, jamais vers le bas.

Les larmes de cristal

Un conte ancien rapporte l'histoire d'une jeune femme, la bonne magicienne Aryuda. Celle-ci se sentait rejetée, car ses pouvoirs magiques suscitaient la jalousie. Déçue par les hommes et les autres magiciens, elle se retira sur une haute montagne afin d'y vivre seule. Devant son triste sort, elle commença à pleurer et ses larmes se transformèrent en du cristal étincelant. Elle pleura, jusqu'à ce que son corps soit entièrement recouvert de cristal, jusqu'à ce qu'elle-même devienne une statue de cristal.

Non seulement les contes...

La capacité de pleurer des larmes de cristal n'est pas une simple image des contes de fées : elle fait partie des grandes énigmes auxquelles la science n'apporte pas d'explication. En mars 1996, Hasnah Mohamed Meselmani, âgée de 12 ans, se plaint de douleurs aux yeux. Quelque chose la pique, comme si elle avait un objet pointu dans les yeux. Et effectivement, à la stupeur de l'institutrice, une petite goutte de cristal, brillante et coupante, apparut dans les yeux de l'élève. De façon très étonnante, ses yeux n'ont pas été blessés. Et les choses ne s'arrêtèrent pas là : quelques minutes plus tard, son œil produisit une nouvelle larme de cristal, car c'est ainsi que les témoins qui assistèrent à la scène baptisèrent le phénomène.

Dans un conte, les larmes d'une magicienne se transforment en cristal. Hasnah Mohamed Meselmani, âgée de 12 ans, se plaint de douleurs aux yeux : elle aussi est censée avoir pleuré comme si elle avait un objet pointu dans les yeux.

Des médecins dépourvus d'explication

Le père d'Hasnah l'emmena chez un ophtalmologiste, qui fit placer la jeune fille en observation durant deux semaines. Tous les jours, cette dernière pleura des larmes de cristal. Les médecins furent incapables d'expliquer le phénomène, mais ne purent qu'en attester l'authenticité. De plus, les larmes étaient si coupantes qu'elles pouvaient découper du papier et rayer du verre, mais ne provoquaient aucune blessure aux yeux de la jeune fille.

Hasnah fut alors examinée par un autre ophtalmologiste, le Dr Salomoun de l'hôpital académique américain de Beyrouth. Mais, là non plus, l'équipe médicale ne parvint pas à trouver d'explication à ce mystérieux phénomène. Le Dr Nasib El-Lakkis, chirurgien ophtalmologiste, réalisa une étude de cas très détaillée, sans pour autant pouvoir apporter une aide quelconque. Le père d'Hasnah tenta de trouver de l'aide auprès de spécialistes européens et américains, mais en vain.

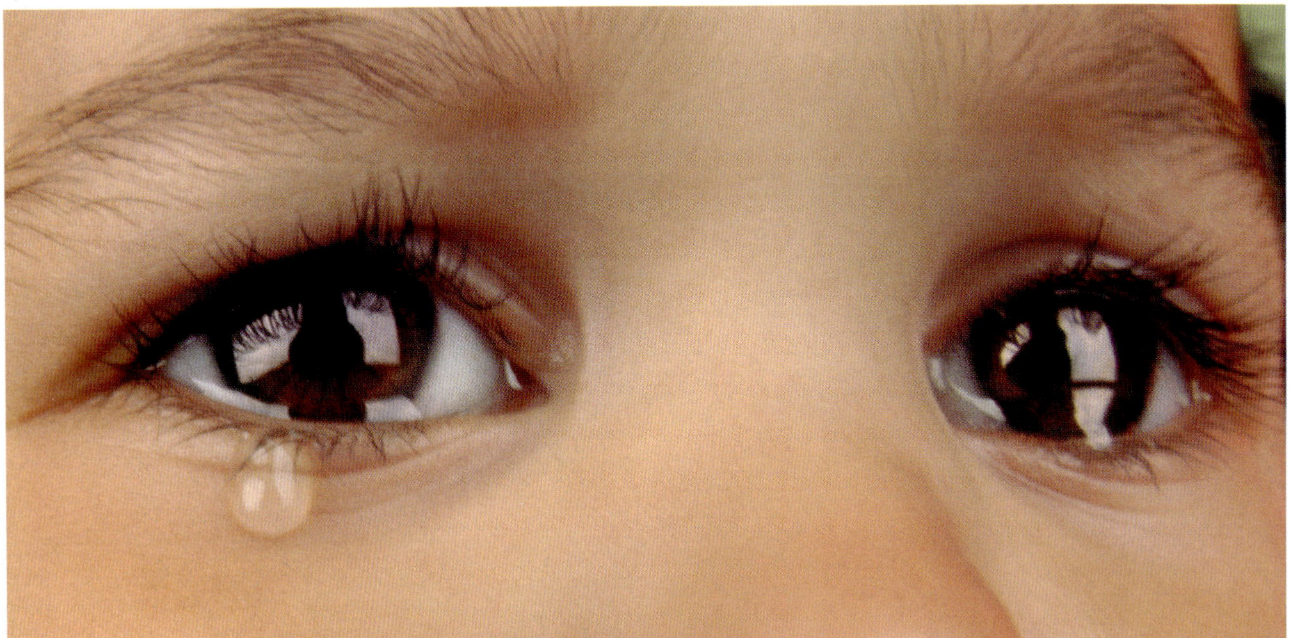

Dans nombre de civilisations, les cristaux sont considérés comme les larmes des dieux et on leur attribue des facultés spécifiques, notamment curatives.

La visite nocturne d'un blanc chevalier

Après plusieurs semaines d'incertitude et une production quotidienne de larmes, Hasnah raconta à sa famille que, la nuit, quelqu'un tapait à sa fenêtre. Lorsqu'elle se levait, elle apercevait un chevalier tout de blanc vêtu, qui l'invitait à le rejoindre dehors. Une nuit, le « chevalier blanc » lui aurait dit qu'elle était une messagère de Dieu, les larmes de cristal en étant la preuve, et qu'elle ne devait pas avoir peur, car tout se passait selon la volonté du Seigneur. Lorsqu'elle lui demanda quand elle cesserait de pleurer des larmes de cristal, il ne lui donna aucune réponse. Le messager divin se manifesta à plusieurs reprises. Le frère d'Hasnah était présent à une occasion, mais ne vit et n'entendit que sa sœur.

Les autorités passent le phénomène sous silence

Ce cas attira l'attention du monde entier. Ses aspects chrétiens incommodèrent les autorités islamiques en place qui amenèrent au silence le père d'Hasnah, contre une alléchante somme d'argent. En conséquence, tout le battage fait autour de cette apparition fut considéré comme une supercherie par l'opinion publique et le père fut soupçonné d'avoir lui-même placé des cristaux dans les yeux de sa fille, de façon à se faire de l'argent.

Quoi qu'il en soit, ce cas n'est toujours pas éclairci aujourd'hui et Hasnah continue de pleurer quotidiennement de mystérieuses larmes de cristal.

Chaque fois qu'Hasnah Mohamed Meselmani pleurait, dit-elle, elle voyait un chevalier blanc avec lequel elle eut de longues conversations.

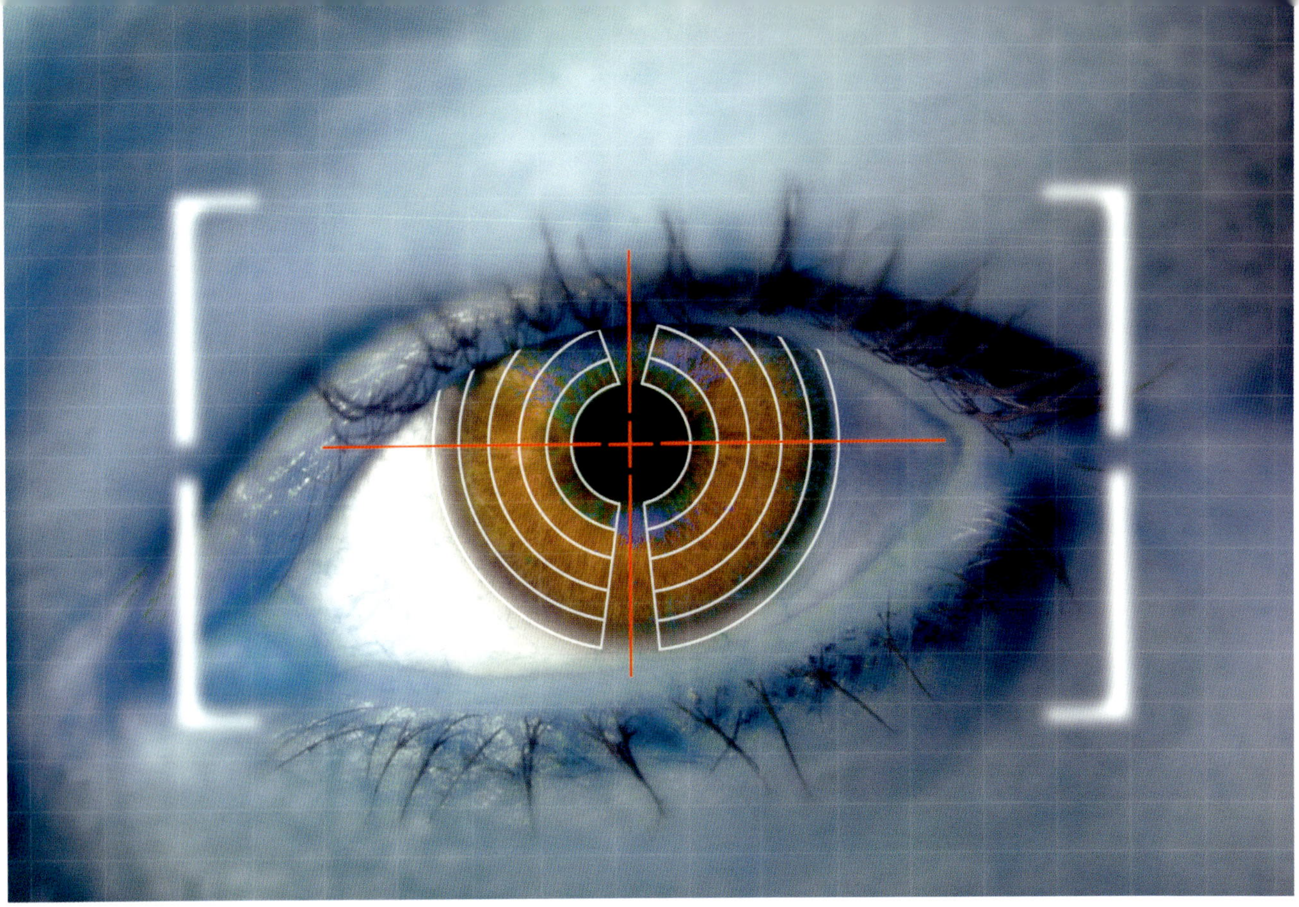

L'œil humain peut-il percer les tissus corporels, disposant ainsi des propriétés de la radiothérapie ?

Une vision de type rayons X

La radiothérapie permet d'irradier une personne de façon à constater des dommages organiques ou osseux. Dans le langage populaire, une personne dotée d'un regard aux rayons X perce les gens à jour, mais elle ne les examine pas pour autant. En Russie cependant, vivent deux adolescents dotés d'une étrange faculté qui leur permet, littéralement, d'irradier les autres et de diagnostiquer des maladies.

Du simple regard au regard médical

Originaire de Saransk, à l'est de Moscou, Natasha Demkina est âgée de 17 ans. Depuis ses 10 ans, il est connu qu'elle peut modifier à volonté sa vision des gens, passant, comme elle le dit, d'un regard normal à un regard médical. En d'autres termes, elle possède la faculté de voir au travers des personnes afin de les examiner d'un point de vue clinique. En dépit de cette aptitude, elle n'est pas encore en mesure de s'examiner elle-même. À 10 ans, elle décrivit les organes internes de sa mère et d'autres membres de sa famille. Devant cette attitude considérée comme morbide, la petite fut emmenée chez un médecin. Là, elle dessina l'estomac de l'homme, avec un ulcère. Le médecin fut stupéfait, car il se savait atteint de ce mal.

Don divin

Au début de l'année 2004, la BBC a fait un reportage sur cette mystérieuse faculté. On présenta à Natasha quatre personnes inconnues qu'il lui fallut examiner. À quatre reprises, elle posa le bon diagnostic : un rein manquant, des lésions à la colonne vertébrale, une blessure à l'épaule et une cicatrice opératoire sur la rate. Tant le présentateur que les médecins invités à observer l'expérience furent visiblement très impressionnés, car Natasha semblait véritablement en mesure de regarder au travers des gens.

Elle devint immédiatement célèbre et, depuis ce jour, les patients font la queue devant sa porte. Natasha les observe tous et donne son diagnostic, de façon entièrement gratuite. Elle est persuadée que cette faculté est un don divin que personne ne peut expliquer, et qu'il est de son devoir d'en faire profiter ses contemporains. Irina Katschan, la médecin chef de l'hôpital de sa ville, connaît bien Natasha : « Elle pose un nombre incroyablement élevé de diagnostics corrects. »

Les gens affluent, en quête de guérison

Originaire de la République de Bashkirie, au sud-est de la Russie, Rafael Batyrov est âgé de 11 ans. Il est doté de la faculté paranormale de pouvoir identifier les maladies d'autres personnes par le biais d'un miroir. D'après les patients, qui ne cessent d'affluer, il serait même en mesure de les soigner. Depuis que l'attention des médias s'est portée sur Rafael, la maison familiale, à l'instar de celle de Natasha Demkina, est assaillie par une foule de personnes. Le jeune garçon a découvert son don il y a quelques années, lorsque son père évoquait devant lui le pouvoir dont disposaient certaines personnes de voir à l'intérieur des autres. Il demanda alors à son père de se placer devant un miroir, indispensable pour que Rafael puisse effectuer son diagnostic, et identifia un cancer des poumons. La mère de Rafael, Rasima Batyrov, est institutrice. Remplie de fierté, elle raconte comment son garçon aurait déjà guéri plusieurs de ses collègues.

En observant le reflet d'une personne, Rafael Batyrov, un enfant de 11 ans originaire du sud de la Russie, est capable de diagnostiquer des maladies.

Le garçon au regard laser

Ses supporters ont surnommé Rafael « le garçon au regard laser ». Ce garçon intelligent est végétarien, ne consomme aucun produit laitier et lit les Saintes Écritures, car il est persuadé que son don est d'origine divine. À l'avenir, il souhaite mettre cette faculté paranormale au service de l'humanité. Comme Natasha, il veut étudier la médecine et se consacrer en parallèle aux sciences paranormales. Le monde médical s'avoue totalement dépassé par les facultés de ces deux jeunes gens. Même les plus sceptiques ne peuvent remettre en question ou expliquer ces facultés désormais prouvées.

En 1895, le physicien allemand Wilhelm Conrad Röntgen découvre les rayons X, lesquels permettent, pour la première fois, d'observer l'intérieur du corps des patients. Mais un être humain peut-il être doté de la même faculté ?

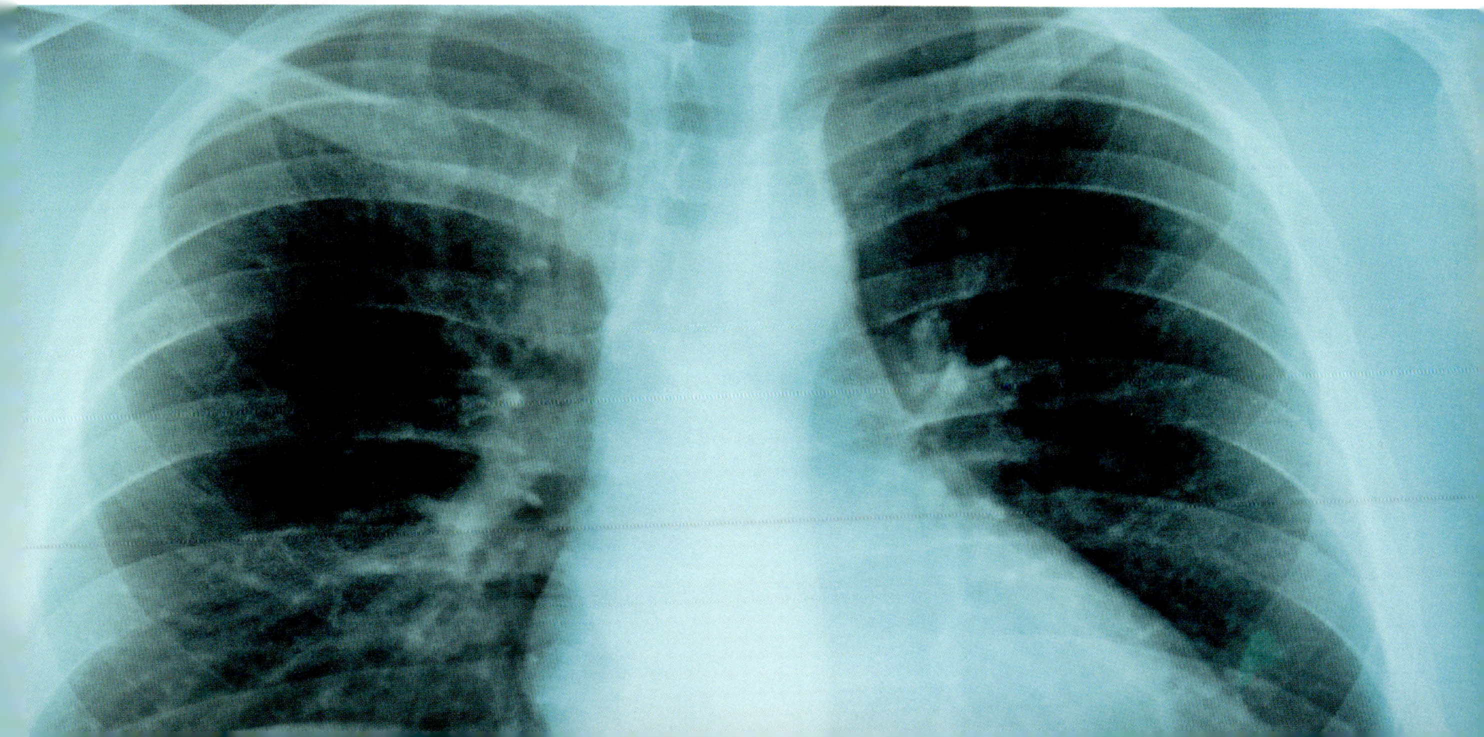

Le phénomène de déjà-vu

En psychologie, le phénomène de déjà-vu décrit une illusion de souvenir, par laquelle une situation nouvelle est ressentie comme ayant déjà été vécue. La psychologie classe souvent cette manifestation parmi les troubles psychotiques ou névrotiques. Mais la sphère ésotérique croit en la migration des âmes et considère les vies antérieures comme l'explication à ces phénomènes de déjà-vu.

Il arrive que l'on rencontre des gens pour la première et que l'on ait l'impression très forte de les avoir déjà rencontrés.

La migration des âmes : explication du déjà-vu ?

Il arrive que l'on rencontre une personne qui nous semble familière, bien que l'on ignore tout d'elle. Peut-il s'agir d'une personne rencontrée dans une vie antérieure? Selon certains parapsychologues, les gens dotés d'une perception particulièrement fine auraient la capacité d'identifier nombre d'intervenants des vies d'antan, allant même jusqu'à les considérer comme leur véritable famille. Ainsi, les personnes bénéficiant d'une prédisposition médiumnique recherchent les lieux où elles ont déjà vécu pour y trouver des traces d'elles-mêmes, sous une autre forme. Dans des enveloppes corporelles différentes, d'autres feraient la rencontre des forces originelles de leur âme. Mais les parapsychologues s'interrogent toujours sur la façon dont une personne saurait quand et où elle a déjà vécu.

Les vies trépassent ici pour refleurir ailleurs

Le déjà-vu est la sensation étrange d'avoir déjà vécu une situation, visité un lieu ou rencontré une personne. L'expression est le fait du philosophe et linguiste français Émile Boirac (1851-1917) qui l'utilisa pour la première fois dans l'un de ses romans. Cette notion s'oriente vers le passé, mais a davantage à voir avec le présent.

On se pose souvent des questions du type : Ai-je déjà vu ce film? Ne suis-je pas déjà venu dans cette ville? N'ai-je pas l'impression de déjà connaître cette personne? La parapsychologie explique de tels phénomènes comme un retour à des souvenirs enfouis, donc à des vies antérieures, mais concède également des manifestations de voyance. Dans la croyance ésotérique, l'existence d'un être se compose de toutes ses incarnations dans des vies à chaque fois nouvelles et où de nouveaux intervenant viennent se mêler. Ainsi, certains racontent que, lorsqu'un petit enfant meurt sans raison, c'est qu'il ne se sentait finalement pas bien dans le cercle qu'il s'était choisi. Les vies passent pour refleurir ailleurs.

Les personnes sensibles au phénomène de déjà-vu partent souvent à la recherche des lieux où elles pensent déjà avoir vécu auparavant ou dans une vie antérieure.

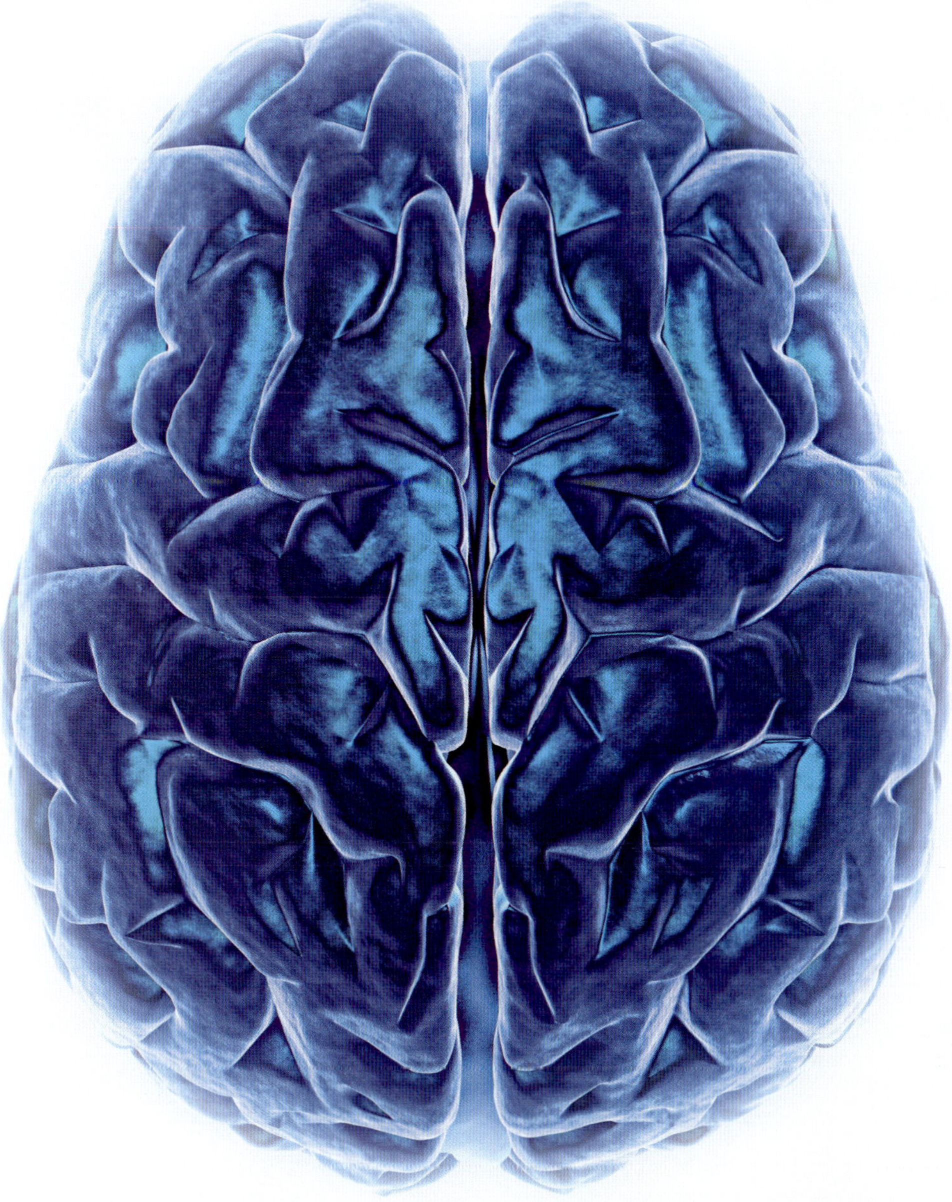

En psychologie, les phénomènes de déjà-vu sont considérés comme des dysfonctionnements des fonctions cérébrales. Le domaine ésotérique, en revanche, les considère comme une expression de la migration des âmes.

Les adeptes de l'ésotérisme pensent que, dans le principe, tout un chacun « sait » ces choses. Pour eux, tous ces souvenirs sont stockés dans notre subconscient et il est possible d'y accéder grâce à la méditation régressive. Cette technique permettrait de visualiser ses autres vies à la façon d'un film qui se déroule, mais l'expérience s'associerait parfois à des angoisses. De ce point de vue, le déjà-vu n'est rien d'autre qu'un phénomène lié au fait de revivre certains événements de nos existences passées.

Trois explications psychologiques

La psychologie considère ce phénomène comme une manifestation pathologique et propose trois possibilités : (a) Un état émotionnel n'a pas encore été surmonté et la réorientation ou le repérage dans la nouvelle situation ne s'effectue pas immédiatement en raison d'une défaillance psychique. C'est pourquoi il y a transfert de l'un dans l'autre. (b) Une situation perçue déclenche des associations avec des souvenirs refoulés. Le sujet ne veut pas se rappeler, mais ne peut toutefois pas s'en empêcher. (c) Une illusion de connaissance se produit, en d'autres termes, le sujet considère une situation perçue comme un événement antérieur bien qu'il n'ait jamais eu lieu ; seul l'esprit produit cette vision.

L'interprétation des rêves

Le rêve est une production de l'esprit se manifestant pendant le sommeil et échappant totalement au contrôle de la conscience éveillée. Le rêve est considéré comme la porte menant à l'inconscient et, depuis la nuit des temps, il représente l'état de conscience des mystiques, poètes, peintres et musiciens. Les rêves sont primordiaux et les empêcher peut provoquer des troubles psychiques. Depuis toujours, les hommes tentent d'interpréter leurs rêves pour mieux comprendre leur vie à l'état de veille.

La systématisation des rêves

À la fin du XIXe siècle, Sigmund Freud élabore la psychanalyse : il crée ainsi une science systématique se penchant sur le subconscient *via* les rêves, afin de soigner défaillances psychiques ou traumatismes. Outre celles de Freud, il existe de nombreuses théories sur le rêve. Les psychanalistes les plus reconnus qui se sont penchés sur cette thématique sont Carl Gustav Jung, Alfred Adler et Erich Fromm. Ils établissent une distinction entre les rêves d'agression, de fuite, de compensation, la rêverie, le cauchemar et les rêves de satisfaction illusoire de désirs. Peu importe le sens caché du rêve, il s'agit toujours de la représentation projetée de l'état d'esprit du sujet. Jung s'intéresse, notamment, à la notion d'archétype. Il s'agit des images ou représentations originelles que tous les hommes partagent génétiquement depuis la nuit des temps et qui sont transmises, tel un héritage génétique. Les archétypes font partie intégrante de l'inconscient collectif, ils révèlent des symboles vivants, présents dans toutes les civilisations et à toutes les époques. Ils trouvent leur meilleure expression dans les contes, les mythes, dans la religion et dans l'art.

Pendant la phase de sommeil, des représentations optiques de rapports s'associent à des sensations de l'ordre du sentiment, lesquelles sont totalement hors du contrôle de la conscience.

Depuis Sigmund Freud, l'interprétation des rêves constitue un pilier de la séance de psychanalyse, destinée à soigner les troubles névrotiques. Les rêves sont effectivement l'expression de notre subconscient.

L'héritage culturel antique

Pendant longtemps, les civilisations occidentales ont été convaincues que l'interprétation méthodique des rêves étaient une pratique occidentale ayant débuté avec la psychanalyse. Mais les civilisations antiques telles que la Mésopotamie, la Perse, la Grèce, l'Égypte, l'Inde, la Chine, le Tibet et les cultures indiennes d'Amérique ont toujours considéré l'interprétation des rêves comme un art noble. Ainsi, des hommes de toutes les civilisations ont été fascinés par les symboles des images nocturnes. Les rêves et leur contenu étaient également considérés d'un point de vue prophétique ou divinatoire. La distinction a de tout temps existé entre ces songes et les rêves profanes, qui ne font que traiter les conflits personnels de la vie quotidienne. Ils portent en eux la solution à de nombreux problèmes, de sorte qu'ils constituent déjà une thérapie en soi et permettent au rêveur de se trouver et de s'aider lui-même.

Le rêve lucide

La recherche moderne sur l'onirisme s'attache de plus en plus à étudier le phénomène du rêve lucide, c'est-à-dire du rêve clair et transparent. Le sujet en train de dormir réalise soudainement qu'il est en train de rêver. Il lui semble alors qu'il se réveille en plein milieu de son rêve, avec sa conscience claire, et se pose la question de savoir ce qui est le plus vrai, le plus authentique, le songe ou la réalité.

Dans leurs mythes, les tribus indiennes de la jungle brésilienne soupçonnent depuis longtemps l'illusion du réel derrière la réalité du rêve. Et elles organisent leur mode de fonctionnement selon cette représentation.

Ce savoir connu qui fait partie intégrante des enseignements secrets des chamans et des sages est devenu un objet d'étude pour la psychanalyse occidentale. Car dans les rêves, c'est l'âme qui s'exprime. Il semble toutefois difficile de déchiffrer le langage codé des songes par le truchement d'une pensée strictement scientifique. À l'instar du monde des peuples premiers, il faut pénétrer dans l'univers onirique sur la base de l'intuition, sinon le rêve demeure un impénétrable labyrinthe.

Sigmund Freud (1856-1939) : le père de la psychanalyse s'est abondamment consacré à la recherche onirique.

Les dépouilles imputrescibles

Certains saints parviendraient à réaliser des miracles bien après leur mort. En effet, nombre d'entre eux semblent épargnés par le processus naturel de décomposition, qui reste le lot du commun des mortels. Sans qu'aucune disposition de conservation particulière n'ait été prise à leur encontre, la dépouille de certains saints reste dans l'état qui fut le leur au moment où ils se sont endormis dans la mort.

Sainte Bernadette de Lourdes

Sainte Bernadette décéda en 1879, à l'âge de 36 ans. En 1908, son cercueil fut ouvert et sa dépouille apparut alors telle qu'elle était juste après sa mort. Les veines de ses avant-bras affichaient une délicate couleur bleue et étaient légèrement saillantes. Les ongles des mains étaient intacts. En 1919, le cercueil fut à nouveau ouvert et la sainte présentait la même apparence que onze ans auparavant. Recouvert d'une couche de cire, son corps est aujourd'hui exposé dans un reliquaire dans la chapelle des sœurs de Nevers.

Les autres cas

Au nord-est de l'Angleterre, la dépouille de saint Cuthbert de Lindisfarne, qui était mort en l'an 687, était encore intacte au XVIe siècle. Son corps a donc traversé neuf siècles sans se décomposer.

En 1922, la tombe de saint André Bobola fut profanée par des membres de l'Armée rouge. Le corps de ce saint, mort depuis 1657, était lui aussi parfaitement conservé. Dès 1917, sa dépouille avait été retrouvée intacte et exposée, de façon à ce que les croyants puissent prier à cet endroit. Elle est aujourd'hui conservée dans une église de Varsovie.

Il semblerait que notamment les corps de personnes stigmatisées restent épargnés de la décomposition. Les stigmates se manifestèrent chez sainte Catherine de Sienne en 1375. Elle pria Dieu de les faire disparaître, la douleur seule devant perdurer. Ce souhait lui fut accordé. Pourtant, après sa mort en 1380, les stigmates se manifestèrent à nouveau sous sa peau toujours intacte. En 1430, le pape donna l'autorisation d'exhumer et de disséquer son corps afin d'en conserver des reliques. Quatre siècles plus tard, en 1855, on procéda à une dernière ponction et on constata qu'il n'y avait pas eu d'altération.

Le corps intact d'un lama sibérien

En 1927 décède Dashi Dorjo Itigilov, le chef spirituel bouddhiste de Sibérie, à l'âge de 75 ans. Auparavant, il avait demandé à ses élèves de venir, trente années plus tard, « rendre visite à son corps et d'observer ». En 1957, ses adeptes exhumèrent son corps. Et le trouvèrent comme il était mort : en position du lotus, les jambes croisées. La thématique religieuse étant prohibée dans l'URSS des années 1950, on enterra à nouveau le corps et l'information ne circula que dans les cercles bouddhistes.

En 2002, la dépouille fut à nouveau exhumée, à la demande du jeune lama Bimba Dorschijev, qui avait rencontré un vieux moine ayant, dans les années 1950, assisté à la scène et connaissant encore l'emplacement du corps.

Sainte Bernadette de Lourdes meurt en 1879 à l'âge de 36 ans. En 1919, soit quarante années plus tard, son corps, ainsi qu'il avait été prédit, ne porte aucune trace de décomposition.

Bimba Dorschijev attesta l'événement, assisté de deux techniciens en criminalistique, d'un photographe et d'une douzaine d'autres témoins : le corps d'Itigilov était intégralement conservé. Aujourd'hui, sa dépouille, toujours en position du lotus, se trouve dans un cloître à Ivolginsk. Un reporter du *New York Times* a écrit un article sur le corps du lama : assis, entouré de bougies et de coupelles de métal remplies d'huile, sur une simple table. Le corps affiche d'indubitables similitudes avec sa photo datée de 1913. Ses membres sont flexibles, sa peau souple, ses ongles intacts et ses cheveux encore courts.

« Il s'agit là du plus grand miracle auquel il m'ait été donné d'assister durant toute ma vie », déclare Hambo lama Ajuschejev, chef spirituel du monastère depuis 1995. « Cela prouve qu'il existe des apparitions sur lesquelles le temps n'a aucune prise. Nombre de gens ne voient pas ce qui est évident. Et s'ils le voient, ils ne veulent pas le comprendre. » (13)

Saint Cuthbert de Lindisfarne, dans le nord-est de l'Angleterre, meurt en 687 apr. J.-C. Au XVIe siècle, sa dépouille est encore intacte. Dans la cathédrale de Durham se dresse le Neville Screen, lequel partage l'autel avec la tombe de saint Cuthbert depuis 1380.

Mystère inexplicable : certains cadavres sont épargnés par le processus de décomposition et restent intacts des siècles durant.

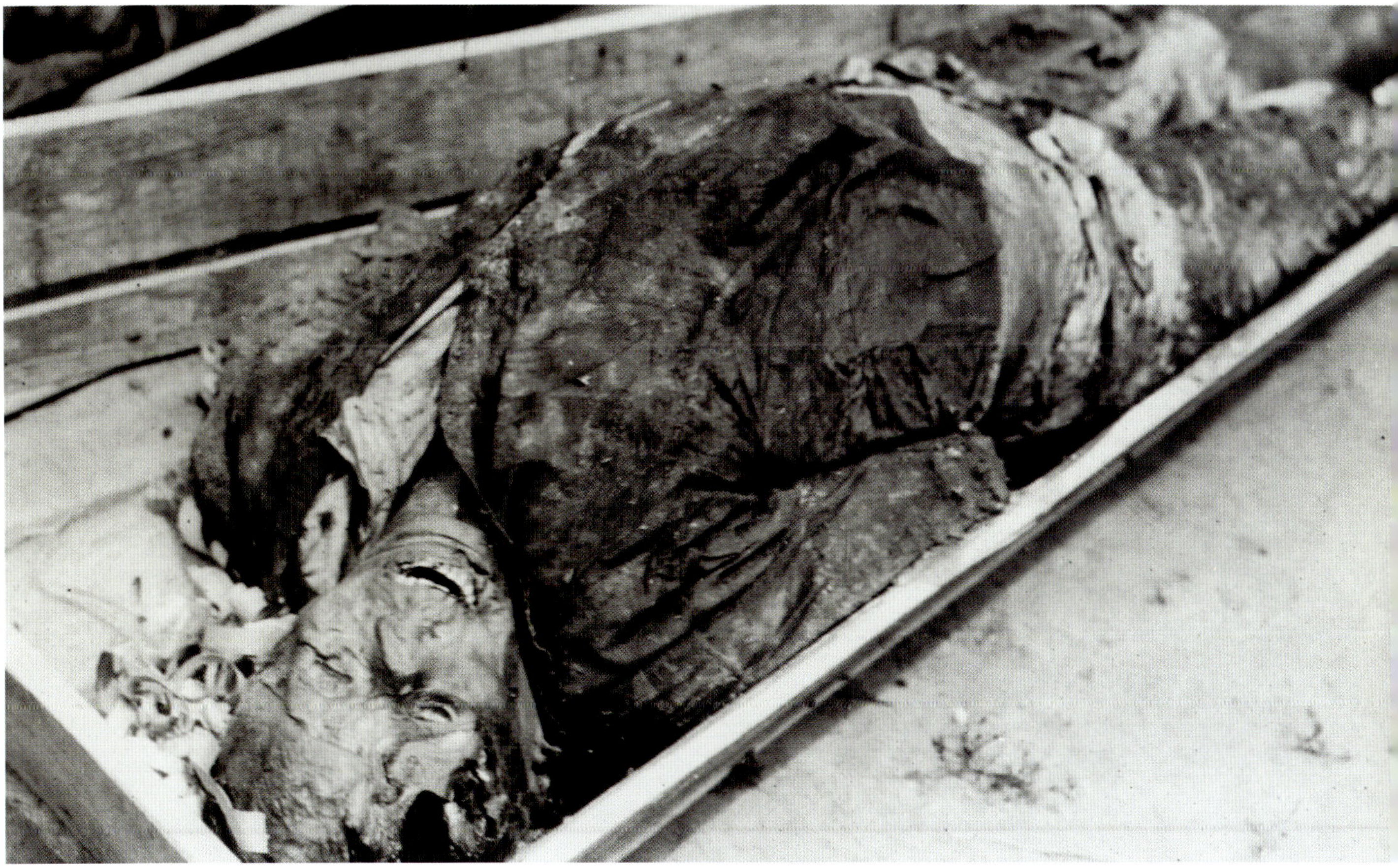

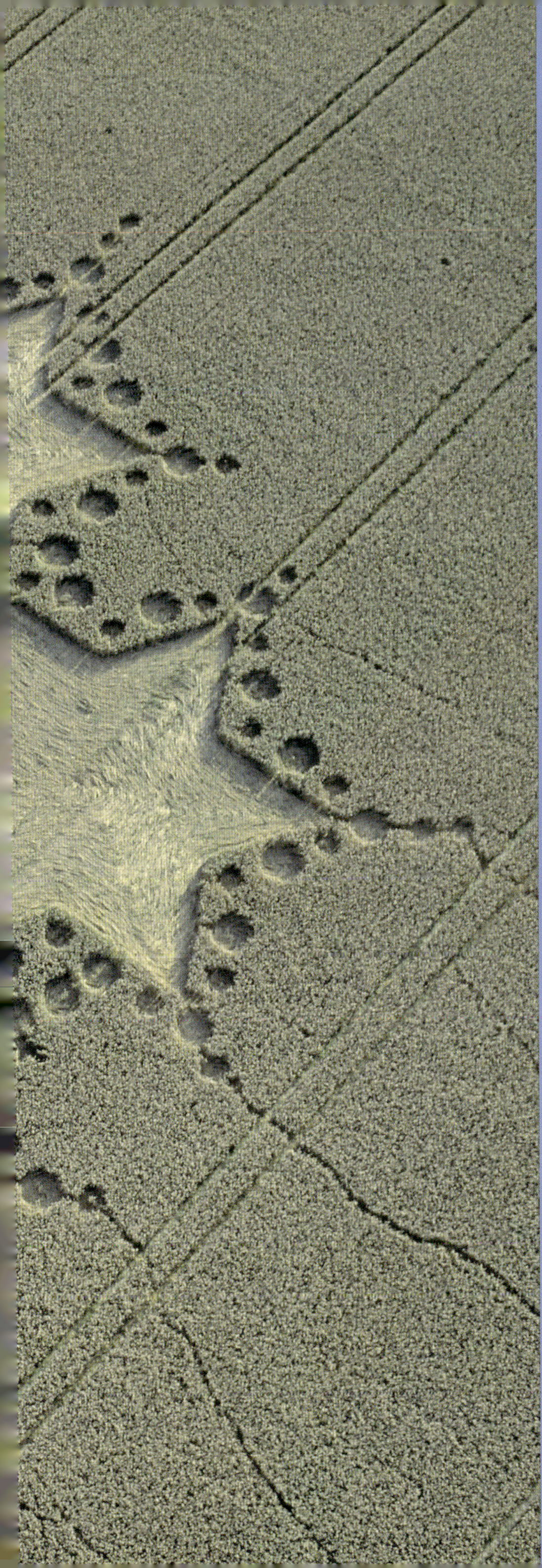

Forces étranges

L'espace intersidéral compte parmi les premiers thèmes touchant au paranormal, au fantastique et à l'au-delà. La question de savoir si nous sommes seuls dans l'Univers ou si d'autres civilisations existent dans des galaxies éloignées préoccupe les hommes depuis toujours. Il faut également la considérer comme une interrogation religieuse centrale, car les interactions cosmiques, qu'il s'agisse de vies étrangères ou de catastrophes planétaires, influent nettement sur notre représentation de la religion.

Nombre de chercheurs observent des phénomènes et des forces mystérieuses sur Terre et les interprètent à la lumière des nouvelles découvertes en ufologie. Comment est-il possible que la tribu des Dogons du Mali ait une connaissance ésotérique de l'étoile de Sirius dont les scientifiques actuels ne disposent que depuis récemment ? Qu'en est-il de ces mystérieux cercles qui ne cessent de fleurir en de complexes constellations dans les champs de blé du monde entier ?

Certains philosophes recherchent des liens possibles entre les trous noirs et les voyages temporels, sujets de prédilection de nombreuses histoires, et se demandent s'ils deviendront un jour possibles. Bien entendu, ils étudient également le site de la planète où ont été recensées le plus grand nombre de disparitions, à savoir le triangle des Bermudes. Quelles forces mystérieuses entrent en action en ce lieu des tropiques où bateaux et avions disparaissent soudainement ? Les scientifiques étudient également une image dessinée sur le sol du désert australien, sur une longueur de 4,5 kilomètres. Qui a pu créer une œuvre aussi importante, dont le dessin représente un Aborigène, identifiable uniquement à très haute altitude ?

Les motifs géométriques des *crop circles* apparaissent quasiment en une seule nuit. Pour l'heure, il n'existe encore aucune explication à ce phénomène. Cette vue aérienne permet de juger de la complexité du dessin apparu dans un champ de blé.

Des milliers d'apparitions d'ovnis laissent supposer que la Terre accueille la visite d'entités extraterrestres depuis des milliers d'années. L'illustration ci-dessus reproduit une soucoupe volante flottant au-dessus de l'ancien World Trade Center.

Ovnis

Des photos de triangles ou de disques survolant la planète, des manifestations lumineuses, des dessins dans les champs de blé, des récits de crash de vaisseaux spatiaux, d'enlèvements de personnes par des entités étrangères – les tenants de l'ufologie évoquent des milliers de témoignages attestant d'apparitions non identifiées dans le ciel, et certains accusent les services secrets et l'armée de mentir à ce sujet. Mais que cachent véritablement ces accusations ? Ne sommes-nous pas seuls dans l'Univers ? Existe-t-il des formes de vie intelligente sur des planètes éloignées et, si tel est le cas, les extraterrestres sont-ils là ?

Des descriptions d'extraterrestres datant de l'Égypte antique

Les anciennes écritures indiennes évoquent des voitures volant dans les cieux. Les chroniques des Romains contiennent également des descriptions de panneaux flottant dans les airs. Les descriptions les plus précises se trouvent en Égypte, datant de l'époque du pharaon Thoutmosis III (vers 1484-1450 av. J.-C.). L'égyptologue Donald J. Long donne, en 1993, la transcription suivante du papyrus dit de Tulli : « dans la vingt-deuxième année, troisième mois, premier jour, dans la sixième heure [...], les scribes se tenaient dans la Maison de Vie quand un cercle de feu apparut dans le ciel, dépourvu de tête. De sa bouche émanait une respiration d'une odeur pestilentielle. Son corps affichait une perche de long et une perche de large [une perche = 52,30 mètres]. Il était silencieux... Après trois jours, ces objets apparurent en très grand nombre. Ils illuminaient le ciel encore plus que la lueur du soleil. Ils se déplaçaient aux quatre coins du ciel [...] Puis ils s'élevèrent vers le sud et disparurent. [...] » (14)

Il y a quelque trois mille cinq cents ans, le pharaon a-t-il aperçu des ovnis dans le ciel d'Égypte ?

Les sceptiques

Ceux qui croient en l'existence des ovnis présentent régulièrement des témoins, mais ces témoignages ne sont validés par aucune source officielle. Les représentants de la théorie du complot sont persuadés que les gouvernements occultent, voire détruisent, des preuves. En effet, des témoins dignes de foi – policiers, pilotes ou astronomes – ont rapporté la présence d'ovnis dans le ciel. Cependant, dans le cadre d'une étude menée en 1991 sur plus de trois cents témoignages, la GWUP (société allemande de recherche scientifique sur les sciences paranormales) a démontré que la majorité des témoignages reposaient sur des illusions d'optique ou relevaient d'une confusion avec d'autres objets, comme les ballons-sondes. L'étude souligne aussi que la publication de témoignages en attire systématiquement d'autres. De plus, il convient d'évoquer les groupes qui tirent un profit financier de ces manifestations extraterrestres. Ainsi, on assiste à une recrudescence de vidéos et de photos montrant des cadavres d'aliens, de livres supposés révéler des informations et de rapports de la CIA « dévoilés ». Mais qu'en est-il des témoignages pour lesquels aucune explication ne peut être fournie ?

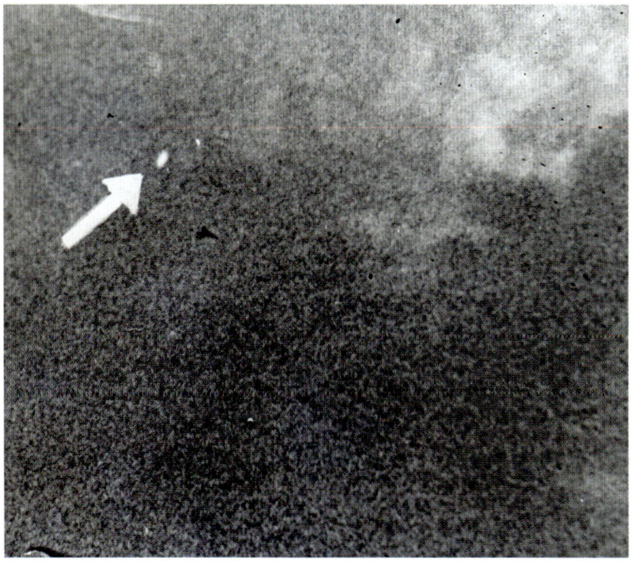

Des photographies de prétendus ovnis circulent régulièrement. Mais nombre de ces preuves photographiques n'ont qu'une très faible valeur argumentaire.

Dans la petite ville de Rachel, située dans l'État américain du Nevada, se trouve l'Ale'Inn, un hôtel dont toute la décoration intérieure s'articule autour de la thématique extraterrestre. Les propriétaires attirent ainsi un grand nombre de clients.

Un compteur Geiger, destiné à mesurer les substances radioactives.

Un ovni atterrit à Voronezh, en Russie

En 1989, la dépêche suivante est diffusée par l'agence de presse soviétique TASS dans le monde entier : « Des scientifiques soviétiques ont confirmé l'atterrissage d'un objet volant non identifié dans un parc de la ville de Voronezh. Ils ont identifié le site d'atterrissage et relevé des traces d'extraterrestres. Les extraterrestres se sont rendus au moins trois fois sur cet emplacement après la tombée de la nuit, selon les dires d'autochtones. Les habitants de Voronezh ont vu une grosse boule lumineuse au-dessus du parc. D'après les témoins, le vaisseau a atterri, une porte s'est ouverte et deux ou trois créatures humanoïdes en sont sorties, accompagnées d'un petit robot. Les extraterrestres mesurent entre 3 et 4 mètres de haut et ont de très petites têtes. Ils ont marché à proximité de la sphère ou du disque avant de disparaître à l'intérieur. Les témoins ont été envahis d'un très fort sentiment de peur, qui a perduré plusieurs jours. » Voronezh se situe à 500 kilomètres au sud de Moscou et compte huit cent mille habitants. De nombreux témoins ont attesté plusieurs atterrissages, car le premier a été suivi de nombreux autres. À l'occasion de l'un d'entre eux, le vaisseau aurait écrasé herbe et plantes, comme guidé par un champ de force.

Études scientifiques du phénomène russe

Le professeur Genrich Silanow, physicien au laboratoire de spectro-analyses de l'institut de géophysique de Voronezh, déclarait à l'époque : « Nous avons découvert un cercle de 20 mètres de diamètre. Quatre empreintes de 4 à 5 centimètres de profondeur et de 14 à 16 centimètres de diamètre étaient clairement identifiables et formaient les coins d'un losange. Nous avons découvert deux échantillons de pierre énigmatiques. De prime abord, elles ressemblaient à du grès noir, mais des analyses minéralogiques ont montré qu'une telle substance est inconnue sur Terre. » La directrice de l'étude, Ljudmilla Marakov, déclarait : « Le haut taux de radioactivité que nous avons pu mesurer a montré que quelque chose d'inhabituel s'était produit ici. »

Une autre piste

Dans son livre *Uninvited Visitors* de 1967, l'ufologue Ivan T. Sanderson critique l'étude des ovnis, qui est, à son goût, beaucoup trop menée par rapport à l'homme. En effet, nous considérons souvent ce qui est susceptible de provenir de l'espace comme une réplique de nous-mêmes, des « hommes » d'une autre planète.

Sanderson développe en revanche la théorie selon laquelle les ovnis seraient le produit d'une intelligence artificielle (A. I.), d'une intelligence mécanique exception-

Le 23 décembre 1989, le botaniste soviétique Valeri Dvuzhilny présente des éléments qui auraient été laissés sur Terre par des extraterrestres.

nelle et bien supérieure à celle de l'homme. Il propose donc de considérer les passagers des ovnis comme des formes de vie artificielles. Les hommes ou les entités humanoïdes ne sont pas faits, dit-il, pour survivre dans l'espace. Pour ce faire, il faut un être artificiel, d'un nouveau genre, qui pourrait peut-être même être doté d'une partie de notre ADN ou bien exclusivement conçu comme une machine.

Les prémices d'une nouvelle civilisation

Les scientifiques qui se penchent sur la thématique de l'A. I. sont fondamentalement persuadés que nous sommes aux prémices d'une nouvelle civilisation. Ce qu'ils baptisent du terme de singularité décrit la possibilité donnée à des ordinateurs de s'auto-développer, de se reprogrammer sans cesse, jusqu'à ce qu'ils accèdent à une « conscience ». L'intelligence informatique se développe à une vitesse telle qu'elle laisse l'intelligence humaine loin derrière.

Il n'y a qu'à considérer la loi de Moore, datée de 1965, et baptisée ainsi du nom de Gordon E. Moore d'Intel. Elle énonce que la quantité de transistors dans des circuits intégrés se multiplie par deux tous les dix-huit mois. En 1971, le meilleur circuit intégré était doté de deux mille transistors. En l'an 2000, on en est déjà à 42 millions. Le chercheur Ray Kurzweil énonce les faits ainsi : « L'évolution s'effectuera si rapidement qu'elle reste inconcevable pour notre capacité d'imagination. Les hommes ne le remarqueront même pas, car lorsque cela commencera, l'image de notre monde sera encore celle que nous lui connaissons. Mais l'essence de ce que nous appelons l'intelligence humaine sera lentement dissoute. Nous assisterons alors à l'avènement d'une intelligence qui se construira sur les bases de l'intelligence humaine, mais qui lui sera infiniment supérieure. » (15)

Kurzweil est d'avis que, en 2040, l'évolution aura été telle que le monde sera dirigé par une intelligence artificielle dominante, si tant est que l'humanité survive suffisamment longtemps pour l'aider dans sa tâche.

Les extraterrestres et leur représentation stimulent toujours l'imagination des artistes. Le théoricien ufologue anglais Ivan T. Sanderson juge ce mode de pensée beaucoup trop axé sur la référence humaine

Une vie intelligente dans l'Univers

Depuis que l'homme sait que la Terre n'est pas au centre de l'Univers, qu'elle tourne autour du Soleil et non l'inverse, depuis qu'existent les télescopes lui permettant de scruter l'espace et d'en connaître régulièrement de nouveaux recoins, il se pose la question de savoir s'il est seul dans cet Univers en constante expansion. Nombre d'éléments laissent penser que nous ne sommes pas les seuls êtres vivants et que des formes de vie intelligentes peuplent d'autres planètes.

Petit calcul de probabilité

La Voie lactée contient quelque 135 milliards d'étoiles. Si seulement 1 % d'entre elles sont dotées d'une atmosphère, il n'en reste pas moins de 1,35 milliard. Si, à nouveau, 1 % seulement réunissent les conditions nécessaires à la formation de l'eau et sont dotées de formes de vie inférieures, il en demeure toujours 13,5 millions susceptibles de développer la vie comme sur la Terre. Si 1 % de ces étoiles similaires à la Terre développaient des formes de vie supérieures, notre Voie lactée abriterait alors quelque 135 000 planètes, sur lesquelles existeraient des civilisations avancées. Si 1 % de ces planètes affichaient un stade d'évolution supérieure au nôtre, il subsisterait 1 350 planètes qui penseraient et vivraient sur un mode hautement supérieur au nôtre. Les autres 133 650 planètes se situeraient à des stades d'évolution différents. Et pour donner encore à réfléchir, il convient d'ajouter que cet exemple ne concerne que notre Voie lactée.

Le méta-univers

La science moderne part du principe que notre Univers n'est qu'un exemplaire parmi une infinité d'autres. Il convient d'adopter cette position, car, sur la base de la

Les aliens ont-ils une apparence physique semblable à celle des humains ou bien s'agit-il d'entités, si elles existent vraiment, qui n'ont rien de commun avec notre représentation des êtres vivants ?

Le 26 janvier 1989, la sonde Viking revient avec des clichés de la surface de la planète Mars et sur lesquels on distingue clairement le célèbre « visage de Mars ». Pour certains experts en parapsychologie, cette pierre constitue le signe que la vie extraterrestre existe.

quantité qui est supposée ici, on peut s'appuyer sur le fait que les mécanismes qui ont créé notre Univers s'appliquent à la création d'autres univers. La globalité des univers est baptisée le méta-univers. Chaque univers est unique et vit sa propre histoire. Mais il semble néanmoins logique de supposer que nombre d'entre eux ont dépassé notre stade d'évolution depuis longtemps et que tout ce qui nous reste à vivre a déjà été dépassé. Tous ces univers doivent être pénétrés de vie. La vie sous toutes les formes que nous connaissons, ou bien la vie sous une forme que nous imaginons à peine, des espèces n'ayant rien de commun avec nos représentations. On peut même supposer que de nombreuses formes de vie peuvent coexister.

Transmission de données par-delà les univers

Il est dans la nature même de la vie, et notamment de la vie intelligente, de s'ouvrir, de se développer, de rechercher, d'étudier, de conquérir ou simplement d'explorer de nouveaux sites d'implantation. La vie est en constante recherche de nouvelles voies. Dans notre monde existent des alliances et des interactions entre des composants complètement différents et également distinctement séparés. Il doit en aller de même avec les différents univers du méta-univers, notamment lorsque l'on pense que l'un est issu de l'autre. C'est pourquoi il semble envisageable qu'au moins un échange de données ait eu lieu. On ne peut appeler cela informations car celles-ci auraient été traitées avant d'être à nouveau réactivables et opérationnelles. Jusqu'à leur mise en réseau avec d'autres données, celles-ci restent toutefois ce qu'elles sont : de simples données. Une fois intégrées dans un réseau, elles évoluent vers le stade de l'information. Il convient de ne pas perdre de vue que depuis des temps immémoriaux, la vie s'est développée dans l'ensemble du méta-univers, dépassant toutes les limites.

La vie s'est imposée et continuera à s'imposer et à s'étendre. Dans tous les cas, la rapidité avec laquelle la vie déborde du méta-univers doit être infiniment élevée. Avons-nous déjà eu des contacts ? En avons-nous actuellement ? En aurons-nous ? La probabilité en paraît élevée.

E.T., l'extraterrestre le plus célèbre, issu du film éponyme de Steven Spielberg.

Cercles de culture

Apparaissant régulièrement aux quatre coins de la planète, les cercles de culture *(crop circles)* comptent parmi les phénomènes inexpliqués les plus célèbres du monde. Ces dessins géométriques complexes apparaissent en une nuit, et, jusqu'à présent, aucun chercheur n'a pu proposer une explication satisfaisante. Des récits remontant à plusieurs centaines d'années mentionnent ces mystérieuses figures. Certains scientifiques supposent l'action de très forts champs énergétiques, tandis que les ufologues attribuent ces cercles à des ovnis.

Photographie aérienne de *crop circles* découverts en 2003 à Rockville, dans l'État du Colorado, par un fermier céréalier

La haute saison : du printemps à l'automne

Dès 1880, le magazine scientifique *Nature* évoquait la présence de cercles de culture dans le Surrey, en Angleterre. Depuis 1978, le phénomène s'est étendu dans le monde entier, faisant alors l'objet de recherches à l'échelle planétaire. L'Angleterre semble toutefois demeurer le lieu de prédilection de ces phénomènes, car plus de trois cents *crop circles* y ont été recensés en 1991. À l'échelle mondiale, on doit en compter plusieurs milliers d'exemplaires dont la structure et la disposition ne cessent de se sophistiquer. Mais ces cercles n'apparaissent pas tout au long de l'année, il existe véritablement une saison pour les *crop circles,* qui débute au printemps et se maintient tout l'été. Cela semble naturel dans la mesure où le blé pousse dans les champs à cette saison. Il convient de noter que les tiges ne sont ni rompues ni cassées, mais simplement rabattues sur le sol. Aucune trace de pas ne mène au motif ou n'en sort, et la terre en dessous reste entièrement épargnée.

Les faussaires

Les observations attentives des motifs au cœur des cercles s'accompagnent régulièrement d'énigmatiques manifestations. Des oiseaux modifient leur cap, les caméras refusent de fonctionner, des lumières clignotantes survolent les dessins et les batteries se déchargent. Les scientifiques issus des domaines de recherche les plus variés se sont penchés sur le phénomène et ont proposé diverses thèses sur leur origine. Celles-ci vont de l'invasion d'insectes à de petites tornades. À cela, il convient d'ajouter l'action d'un certain nombre de faussaires se rendant dans les champs la nuit afin de tracer des dessins. Mais les spécialistes parviennent généralement à démasquer très rapidement la supercherie au vu du manque de structure et de précision.

Une taille en rapport avec une gamme

Le biophysicien américain William C. Levengood se penche sur les phénomènes de *crop circles* depuis des années. Il constate que la qualité des blés et la répartition du liquide dans les plantes sont telles qu'il ne peut s'agir que d'une

impulsion thermique extrême, comparable à celle d'une micro-onde. « L'échauffement n'a généralement pas dû dépasser les 30 secondes », explique-t-il. À certains endroits du sol et sur les brins, on observe une couche d'oxyde de fer, semblable à un glaçage. Un phénomène qui ne peut se manifester que dans le cadre de températures avoisinant les 500 °C. On observe aussi dans les cercles d'importants champs énergétiques qui provoquent les effets cités précédemment. Le mathématicien Gerald Hawkins a découvert que la taille de très nombreux cercles se situe dans le même rapport que l'intervalle d'une gamme. Les deux scientifiques ont exclu toute intervention humaine.

Au sein des mystérieux *crop circles*, les tiges ne sont jamais cassées, mais seulement couchées. Par la suite, elles se redressent, sans que le blé ne subisse aucun dommage. Les *crop circles* n'en finissent pas d'attirer les curieux.

Ce cercle de culture a été découvert en 2000 en Angleterre. Au cours de ces dernières années, les motifs des cercles affichent une complexité croissante.

Habitants d'une autre planète

Les ovnis sont régulièrement incriminés dans le phénomène des *crop circles*. Des témoins affirment avoir observé des ovnis ou des lumières au-dessus des sites où sont ensuite apparus des cercles de culture. Plusieurs ont enregistré ces apparitions sur vidéo. L'auteur anglais Benjamin Crème explique que les cercles seraient le fruit d'habitants d'autres planètes. Il déclare : « Les passagers des ovnis visualisent les formes qu'ils souhaitent produire. Par la concentration de l'esprit, ils dessinent chacune de ces formations auxquelles ils apportent parfois quelques finitions supplémentaires. Enfin, ils font descendre leur vaisseau à proximité immédiate de la surface du champ. » (16)

L'énigme de Sirius

Les Dogons sont un peuple du centre du Mali et du nord du Burkina Faso. Ces simples cultivateurs élèvent également du bétail et sont réputés pour leur art de la forge. Or les Dogons disposent de connaissances sur Sirius, l'une des étoiles les plus brillantes du firmament, tandis que les astronomes modernes n'ont aucune de ces informations. Les ufologues se penchent sur la mystérieuse question de savoir si les Dogons ont reçu la visite d'entités intelligentes en provenance de Sirius, étoile de la constellation du Grand Chien.

« L'énigme de Sirius » par Robert K. G. Temple

« Il semblerait qu'il y ait un nombre important de preuves quant à la possibilité d'un contact de ce type [visite de créatures venues de Sirius] il y a relativement peu – entre 7 000 et 10 000 années ; la documentation qui nous amène à cette supposition ne laisse en tout cas aucune autre interprétation possible. » Ces mots sont ceux de l'Anglais Robert K. G. Temple, tirés de son livre *The Sirius Mistery,* publié en 1976 (17).

Selon Temple, nombre d'indices semblent prouver que la connaissance des Dogons remonte à plus de 5 000 ans ; les anciens Égyptiens en disposaient déjà et l'auraient transmise aux Dogons, leurs descendants directs.

Ce cliché de la constellation d'Orion faisant apparaître la lumineuse Sirus a été pris en 1995 à Flagstaff, en Arizona.

Le mythe de la création des Dogons

Le point de départ de la mythologie dogon est l'étoile Digitaria, qui serait un satellite de Sirius. Selon ce mythe, Digitaria serait le mouvement créateur devenu matière. Elle serait la plus petite mais la plus dense de toutes les étoiles et renfermerait le germe de toutes choses. Sa rotation autour de son propre axe et autour de Sirius constituerait la garantie de la pérennité des forces créatrices dans l'Univers. Il ne s'agirait donc pas de Sirius, l'étoile située à 8,6 années-lumière de la Terre, mais de son satellite. Tous deux constituent un système à double étoile. L'aspect mystérieux de la tradition dogon réside dans le fait qu'ils connaissaient l'existence de ce satellite, qui n'est pas visible à l'œil nu et qui ne fut aperçu qu'au XXe siècle, *via* un télescope. Aujourd'hui, les scientifiques font la distinction entre Sirius A et Sirius B. Selon la légende dogon,

Sirius dans l'Histoire

Sirius revêtait une importance particulière dès l'Égypte ancienne. À cette époque, elle était adorée sous le nom de Sopdet (Sothis en grec) et nombre de temples étaient conçus de façon que sa lumière tombe sur l'autel. Sirius occupait une place prépondérante tant dans la vie religieuse que dans la vie quotidienne, et le calendrier était calculé en fonction d'elle. Au Moyen Âge, Sirius était considérée comme le signe annonciateur de la rage. Ainsi, les représentations médiévales des pèlerins de Saint-Jacques les montrent suivis d'un chien, renvoyant à la constellation du chien de Sirius. Les anciens pèlerins de Saint-Jacques se servaient de Sirius pendant leur voyage. Aussi le chemin fut-il également baptisé « chemin de l'étoile ».
À la fin des années 1990, les membres de la secte du Temple solaire se sont suicidés collectivement, pensant renaître sur Sirius.

des êtres vivants, les Nommo, seraient venus de ce système stellaire, qui compte d'après nos connaissances actuelles neuf étoiles. Il s'agirait d'entités semblables à des poissons, venues sur Terre dans une arche et descendues sous la forme d'une spirale. Nombre de masques réalisés par les Dogons symbolisent, par des motifs géométriques en forme d'obélisque, des vaisseaux spatiaux propulsés par des fusées.

Naines blanches

Sirius A est presque deux fois plus grosse que le Soleil, et la température à sa surface deux fois plus élevée, de sorte que sa luminosité en est 24 fois supérieure. Sirius B est un peu plus petite que la Terre, mais affiche une densité telle que 1 mètre cube de sa matière pèse 3 millions de tonnes. En raison de ses températures extrêmes et de sa faible taille, elle entre dans la catégorie des naines blanches – des étoiles relativement petites, parvenues en fin de vie et dont la densité s'accroît. La connaissance des Dogons est-elle assez importante pour que l'on suppose que des intelligences artificielles leur ont rendu visite il y a des millénaires ? La question principale, et toujours non résolue, reste de déterminer comment des hommes, dépourvus d'instruments astronomiques, ont pu accéder à une connaissance poussée de corps célestes invisibles à l'œil nu. Les Dogons sont sans aucun doute intelligents, mais, pour Walter Hain, la question est de savoir si l'on peut en déduire un contact avec une intelligence extraterrestre.

Une ancienne carte stellaire d'Orion. Au Moyen Âge, Sirius était considérée comme un présage annonçant la rage. Aussi, les représentations médiévales font souvent apparaître un chien, renvoyant à Sirius, étoile de la constellation du chien.

Peuple paléo-nigritique du centre du Mali et du nord du Burkina Faso, les Dogons ont-ils reçu la visite d'êtres intelligents venus de Sirius, lesquels leur auraient transmis des connaissances secrètes sur les étoiles ?

Le triangle des Bermudes

Le triangles des Bermudes est l'un des plus grands mystères de notre temps. Nombre de films et de livres évoquent de mystérieux accidents qui se sont produits dans cette célèbre zone maritime. En effet, depuis un siècle, bateaux et avions y disparaissent mystérieusement.

Le 5 décembre 1941, à 14 heures, cinq bombardiers de type Gruman, membres du poste avancé des marines de Fort Lauderdale en Floride, partent en vol d'exercice. Ils ne reviendront jamais.

Le livre de Charles Berlitz

Depuis le livre de Charles Berlitz (1914-2003), publié en 1974, la région comprise entre la Floride, les Bermudes, Porto Rico et les Bahamas est appelée « triangle des Bermudes ». Dans son livre éponyme, Charles Berlitz propose une série de théories susceptibles d'éclaircir la disparition de bateaux et d'avions dans cette zone. Outre ces tentatives d'explications, il offre d'innombrables témoignages de personnes ayant survécu aux accidents.

Quelques antécédents

Entre 1945 et 1975, trente-sept avions, un ballon et quarante et un bateaux ont disparu dans la région du triangle des Bermudes. Un sous-marin nucléaire ferait partie du lot, et un yacht, dépourvu de tout équipage, a été retrouvé dérivant dans la zone. Toutefois, aucun appel de détresse n'y a jamais été enregistré. Les survivants évoquent des nappes de brouillard coloré, de l'eau bouillonnante, un grand calme ou des bruits effrayants et une panne des instruments de navigation. Une fois sortis du triangle, les appareils redevenaient opérationnels.

Dans un autre cas rapporté, le contact radio entre la tour de contrôle et un avion de passagers de la National Airlines s'est interrompu pendant 10 minutes, et l'avion a disparu des écrans radar. À l'atterrissage, l'équipage ne rapporta aucun indicent mystérieux, mais les montres de tous les passagers de l'avion retardaient de 10 minutes.

Tentatives d'explications et théories

Les théories suivantes sont avancées :

• Des extraterrestres en provenance de Vénus auraient établi un poste avancé sur Terre, à 910 mètres de profondeur. La pression régnant à cette profondeur correspondrait à celle de leur planète d'origine. Ils utiliseraient de très puissants courants électromagnétiques, qui permettraient de dématérialiser la matière.

• Le mystérieux continent de l'Atlantide reposerait ici, sous la surface de l'eau. L'Atlantide aurait disparu dans le déluge qui aurait succédé à une guerre atomique préhistorique.

Le calme régnant dans le triangle des Bermudes est trompeur. Ici disparaissent mystérieusement sans laisser de traces nombre de bateaux et d'avions.

• À cet emplacement, les lois physiques se seraient altérées. Un saut spatio-temporel se serait ouvert et tout objet disparu se retrouverait transporté dans le passé, le futur, ou à un autre endroit de la planète ou même de l'Univers.

• Les répercussions de la mystérieuse Philadelphia Experiment (voir encadré) du navire US Navy de 1943 sont à l'origine des disparitions.

• Les hommes et les objets auraient été enlevés par des extraterrestres à des fins d'études.

• Des extraterrestres de planètes désertiques aspireraient à cet endroit l'eau nécessaire à leur survie. Bateaux et avions sont alors emportés dans le siphon.

• Une colonie d'entités humanoïdes inconnues vivrait sous l'eau et serait responsable des disparitions.

• Au-dessus de cette zone se trouverait, dans le ciel, un trou, provoquant un rétrécissement de l'espace qui projetterait tout dans l'Univers.

• À cet endroit, le centre de la Terre émettrait des gaz chimiques à très fort rayonnement. Ils détruiraient les avions et les bateaux et plongeraient les passagers dans un état de transe.

Ces nombreuses théories montrent combien ce mystérieux phénomène intrigue les hommes. Des apparitions sont recensées, des théories élaborées, toutefois personne n'a jamais pu en apporter la preuve. Existe-t-il des endroits sur la planète – le chercheur Ivan T. Sanderson en compte douze – où le passé, le présent et le futur existent en parallèle ? La solution est aux mains de la science, laquelle est appelée à se pencher plus précisément sur des phénomènes mystérieux de ce genre.

La Philadelphia Experiment

Dans les années 1940, l'US Navy mène une expérience baptisée « Philadelphia Experiment ». Il s'agissait de rendre invisibles un bateau de la Marine et son équipage. Le but était de franchir les lignes ennemies. La théorie d'Einstein inachevée sur les champs devait trouver ici une application pratique. De très forts champs magnétiques auraient été mis en œuvre et l'expérience réussit. L'image du bateau commença à scintiller et il disparut quelques secondes. Peu après l'expérience, la plupart des membres de l'équipage moururent, tandis que les survivants furent victimes de troubles psychologiques. Comme les autorités conservent le silence le plus complet sur la Philadelphia Experiment, le mystère demeure : l'expérience a-t-elle véritablement eu lieu et l'armée américaine est-elle véritablement parvenue à générer des champs magnétiques d'une telle puissance ?

Une carte du triangle des Bermudes devant le golfe du Mexique : devant la côte américaine, il s'étend vers le sud jusqu'à Porto Rico, puis vers l'est jusqu'aux Bermudes dont il tire son nom.

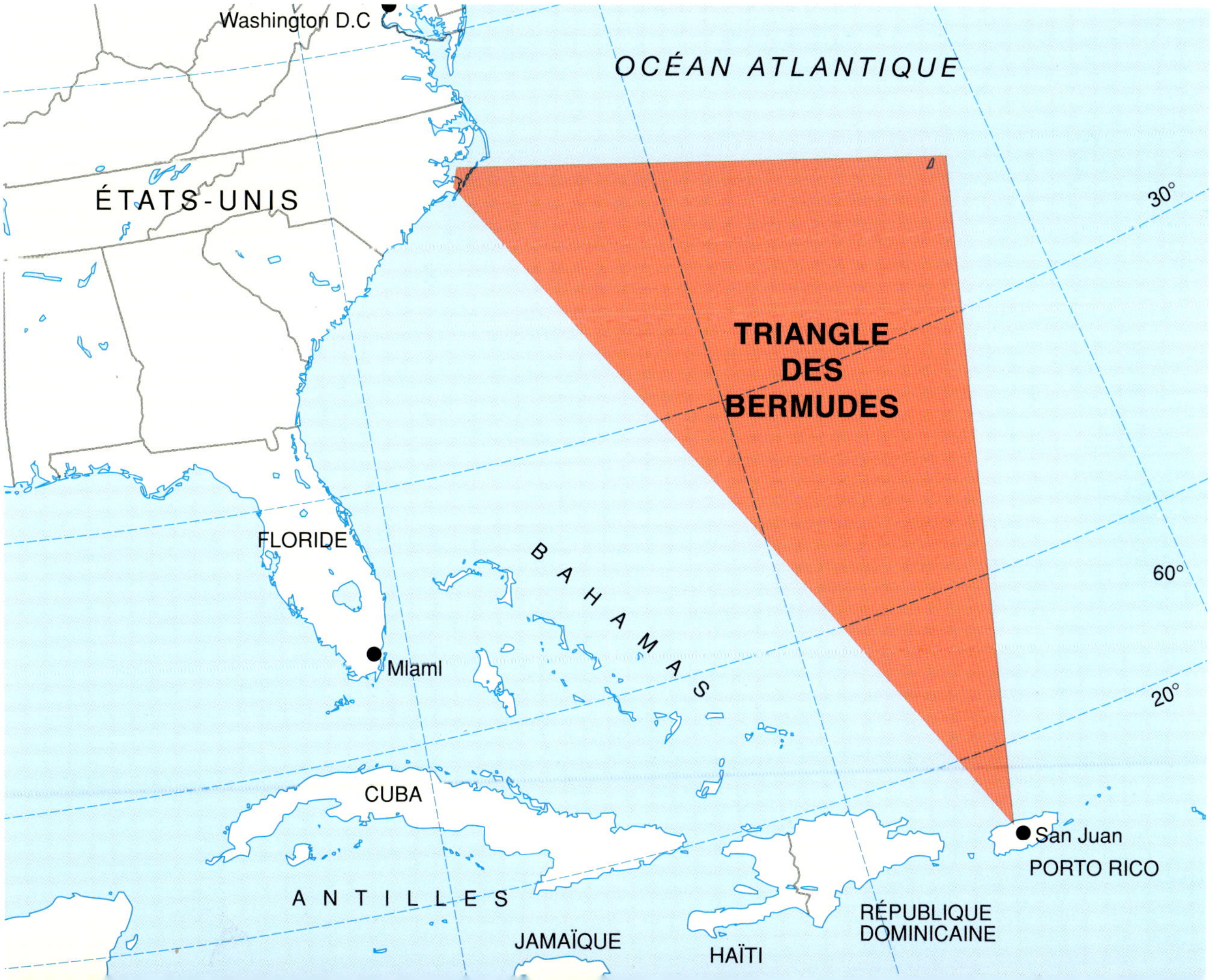

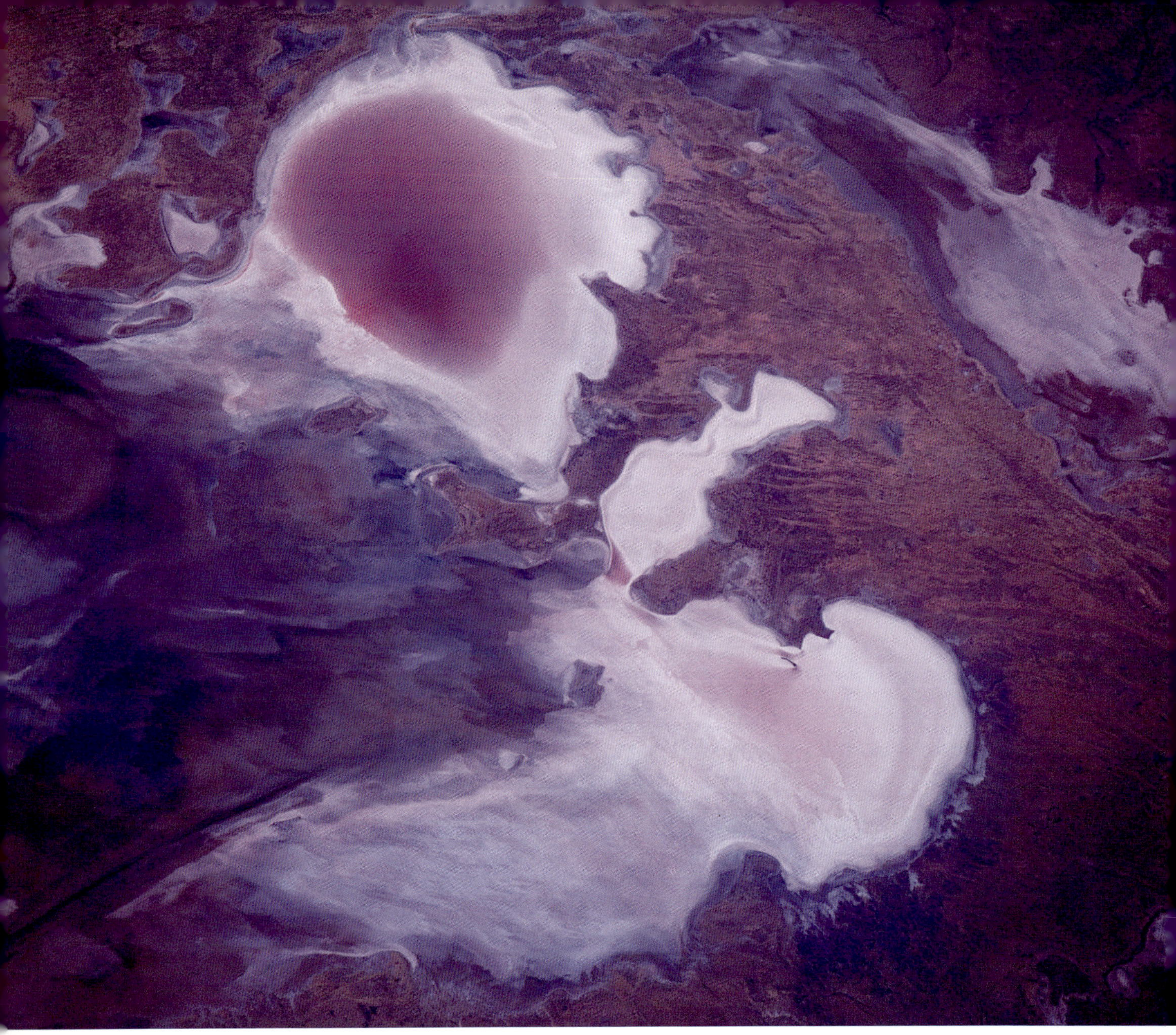

À 16 mètres en-dessous du niveau de la mer, le lac Eyre s'étend dans le désert du Sud australien. Il s'agit de l'un des plus grands lacs salés du monde.

L'image d'un Aborigène dans le bush australien

Situé à 16 mètres au-dessous du niveau de la mer, dans le désert du sud de l'Australie, le lac Eyre compte parmi les plus grands lacs salés du monde. Selon la lumière, il luit tel un champ de neige scintillant dans le désert. En 1998 est découverte à cet emplacement l'image, longue de 4,5 kilomètres, d'un Aborigène. Cette représentation ne se révèle qu'à une altitude de 1 000 mètres. Des milliers d'avions ont déjà survolé cette zone, alors pourquoi cette image n'a-t-elle été découverte que tardivement ?

UNE SILHOUETTE SUR UN SILLON DE 6 MÈTRES DE LARGE
Au nord d'Adélaïde, à proximité du lac Eyre, situé dans le désert, est découverte en 1998 l'immense représentation d'un Aborigène australien. Cette silhouette, clairement dessinée et parfaitement proportionnée, affiche une longueur de 4,5 kilomètres et un périmètre de 15 kilomètres. Elle a été découverte par Ray Goss, homme d'affaires d'une ville voisine, qui en avait été informé par un fax anonyme.

Cette silhouette est dessinée, ou plus exactement creusée, au moyen d'un sillon de 6 mètres de large, qui ne peut être identifié au niveau du sol. Il est en effet beaucoup trop grand et trop large. Mais, à 1 000 mètres d'altitude, les contours sombres apparaissent clairement, le beige pâle du désert formant un contraste parfait. Pour Goss, le dessin représente un homme armé d'une lance.

DES ARTISTES EXTRATERRESTRES
Les avis quant à l'origine de ce dessin divergent. Cette mystérieuse silhouette a attiré l'attention des médias du monde entier et généré toute une série de spéculations. La gamme des explications proposées va de la plaisanterie d'autochtones, désireux d'attirer un public international pour insuffler un nouveau souffle au tourisme, jusqu'aux tentatives d'explications paranormales qui supposent que les auteurs de l'image sont d'origine extraterrestre.

UNE TROISIÈME THÉORIE
Entre les années 1953 et 1963, les Anglais ont mené des expérimentations atomiques dans le désert sud-australien. Ces tests ont irradié d'immenses zones du pays et altéré la santé de nombreux Aborigènes. À l'époque, les Aborigènes n'étaient pas considérés comme des citoyens du pays et étaient traités comme des parias ou des animaux. Il faut attendre 1960 pour qu'ils accèdent, à juste titre, aux prestations sociales. Ils n'obtiennent le droit de vote que deux ans plus tard. En 1967, ils accèdent enfin à tous leurs droits de citoyens. Depuis, le gouvernement australien a octroyé aux populations natives quelque 14 millions de dollars australiens pour les dommages subis en répercussions des tests menés à l'époque.

Aujourd'hui, le gouvernement prévoit d'installer dans cette région un dépôt de produits dangereux et toxiques. Dans un communiqué, les Aborigènes déclarent : « Ils ont baptisé notre terre Terra Nullius. Mais il ne s'agit pas d'un désert destiné à accueillir des mines et une décharge pour l'uranium et les produits du nucléaire. C'est notre patrie. La première vague d'invasion nous a obligés à abandonner notre économie de pâturages et a fait de nous des réfugiés dans notre propre pays. Et, en dépit de l'immense génocide, nous sommes parvenus à garder le contact avec

Le gouvernement australien prévoit d'implanter en terre aborigène une décharge de produits nucléaires. Certains milieux soupçonnent que l'image avait été dessinée dans l'optique d'empêcher cette manœuvre.

notre terre. Et aujourd'hui, elle se voit menacée par la plus grande mine d'uranium du monde : Roxby Downs et la décharge nucléaire prévue à Billa Katalina, dans la vallée du lac Eyre. »

Aussi, cette silhouette dans le sol amène de plus en plus à penser qu'il s'agissait d'un moyen d'attirer l'attention internationale sur le problème, pour empêcher l'ouverture de cette décharge nucléaire et la spoliation pure et simple de la terre à ses habitants.

La théorie de la silhouette d'origine extraterrestre persiste toutefois résolument. Mais le mystère demeure entier quant à savoir qui a dessiné cette étrange image.

Des policiers australiens se saisissent d'une femme métisse aborigène lors d'une manifestation pour le droit des Aborigènes à disposer de leur terre.

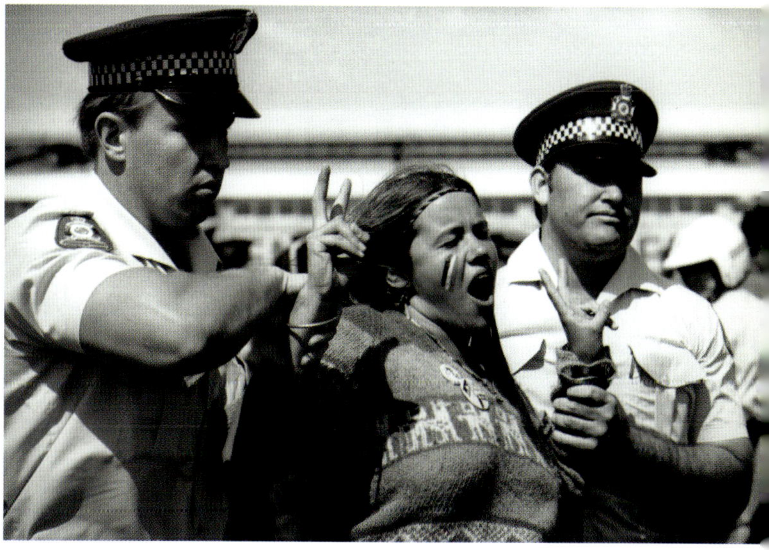

Voyage dans le temps

L'histoire rapporte régulièrement des cas de personnes disparaissant subitement pour réapparaître à un autre endroit. Différents chercheurs évoquent des dimensions temporelles coexistantes. Ils expliquent que le passé, le présent et le futur se déroulent parallèlement les uns aux autres, et, grâce à des trous dans ce continuum espace-temps, il serait possible d'avancer et de reculer, en divers endroits et à diverses époques. Existe-t-il des sauts dans le temps contrôlés ? Et le rêve de la machine à remonter le temps de H. G. Wells est-il une réalité ?

Trois cas de voyages dans le temps

Le soldat de Manille

En 1593, des soldats de Mexico identifient un nouveau collègue au poste de garde, lequel revêt un uniforme totalement différent de ceux qu'ils portent eux-mêmes. Interrogé sur ce qu'il fait là, il répond qu'il obéit aux ordres et veille sur le gouverneur de Manille. Il a certes remarqué qu'il ne se trouve pas dans le palais qu'il connaît, mais les ordres étant les ordres, il fait son devoir. Manille se trouve à quelque 18 000 kilomètres de Mexico.

L'homme est alors traité comme un déséquilibré mental et est jeté en prison. Deux mois plus tard, la nouvelle arrive à Mexico : le gouverneur de Manille a été victime d'un attentat la nuit de l'apparition du mystérieux soldat. Ce dernier était recherché en vain dans tout Manille, car il avait subitement disparu sans laisser de traces et était soupçonné d'être en relation avec l'attentat. Dans la mesure où ce dernier parlait espagnol, il n'y avait eu aucun problème de communication, bien que pour les Mexicains, le soldat se fût exprimé avec un drôle d'accent.

Le diplomate Benjamin Bathurst

En 1809, Benjamin Bathurst quitte Vienne pour Londres, dans le cadre d'une importante mission diplomatique. Lors d'une pause sur le trajet, il disparaît en un instant, alors qu'il se trouve juste derrière le carrosse. On ne le revit jamais. Les Anglais accusèrent les Français de l'avoir enlevé, mais ceux-ci jurèrent ne pas savoir de quoi il retournait. M. Bathurst resta à jamais disparu.

Daté de 1985, le film *Retour vers le futur* de Robert Zemeckis est l'un des plus célèbres films traitant des voyages dans le temps.

Les voyages dans le temps

Sera-t-il un jour possible d'entreprendre des voyages dans le temps, *via* les trous noirs ? La réponse à cette question est simple : voyager dans le temps est chose facile et l'être humain le pratique depuis toujours, mais, malheureusement, dans une seule direction. Les philosophes évoquent depuis des milliers d'années le continuum temporel, lequel peut être comparé à un fleuve. Le problème réside dans le fait que nous souhaitons nager à contre-courant ou avancer d'un bond plus loin. Cette représentation ouvre naturellement des perspectives fascinantes. Peut-être que, pour certaines civilisations extraterrestres, distances insurmontables et lointaines planètes ne posent pas ou plus de problèmes. Peut-être que pour elles, les notions de temps et d'espace ne sont que relatives et les limites jamais clairement définies. Qui est en mesure de prévoir si nous allons bientôt avoir la possibilité de voyager dans le temps afin de voir comment vivaient nos ancêtres ? Le monde scientifique connaît certains lieux où se trouvent des représentations illustrant des entités dotées d'un équipement et d'instruments que personne ne pouvait connaître à l'époque. Beaucoup de chercheurs pensent qu'il s'agit de représentations illustrant la visite d'extraterrestres. Il peut tout à fait s'agir, également, de voyageurs du temps qui, d'un point de vue actuel, voyagent dans le passé afin d'observer les modes de vie des premiers hommes.

Devant plusieurs témoins, le juge August Peck disparut sans laisser la moindre trace alors qu il traversait, à pied, un champ à découvert. Jusqu à aujourd hui aucun indice ne peut expliquer cette disparition

Le juge August Peck

En septembre 1880, le juge August Peck de Gallatin, de Montana aux États-Unis, rend visite à son ami David Lang. Plusieurs témoins affirmeront l'avoir vu traverser un champ puis disparaître subitement, sans laisser de traces. Les gens pensaient qu'il était tombé dans un trou. Mais ni eux, ni la police, ni les pompiers ne parvinrent à retrouver la moindre trace du juge. Et jusqu'à aujourd'hui, le cas August Peck demeure un véritable mystère.

Douze régions où des sauts temporels ont été vus

Au fil de ses recherches en parapsychologie, l'auteur anglais Ivan T. Sanderson (1911-1973) a découvert au total douze sites connus pour avoir été le théâtre de sauts temporels et

En 1593, un soldat est en faction devant le palais du gouverneur de Manille, aux Ph ippines. Il disparut et réapparut au même instant dans a ville de Mexico

Lorsque des incohérences magnétiques se manifestent, les boussoles s'affolent.

de disparitions subites et totales de personnes. Dix de ces zones se situent sur le 30e et le 73e degré de longitude. L'un de ces sites se trouve dans la zone touareg du Sahara. Chez ces nomades du désert, cet endroit est appelé le « pays des dunes d'où l'on ne revient jamais ». Depuis des temps immémoriaux, ils recommandent aux étrangers de ne pas s'y aventurer. Ils s'y perdraient pour ne plus jamais en revenir. Tels étaient et sont encore les avertissements. Les chercheurs savent qu'à cet endroit, les boussoles perdent de leur efficacité, car des incohérences magnétiques ont été découvertes.

À partir de son étude, Sanderson a développé une théorie selon laquelle, en certains points de la planète, les hommes pourraient surgir ou disparaître vers d'autres dimensions. Ce phénomène est baptisé « trou noir », bien que ce phénomène n'ait strictement rien à voir avec le même terme utilisé en astronomie. Depuis Einstein, les chercheurs n'envisagent plus le temps et l'espace tridimensionnels séparés l'un de l'autre. Ils les considèrent davantage comme deux aspects d'un « espace-temps » quadridimensionnel. Dans la recherche sur les particules subatomiques, les physiciens quantiques partent même du principe que le temps peut avancer et reculer. La science aura alors encore pour mission d'amener les preuves de ces mystérieux phénomènes et de réfléchir à la question de savoir si les voyages temporels seront un jour une réalité.

Qu'est-ce que la masse solaire ?

Les unités de masse astronomiques servent au calcul, classement et comparaison des grandeurs astronomiques. Leurs dimensions ne sont que difficilement imaginables. La Terre, par exemple, a un poids de $5{,}9736.10^{24}$ kilos, le Soleil en revanche affiche $1{,}9891.10^{30}$ kilos. Ainsi, la masse solaire correspond à 332,946 fois la masse terrestre. Aussi, si l'on parle de 5 masses solaires (5.0), il s'agit véritablement de dimensions astronomiques.

À droite : les Touaregs connaissent une région du Sahara qu'ils ont baptisée le « pays des dunes d'où l'on ne revient jamais ». Les étrangers sont régulièrement mis en garde et enjoints à ne pas y aller. On dit qu'ils n'en reviendraient jamais.

Ci-dessous : le physicien allemand Karl Schwarzschild (1873-1916) a inventé l'expression « trou noir » pour décrire le stade final de l'évolution d'une étoile. Les étoiles s'effondrent en conséquence de la gravité lorsque les processus nucléaires en leur sein s'éteignent.

Les trous noirs

Le physicien allemand Karl Schwarzschild (1873-1916) a inventé l'expression de trou noir pour décrire le stade final de l'évolution d'une étoile. Les étoiles s'effondrent en conséquence de la gravité lorsque les processus nucléaires en leur sein s'éteignent. Il se produit alors un collapsus gravitationnel. D'autres étoiles de masse très élevées se rétrécissent jusqu'à un diamètre minimal, atteignant de fait une densité extrême. Il se forme alors des « naines blanches » (voir p. 296). Apparaît donc un nouveau continuum espace-temps, dont ni matière ni lumière ne peuvent s'échapper. La gravitation au sein du trou noir est si importante qu'elle déforme toute structure espace-temps pour en faire une singularité, c'est-à-dire une forme annulaire dans l'espace-temps alors que le trou au centre permet l'accès à d'autres lieux et d'autres époques. Les trous noirs naissent toujours à partir d'étoiles à très forte masse. Les physiciens parlent d'une valeur minimale de cinq masses solaires (voir encadré). Hormis les trous noirs stellaires, on soupçonne également l'existence de trous noirs originels, issus des premiers temps de l'Univers, comme les énormes trous noirs de masse extrêmement élevée affichant plusieurs millions de masses solaires, et que les scientifiques supposent au centre des galaxies. Il n'y a toutefois encore aucune certitude à leur sujet. Une étoile implose au sens strict du terme, et le temps et l'espace revêtent, au sein du trou noir, de nouvelles dimensions. La gravité et la vitesse peuvent déformer le temps. Le mathématicien autrichien Kurt Gödel (1906-1978) était persuadé de la possibilite de creuser des tunnels dans le temps si l'on parvenait à le déformer suffisamment. Jusqu'à la découverte des trous noirs, personne n'avait idée de la façon d'y parvenir. D'un point de vue purement théorique, seulement, il semblerait que la science ait fait des progrès en ce sens.

Depuis 1986 se manifestent dans le monde entier de mystérieux signes et croix de lumière dont l origine est encore inconnue

Signes et croix de lumière

Depuis 1986 se manifeste un étrange phénomène dans le monde entier : des signes et des croix de lumière apparaissent sur des façades, ou flottent dans l'air, tels des hologrammes. Ces apparitions ont débuté aux États-Unis et se sont ensuite répandues dans de nombreux pays. Sans qu'aucune source lumineuse puisse être identifiée, un signe brillant apparaît subitement. Visibles à la lumière du soleil, ils n'apparaissent jamais la nuit. Jusqu'à présent, personne n'est en mesure d'en identifier la source.

Les chercheurs du monde entier face à une énigme

Les signes lumineux se manifestent sans que vitres ni miroirs ne soient manipulés ou changés. Des États-Unis, d'où le phénomène est parti, il s'est ensuite étendu, en passant par le Canada et le Mexique, à l'Allemagne, la France, la Slovénie, l'Australie, la Nouvelle-Zélande et aux Philippines. Les témoins évoquent un sentiment de profond respect et de paix lorsqu'ils ont contemplé ces signes. Il n'existe aucune hypothèse scientifique permettant d'expliquer ces phénomènes. Les chercheurs du monde entier sont confrontés à une véritable énigme.

Explications possibles des signes lumineux

La première thèse avancée par les sceptiques évoque le simple reflet d'une fenêtre des environs. Mais cette hypothèse est infirmée par le fait que la forme de la croix ne pourrait être générée que par un cadre, des éléments verticaux et horizontaux. Or ceux-ci ne réfléchissent aucunement la lumière. Les vitres renverraient les rayons lumineux en reproduisant leur propre forme – un rectangle, un carré ou un rond. Toutefois, les carreaux ne renvoient généralement pas de formes concrètes, mais dessinent des reflets diffus sur les murs d'en face, phénomène que l'on rencontre fréquemment dans les grandes villes. Or, c'est là le point le plus étonnant de ces signes de lumière, les phénomènes lumineux ne se manifestent que rarement dans des environnements urbains. En d'autres termes, dans des lieux dépourvus de grandes façades qui pourraient être à l'origine de ces reflets. Les physiciens affirment toutefois que le vide existant à l'intérieur des doubles vitrages peut générer des courbes entre les deux vitres et créer une croix. Cette hypothèse est elle-même réfutée par le fait que la plupart des doubles vitrages sont dépourvus de vide, mais contiennent de l'air sec. Aucune des théories avancées ne permet donc de trouver une réponse satisfaisante au phénomène. Et surtout, personne ne peut expliquer comment ces manifestations ne cessent de se multiplier au point d'être observées dans le monde entier. Dans les régions concernées, aucune fenêtre n'avait été changée, et toutes se trouvaient à leur place depuis des années sans qu'aucun phénomène du genre n'ait jamais été observé. Parallèlement à ces tentatives d'explications qui n'aboutissent pas, le phénomène ne cesse de s'étendre.

Près des croix lumineuses apparaissent également des hologrammes, flottant librement dans l'air. Les scientifiques sont confrontés à une véritable énigme.

Signes extraterrestres ou du retour du Christ

Actuellement, les apparitions sont particulièrement fréquentes dans le sud de l'Allemagne. Des signes de lumière apparaissent soudainement sur les façades du centre-ville de Munich. S'agit-il d'un miracle, d'extraterrestres ou simplement d'un phénomène que les scientifiques ne peuvent expliquer ? Nombre de personnes présument qu'il s'agit de la véritable forme des ovnis et sont d'avis que la science pure n'apportera aucune aide. Elles pensent que ces apparitions sont les signes annonciateurs d'une nouvelle ère. La plupart des témoins ayant assisté à ces signes lumineux disent avoir ressenti, surtout lors de l'apparition d'une croix, une grande confiance et un espoir sans faille pour leur vie à venir. La croix serait le signe de la proximité du Christ. Les chrétiens particulièrement croyants évoquent son retour imminent et sont persuadés d'avoir assisté à un vrai miracle.

Les signes de lumière apparaissent sur une façade berlinoise. Ils ne sont générés par aucune source identifiable et ne sont pas le reflet de fenêtre en vis-à-vis.

La foudre en boule

Parmi les différents types d'éclair, la foudre en boule est le phénomène atmosphérique autour duquel se cristallisent le plus grand nombre d'histoires étranges. Nombre de chercheurs pensent qu'il s'agit d'une illusion, toutefois les témoins sont trop nombreux pour que l'on puisse réfuter leurs dires.

CRÉATION DE BOULES DE PLASMA AU JAPON

Un éclair est une décharge en arc lumineux qui ne dure qu'un bref instant, mais doté d'une puissance électrique extrême et d'une tension d'environ 100 millions de volts. Les éclairs se déchargent entre les nuages de tensions différentes ou d'un nuage à la terre. Lors d'un orage, il est conseillé de ne pas se réfugier sous un arbre, dans une grotte ou de se tenir à proximité d'objets métalliques. La foudre en boule est une forme d'éclair énigmatique, dont l'existence est controversée. Les explications avancées évoquent une illusion d'optique, un éblouissement perçu comme une tache lumineuse claire en trace rémanente.

Certains chercheurs japonais pensent que les boules de foudre sont en fait des boules de plasma. Mais cette hypothèse est souvent réfutée, car les boules de plasma affichent une nette tendance à s'élever, à l'instar des ballons d'air chaud. Or ce n'est pas le cas de la foudre en boule. Le physicien russe Pjotr Kapitsa est d'avis que les boules de foudre constituent des décharges dépourvues d'électrons, générées par des ondes ultracourtes statiques d'origine inconnue. En tout cas, elles se manifestent entre la terre et les nuages. Les deux Néo-Zélandais John Abrahamson et James Dinnis tiennent la foudre en boule pour des boulettes lâches de silicium en train de brûler, provoqués par les éclairs en fourche.

LA DURÉE DES BOULES DE FOUDRE PEUT ÊTRE TRENTE FOIS SUPÉRIEURE À CELLE DES AUTRES ÉCLAIRS

Selon les témoignages, la foudre en boule se présente sous la forme de balles lumineuses de 20 centimètres de diamètre, pouvant adopter une lueur de diverses couleurs, le vert, bleu, jaune, orange et rouge étant les plus fréquentes. Il faut toutefois se fier uniquement aux récits des témoins car les photos de boules de foudre sont rares et celles qui existent sont, de par la nature des choses, inutilisables. Les clichés de phénomènes lumineux se révèlent toujours difficiles à réaliser et ne livrent que peu d'informations, car ils peuvent représenter bien des choses et n'ont donc pas valeur de preuve. Aussi le secret qui entoure la foudre en boule est-il difficile à percer.

Un éclair en boule dure plus longtemps qu'un éclair normal : entre 1 et 8 secondes, sachant que certains témoignages parlent même de 30 secondes. Leur durée de vie augmente avec leur taille et diminue avec la luminosité. Les boules affichant une nuance très marquée de bleu ou d'orange durent visiblement plus longtemps que les éclairs

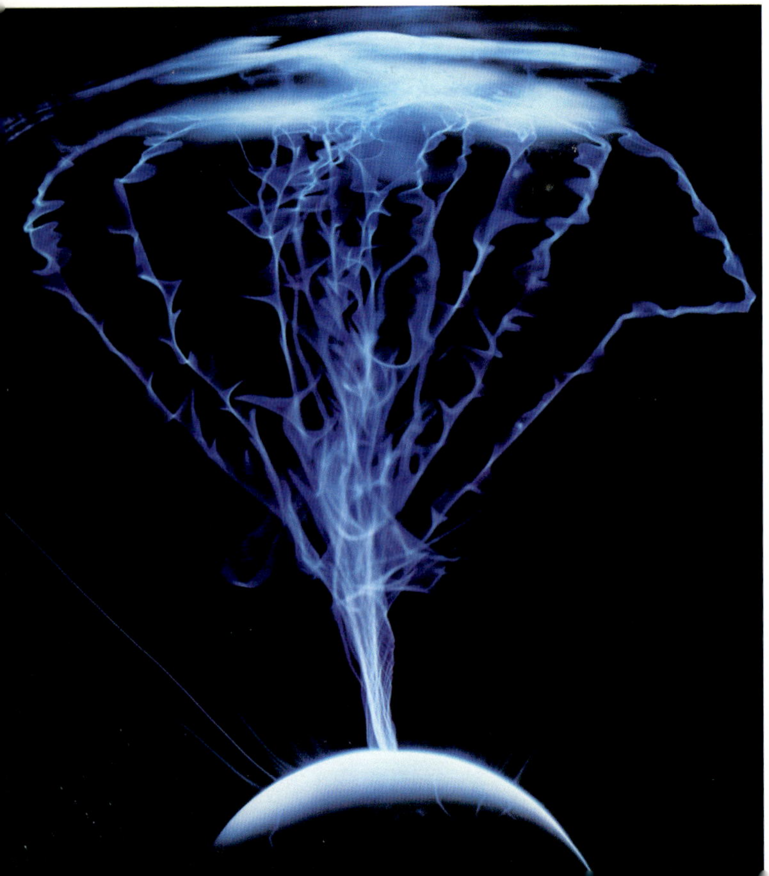

Certains chercheurs japonais pensent que les boules de foudre sont en fait des boules de plasma.

Témoignage de Brad Jagger, États-Unis

« Lorsque j'avais neuf ans, ma famille et moi visitions Pittsburgh. Sur le parking de notre hôtel, j'ai soudain vu une boule de lumière voler en ma direction. Elle avait l'apparence d'une comète, la taille d'un ballon de volley et traînait derrière elle un sillage lumineux. Elle me frappa au niveau du bras, laissant une brûlure en forme de V.

Le point le plus étonnant fut que la boule de lumière frappa l'asphalte et rebondit vers le haut, arriva dans un angle de 45° et disparut avec un angle à 45°. J'ai aujourd'hui 36 ans et j'ai toujours la cicatrice à mon bras. » (18)

arborant d'autres couleurs. La foudre en boule pénètre murs et fenêtres sans faire de dégâts, mais se déplace à une vitesse relativement lente, de seulement 2 à 3 mètres par seconde. Sa trajectoire reste parallèle au sol, mais certaines bondissent à l'occasion vers le haut.

Un éclair se décharge avec une énorme puissance au-dessus d'une ville. Certains chercheurs pensent que la foudre en boule ne serait qu'une illusion d'optique et qu'il ne s'agirait en réalité que d'une trace rémanente d'éclairs normaux.

Une énergie équivalente à celle d'une luciole

Pendant longtemps il fut dit que la foudre en boule pouvait être très dangereuse. On a même pensé à une époque que les phénomènes de combustion spontanée pouvaient y être liés. Toutefois, ces boules ne semblent pas représenter un grand danger, certains chercheurs allant même jusqu'à dire que leur énergie équivalait à celle d'une luciole. Un témoin affirme même avoir repoussé une boule des deux mains, sans avoir été blessé.

Ce phénomène de foudre en boule a été observé à toutes les époques et aux quatre coins de la planète. Les scientifiques ne doutent pas de leur existence, mais ne sont pas encore en mesure de fournir une explication.

Certains scientifiques pensent que l'énergie contenue dans une boule de foudre correspond à celle d'une luciole. Ainsi, contrairement à ce que l'on a longtemps cru, elles ne représentent aucun danger pour l'homme.

L'explosion de la Toungouska

Le 30 juin 1908, à 7 h 14, heure locale, se produisit, à proximité de la Toungouska en Sibérie, une explosion d'une violence phénoménale. Elle développa une puissance de 10 à 15 mégatonnes de TNT. Certaines estimations parlent même de 50 mégatonnes de TNT. Cette violence correspond à 1 150 fois la force explosive de la bombe atomique d'Hiroshima. Un siècle plus tard, la catastrophe de la Toungouska reste un mystère irrésolu.

De l'effet positif des impacts de météorites

L'astrophysicien anglais Fred Hoyle explique l'événement par un impact de météorite. Ce n'est qu'en mars 1927 qu'une expédition atteint la région du fleuve Toungouska. Plus de 6 000 kilomètres carrés de forêt sont détruits, des troupeaux entiers de rennes pulvérisés, toute forme de vie anéantie. Le corps céleste s'est brisé dans l'atmosphère, à 10 kilomètres d'altitude. C'est la raison pour laquelle il n'y a aucune trace d'un cratère d'impact. L'onde de choc a déraciné les arbres sur un rayon de plusieurs kilomètres, ou ils ont brûlé à cause de la chaleur dégagée. Le bruit de l'explosion eut la puissance de dix mille coups de tonnerre. Des témoins rapportent qu'à Wanawa, une colonie située à 65 kilomètres, toutes les portes et les fenêtres furent détruites. À 500 kilomètres de distance, les gens purent encore percevoir l'onde de choc et la lueur de l'incendie. Une certaine Mme Stephen de Huntingtonshire témoigne même d'une lueur, peu après minuit, en Angleterre.

Selon Hoyle, la Terre doit compter sur la traversée d'une queue de comète au moins une fois par an. Souvent cette rencontre se solde par des impacts de météorites. À son avis, ces catastrophes sont à l'origine de nombreux phénomènes inexpliqués sur Terre : la fin de l'ère glaciaire, la disparition des dinosaures. Mais ces impacts n'apportent pas que la destruction. Ils permettent également à l'humanité d'évoluer. En effet, l'immense quantité de chaleur dégagée a généré une masse de charbons de bois brûlant. Et, aux endroits où des veines de minerais affleurent à la surface, il s'ensuit des processus de fusion naturels. Ainsi, des tribus nomades ont trouvé le cuivre fondu et ont pu le battre et l'utiliser sous différentes formes grâce à sa souplesse. Ce fut la fin de l'ère de pierre et l'avènement de l'ère des métaux.

Cette photo du 13 février 1929 montre les ravages, en Sibérie, provoqués par la météorite qui s'y est écrasée.

Les falaises sur les bords de la Toungouska en Sibérie.

Autres théories

D'autres témoins ont vu tomber du ciel un objet oblong, dégageant une lueur bleu-blanc. Une colonne de lumière de 20 kilomètres de haut s'est ensuite élevée, suivie d'un nuage en forme de champignon. Dans les années qui suivirent, le phénomène généra nombre d'hypothèses. L'astrophysicien Wolfgang Kundt est d'avis qu'il s'est agi d'une explosion de gaz naturel. Quelque 100 millions de tonnes de gaz naturel se seraient échappées au travers des anfractuosités, seraient montées dans l'atmosphère et s'y seraient enflammées. Des explications alternatives évoquent un très petit trou noir, le crash d'un vaisseau extraterrestre, l'antimatière ou une explosion nucléaire suite à l'accident d'un ovni. Quelques heures après l'explosion de la Toungouska, des témoins ont assisté à une chute de météorites, dans un petit village ukrainien à proximité de Kiev, ce qui viendrait conforter la théorie de Hoyle, car les météorites sont généralement groupées. Un siècle après la catastrophe, tous les éléments de ce mystérieux événement sont connus, mais la science ne parvient pas à donner une réponse totalement satisfaisante.

Cas similaires

En 1930, il semblerait que la zone amazonienne ait connu un événement similaire, même si l'explosion fut 100 fois inférieure. Dans les années 1960, l'Amérique du Nord aurait été le témoin d'un cas semblable. Le 22 septembre 1979, au-dessus de l'Atlantique sud se produit une explosion qui semble toutefois être le fruit de tests atomiques sud-africains et israéliens concomitants. Cette explosion est connue sous le nom d'événement Vela, car elle fut enregistrée par un satellite de génération Vela. Qu'il se soit vraiment agi d'une explosion atomique reste toutefois obscur, car le satellite, en raison d'un dysfonctionnement électronique, n'a pu assurer une identification formelle. Les chercheurs américains affirment qu'il s'agit de l'impact d'une petite météorite. Des tests atomiques, notamment avec une participation israélienne, auraient provoqué des remous politiques. C'est pourquoi l'on soupçonne l'interprétation américaine d'être unilatérale.

Un impact de météorite est-il à l'origine de la catastrophe de la Toungouska, qui a exterminé toute forme de vie sur 6 000 kilomètres carrés ?

Rocca di Papa est un petit site sur le lac Albano dans le Latium, à 25 km de Rome. Il s'y trouve une route où les voitures remontent la montagne, où l'eau s'écoule également vers le haut. Où la gravité semble donc abolie.

Rocca di Papa

Rocca di Papa est un petit site sur le lac Albano dans le Latium, à 25 kilomètres de Rome. Son nom dérive du pape Eugenio II. Ici se pose la question de savoir si les lois de la nature sont valables en tous lieux et en tous temps. Existent-ils des endroits dans le monde où elles ne s'appliquent pas ? Où l'eau remonte les montagnes et où la gravité même semble abolie ?

Un bus glisse vers le haut de la montagne

En 1992, l'un des premiers témoins pouvant attester de ces étranges manifestations est un prêtre allemand : « Soudainement, le bus ralliant Naples à Florence s'arrête à cet endroit de la Via del Laghi, là où l'on raconte que l'eau coule en remontant la montagne. Le chauffeur arrête le bus au pied de la colline et enclenche le point mort. Tout d'abord lentement, puis de plus en plus vite, le bus prend de la vitesse et remonte spontanément la pente. » Un policier et un ingénieur se trouvaient dans le bus et confirment l'inconcevable. Aucun trucage n'était possible. Existe-t-il des lieux sur Terre où la gravité est abolie et où les cailloux non seulement tombent vers le bas, mais également vers le haut ? Où d'un côté de la montagne l'eau coule vers le haut ? Des lieux qui remettent en question toutes nos certitudes ? Notamment celle selon laquelle ce qui tombe choit vers le sol et ne monte pas vers le ciel. Certes, se dire que l'exception confirme la règle permet de conserver ses repères traditionnels en termes d'exactitudes des mesures et des vérifications scientifiques.

L'eau remonte la montagne

Galilée (1564-1642), Johannes Kepler (1571-1630) et Isaac Newton (1642-1727) ont identifié et posé comme postulat la loi de la pesanteur, qui est l'une des plus fiables, car sans elle, notre monde se désagrégerait en ses nombreux composants. La gravité est la plus constante de toutes les forces fondamentales et n'est ni influencée ni annulée par d'autres forces. Parallèlement, il s'agit de la plus mystérieuse des forces de la nature, car bien que nous l'expérimentions tous les jours, il n'existe toujours pas de théorie permettant de l'intégrer dans l'équilibre mathématique de toutes les autres forces naturelles. Que se passerait-il si cette loi était abolie ? Si l'eau remontait les montagnes ? La force qui retient la cohésion de l'ensemble serait-elle alors également abolie ? Les fondements de l'Univers en trembleraient.

> « Ils ne comprennent que peu de chose ceux qui ne comprennent que ce qui peut être expliqué. »
>
> Marie von Ebner-Eschenbach (1830-1916)

Ces trois clichés illustrent une expérience au cours de laquelle une bouteille a remonté spontanément la route de montagne de Rocca di Papa.

Une simple illusion d'optique ?

En arrivant à Rocca di Papa, on aperçoit une longue portion de route droite. Elle commence par descendre, atteint son point le plus bas puis entame la côte. C'est ici que se trouve le mystérieux segment de route, où les voitures remontent la pente et où l'eau s'écoule vers le haut.

Johannes Fiebag, géologue diplômé, a été interrogé sur ce phénomène et a expliqué : « Lorsque le niveau à bulle indique que nous nous trouvons sur une côte plutôt que sur une pente, il peut s'agir d'une illusion d'optique. Ou bien nous nous trouvons confrontés à un phénomène gravitationnel inexpliqué, qui peut naturellement fausser le niveau à bulle. Il est simplement difficile de se prononcer sur l'instant, nous sommes face à une énigme. » (19)

L'auteur Eckard Etzold explique le phénomène ainsi : l'anomalie gravitationnelle s'apparente à une origine psychologique et non physique. Les gens voient s'écouler l'eau vers le haut, car c'est ce en quoi ils croient. Cette illusion d'optique serait générée par des données inhérentes au paysage. D'autre part, il admet que nous ne sommes pas en mesure d'affirmer, en toute certitude, s'il s'agit d'une illusion d'optique ou d'un phénomène inexpliqué, bien que les scientifiques aient mis en œuvre toutes les méthodes de mesures et d'exploitation, classiques et alternatives.

Dans un simulateur de vol spatial, la gravité est annulée, de façon à reproduire les conditions de l'espace. Les objets flottent et ne tombent plus de haut en bas. Est-il possible qu'il existe des endroits sur Terre où la loi de la pesanteur est abolie ?

Notes

(1) MICHELL, John, *The View over Atlantis*, New York, 1983.
(2) WILHELM, Richard : *Die Seele Chinas,* Francfort, 1980.
(3) www.padrepio.catholicwebservices.com
(4) RICHET, Charles, *Souvenirs d'un Physiologiste*, Paris, 1933.
(5) ERICKSON, Milton H. et ROSSI Ernest L., *Traité pratique de l'hypnose. La suggestion indirecte en hypnose clinique,* Grancher, Paris, 2006.
(6) ZALESKI, Carol, *Otherworld Journeys*, « Accounts of Near-Death Experience in Medieval and Modern Times », Oxford University Press, New York, 1987.
(7) HEUVELSMANS, Bernard, *Sur la piste des bêtes ignorées*, Plon, Paris, 1955.
(8) RAAB, Wladislaw, *Unheimliche Begegnungen. Ein Forschungsbericht*, Munich, 1988.
(9) KEEL, John, *La Prophétie des ombres*, Presses du Châtelet, Paris, 2002.
(10) WIESENDANGER, Harald, *Geistheiler. Der Ratgeber*, Schönbrunn, 2005.
(11) www.drossinakis.de
(12) www.staette-der-heilung.de
(13) www.diewunderseite.de
(14) FISCHINGER Lars A., *Die Götter waren hier ! Außerirdische Besucher durch die Jahrtausende*, Bohmeier, Leipzig, 2002.
(15) KURZWEIL, Ray, *Homo sapiens. Leben im 21. Jahrhundert. Was bleibt vom Menschen ?,* Cologne, 2002.
(16) CRÈME, Benjamin, *Le Grand Retour. Lumière et vie nouvelles pour l'Humanité*, Partage, Paris, 2002.
(17) TEMPLE, Robert K. G., *The Sirius Mystery*. Sidgwick & Jackson, 1976.
(18) www.amasci.com
(19) FIEBAG, Johannes, *Rätsel der Menschheit*, Luxembourg, 1982.

Crédits photographiques

Archiv Christos Drossinakis : 263 (b.)

Archiv Reinhard Habeck : Dr A. M. Juanéda-Calvier 76, 77 (h.) ; 79 (b.)

Archiv Ulrich Hellenbrand : 171

Berhorst, Robert (www.berhorst-net.de) : 55 (d.)

Brachhausen, Robert (www.rolf-keppler.de) : 311 (h.)

Corbis : 2/3 Bettmann, 4 Gianni Dagli Orti, 5 Greenhalf Photography, 6 Parapictures Archiv, 7 Dale O'Dell, 8 Bettmann, 10/11 Gianni Dagli Orti, 12/13 Jason Hawkes, 14 Danny Lehman, 15 Paul C. Pet/zefa (b.), 17 Klaus Hackenberg/zefa (h.), PNC/zefa (b.), 18 Kazuyoshi Nomachi, 19 Paul C. Pet/zefa (h.), Reuters (b.), 20 Randy Faris, 21 Gianni Dagli Orti (h.), Charles & Josette Lenars (b.), 22 Gianni Dagli Orti, 23 Archivo Iconografico, S.A. (h.), Angelo Hornak (b.), 24 Wolfgang Kaehler, 25 Hubert Stadler, 27 Bettmann (b.), 28 Lucidio Studio Inc., 29 Lucidio Studio Inc., 30 Paul Almasy, 31 David Reed (h.), Robert Holmes (b.), 32 Dave Bartruff, 33 Richard T. Nowitz (h.), Vanni Archive (b.), 34 José Fuste Raga/zefa, 35 Hans Georg Roth (h.), Gérard Degeorge (b.), 36 Chris Hellier, 37 Araldo de Luca (h.), Roger Wood (b.), 38 Adam Woolfitt, 39 Hugh Rooney/Eye Ubiquitous (h.), Adam Woolfitt (b.), 40 Adam Woolfitt, 41 John Wilkinson/ Ecoscene (h.), Adam Woolfitt (b.), 42 Roger Ressmeyer, 43 Stapleton Collection (g.), Hulton-Deutsch Collection (d.), 44 Adam Woolfitt, 45 Sandro Vannini, 46 Greenhalf Photography, 47 Sandro Vannini (h.), Cordaiy Photo Library Ltd. (b.), 48 Homer Sykes, 49 Adam Woolfitt (h.), Barry Lewis (b.), 50 Tim Hawkins/Eye Ubiquitous, 51 Greenhalf Photography (h.), Darryl Gill/Eye Ubiquitous (b.), 52 Adam Woolfitt, 53 Felix Zaska (h.), Philippe Giraud (b.), 54 Fridmar Damm/zefa, 55 Wolfgang Meier/zefa (h.), 56 Keren Su, 57 Richard T. Nowitz (h.), James L. Amos (b.), 58 Mark Laricchia, 59 Paul A. Souders, 60 Georgia Lowell, 61 Nevada Wier, 62 J. Balhi/Le Cherche-Midi/Corbis Sygma, 63 J. Balhi/Le Cherche-Midi/Corbis Sygma (h.), Dean Conger (b.), 64 William Manning, 65 Mimmo Jodice (h.), Paul C. Pet/zefa (b.), 66/67 Charles & Josette Lenars, 68 Bettmann, 69 Dave G. Houser/Post-Houserstock (h.), Kevin Schafer (b.), 70 Layne Kennedy (h.), Roman Soumar (b.), 71 Skyscan, 72 Charles & Josette Lenars, 73 Sophie Bassouls/Corbis Sygma (g.), Charles & Josette Lenars (d.), 74 Hulton-Deutsch Collection, 75 Angelo Hornak (g.), David Cumming/Eye Ubiquitous (d.), 84 Bettmann (h.), Terry Whittaker/Frank Lane Picture Agency (b.), 86 Buddy Mays, 87 Bob Krist (h.), Carl & Ann Purcell (b.), 88 Craig Lovell, 89 Bettmann (b.), 92/93 Greenhalf Photography, 94/95 Burstein Collection, 96 Ted Spiegel, 97 Mimmo Jodice (h.), Bettmann (b.), 98 Macduff Everton, 99 Third Eye Images (h.), Bettmann (b.), 100 Kevin Schafer, 101 Massimo Mastrorillo (h.), 102 Bettmann, 103 Bettmann (h.), Chris Hellier (b.), 104 Eliana Aponte/Reuters, 105 Adam Woolfitt (h.), Staffan Widstrand (b.), 106 Chuck Keeler, Jr., 107 Bettmann (h.), Michael St. Maur Sheil (b.), 108 Hulton-

Deutsch Collection, 109 Jonathan Hession/ Touchstone/Bureau L.A. Collections (h.), Richard T. Nowitz (b.), 110 Origlia Franco/Corbis Sygma, 111 Elio Ciol (h.), Bettmann (b.), 112/113 Hulton-Deutsch Collection, 114 Stefano Bianchetti, 115 Bettmann (h.) (s/w-Stich), David Keaton (b.), 116 John C. Trever, PhD./The Dead Sea Scroll Foundation, Inc., 117 Richard T. Nowitz (h.), Bettmann (b.), 118 Elio Ciol, 119 Brooklyn Museum of Art (h.), Dennis di Cicco (b.), 120 Bettmann, 121 Bettmann (h.), Inst. Optique/ Zoko/Corbis Sygma (b.), 122 Inst. Optique/ Zoko/Corbis Sygma (h.), David Lees (b.), 123 Marco Torello/Grazia Neri/Corbis Sygma, 124 Brooklyn Museum of Art, 125 Lynsey Addario (g.), Bettmann (d.), 127 Paul C. Pet/zefa (b.), 128 Matthew Klein (b.), 130 Werner Forman, 131 Elio Ciol (h.), Christie's Images (b.), 132 Layne Kennedy, 133 Michael Nicholson (g.), Bettmann (d.), 134 Hulton-Deutsch Collection (g.), Francis G. Mayer (d.), 135 Christie's Images, 136 Orban Thierry/Corbis Sygma, 137 Reuters (h.), Damir Sagolj/Reuters (b.), 138 Bettmann (g.), Hulton-Deutsch Collection (d.), 139 Alessandro Bianchi/Reuters, 140 Brooklyn Museum of Art, 141 Brooklyn Museum of Art (h.), Mimmo Jodice (b.), 142 Magnus Johansson/ Reuters (h.), Fabian Cevallos/Corbis Sygma (b.), 143 Thierry Orban/Corbis Sygma, 144 Julio Donoso/Corbis Sygma, 145 Michael Boys (h.), Neri Grazia/Corbis Sygma (b.), 146 Bettmann, 147 Stefano Bianchetti (h.), Fine Art Photographic Library (b.), 148 Bettmann, 149 Reuters (h.), Gianni Dagli Orti (b.), 150/151 Bettmann, 152 Massimo Listri, 153 Stapleton Collection (h.), 154 Bettmann, 155 Bettmann, 156 Bettmann (g.), Corbis (d.), 159 Bettmann (h.), 160 Stapleton Collection, 161 Bettmann (h.), Bob Krist (b.), 162 Stapleton Collection, 163 Alberto Pizzoli/Corbis Sygma (h.), The Cover Story (b.), 164 Bettmann (h.), Sven Hagolani/zefa (b.), 165 Strauss/Curtis, 166 Theo Allofs/zefa, 167 Stapleton Collection (h.), Bettmann (b.), 168 Earl & Nazima Kowall (h.), Michael T. Sedam (b.), 169 Claudius/zefa, 170 Joson/zefa, 171 Jon Davies/Jim Reed Photography (h.), 172 Joson/zefa, 173 Aaron Horowitz (h.), Patrick Bennett (b.), 174 Michael & Patricia Fogden (h.), Fernando Camino/Cover (b.), 175 Underwood & Underwood, 176 Leonard de Selva, 177 Bettmann (h.), Jeff Vanuga (b.), 178 Paul Mounce, 179 Dave G. Houser/Post-Houserstock (h.), Bettmann (b.), 180 Bettmann, 181 Historical Picture Archive (h.), Austrian Archives (b.), 182 Keith Dannemiller, 183 Keith Dannemiller (h.), Bettmann (b.), 186/187 Bettmann, 188 Roy McMahon, 190 Bill Varie (h.), 193 Bettmann (b.), 194 Hulton-Deutsch Collection, 200 Bettmann, 201 Archivo Iconografico, S.A. (b.), 203 Bettmann (b.), 204 Bettmann, 208 Bettmann, 210 Bettmann, 211 Hulton-Deutsch Collection (h.), Bettmann (b.), 214 George B. Diebold (h.), Edward Holub (b.), 215 David Lees, 216 Lester Lefkowitz (b.), 217 Bettmann, 218 Sheldan Collins (h.), Elio Ciol (b.), 219 Hulton-Deutsch Collection, 220 Kapoor Baldev/ Sygma (h.), Reuters (b.), 221 Bettmann, 222 Bettmann (h.), Craig Lovell (b.), 223 William Findlay, 224 Earl & Nazima Kowall, 225 Roman Soumar, 226 Felix Ordonez/Reuters, 227 Anders Ryman (h.), Reuters (b.), 228/229 Bettmann, 230 Theo Allofs, 231 Tom Brakefield (h.), 232 Courtesy of Museum of M.D. Mallorca; Ramon Manent (h.), Ladislav Janicek/zefa (b.), 233 Corbis, 234 Buddy Mays, 235 Walter Geiersperger (h.), Stapleton Collection (b.), 236 Charles Philip Cangialosi, 237 Vo Trung Dung/Corbis Sygma (h.), Ralph White (b.), 238 Bettmann, 239 DK Limited (h.), Kevin Schafer (b.), 240 Bettmann, 241 Paul A. Souders (h.), Bettmann (b.), 242 Bettmann, 243 Bettmann (h.), Jason Burke/Eye Ubiquitous, 244 Peter Schouten/National Geographic Society/Reuters, 245 Kevin Schafer (b.), 246 Julie Houck (h.), Leonard de Selva (b.), 248 George D. Lepp, 249 Kevin Schafer (h.), Annie Griffiths Belt (b.), 250 Michael & Patricia Fogden, 251 W. Perry Conway (h.), Richard T. Nowitz (b.), 252 Guy Motil (g.), Darrell Gulin (d.), 253 Ron Watts, 254 Chris Mattison/Frank Lane Picture Agency, 255 Steve Bein (h.), Michael & Patricia Fogden (b.), 256/257 Dale O'Dell, 258/259 Alain Nogues/Corbis Sygma, 260 Ian Bradshaw, 261 Pallava Bagla (h.), Ron Boardman/Frank Lane Picture Agency (b.), 262 Hulton-Deutsch Collection, 263 Roger Ressmeyer (h.), 264 Bettmann, 265 Alain Nogues/ Corbis Sygma (h.), Nik Wheeler (b.), 267 Ragnar Schmuck/zefa (b.), 268 Lindsay Hebberd, 269 Christie's Images (h.), Paul Almasy (b.), 270 Reuters, 271 Chris Rainier (h.), Bettmann (b.), 272 Creasource (g.), Hulton-Deutsch Collection (d.), 273 Bettmann, 274 Chris Collins/zefa, 275 Phil Schermeister (h.), Summerfield Press (b.), 276 Cameron Heryet/ MaXx Images Inc./zefa, 277 Frank Bodenmueller/zefa (h.), Robert Llewellyn (b.), 278 M. Thomsen/ zefa (h.), Ronald W. Weir/zefa (b.), 279 Matthias Kulka/zefa, 280 Turbo/zefa, 281 Jose Luis Pelaez, Inc. (h.), Corbis (b.), 282 Bettmann, 283 Angelo Hornak (h.), Corbis (b.), 284/285 Gideon Mendel, 286 G. Baden/zefa, 287 Bettmann (h.), Mark Peterson (b.), 288 Lester V. Bergman (h.), Bettmann (b.), 289 Thom Lang, 290 Envision, 291 Roger Ressmeyer/NASA (h.), Christian Simonpietri/Sygma (b.), 292 Paul Chinn/ San Francisco Chronicle, 293 Reuters (h.), Christopher Cormack (b.), 294 Roger Ressmeyer, 295 Peter Adams/zefa (h.), Stapleton Collection (b.), 296 Bettmann (h.), Lawson Wood (b.), 298 Corbis, 299 Penny Tweedie, 300 Corbis Sygma, 301 Danny Lehman (h.), Paul Almasy (b.), 302 William Whitehurst (h.), 302/303 Aaron Horowitz (b.), 303 Jose Fuste Raga (h.), 306 Josh Westrich/zefa, 307 Rob Matheson (h.), Pat Jerrold/Papilio (b.), 308 Bettmann, 309 Wolfgang Kaehler (h.), Denis Scott (b.), 311 Jim Sugar (b.)

Dahmke-Schag, Petra (www.share-berlin.de) : 304, 305

Fiebag/Dunkel : 16 (b.)

Fiebag/Eenboom : 81

Fischer-Leitl, Astrid : 101 (b.), 297

Habeck, Reinhard (www.reinhardhabeck.com) : 78, 80, 82, 83, 85, 89 (h.)

Hausdorf, Hartwig : 77 (b.)

Ouvarov, Valerij/Hartwig Hausdorf : 90, 91

Parapictures Archiv : 184/185, 189, 190 (b.), 191, 192, 193 (d.), 195, 196, 197, 198, 199, 201 (h.), 202, 203 (h.), 205, 206, 207, 209, 212, 213, 216 (h.g., h.d.)

Ritter, Thomas (www.thomas-ritter-reisen.de) : 26, 27 (h.)

Herbert Schöttl/SAFE – Schweiz. Arbeitsgemeinschaft für Freie Energie (safeswiss. org) : 314

Schorch, Robert M. / Hartwig Hausdorf : 15 o.

Stempell, Kyra : 128 (h.), 153 (b.), 157, 158, 159 (b.), 231, 245 (h.), 247

Tschirwa, Alexander (www.frankreich-experte.de) : 126, 127 (h.), 129

Van de Weijgaert, Rien : 79 (h.)

Wiesli, Beatrix (www.lichtfluss.org) : 266, 267 (h.)

Index

Parragon Books Ltd
Queen Street House
4 Queen Street
Bath, BA1 1HE
Royaume-Uni

Texte :
Herbert Genzmer : 20-23, 30-31, 40-65, 136-137, 187-311
Ulrich Hellenbrand : 11-19, 24-29, 32-39, 67-135, 138-183

Réalisation : ML ÉDITIONS, Paris
Traduction : Irène Imart (8-149)
et Élisabeth Girardet-Rochet (150-320)

ISBN : 978-1-4054-9018-4

Imprimé en Indonésie
Printed in Indonesia